JN051711

ミヤケン先生の

合格講義

1級土木施工管理技士

第一次検定

宮入賢一郎 著

はじめに

1級土木施工管理技士を名乗り、活用するための試験が「1級土木施工管理技術検定」です。1級土木施工管理技士は、建設業法により営業所に必要となる専任の技術者、または工事現場ごとに必要となる監理技術者、主任技術者に求められる資格であることから、建設現場のリーダーとして不可欠な資格です。

この試験は、第一次検定と第二次検定に分かれており、それぞれに合格しなければなりません。しかし、改正された現行制度では、第一次検定に合格すれば「1級土木施工管理技士補」の称号が与えられることになり、若手技術者にチャンスとメリットが生まれました。

本書は、日常の多忙な仕事に従事されている土木技術者のみなさんに、合格できる実力を効率良く身につけていただくことをねらいとしています。

本書が対応する第一次検定とは？

複数の選択肢から正答を選ぶ択一問題の形式がとられています。この問題は、たいへん広い範囲からまんべんなく出題されているため、どこから手をつけてよいのか、わかりにくい受検者も多いはずです。

また、得意分野で確実にポイントを獲得することはもちろんですが、苦手な分野もどう克服しておくのかも、合格するためにはとても重要です。

本書では、若手からベテランまで、幅広い受検者を想定しながら、すべての受検者が要領良く受検対策ができるように秘訣となるポイントを解説しました。新制度試験の出題パターンはもちろんのこと、旧制度を含めた過去10年間の出題傾向を徹底分析し、問題の要点や正答の導き方をコンパクトにまとめています。

本書一冊の内容をしっかり理解していただくことにより、第一次検定を合格できる実力が身につくはずです。本書を活用され、みごとに合格されることを祈念しております。

2023年6月

宮入賢一郎

目　次

予習　試験概要と攻略の秘訣

1時限目　土木一般

2時限目　専門土木

3時限目　法　規

4時限目　共通工学

5時限目　施工管理

予習

試験概要と攻略の秘訣

1章 試験概要

1. 試験はどのように進められるか？

この試験は、第一次検定と第二次検定で構成されている。同年度に第一次検定と第二次検定を同時受検することも可能であるし、それぞれを別の年度に受検することもできるようになっている。

まずは、第一次検定のみを合格した場合、土木施工管理技士補となることができる。さらに第一次検定合格後に、第二次検定を合格して土木施工管理技士の称号が得られる。このように、第一次検定だけに合格しても技士補を名乗れる。

第一次検定と同じ年に第二次検定を受検することも可能。

※ 第一次検定の合格は1回で良い。次の年以降では第一次検定が無期限で免除され、第二次検定から受検できる！

第一次検定にまずは合格してから、翌年以降に第二次検定を受検することも可能。第一次検定に合格すれば、「1級土木施工管理技士補」になれる！

同年度：第一次＋第二次検定合格！
＝旧制度の学科試験・実地試験合格

第二次検定合格！

◀1 級土木施工管理技士

第一次検定合格！

◀1 級土木施工管理技士補

1 級受検資格がある人

※ 2 級に合格すれば、実務経験を問わず、1 級第一次検定を受検できる！

まずは受検申込書の提出から！

受検資格を確認し、受検可能であれば受検申込みをしなければ始まらない。受検の申込みは3月中旬から下旬までのことが多いが、その年度の試験機関からの発表などを早めにキャッチし、準備に取り組む必要がある。年度末で、何かとあわただしいスケジュールのなか、ついつい受検申込書を書きそびれる、必要書類が間に合わない、郵送し忘れた、といったミスも十分にあり得る。常に、早め早めを心がけてほしい。

試験機関である一般財団法人全国建設研修センター（JCTC）の広報、ホームページ（https://www.jctc.jp/）を確認し、受検申込書を早めに入手し、必要書類を整えて、あまり間をおかずに申込みしたいところだ。

例年のスケジュール

受検申込み：3月中旬～3月下旬（第一次検定・第二次検定とも）
第一次検定：7月上旬
第二次検定：10月上旬
※具体的な日程は、必ず試験機関の広報で確認のこと
※受検資格など必要事項は受検する年の「受検の手引き」で確認のこと

受検資格の確認

学歴や資格によって、次のイ～ニのいずれかに該当する場合は第一次検定の受験資格がある。1級の受検には、2級の合格が必須条件ではないが、若手技術者などでは2級合格後の実務経験で受検するほうが早期の受検にはメリットがある。

第一次検定の受検資格

<table>
<tr><th rowspan="2"></th><th rowspan="2" colspan="2">学歴または資格</th><th colspan="2">土木施工管理に関する必要な実務経験年数</th></tr>
<tr><th>指定学科※1</th><th>指定学科以外</th></tr>
<tr><td rowspan="4">※2
イ</td><td colspan="2">大学卒業者
専門学校卒業者（「高度専門士」に限る）</td><td>卒業後3年以上</td><td>卒業後4年6か月以上</td></tr>
<tr><td colspan="2">短期大学卒業者
高等専門学校卒業者
専門学校卒業者（「専門士」に限る）</td><td>卒業後5年以上</td><td>卒業後7年6か月以上</td></tr>
<tr><td colspan="2">高等学校・中等教育学校卒業者
専修学校の専門課程卒業者</td><td>卒業後10年以上</td><td>卒業後11年6か月以上</td></tr>
<tr><td colspan="2">その他（学歴を問わず）</td><td colspan="2">15年以上</td></tr>
<tr><td>ロ</td><td colspan="2">高等学校卒業者
中等教育学校卒業者
専修学校の専門課程卒業者</td><td>卒業後8年以上の実務経験（その実務経験に指導監督的実務経験を含み、かつ、5年以上の実務経験の後専任の監理技術者による指導を受けた実務経験2年以上を含む）</td><td>－</td></tr>
<tr><td rowspan="2">ハ</td><td rowspan="2">専任の主任技術者の実務経験が1年以上ある者</td><td>高等学校卒業者
中等教育学校卒業者
専修学校の専門課程卒業者</td><td>卒業後8年以上</td><td>卒業後9年6か月以上</td></tr>
<tr><td>その他の者</td><td colspan="2">13年以上</td></tr>
<tr><td>ニ</td><td colspan="2">2級合格者</td><td colspan="2"></td></tr>
</table>

※1　指定学科には、土木工学、都市工学、衛生工学、交通工学、建築学、造園学などに関する学科が該当する。詳しくは受検機関のホームページ参照のこと。
※2　イの区分では、実務経験年数には、1年以上の指導監督的実務経験が含まれていること。

第二次検定の受検資格

1級の第一次検定に合格すると第二次検定を受検できる。ただし、上表ニ（2級合格者）は、次表のいずれかに該当する必要がある。第一次、第二次を同年に受検される2級合格者は、次表の受検資格が必要となるので注意されたい。

<table>
<tr><th colspan="4" rowspan="2">学歴または資格</th><th colspan="2">土木施工管理に関する必要な実務経験年数</th></tr>
<tr><th>指定学科※</th><th>指定学科以外</th></tr>
<tr><td colspan="4">2級合格後3年以上の者</td><td colspan="2">合格後1年以上の指導監督的実務経験および専任の監理技術者による指導を受けた実務経験2年以上を含む3年以上</td></tr>
<tr><td colspan="4">2級合格後5年以上の者</td><td colspan="2">合格後5年以上</td></tr>
<tr><td colspan="2" rowspan="2">2級合格後5年未満の者</td><td colspan="2">高等学校卒業者
中等教育学校卒業者
専修学校の専門課程卒業者</td><td>卒業後9年以上</td><td>卒業後10年6か月以上</td></tr>
<tr><td colspan="2">その他の者</td><td colspan="2">14年以上</td></tr>
<tr><td rowspan="4">専任の主任技術者の実務経験が1年以上ある者</td><td rowspan="4">2級合格者</td><td colspan="2">合格後3年以上の者</td><td colspan="2">合格後1年以上の専任の主任技術者実務経験を含む3年以上</td></tr>
<tr><td rowspan="3">合格後3年未満の者</td><td>短期大学卒業者
高等専門学校卒業者
専門学校卒業者
(「専門士」に限る)</td><td>−</td><td>卒業後7年以上</td></tr>
<tr><td>高等学校卒業者
中等教育学校卒業者
専修学校の専門課程卒業者</td><td>卒業後7年以上</td><td>卒業後8年6か月以上</td></tr>
<tr><td>その他の者</td><td colspan="2">12年以上</td></tr>
</table>

※ 指定学科には、土木工学、都市工学、衛生工学、交通工学、建築学、造園学などに関する学科が該当する。詳しくは受検機関のホームページ参照のこと。

2. 試験の構成はどうなっているのか？

第一次検定

第一次検定は、午前中に実施される問題Aと、午後に実施される問題Bの二つ。それぞれの出題は四肢択一式で、マークシートに解答する方法だ。

スケジュール

入室時間	9：45まで
受検に関する説明	9：45〜10：00
試験時間 (問題A)	**10：00〜12：30** **(2時間30分)**
昼休み	12：30〜13：35
受検に関する説明	13：35〜13：45
試験時間 (問題B)	**13：45〜15：45** **(2時間)**

3. 合格基準

この検定の合格基準は次のとおりとなっているが、試験の実施状況などを踏まえ変更する可能性がある、とされている。

第一次検定　全体で得点が60%以上
かつ検定科目「施工管理法（応用能力）」の得点が60%以上

2章 第一次検定の出題傾向

1. 第一次検定の出題範囲

第一次検定では、土木工学など、施工管理法、法規が検定科目となっており、それぞれの一般的な知識が問われている。ただし、施工管理法では、やや難易度の高い施工管理を適確に行うために必要な応用能力を問う出題が含まれるのが新制度の特徴である。

第一次検定の検定科目と検定基準

検定科目	検定基準
土木工学など	・土木一式工事の施工の管理を適確に行うために必要な土木工学、電気工事、電気通信工学、機械工学および建築学に関する一般的な知識を有すること。 ・土木一式工事の施工の管理を適確に行うために必要な設計図書に関する一般的な知識を有すること。
施工管理法	・監理技術者補佐として、土木一式工事の施工の管理を適確に行うために必要な施工計画の作成方法および工程管理、品質管理、安全管理など工事の施工の管理方法に関する知識を有すること。 ・監理技術者補佐として、土木一式工事の施工の管理を適確に行うために必要な応用能力を有すること。
法　　規	・建設工事の施工の管理を適確に行うために必要な法令に関する一般的な知識を有すること。

2. 第一次検定の出題傾向

問題 A

No.01 ～ No.15：15 問から 12 問を選択して解答する。

土質試験や測量などの基礎知識のほか、コンクリート工や軟弱地盤対策工法、法面保護工、基礎・杭、土留めといった出題が見られる。

No.16 ～ No.49：34 問から 10 問を選択して解答する。

鋼橋、コンクリート、河川、砂防、道路、ダム、トンネル、港湾、鉄道、上下水道といった専門分野からの出題となっている。

No.50 ～ No.61：12 問から 8 問を選択して解答する。

労働基準法、労働安全衛生法、建設業法、火薬類取締法、道路関係・河川関係の法令のほか、建築基準法、騒音規制法・振動規制法、港則法など、法規に関する出題となっている。

問題B

No.01 ～ No.20：20 問すべてを解答する必須問題。

公共工事標準請負契約約款や測量（トータルステーションなど）、配筋図の読み方といった工事管理の基礎的な知識の出題がある。また、施工計画、工程表（ネットワーク式）などの工程管理、労働安全衛生法などの安全管理、コンクリートやアスファルト、骨材などの品質管理、騒音・振動や土壌汚染などの環境保全、廃棄物や再資源化といった出題が見られる。

No.21 ～ No.35：15 問すべてを解答する「施工管理法（応用能力）」の必須問題。

これらの出題は穴埋め式の選択問題で構成されていることが多い。仮設工事、施工体制、建設機械の選定といった施工計画に関する問題のほか、工程管理、安全管理、品質管理に関する出題が多い。

攻略の秘訣！

- 合格のためには、検定科目、出題範囲に対応した準備が必要です。
  本書では、新制度になってから出題された問題と、検定基準に該当する旧制度検定の過去問題を分析し、これに基づいて学習プログラムとなる科目構成を工夫しています。効率的な学習効果が得られるように、1時限目～5時限目までの区分で、出題分野をカバーしました。
- 各章の「基礎ポイント講義」で、この出題分野に関する基礎的な知識を解説しています。
- 次に「演習問題でレベルアップ」として、過去に出題された問題を解きながら、合格レベルを目指してレベルアップします。
- 5時限目以降から「応用問題にチャレンジ！」があります。これは過去に出題された応用問題ですが、この問題を解きながら、応用問題にも慣れていけば、確実な合格ラインに到達します。
- ところどころに、「アドバイス」としてワンポイントのアドバイスを入れています。ここにも注目して学習を進めてください。当日の出題が類似していなくても、解答すべき内容の要点をおさえていれば、自信をもって解答に臨めるはずです！

土の力学的性質を調査する主な試験

試験の名称	試験結果から求められるもの	試験結果の利用
締固め試験	含水比-乾燥密度曲線 最大乾燥密度 $\rho_{d\,\max}$ 最適含水比 w_{opt}	路盤、盛土の施工方法の決定や締固め管理
せん断試験 ・一面せん断試験 ・一軸圧縮試験 ・三軸圧縮試験	内部摩擦角 ϕ 一軸圧縮強さ q_u 鋭敏比 S_t 粘着力 c	基礎、斜面、擁壁などの安定計算 細粒土のこねかえし判定 斜面の安定性の判定
室内 CBR 試験	CBR 値	舗装厚さの設計 路床・路盤材料の良否判定
圧密試験	体積圧縮係数 m_v 圧密係数 C_v	沈下量の判定 沈下時間の判定

問題でレベルアップ

問題１〉〉〉土の原位置試験における「試験の名称」、「試験結果から求められるもの」および「試験結果の利用」の組合せとして、次のうち**適当なもの**れか。

[試験の名称]	[試験結果から求められるもの]	[試験結果の利用]
計器による土の密度試験	土の含水比	地盤の許容支持力の算定
板載荷試験	地盤反力係数	地層の厚さの確認
ータブルコーン貫入試験	貫入抵抗	建設機械のトラフィカビリティの判定
準貫入試験	N 値	盛土の締固め管理の判定

（1）「**RI**」は「ラジオアイソトープ」のこと。RI 計器による調査は、ガ線や中性子線の散乱吸収現象が土の密度や含水量と一定の関係にあることをした方法である。この試験により、湿潤密度や乾燥密度、含水量などを求めとができる。しかし、地盤の許容支持力の算定に用いることはないので誤り。

平板載荷試験では**地層の厚さは確認できない**ので、誤り。

正しい組合せの記述である。

標準貫入試験は**盛土の締固め管理の判定**には利用されない。

【解答（3）】

1 時限目

土木一般

1章 土 工

2章 コンクリート工

3章 基礎工

1章 土 工

1-1 土質調査

出題傾向と学習のススメ

土質調査は、土工の計画や設計はもとより、施工や維持管理にも必要なデータとなる。実際に良く利用される土質試験の方法は、**原位置試験**と**土質試験**に分けられる。試験では、代表的な**試験名**と、**その試験結果から得られるもの**、**試験結果の利用**を問う問題が多く見られる。

1. 原位置試験

土の物理的・力学的性質を現地で直接調べる方法。現場で比較的簡易に土質を判定したい場合などに用いられる。

なかでも、**サウンディング**は、ロッドの先端に取り付けた抵抗体を土中に挿入して、貫入や回転、引抜きなどの荷重をかけて、その際に得られる地盤抵抗から土の性状を調査する方法である。

主な原位置試験

試験の名称	試験結果から求められるもの	試験結果の利用
単位体積質量試験	湿潤密度 ρ_t 乾燥密度 ρ_d	締固めの施工管理
平板載荷試験	地盤反力係数 K	締固めの施工管理
現場 CBR 試験	CBR 値（支持力値）	締固めの施工管理
現場透水試験	透水係数 k	地盤改良工法の設計 透水関係の設計計算
弾性波探査	地盤の弾性波速度 V	地層の種類、性質 成層状況の推定
電気探査	地盤の比抵抗値	地下水の状態

主なサウンディング調査

試験の名称	試験結果から求められるもの	
標準貫入試験	N 値（打撃回数）	土
スウェーデン式サウンディング	W_{sw}	土
ポータブルコーン貫入試験	コーン指数 q_c	ト
オランダ式二重管コーン貫入試験	コーン指数 q_c	土
ベーン試験	粘着力 c	細 基

＊ トラフィカビリティ：建設機械の走行性

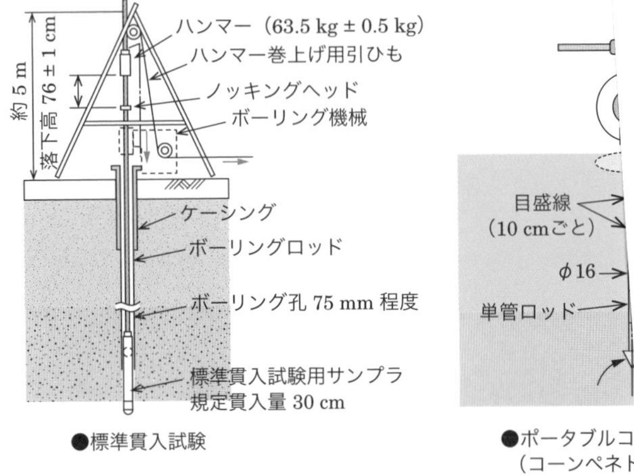

●標準貫入試験　●ポータブルコ
（コーンペネト

代表的なサウンディングの測定器具

2. 土質試験

現地で採取した試料を持ち帰って、土を判別・分類する
や、力学的性質を調査する室内試験を行う方法。

土の判別分類のための主な試験

試験の名称	試験結果から求められるもの	試験結
含水比試験	含水比 w	土の分類、基 土の締固め管
土粒子の密度試験	土粒子の密度 ρ_s 飽和度 S_r 空気間隙率 v_a	土の基本的な 粒度、間隙比 高含水比粘性
コンシステンシー試験	液性限界 w_L 塑性限界 w_P 塑性指数 I_P	盛土材料の選 安定処理工法 締固め管理
粒度試験	粒径加積曲線 均等係数 U	粗粒度（特に 液状化、透水

〈〈〈問題２〉〉〉土質試験における「試験の名称」、「試験結果から求められるもの」および「試験結果の利用」の組合せとして、次のうち**適当なもの**はどれか。

［試験の名称］	［試験結果から求められるもの］	［試験結果の利用］
(1) 土の粒度試験	粒径加積曲線	土の物理的性質の推定
(2) 土の液性限界・塑性限界試験	コンシステンシー限界	地盤の沈下量の推定
(3) 突固めによる土の締固め試験	締固め曲線	盛土の締固め管理基準の決定
(4) 土の一軸圧縮試験	最大圧縮応力	基礎工の施工法の決定

解説 (1) 粒度試験からは粒径の分布状態を表す粒径加積曲線が得られる。試験結果は、粗粒土（特に砂質土）の性質を判定する資料としてのほか、路盤材・裏込め材の良否の判定、透水係数の判定、軟弱な砂地盤の液状化判定などに用いられる。一般的に**土の物理的性質の推定**には用いない。

(2) 液性限界・塑性限界試験は、盛土材料の選定や自然状態の粘性土の安定性、トラフィカビリティの判定に利用される。**地盤の沈下量の推定**には用いられない。これには、圧密試験の結果が適するので、この組合せは誤りとなる。

(4) 一軸圧縮試験は、供試体の一軸（上下）方向に圧縮力を作用させて、せん断強さを求める試験。この結果は、粘性土地盤の安定計算や構造物の基礎の安定性の検討に利用されるが、**基礎工の施工法の決定**に用いることは一般的ではない。

【解答 (3)】

〈〈〈問題３〉〉〉土質試験結果の活用に関する次の記述のうち、**適当でないもの**はどれか。

(1) 土の粒度試験結果は、粒径加積曲線で示され、粒径が広い範囲にわたって分布する特性を有するものを締固め特性が良い土として用いられる。

(2) 土の圧密試験結果は、求められた圧密係数や体積圧縮係数などから、飽和粘性土地盤の沈下量と沈下時間の推定に用いられる。

(3) 土の含水比試験結果は、土の間隙中に含まれる水の質量と土粒子の質量の比で示され、乾燥密度と含水比の関係から透水係数の算定に用いられる。

(4) 土の一軸圧縮試験結果は、求められた自然地盤の非排水せん断強さから、地盤の土圧、支持力、斜面安定などの強度定数に用いられる。

解説 (3) 含水比試験結果は、乾燥密度と含水比の関係から締固め曲線として締固め管理の判断基準としている。透水係数の算定ではないので、この記述が誤り。

【解答 (3)】

1-2 土の締固め管理

出題傾向と学習のススメ

土の締固めでは、盛土の規模や重要度、土質条件など現場状況に適した規定方法として仕様を定め、これに沿った施工が行われているかを管理する必要がある。締固めの品質を規定する方法は、**品質規定方式**と**工法規定方式**に分けられる。

試験では、最近多くなってきた**TS**や**GNSSを用いた情報化施工**（工法規定方式の管理手法）に関する出題が多い。

1. 品質規定方式

盛土に必要な品質を仕様書に明示し、**締固めの方法**については施工者に委ねる方式。施工者は、盛土材料の性質により適正な締固め規定を選定する必要がある。

品質規定方式による主な規定と管理

規定の区分	適用対象と管理方法
乾燥密度で規定	・一般的な方法で、自然含水比が低めの良質土に適する ・突固めによる土の締固め試験により最大乾燥密度と最適含水比を求め、施工含水比の範囲で施工する
空気間隙率規定、飽和度で規定	・高含水比の粘性土、シルトに用いられる ・空気間隙率、飽和度の範囲を規定し管理する
強度特性、変形特性で規定	・岩塊、玉石、礫、砂質土など強度の変化のない盛土地盤に用いる ・コーン指数、地盤反力係数、CBR値などを測定し、締固め具合を判断する（強度規定） ・締め固めた盛土上を、タイヤローラを走行（プルーフローディング試験）させ、その変形量が規定以下であることを確認する（変形量規定）

2. 工程規定方式

使用する締固め機械（ローラの重量など）、まき出し厚、締固め回数などの工法そのものを仕様書に規定する方式。事前に現場で試験施工を行い、盛土に必要となる品質基準を満足する施工仕様を定めておく必要がある。また、土質や含水比が変化した場合には、施工仕様を見直すなどの修正措置をとる。

最近は、**TS**（トータルステーション）や**GNSS**※（**Global Navigation Satellite**

System；全球衛星測位システム)、GPS（Global Positioning System；全地球測位システム）による測量システムの高度化、土工機械の制御技術の進展により、ICT（情報通信技術）を施工に活用した情報化施工が行われるようになってきた。

※ GNSSは、国土地理院などでは「衛星測位システム」と訳されている場合があり、本検定試験でもかつてはこのように記載されていた。最近の問題文を見ると「全球測位衛星システム」とされていることから、本書ではGNSSを「全球測位衛星システム」に統一して用いる。

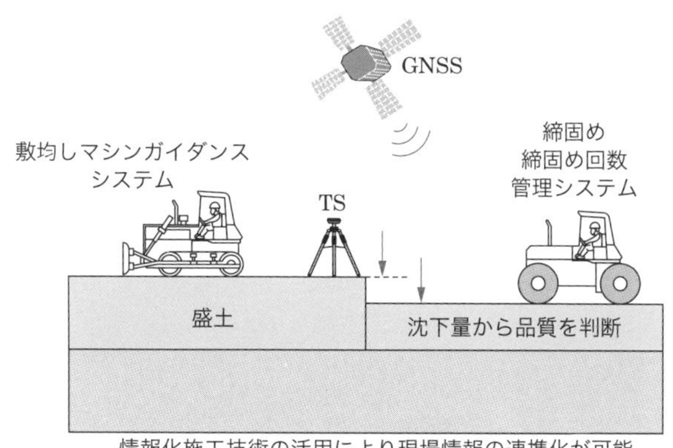

ICTによる情報化技術

演習問題でレベルアップ

《《《問題1》》》TS・GNSS（全球測位衛星システム）を用いた盛土の情報化施工に関する次の記述のうち、**適当でないもの**はどれか。

(1) 盛土の締固め管理技術は、工法規定方式を品質規定方式にすることで、品質の均一化や過転圧の防止などに加え、締固め状況の早期把握による工程短縮がはかられるものである。

(2) マシンガイダンス技術は、TSやGNSSの計測技術を用いて、施工機械の位置情報・施工情報および施工状況と三次元設計データとの差分をオペレータに提供する技術である。

(3) まき出し厚さは、試験施工で決定したまき出し厚さと締固め回数による施工結果である締固め層厚分布の記録をもって、間接的に管理をするものである。

(4) 盛土の締固め管理は、締固め機械の走行位置を追尾・記録することで、規定の締固め度が得られる締固め回数の管理を厳密に行うものである。

解説 (1) 盛土の情報化施工は、工法規定方式である。品質規定方式から工法規定方式にすることで締固め状況の早期把握といった工期短縮の効果がある。

(2) マシンガイダンス技術により、丁張を用いずに所要の施工精度を得ることができる。また、TS や GNSS を用いることで巻尺やレベルによる計測がなくても出来形管理が可能となる。関連して覚えておこう。 【解答 (1)】

《《《問題2》》》TS（トータルステーション）・GNSS（全球測位衛星システム）を用いた盛土の情報化施工に関する次の記述のうち、**適当でないもの**はどれか。

(1) 盛土に使用する材料が、事前の土質試験や試験施工で品質・施工仕様を確認したものと異なっている場合は、その材料について土質試験・試験施工を改めて実施し、品質や施工仕様を確認したうえで盛土に使用する。
(2) 盛土材料を締め固める際には、盛土施工範囲の全面にわたって、試験施工で決定した締固め回数を確保するよう、TS・GNSS を用いた盛土の締固め管理システムによって管理するものとする。
(3) 情報化施工による盛土の締固め管理技術は、事前の試験施工の仕様に基づき、まき出し厚の管理、締固め回数の管理を行う品質規定方式とすることで、品質の均一化や過転圧の防止に加え、締固め状況の早期把握による工期短縮が図られる。
(4) 情報化施工による盛土の施工管理にあっては、施工管理データの取得によりトレーサビリティが確保されるとともに、高精度の施工やデータ管理の簡略化・書類の作成に係る負荷の軽減などが可能となる。

解説 (3) まき出し厚の管理、締固め回数の管理は工法規定方式である。

そのほかの選択肢は正しい記述なのでよく覚えておこう。 【解答 (3)】

ひとこと アドバイス

関連して、5時限目4章「品質管理」(p.409) に 応用問題にチャレンジ！ (pp.410-412) があるので、さらに理解を深めよう。

1-3 土工計画

出題傾向と学習のススメ

工事内容やさまざまな調査結果、他の工事との関係などを考慮しながら土工計画が検討される。土を掘削し、運搬して盛土をする場合では、土の状態によって体積が異なることに留意しながら、こうした土量変化をあらかじめ推定して土量の配分を行い、土の運搬計画をまとめなければならない。

試験では、土量の変化率に関する基本的な出題が見られる。

1. 土量計算

土量計算では、地山の状態、ほぐした状態、締め固めた状態のそれぞれに応じた土量を、土量の変化率（土量換算係数）を用いて計算する。

$$ほぐし率\quad L=\frac{ほぐした土量}{地山土量}$$

$$締固め率\quad C=\frac{締固め後の土量}{地山土量}$$

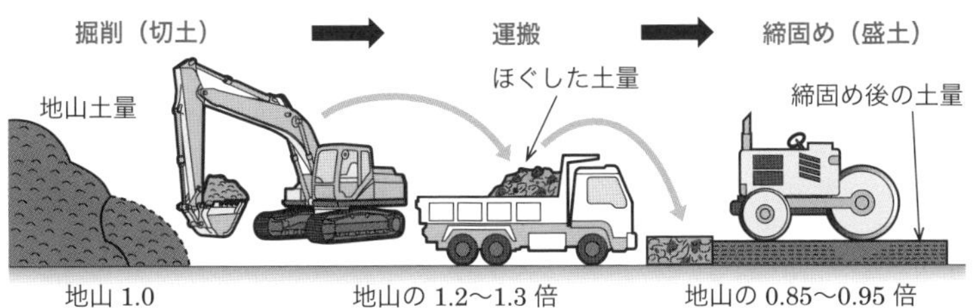

土量の変化（数値は砂質土の例）

土量換算係数を使った計算

土量換算係数 f の値

基準の q ＼ 求める Q	地山の土量	ほぐした土量	締め固めた土量
地山の土量	1	L	C
ほぐした土量	$1/L$	1	C/L
締固め後の土量	$1/C$	L/C	1

土量換算係数 f の使い方（$L=1.2$、$C=0.8$ のとき）

① 地山の土量が 1 000 m^3 のとき

→運搬土量（ほぐした土量）　$1\,000\times L=1\,000\times 1.2=1\,200$ m^3

→盛土の量（締め固めた土量）　$1\,000\times C=1\,000\times 0.8=800$ m^3

② 運搬土量（ほぐした土量）が 1 000 m^3 のとき

→地山の土量　$1\,000\times 1/L=1\,000/1.2\fallingdotseq 830$ m^3

→盛土の量（締め固めた土量）　$1\,000\times C/L=1\,000\times 0.8/1.2\fallingdotseq 670$ m^3

2. 配分計画

土工では、切土によって発生した土をどの盛土に流用するか、または余った切土の処分、足りない盛土をどこの土取り場から運搬するか、などを決めることを土量配分という。

土量の配分は、原則として「運搬土量 × 運搬距離」が最小になるように検討していく。道路などの路線で土工を行う場合は、土積図（マスカーブ）による方法が一般的である。

3. 土工機械

掘削、運搬、敷均し、締固めなどの土工作業では、現場条件や施工方法に適した建設機械を選定する。

短い距離の切土・盛土作業や軟岩の破砕、簡単な整地など、土工作業に最もよく活用されるのはブルドーザ工法である。

また、ショベル・ダンプトラック工法は、トラクタショベルなどのショベル系掘削機で掘削・積込みし、ダンプトラックで運搬する工法で、工事規模の大小や土質、運搬距離の長短にかかわらず、ブルドーザ工法と同じように最もよく活用されている。

工事現場が広く土工量がある程度まとまっている場合には被けん引式スクレーパ工法がある。運搬距離が 400 m 程度以内に有効。

このように、運搬距離を考慮して運搬機械を選定することができるが、走行する勾配や作業場の広さなども考慮する必要がある。

運搬距離と適応する建設機械

運搬距離〔m〕	運搬機械の種類
60 以下	ブルドーザ
40〜250	スクレープドーザ
60〜400	被けん引式スクレーパ
200〜1 200	自走式スクレーパ（モータスクレーパ）
100 以上	ショベル系掘削機 トラクタショベル } ダンプトラック

演習問題でレベルアップ

〈〈〈問題１〉〉〉土工における土量の変化率に関する次の記述のうち、**適当でないもの**はどれか。

(1) 土量の変化率は、実際の土工の結果から推定するのが最も的確な決め方である。

(2) 土の掘削・運搬中の損失および基礎地盤の沈下による盛土量の増加は、原則として変化率に含まれている。

(3) 土量の変化率 C は、地山の土量と締め固めた土量の体積比を測定して求める。

(4) 土量の変化率 L は、土工の運搬計画を立てるうえで重要であり、土の密度が大きい場合には積載重量によって運搬量が定まる。

解説 (2) 土の掘削・運搬中の損失、基礎地盤沈下による盛土量の増加は原則含まれない。

そのほかの選択肢は正しい記述なのでよく覚えておこう。　　　　【解答 (2)】

《《問題２》》次図は、工事起点 No.0 から工事終点 No.5（工事区間延長 500 m）の道路改良工事の土積曲線（マスカーブ）を示したものであるが、次の記述のうち、**適当でないもの**はどれか。

⑴ No.0 から No.2 までは、盛土区間である。

⑵ 当該工事区間では、盛土区間より切土区間のほうが長い。

⑶ No.0 から No.3 までは、切土量と盛土量が均衡する。

⑷ 当該工事区間では、残土が発生する。

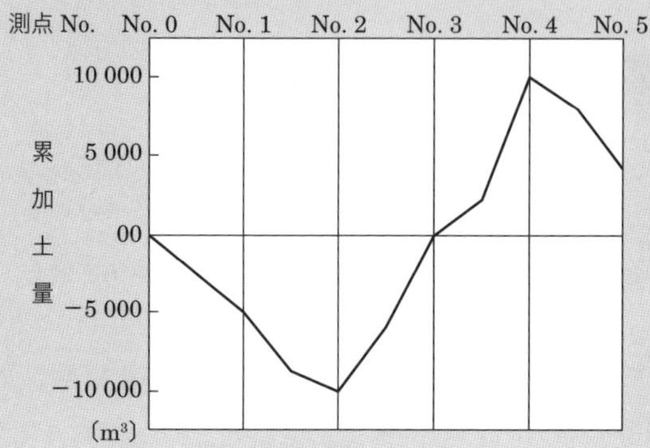

解説 この土積図をもとに、土積曲線（マスカーブ）の理解を深めよう。

① 土量が減少していくのは、盛土区間の特徴である。このため No.0～No.2 の区間は盛土となり（1）は正しい。

② No.2～No.4 は、土量が増加していくので、この間は切土区間である。また、No.4～No.5 の区間は盛土となる。このため、盛土区間は No.0～No.2＋No.4～No.5、切土区間は No.2～No.4 となることから、この工事区間では盛土区間が長い。したがって、（2）は間違い。

③ No.0～No.2 で発生した切土量と、No.2～No.3 で使われた盛土量が同じため、累加土量は 0 となっている。このことから、（3）は正しい。

④ この工事区間の最後である No.5 では、累加土量がプラス側の 5 000 m^3 となっている。このことから、（4）は正しい。

【解答（2）】

1-4 盛土・切土の施工

出題傾向と学習のススメ

盛土では、道路盛土、河川堤防などといった用途に応じて、盛土材料や施工にあたっての留意点がある。切土では、安定性などを含めた施工にあたっての留意点をふまえておく。

試験では、建設発生材の利用や特殊箇所の盛土に関する出題が多い。

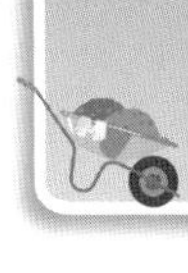

1. 盛土材料

盛土材料の選定

盛土材料は、工事を経済的に進める観点からも現場内、もしくはできるだけ現場の近くにある土砂が使用される。最近では、近いところから適当な材料を調達することが難しくなり、遠方から運搬せざるを得ないことも増えている。

使用する材料の良否が、そのまま施工の難易や、完成後の安定性に影響することから、総合的な判断が求められる。そのため、ベントナイト、蛇紋岩風化土、温泉余土、酸性白土、凍土、腐植土などは盛土材料として使用できない。

盛土材料に要求される一般的性質

- 施工機械のトラフィカビリティが確保できること
- 所定の締固めが行いやすいこと
- 締固め後にせん断強さが大きく、圧縮性（沈下量）が小さいこと
- 透水性が小さいこと（ただし、裏込め材、埋戻し材は、透水性が良く、雨水の浸透に対して強度低下しないこと）
- 有機物（草木など）を含まないこと
- 吸水による膨潤性が低いこと

建設発生土の利用

環境保全の面から建設副産物の有効利用が望まれており、また良質な盛土材料が入手困難なこともあり、建設発生土の利用が推進されている。建設発生土は、コーン指数と工学的分類体系を指標として、第 1 種建設発生土～第 4 種建設発生土および泥土の五つに分類されている。

建設発生土の有効利用と適正処理

- 高含水比の土は、なるべく薄く敷き均して十分な放置期間をとり、ばっ気乾燥、天日乾燥する。
- 支持力や施工性が確保できない材料は、現場内で発生する他の材料との混合や、セメントや石灰による安定処理を行う。
- 安定が懸念される材料は、盛土のり面勾配の変更、ジオテキスタイル補強盛土、サンドイッチ工法、排水処理や安定処理を行う。
- 安定や沈下などが懸念される材料は、障害が生じにくいのり面表面部や緑地などへ使用する。
- 有用な表土は、仮置きしておき、土羽土として有効利用する。
- 透水性の良い砂質土や礫質土は、排水材料として使用する。
- 岩塊や礫質土は、排水処理と安定性向上のため、のり尻部に使用する。

2. 盛土の施工

盛土の安定性を高めるためには、締固めを十分に行い、均一な品質の盛土を作る必要がある。そのためには、高まきを避け、水平の層に薄く敷き均し、均等に締め固める必要がある。

敷均し厚さと締固め後の仕上がり厚さ

工　法		敷均し厚さ〔cm〕	締固め後の仕上がり厚さ〔cm〕
道路盛土	路体	35～45 以下	30 以下
	路床	25～30 以下	20 以下
河川堤防		35～45 以下	30 以下

3. 特殊箇所への盛土

傾斜した地盤上や軟弱地盤上への盛土、構造物隣接箇所の盛土などでは、盛土完成後に段違いが生じたりき裂やすべりを生じやすい。

特殊箇所への盛土の課題

- 適切な締固め機械による締固め作業がしにくい。
- 地山からの湧水、周辺からの浸透水が集まりやすく、含水比が大きくなりやすい。
- 地山と盛土基礎地盤の支持力に差があり、不等沈下につながりやすい。
- 傾斜した地盤上では、地山と盛土の密着が不十分になりやすい。

傾斜地盤上への盛土

- 原地盤の傾斜が 1：4 よりも急な場合は段切りを行う。
  段切り：幅 1 m、高さ 50 cm 以内。段切り面は 4〜5％の勾配をつける。
- 地山からの湧水や周辺の雨水が集まりやすいので、施工中は排水に留意する。
- 切土との接続部や盛土体内に穴あき管などの排水管を設置し、排水する。
- 切土と盛土の境界は、すり付け切土勾配 1：4 程度でなじみを良くし、良質土で入念に締め固める。
- 切土のり面に近い山側の位置に地下排水溝を設け、切土のり面からの流水を排水する。

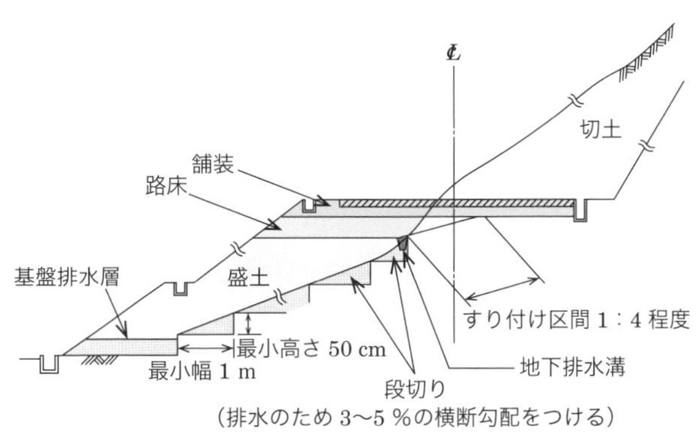

盛土基礎地盤の段切りと切土・盛土接合部の処理

軟弱地盤上への盛土

- 盛土荷重による圧密沈下量を予測して、盛土天端の高さを沈下量の分だけ余分に仕上げる余盛りにする。
- 天端高さの余盛りに合わせるため、のり面勾配を急にして仕上げる。

腹付け盛土

- 道路や堤防の既設の盛土を拡幅する腹付け盛土では、傾斜地盤上の盛土と同じように段切りを行い、境界部でのすべりを防止する。
- 腹付け盛土部分が沈下し、既設盛土と不等沈下を生じさせないように、良質な盛土材料を用いて、薄層で入念に締め固める。

構造物との接合部の盛土

- 構造物周辺の埋戻しなど、構造物との接合部で構造物との段差が生じないように、良質な材料を用いて薄層で入念に締め固める。
- 良質な盛土材とは圧縮性が小さく、透水性が良く、水浸による強度低下が少ない素材。
- 構造物に大きな偏土圧を急激に与えないように、薄層で両側から均等に締め固める。
- 構造物の隣接部や狭い場所であっても、小型の締固め機械を使用するなどにより入念な締固めを行う。
- 構造物周辺には雨水やたまり水が集まりやすいため、施工中の排水処理は十分に行う。
- 盛土内の水位上昇による間隙水圧の発生を防止するために、構造物壁面に沿って裏込め排水工や地下排水溝を設け、盛土外に排水する。

4. 切土の施工

自然状態の地盤は不均一に変化していることから、盛土地盤のように均一に仕上げることはできない。また、切土のり面は、時間の経過とともに不安定さが増す。このため、のり面の土質・地質、のり高、降雨などの気象条件や湧水などを考慮して、総合的な判断で切土のり面の勾配や形状を決定する。

切土の施工上の留意点

- 切土高が 5～10 m 以上になる場合、小段を設ける。勾配の変換点、土質や岩質が変化する境界の位置にも小段を設けるとよい。
  小段：幅 **1.0～2.0 m**。のり尻側に向かって **5～10%** の横断勾配をつける。
- のり面はく離や小段の肩が浸食を受けやすい場合は、流水がのり面を流下しないように、小段の横断勾配を逆勾配にして、山側に排水溝を設ける。
- 切土のり面から湧水のある場合は、排水溝を設けて排水する。
- のり肩部は、浸食を受けやすく植生も定着しにくいので、のり肩を丸くするラウンディングを行う。
- 岩質の仕上げ面では、凹凸を 30 cm 以下とする。
- 降雨による浸食を防止するために、軽微な場合はアスファルトを吹き付けたり、ビニルシートなどを用いて表面の流失を保護する。

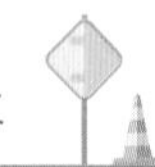

傾斜地盤上への盛土

- 原地盤の傾斜が 1：4 よりも急な場合は段切りを行う。
  段切り：幅 1 m、高さ 50 cm 以内。段切り面は 4～5%の勾配をつける。
- 地山からの湧水や周辺の雨水が集まりやすいので、施工中は排水に留意する。
- 切土との接続部や盛土体内に穴あき管などの排水管を設置し、排水する。
- 切土と盛土の境界は、すり付け切土勾配 1：4 程度でなじみを良くし、良質土で入念に締め固める。
- 切土のり面に近い山側の位置に地下排水溝を設け、切土のり面からの流水を排水する。

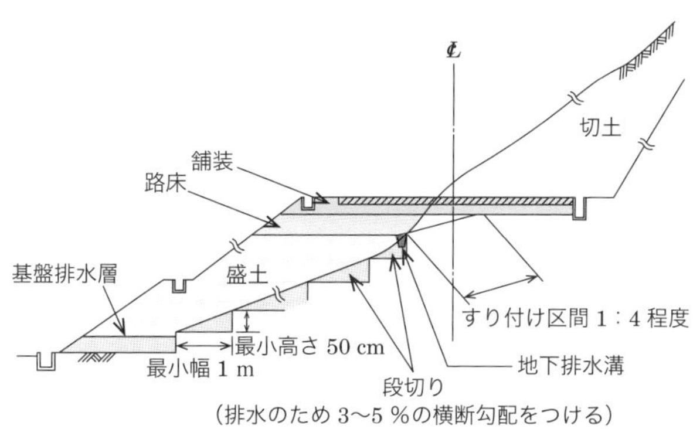

盛土基礎地盤の段切りと切土・盛土接合部の処理

軟弱地盤上への盛土

- 盛土荷重による圧密沈下量を予測して、盛土天端の高さを沈下量の分だけ余分に仕上げる余盛りにする。
- 天端高さの余盛りに合わせるため、のり面勾配を急にして仕上げる。

腹付け盛土

- 道路や堤防の既設の盛土を拡幅する腹付け盛土では、傾斜地盤上の盛土と同じように段切りを行い、境界部でのすべりを防止する。
- 腹付け盛土部分が沈下し、既設盛土と不等沈下を生じさせないように、良質な盛土材料を用いて、薄層で入念に締め固める。

構造物との接合部の盛土

- 構造物周辺の埋戻しなど、構造物との接合部で構造物との段差が生じないように、良質な材料を用いて薄層で入念に締め固める。
- 良質な盛土材とは圧縮性が小さく、透水性が良く、水浸による強度低下が少ない素材。
- 構造物に大きな偏土圧を急激に与えないように、薄層で両側から均等に締め固める。
- 構造物の隣接部や狭い場所であっても、小型の締固め機械を使用するなどにより入念な締固めを行う。
- 構造物周辺には雨水やたまり水が集まりやすいため、施工中の排水処理は十分に行う。
- 盛土内の水位上昇による間隙水圧の発生を防止するために、構造物壁面に沿って裏込め排水工や地下排水溝を設け、盛土外に排水する。

4. 切土の施工

自然状態の地盤は不均一に変化していることから、盛土地盤のように均一に仕上げることはできない。また、切土のり面は、時間の経過とともに不安定さが増す。このため、のり面の土質・地質、のり高、降雨などの気象条件や湧水などを考慮して、総合的な判断で切土のり面の勾配や形状を決定する。

切土の施工上の留意点

- 切土高が5～10 m以上になる場合、小段を設ける。勾配の変換点、土質や岩質が変化する境界の位置にも小段を設けるとよい。
  小段：幅 **1.0～2.0 m**。のり尻側に向かって **5～10%** の横断勾配をつける。
- のり面はく離や小段の肩が浸食を受けやすい場合は、流水がのり面を流下しないように、小段の横断勾配を逆勾配にして、山側に排水溝を設ける。
- 切土のり面から湧水のある場合は、排水溝を設けて排水する。
- のり肩部は、浸食を受けやすく植生も定着しにくいので、のり肩を丸くするラウンディングを行う。
- 岩質の仕上げ面では、凹凸を30 cm以下とする。
- 降雨による浸食を防止するために、軽微な場合はアスファルトを吹き付けたり、ビニルシートなどを用いて表面の流失を保護する。

演習問題でレベルアップ

〈〈〈問題1〉〉〉建設発生土を盛土に利用する際の留意点に関する次の記述のうち、**適当でないもの**はどれか。

(1) 道路の路体盛土に用いる土は、敷均し・締固めの施工が容易で、かつ締め固めた後の強さが大きく、雨水などの浸食に対して強く、吸水による膨潤性が低いことなどが求められる。

(2) 締固めに対するトラフィカビリティが確保できない場合は、水切り・天日乾燥、強制脱水、良質土混合などの土質改良を行うことが必要である。

(3) 道路の路床盛土に第3種および第4種建設発生土を用いる場合は、締固めを行っても強度が不足するおそれがあるので一般的にセメントや石灰などによる安定処理が行われる。

(4) 道路の路床盛土に第1種および第2a種建設発生土のような細粒分が多く含水比の高い土を用いる場合は、砂質系土などを混合することにより締固め特性を改善することができる。

解説 (4) **第1種建設発生土**や**第2a種建設発生土**は、砂、礫およびこれに準ずるものであるので、最大粒径や粒度分布に注意して用いることが留意事項である。細粒分が多く含水比の高い土の留意事項は該当しないので、この記述が誤り。

そのほかの選択肢は正しい記述なので覚えておこう。 【解答 (4)】

〈〈〈問題2〉〉〉建設発生土を工作物の埋戻しに利用する際の留意点に関する次の記述のうち、**適当でないもの**はどれか。ただし、「工作物の埋戻し」とは、道路その他の地表面下に埋設、または構築した各種埋設物を埋め戻すことをいう。

(1) 埋戻しに用いる土は、道路の供用後に工作物との間に隙間や段差が生じないように圧縮性の小さい材料を用いなければならない。

(2) 建設発生土を安定処理して使う場合は、一般に原位置に改良材を敷き均しておいてから、スタビライザなどにより対象土と改良材を混合しなければならない。

(3) 埋戻し材の最大粒径に関する基準は、所定の締固め度が得られるとともに、埋設物への損傷防止のための配慮も含まれているため、埋設物の種類によって異なる。

(4) 埋戻しに用いる土は、埋戻し材上部に路盤・路床と同等の支持力を要求される場合もあるので、使用場所に応じて材料を選定する。

解説 (2) 建設発生土の安定処理には、①改良材を原位置で混合を行う**原位置混合方式**、②掘削後の発生土をプラントで行う**プラント混合方式**、③掘削時に改良材との混合を行う**地山混合方式**などがある。スタビライザによる方式は、敷き均した建設発生土の上に紛体系の改良材を散布し、混合撹拌する方法で、広範囲を一律に改良施工する場合に向いているので、工作物の埋戻しには適した方式とはいえない。工作物の埋戻しにおける主な土質改良工法は、天日乾燥や良質土混合、プラントで行うプラント安定処理などがある。

そのほかの選択肢は正しい記述なので覚えておこう。 【解答 (2)】

工作物の埋戻しに用いる発生土についての留意点

- 圧縮性が小さい。
- 埋設物に悪影響を与えない。
- 施工性が良く早期に所定の支持力が得られる。
- 外力の作用により変形、流失しない。

《《《問題3》》》道路の盛土区間に設置するボックスカルバート周辺の裏込めの施工に関する次の記述のうち、**適当でないもの**はどれか。

(1) 裏込め材料は、供用開始後の段差を抑制するため、締固めが容易で、非圧縮性、透水性があり、かつ、水の浸入によっても強度の低下が少ないような安定した材料を使用する。

(2) 裏込め部付近は、施工中、施工後において、水が集まりやすく、これに伴う沈下や崩壊も多いことから、施工中の排水勾配の確保、地下排水溝の設置などの十分な排水対策を講じる。

(3) 軟弱地盤上の裏込め部は、特に沈下が大きくなりがちであるので、プレロードなどの必要な処理を行って、供用開始後の基礎地盤の沈下をできるだけ少なくする。

(4) 裏込め部は、確実な締固めができるスペースの確保、施工時の排水処理の容易さから、盛土を先行した後に施工するのが望ましい。

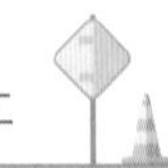

解説 (4) 裏込め部は、確実な締固めができるスペースの確保や施工時の排水処理が難しいことから、裏込めと盛土を同時進行、または裏込めが先行するのが望ましい。したがって、この記述が誤り。

そのほかの選択肢は正しい記述なので覚えておこう。 【解答 (4)】

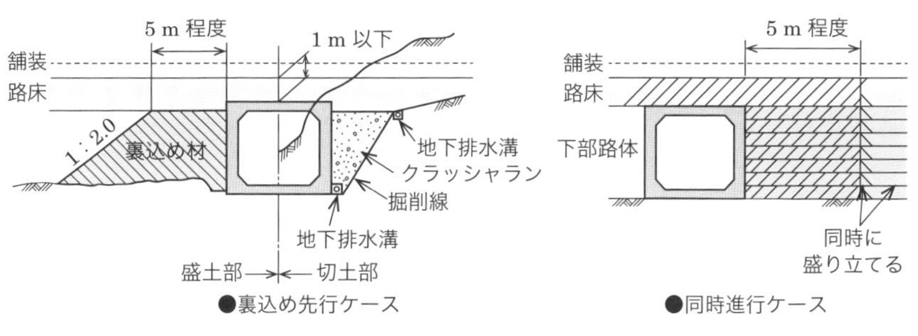

ボックスカルバート裏込め工の施工例

構造物の裏込めに用いる発生土についての留意点

- 締固めが容易で、圧縮性が小さい。
- 透水性が良い。
- 水の浸透に対して強度低下が少ない。

1-5 のり面保護工

出題傾向と学習のススメ

のり面保護工は、のり面の風化、浸食を防止し、のり面の安定を図る目的がある。

試験では、のり面保護工の施工に関する出題が見られる。

基礎ポイント講義

1. 植生工

植生工は、のり面に植物を繁茂させることによって、のり面の表層部を根でしっかりしばり、安定させるものである。景観や環境保全の効果も期待できる。

植生工の代表例とその目的

主な工種	目　的
種子散布工 植生基材吹付工 植生マット工 張芝工	浸食防止 凍上崩壊防止 全面植生（全面緑化）
植生筋工 筋芝工	盛土のり面の浸食防止 部分植生
植生盤工 植生袋工 植生穴工	不良土、硬質土のり面の浸食防止

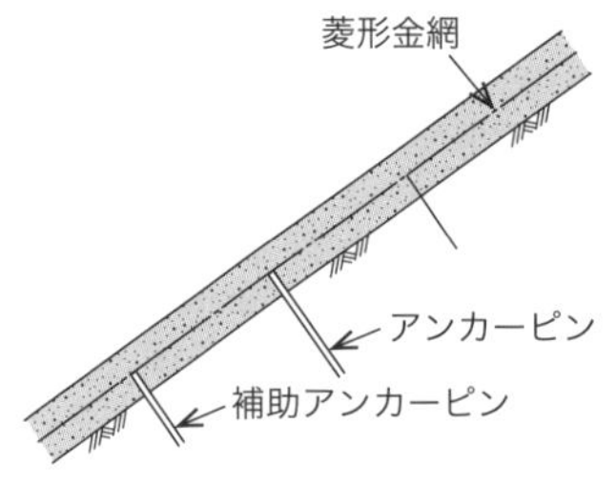

●植生基材吹付工

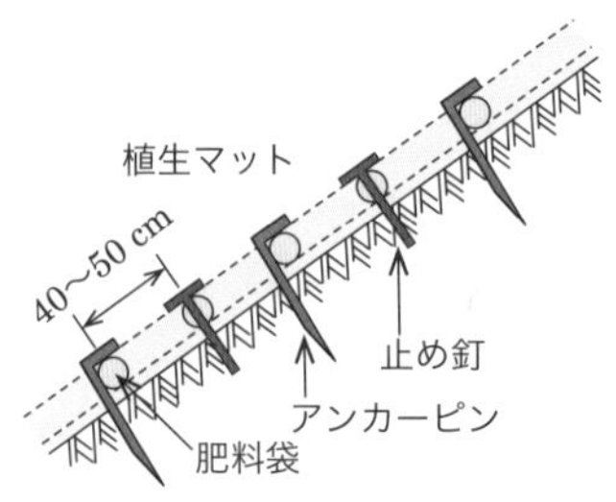

●植生マットエ

植生工の例

2. 構造物によるのり面保護工

植物が生育困難で、植生工の適用できないのり面や、植生のみでは不安定となるのり面、崩壊、はく落、落石などのおそれがあるのり面などは、人工的な構造物で保護する。

構造物によるのり面保護工の代表例とその目的

主な工種	目　的
モルタル吹付工 コンクリート吹付工 石張工 ブロック張工 コンクリートブロック枠工 （中詰めが練詰め、ブロック張り）	■雨水の浸透を許さない ・風化防止 ・浸食防止
コンクリートブロック枠工 （中詰めが土砂や栗石の空詰め） 編柵工 のり面蛇かご工	■雨水の浸透を許す ・のり表層部の浸食や湧水による流失の抑制
コンクリート張工 現場打ちコンクリート枠工 のり面アンカー工	■ある程度の土圧に対抗できる ・のり表層部の崩壊防止 ・多少の土圧に対する土留め ・岩盤はく落防止

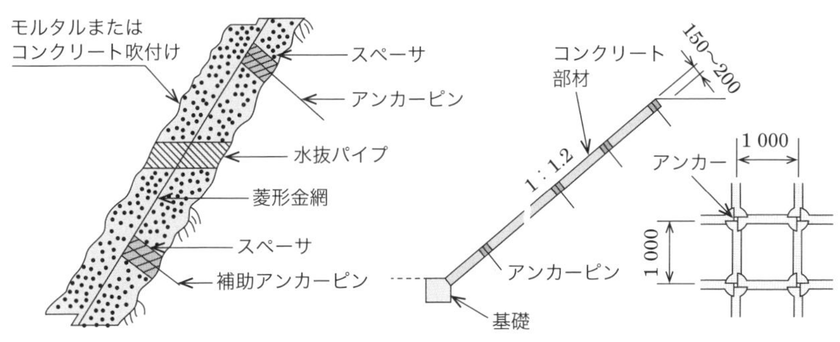

●モルタル吹付工、コンクリート吹付工　●プレキャストのり枠（コンクリートブロック枠工）

構造物によるのり面保護工の例

演習問題でレベルアップ

《《《問題1》》》のり面保護工の施工に関する次の記述のうち、**適当でないもの**はどれか。

(1) 種子散布工は、各材料を計量した後、水、木質材料、浸食防止材、肥料、種子の順序でタンクへ投入し、十分撹拌してのり面へムラなく散布する。

(2) 植生マット工は、のり面が平滑だとマットが付着しにくくなるので、あらかじめのり面に凹凸を付けて設置する。
(3) モルタル吹付工は、吹付けに先立ち、のり面の浮石、ほこり、泥などを清掃した後、一般に菱形金網をのり面に貼り付けてアンカーピンで固定する。
(4) コンクリートブロック枠工は、枠の交点部分に所定の長さのアンカーバーなどを設置し、一般に枠内は良質土で埋め戻し、植生で保護する。

解説 (2) **植生マット工**では、のり面にできるだけ密着させる必要がある。このとき、「**のり面**の凹凸が大きいと浮き上がったり風に飛ばされやすいので、あらかじめ凹凸を均して設置する」となっており、記述は誤りである。【解答 (2)】

《《《問題2》》》 のり面保護工の施工に関する次の記述のうち、**適当でないもの**はどれか。
(1) モルタル吹付工は、のり面の浮石、ほこり、泥などを清掃し、モルタルを吹き付けた後、一般に菱形金網をのり面に張り付けてアンカーピンで固定する。
(2) 植生マット工は、のり面の凸凹が大きいと浮き上がったり風に飛ばされやすいので、あらかじめ凹凸を均して設置する。
(3) 植生土のう工は、のり枠工の中詰とする場合には、施工後の沈下やはらみ出しが起きないように、土のうの表面を平滑に仕上げる。
(4) コンクリートブロック枠工は、枠の交点部分には、所定の長さのアンカーバーなどを設置し、一般に枠内は良質土で埋め戻し、植生で保護する。

解説 のり面保護工は、この問題のように施工の具体的な内容についての出題が多い。演習問題をていねいに読みながら、必要となる知識を習得しよう。

(1) **モルタル吹付工**は、「硬化収縮などによって生じるクラック、はく落を防止するため、コンクリート中に金網（菱形金網）を設けることを原則としていて、必要に応じて鉄筋を入れることが望ましい」とされている。記述の「モルタルを吹き付けた後」は誤り。

そのほかの選択肢は正しい記述なので覚えておこう。【解答 (1)】

1-6 軟弱地盤対策工

出題傾向と学習のススメ

軟弱地盤上に盛土などを行うと、地盤の安定性の不足から過大な沈下が発生し、問題となることが多い。また、施工するうえでも、地盤の排水の困難や、トラフィカビリティ不足が生じやすい。試験では、代表的な軟弱地盤対策工の施工方法に関する出題が見られる。

1. 軟弱地盤の判定

軟弱地盤は、粘性土や有機質土からなる含水量の極めて大きい軟弱な地盤、砂質土からなるゆるい飽和状態の地盤である。

軟弱地盤の判定（粘性土の場合）

標準貫入試験 N値	コーン貫入試験 q_c〔kN/m²〕	盛土の安定、沈下
$N>4$	$q_c>250$	沈下、安定について問題ない
$4>N>2$	$250>q_c>125$	特に高い盛土では安定性が問題になることもあるが、安定、沈下についての一応の検討が必要
$2>N$	$125>q_c$	安定および沈下に対しての十分な調査が必要

2. 軟弱地盤対策工の種類と効果

軟弱地盤を処理するためには、対策工の目的や効果に応じた適切な工法を採用する必要がある。

軟弱地盤対策工の目的と効果

目　的	効　果	区分
沈下対策	圧密沈下の促進 地盤の沈下を促進して、残留沈下量を少なくする	A
	全沈下量の減少 地盤の沈下そのものを少なくする	B
安定対策	せん断変形の抑制 盛土によって周辺の地盤がふくれ上がったり、側方移動したりすることを抑制する	C
	強度低下の抑制 地盤の強度が盛土などの荷重によって低下することを抑制し、安定を図る	D
	強度増加の促進 地盤の強度を増加させることによって、安定を図る	E
	すべり抵抗の増加 盛土形状を変える、地盤の一部を置き換えるなどによって、すべり抵抗を増加し安定を図る	F
地震時対策	液状化の防止 液状化を防ぎ、地震時の安定を図る	G

軟弱地盤対策工の種類と効果

分類	工　法	区分						
		A	B	C	D	E	F	G
表層処理工法	敷設材工法、表層混合処理工法、表層排水工法、サンドマット工法			◎	○	○	○	
緩速載荷工法	漸増載荷工法、段階載荷工法			○	◎			
押え盛土工法	押え盛土工法、緩斜面工法			○			◎	
置換工法	掘削置換工法、強制置換工法		○	○			◎	○
荷重軽減工法	軽量盛土工法		◎		◎			
載荷重工法	盛土荷重載荷工法（プレローディング工法）、地下水低下工法	◎				○		
バーチカルドレーン工法	サンドドレーン工法、カードボードドレーン工法（ペーパードレーン工法）	◎		○		○		
サンドコンパクションパイル工法	サンドコンパクションパイル工法	○	◎	○			◎	◎
振動締固め工法	バイブロフローテーション工法、ロッドコンパクション工法		○				○	◎
固結工法	深層混合処理工法		◎	○			◎	
	石灰パイル工法、薬液注入工法、凍結工法		◎				◎	

○：工法の効果　◎：主効果

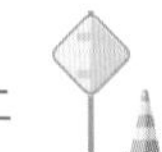

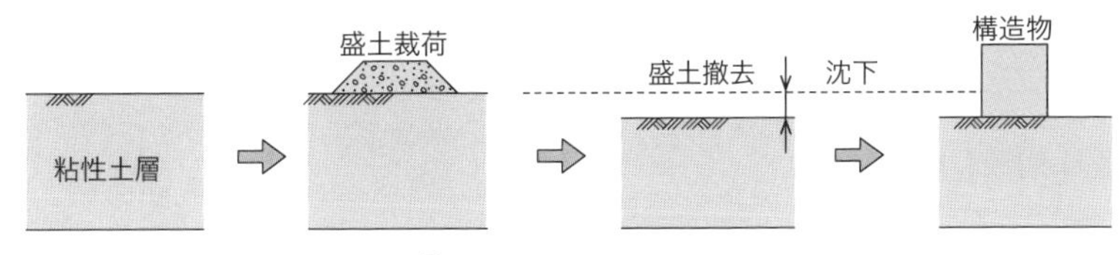

軟弱地盤対策工の例

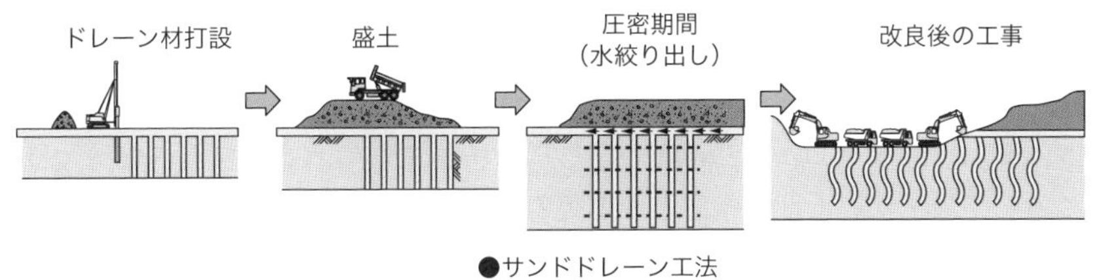

●サンドドレーン工法

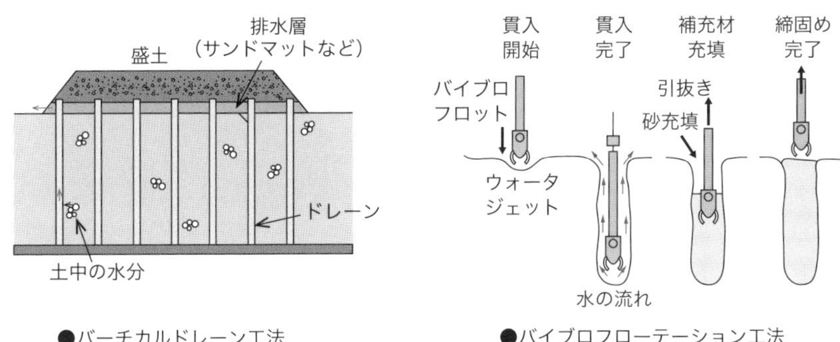

●バーチカルドレーン工法　　●バイブロフローテーション工法

軟弱地盤対策工の例

演習問題でレベルアップ

《《《問題１》》》軟弱地盤対策工法に関する次の記述のうち、**適当でないもの**はどれか。

(1) サンドマット工法は、軟弱地盤上の表面に砕石を薄層に敷設することで、軟弱層の圧密のための上部排水の促進と、施工機械のトラフィカビリティの確保を図るものである。

(2) 緩速載荷工法は、できるだけ軟弱地盤の処理を行わない代わりに、圧密の進行に合わせ時間をかけてゆっくり盛土することで、地盤の強度増加を進行させて安定を図るものである。

(3) サンドドレーン工法は、透水性の高い砂を用いた砂柱を地盤中に鉛直に造成し、水平方向の排水距離を短くして圧密を促進することで、地盤の強度増加を図るものである。

(4) 表層混合処理工法は、表層部分の軟弱なシルト・粘土とセメントや石灰などとを撹拌混合して改良することで、地盤の安定やトラフィカビリティの改善などを図るものである。

解説 (1) サンドマット工法は敷砂工法とも呼ばれ、軟弱地盤上に透水性の高い砂、または砂礫を50～120 cmの厚さに敷き均すもの。プレロード盛土と併用することで地下水の上部排水層となる役割を果たし、盛土作業に必要な施工機械のトラフィカビリティを確保する。また、軟弱地盤が表層部の浅い部分だけである場合は、サンドマットの施工だけで軟弱地盤処理の目的を果たすことができる。記述文では、「砕石」を薄層に敷設となっていることから、誤りである。

【解答 (1)】

《《《問題2》》》軟弱地盤対策工法に関する次の記述のうち、**適当でないもの**はどれか。

(1) サンドコンパクションパイル工法は、地盤内に鋼管を貫入して管内に砂などを投入し、振動により締め固めた砂杭を地中に造成することにより、支持力の増加などを図るものである。

(2) ディープウェル工法は、地盤中の地下水位を低下させることにより、それまで受けていた浮力に相当する荷重を下層の軟弱層に載荷して、地盤の強度増加などを図るものである。

(3) 深層混合処理工法は、原位置の軟弱土と固化材を撹拌混合することにより、地中に強固な柱体状などの安定処理土を形成し、すべり抵抗の増加や沈下の低減を図るものである。

(4) 表層混合処理工法は、表層部分の軟弱なシルト・粘土と固化材とを撹拌混合して改良することにより、水平方向の排水距離を短くして圧密を促進し、地盤の強度増加を図るものである。

解説 (4) 表層混合処理工法は添加材工法とも呼ばれ、生石灰、消石灰やセメントなどの安定材を、スラリー状または粉体のまま軟弱な表層地盤と混合して、地盤の支持力や安定性を増加させて、施工機械のトラフィカビリティを確保し、盛土の安定性や締固め効率の向上を図るものである。

記述文にある、「水平方向の排水距離を短くして圧密を促進する」効果は該当しないので、誤りとなる。

なお、(2) ディープウェル工法は、深井戸排水工法とも呼ばれ、正しい記述である。 【解答 (4)】

《《《問題３》》》道路土工に用いられる軟弱地盤対策工法に関する次の記述のうち、**適当でないもの**はどれか。

(1) 締固め工法は、地盤に砂などを圧入または動的な荷重を与え地盤を締め固めることにより、液状化の防止や支持力増加をはかるなどを目的とするもので、振動棒工法などがある。

(2) 固結工法は、セメントなどの固化材を土と撹拌混合し地盤を固結させることにより、変形の抑制、液状化防止などを目的とするもので、サンドコンパクションパイル工法などがある。

(3) 荷重軽減工法は、軽量な材料による荷重軽減や地盤の挙動に対応し得る構造体をつくることにより、全沈下量の低減、安定性確保などを目的とするもので、カルバート工法などがある。

(4) 圧密・排水工法は、地盤の排水や圧密促進によって地盤の強度を増加させることにより、道路供用後の残留沈下量の低減をはかるなどを目的とするもので、盛土載荷重工法などがある。

解説 (2) 固結工法は、セメントなどの固化材を土と撹拌混合し地盤を固結させることにより、安定を増すと同時に沈下を減少させる工法である。液状化防止の効果もあるサンドコンパクションパイル工法は、固結工法ではない。したがって、この記述が誤りとなる。 【解答 (2)】

2章 コンクリート工

2-1 コンクリート材料

出題傾向と学習のススメ

コンクリートは、セメント、水、骨材（砂、砂利、砕石など）、混和材料などによってできあがるものであり、セメントと水を練り混ぜることによって生じる化学反応（水和）によって硬化させている。

試験では、骨材や混和材の知識を問う問題が多い。

基礎ポイント講義

1. セメントと水

セメント

セメントは、ポルトランドセメントと混合セメントに大きく区分される。

- ポルトランドセメントには、普通、早強、超早強、中庸熱、耐硫酸塩という5種類がある。なかでも、養生期間5日の普通ポルトランドセメントが最も広く用いられている。工期を短縮する場合は、養生期間3日の早強ポルトランドセメントが用いられる。
- 混合セメントには、高炉セメント、シリカセメント、フライアッシュセメントの3種類がある。このうち、高炉セメントは海岸や港湾構造物、地下構造物に用いられる。

コンクリートに使用する水

- コンクリートを練るための水（練混ぜ水）は主に上水道水を使用する。鋼材を腐食させるような有害物質を含まない河川水、湖沼水、地下水、工業用水を用いることもある。
- 一般に、海水は使用してはならない。

2. 骨材

骨材は、セメントと水に練り混ぜる、砂、砂利、砕石、砕砂などの材料のことである。

- 細骨材：**10 mm** 網ふるいをすべて通過し、**5 mm** 網ふるいを重量で **85%以上**通過するもの。
- 粗骨材：**5 mm** 網ふるいに重量で **85%以上留まる**もの。

コンクリート用に用いる骨材は、配合設計で表面乾燥飽水状態（表乾状態）とする。

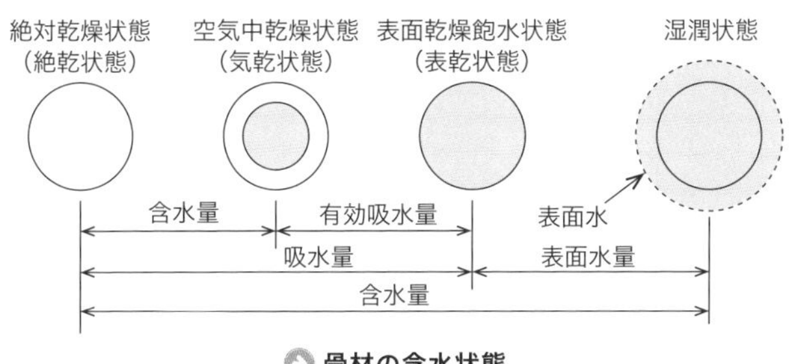

骨材の含水状態

3. 混和材料

- 混和剤：使用量が少なく、それ自体の容積がコンクリートの練上げ容積に算入されないもの。
- 混和材：使用量が比較的多く、それ自体の容積がコンクリートの練上げ容積に算入するもの。

AE 剤、AE 減水剤の特徴

- ワーカビリティが改善される。
- 単位水量、単位セメント量を低減させる。
- 耐凍害性が向上する。
- ブリーディング、レイタンスを少なくする。
- 水密性が改善される。

混和材の特徴

- ワーカビリティを改善し、単位水量を減らす。
- 水和熱による温度上昇を小さくする。

演習問題でレベルアップ

《《《問題1》》》コンクリート用粗骨材に関する次の記述のうち、**適当でないもの**はどれか。

(1) 砕石を用いた場合は、ワーカビリティの良好なコンクリートを得るためには、砂利を用いた場合と比べて単位水量を小さくする必要がある。

(2) コンクリートの耐火性は、骨材の岩質による影響が大きく、石灰岩は耐火性に劣り、安山岩などの火山岩系のものは耐火性に優れる。

(3) 舗装コンクリートに用いる粗骨材の品質を評価する試験方法として、ロサンゼルス試験機による粗骨材のすりへり試験がある。

(4) 再生粗骨材Mの耐凍害性を評価する試験方法として、再生粗骨材Mの凍結融解試験方法がある。

解説 (1) 砕石は砂利よりも角ばっている。このため、単位水量が同じ場合、スランプ値は小さく、強度は大きくなる。一般的に、砕石を用いた場合は、砂利を用いた場合に比べて単位水量を大きくする。したがって、この記述が誤り。

そのほかの選択肢は正しい記述なので覚えておこう。 **【解答 (1)】**

《《《問題2》》》コンクリート用骨材に関する次の記述のうち、**適当でないもの**はどれか。

(1) 砂は、材料分離に対する抵抗性を持たせるため、粘土塊量が2.0%以上のものを用いなければならない。

(2) 同一種類の骨材を混合して使用する場合は、混合した後の絶乾密度の品質が満足されている場合でも、混合する前の各骨材について絶乾密度の品質を満足しなければならない。

(3) JIS A 5021に規定されるコンクリート用再生粗骨材Hは、吸水率が3.0%以下でなければならない。

(4) 凍結融解の繰返しによる気象作用に対する骨材の安定性を判断するための試験は、硫酸ナトリウムの結晶圧による破壊作用を応用した試験方法により行われる。

解説 (1) 材料分離に対する抵抗性を持たせるため、粘土塊量が1.0%以下のものを用いなければならない。したがって、この記述が誤りとなる。

以下に詳しく解説する。

粘土塊量

- 骨材中に含まれる強度を持たない粘土の塊のこと。
- 粘土塊が骨材に含まれると、コンクリート中で塊として残ることから弱点となり、強度や耐久性を低下させる。
- 24時間吸水後、指で押して細かく砕くことのできるものを粘土塊とする。

砂利、砂、砕石、砕砂の品質　(粘性塊量の場合)

品　質	砂利	砂	砕石	砕砂
粘土塊量〔%〕	≦0.25	≦1.0	–	–

(2) 骨材の混合使用時の注意事項に関する出題である。同一種類の骨材であっても、産地や地山の地層が異なる場合や製造時期が異なる場合など、骨材の品質が異なる場合があるので、塩化物量や粒度を除き、それぞれの骨材の品質を確認する必要がある。

(3) 記述のとおり、再生粗骨材Hの吸水率は3.0%以下(再生細骨材Hでは吸水率3.5%以下)。

(4)「硫酸ナトリウムによる骨材の安定性試験方法」により、損失質量分率が10%を超えない細骨材を用いることを標準とする。この試験は、硫酸ナトリウムの結晶圧によって骨材を破壊し、試験後に再度ふるいにかけ、ふるいに残った重量を測定するもの。試験前の重量と試験後の重量を比較して百分率で数値化し、骨材の耐久性を評価する。

【解答(1)】

《《《問題3》》》混和材を用いたコンクリートの特徴に関する次の記述のうち、**適当なもの**はどれか。

(1) 普通ポルトランドセメントの一部を高炉スラグ微粉末で置換すると、コンクリートの湿潤養生期間を短くすることができ、アルカリシリカ反応の抑制効果が期待できる。

(2) 普通ポルトランドセメントの一部を良質のフライアッシュで置換すると、単位水量を大きくする必要があるが、長期強度の増進が期待できる。

(3) 膨張材を適切に用いると、コンクリートの乾燥収縮や硬化収縮などに起因するひび割れの発生を低減できる。

(4) シリカフュームを適切に用いると、単位水量を減少させることができ、AE減水剤の使用量を減らすことができる。

解説 (1) 高炉スラグ微粉末を用いたコンクリートでは、アルカリシリカ反応の抑制のほか、化学抵抗性の改善、長期強度の増加などの優れた効果が見られる。しかし、養生温度や湿潤養生に注意した養生期間を十分に取らないと、所定の強度は得られない。また、硬化体組織が粗となってしまい、中性化速度の増加やひび割れ、抵抗性の低下につながってしまう。養生期間を短くするのは誤り。

(2) フライアッシュを用いると、単位水量を減少させることができるので、記述は誤り。

(3) 正しい記述である。

(4) シリカフュームを適切に用いることで、材料分離やブリーディングの抑制、水密性や化学抵抗性の向上や強度の増加を期待できる。しかし、単位水量が増加してしまい、乾燥収縮の増加などにつながる懸念があることから、高性能AE 減水剤や高性能減水剤を併用する必要がある。以上から、(4) は誤りである。

【解答 (3)】

《《《問題4》》》 コンクリート用混和材料に関する次の記述のうち、**適当でないもの**はどれか。

(1) 膨張材をコンクリート 1 m^3 当たり標準使用量 20 ～ 30 kg 程度用いてコンクリートを造ることにより、コンクリートの乾燥収縮や硬化収縮などに起因するひび割れの発生を低減できる。

(2) フライアッシュを適切に用いると、コンクリートのワーカビリティを改善し単位水量を減らすことができることや、水和熱による温度上昇の増加などの効果を期待できる。

(3) 高性能 AE 減水剤を用いたコンクリートは、通常のコンクリートと比べて、コンクリート温度や使用材料などの諸条件の変化に対して、ワーカビリティなどが影響を受けやすい傾向にある。

(4) 収縮低減剤は、コンクリート 1 m^3 当たり 5 ～ 10 kg 程度添加することでコンクリートの乾燥収縮ひずみを 20 ～ 40%程度低減できる。

解説 (2) フライアッシュにより、ワーカビリティの改善と単位水量を減らすこと、長期強度の増進や水密性、化学抵抗性の向上、アルカリシリカ反応の抑制など優れた効果が得られるほか、水和熱による温度上昇の低減も可能である。よって、この部分の記述が誤り。

【解答 (2)】

2-2 コンクリートの配合

出題傾向と学習のススメ

コンクリートやモルタルを作るときの各材料の割合や使用量を、**配合**という。特に設計図書や責任技術者によって指示される配合が、**示方配合**である。

試験では、コンクリートの配合についての基本的な知識を問う問題が多い。

1. フレッシュコンクリート

練り混ぜられてから、まだ固まらないコンクリートを**フレッシュコンクリート**という。フレッシュコンクリートの性質上、施工の各段階（運搬・打込み・締固め・表面仕上げ）での作業を容易に行えることが重要であり、その際に材料分離を生じたり、品質が変化したりすることのないことも重要である。

コンクリートの作業性は**ワーカビリティ**と呼ばれ、**コンシステンシー**、**プラスチシティ**、**フィニッシャビリティ**の3要素で表現される。

コンシステンシー

- 変形や流動に対する抵抗性のこと。
- **スランプ試験**により求めたスランプ値で定量的に表している。スランプ値が大きいほどコンクリートは軟らかく、コンシステンシーは小さい。

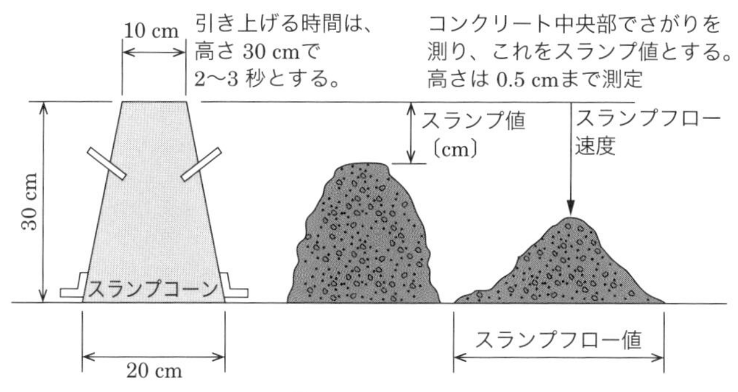

スランプ試験

プラスチシティ

- 容易に型に詰めることができ、型を取り去るとゆっくりと形を変えるが、崩れたり、材料が分離したりしないようなフレッシュコンクリートの性質。
- コンクリートの粗骨材とモルタルの材料分離の抵抗性を示す概念となる用語である。

フィニッシャビリティ

- 仕上げのしやすさの程度を示すフレッシュコンクリートの性質。
- コンクリートの型枠への詰めやすさ、表面の仕上げやすさなどの概念となる用語である。

2. 配合設計

コンクリートに求められる品質は、硬化後の強度、耐久性、水密性のことである。この所要の品質を得るために、配合設計により使用する材料の使用割合を決める必要がある。

単位セメント量、単位水量

- 配合は、コンクリートの練上り 1 m^3 の材料使用量で表す。その際に必要となる水の質量を単位水量、セメントの量を単位セメント量という。
- 単位水量の多いコンクリートは流動性が高いが、コンシステンシーは小さく、ワーカビリティは良くなるが、強度は小さくなる。

水セメント比

- 水セメント比（W/C）＝単位水量 W〔kg〕÷ 単位セメント量 C〔kg〕
- 水セメント比が小さいほど、強度、耐久性、水密性が向上する。
- 水セメント比が大きいほど、硬化後の組織が粗になり、耐久性に劣る。
- 水セメント比は、原則として 65%以下とする。

配合強度

- コンクリートの配合強度は、設計基準強度および現場におけるコンクリートの品質のばらつきを考慮する。

その他の条件

- 粗骨材の最大寸法の選定
- スランプ、空気量の選定
- 細・粗骨材量の算定
- 混和材料の使用量の算定

演習問題でレベルアップ

〈〈〈問題１〉〉〉コンクリートの配合に関する次の記述のうち、**適当でないもの**はどれか。

⑴ 水セメント比は、コンクリートに要求される強度、耐久性などを考慮して、これらから定まる水セメント比のうちで、最も小さい値を設定する。

⑵ 単位水量が大きくなると、材料分離抵抗性が低下するとともに、乾燥収縮が増加するなど、コンクリートの品質が低下する。

⑶ スランプは、運搬、打込み、締固めなどの作業に適する範囲内で、できるだけ大きくなるように設定する。

⑷ コンクリートの計画配合が配合条件を満足することを実績などから確認できる場合、試し練りを省略できる。

解説 (3) スランプは、運搬、打込み、締固めなどの作業に適する範囲内で、できるだけ小さくなるように設定することから、この記述が誤り。**【解答 (3)】**

〈〈〈問題２〉〉〉コンクリートの配合に関する次の記述のうち、**適当でないもの**はどれか。

⑴ 水セメント比は、コンクリートに要求される強度、耐久性および水密性などを考慮して、これらから定まる水セメント比のうちで、最も大きい値を設定する。

⑵ 単位水量が大きくなると、材料分離抵抗性が低下するとともに、乾燥収縮が増加するなどコンクリートの品質が低下する。

⑶ スランプは、運搬、打込み、締固めなどの作業に適する範囲内で、できるだけ小さくなるように設定する。

⑷ 空気量が増すとコンクリートの強度は小さくなる傾向にあり、コンクリートの品質に影響することがある。

(1) 水セメント比は、コンクリートに求められる力学的性能、耐久性、水密性およびそのほかの性能を考慮して、これらから定められる水セメント比のうちで、最小の値を設定する。したがって、この記述が誤りである。　**【解答 (1)】**

《《《問題3》》》 コンクリートの配合に関する次の記述のうち、**適当でないもの**はどれか。

(1) 水セメント比は、コンクリートに要求される強度、耐久性および水密性などを考慮して、これらから定まる水セメント比のうちで、最も小さい値を設定する。

(2) 空気量が増すとコンクリートの強度は大きくなるが、コンクリートの品質のばらつきも大きくなる傾向にある。

(3) スランプは、運搬、打込み、締固めなどの作業に適する範囲内で、できるだけ小さくなるように設定する。

(4) 単位水量が大きくなると、材料分離抵抗性が低下するとともに、乾燥収縮が増加するなど、コンクリートの品質が低下する。

解説 (2) コンクリート中の空気量が増すと、コンクリートの強度は小さくなり、品質のばらつきも大きくなる傾向がある。コンクリートの内部に気泡（=つまり空洞がある、というイメージ）があることは、強度の低下につながる。

空気量は、練上がり時において、コンクリート容積の4～7%を標準とし、過度に多くしないように留意する必要がある。したがって、この記述が誤りである。

【解答（2）】

2-3 レディミクストコンクリート

出題傾向と学習のススメ

あらかじめ練混ぜを完了し、荷下し地点まで配達される製品としてのコンクリートをレディミクストコンクリートと呼ぶ。

試験では、レディミクストコンクリートの受入れに関する問題が多く、5時限目4章「品質管理」と関連して覚えておく必要がある。

基礎ポイント講義

1. レディミクストコンクリートの購入

レディミクストコンクリートの呼び方は、コンクリートの種類、呼び強度、スランプまたはスランプフロー、粗骨材の最大寸法、セメントの種類で構成されている。これを指定して購入することができる。

例

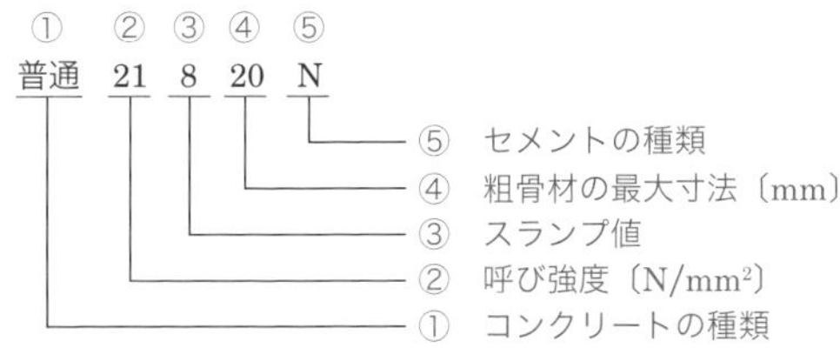

① **コンクリートの種類**

普通、軽量、舗装、高強度のいずれかを選定する。

② **呼び強度**

圧縮強度の場合：18～60 N/mm²。コンクリートの種類に応じて表から選定する。

曲げ強度の場合：4.5 N/mm²。

③ **スランプ値**

一般に5～21の範囲で、次ページの表などから選定する。

④ **粗骨材の最大寸法**

15～40 mmの範囲で表から選定する。

⑤ **セメントの種類**

N：普通ポルトランドセメント　H：早強ポルトランドセメント　など

2. レディミクストコンクリートの受入検査

① コンクリートの強度検査

次の二つの条件を同時に満たしていること。

- **試験は 3 回※行い、そのうちどれもが指定呼び強度の 85%以上**
- **3 回の平均値は指定呼び強度以上**

※　450 m^3 を一つの検査ロッドとした場合

② スランプ検査

スランプ値は、指定値を基本として許容差が決められている。

スランプ値の許容差

スランプ値	スランプ許容差
2.5 cm	±1 cm
5 cm および 6.5 cm	±1.5 cm
8 cm 以上 18 cm 以下	±2.5 cm
21 cm	±1.5 cm

スランプフロー	スランプフロー許容差
45 cm、50 cm および 55 cm	±7.5 cm
60 cm	±10 cm

③ 空気量検査

コンクリートの種類ごとに空気量の目標値が決められており、受入れの許容差は ± 1.5 cm で一定である。

空気量の許容差

コンクリートの種類	空気量〔%〕	空気量許容差
普通コンクリート	4.5	±1.5 cm
舗装コンクリート	4.5	
軽量コンクリート	5.0	

④ 塩化物含有量

塩化物含有量は、塩素イオン（Cl^-）量として、**許容上限は 0.3 kg/m^3 以下**である（ただし、購入者の承認を受けた場合は、0.60 kg/m^3 以下）。

検査は、工場で行う。やむを得ない場合は、塩化物含有量検査だけが工場出荷時の検査が認められている。

演習問題でレベルアップ

《《《問題1》》》JIS A 5308に準拠したレディミクストコンクリートの受入検査に関する次の記述のうち、**適当でないもの**はどれか。

(1) スランプ試験を行ったところ、12.0 cmの指定に対して10.0 cmであったため、合格と判定した。

(2) 空気量試験を行ったところ、4.5%の指定に対して3.0%であったため、合格と判定した。

(3) 塩化物含有量の検査を行ったところ、塩化物イオン（Cl^-）量として1.0 kg/m^3であったため、合格と判定した。

(4) アルカリシリカ反応対策について、コンクリート中のアルカリ総量が2.0 kg/m^3であったため、合格と判定した。

解説　(1) スランプ試験：12.0 cmの場合は許容差±2.5 cm、9.5〜14.5 cmの中なので合格。

(2) 空気量試験：4.5%の許容差は±1.5%、3.0〜6.0%の中なので合格。

(3) 塩化物含有量の検査：許容上限**0.3 kg/m^3**以下を上回っているので不合格。

(4) コンクリート1 m^3中のアルカリ総量は、**3.0 kg/m^3**以下とされている。合格と判定してよい。

【解答 (3)】

《《《問題2》》》コンクリート標準示方書に規定されているレディミクストコンクリートの受入検査項目に関する次の記述のうち、**適当でないもの**はどれか。

(1) 現場での荷卸し時や打ち込む前にコンクリートの状態に異常がないか、目視で確かめる。

(2) スランプ試験は、1回／日、または構造物の重要度と工事の規模に応じて20〜150 m^3ごとに1回、および荷卸し時に品質の変化が認められたときに行う。

(3) 圧縮強度試験は、1回の試験結果が指定した呼び強度の強度値の80%以上であること、かつ、3回の試験結果の平均値が指定した呼び強度の強度値以上であることを確認する。

(4) フレッシュコンクリートの単位水量の試験方法には、加熱乾燥法やエアメータ法がある。

解説 (3) 圧縮強度試験のうち、1回の試験結果が指定した呼び強度値の**85%**以上であるという条件から、この部分の記述が誤っている。

(4) フレッシュコンクリートの単位水量の試験には、加熱乾燥法（高周波加熱法［電子レンジ法］、加熱乾燥炉法、減圧加熱乾燥法など）やエアメータ法、RI法［ラジオアイソトープ法］や静電容量法などがある。　【解答 (3)】

《《《問題3》》》 JIS A 5308 に準拠したレディミクストコンクリートの受入検査に関する次の記述のうち、**適当でないもの**はどれか。

(1) スランプ試験を行ったところ、12.0 cm の指定に対して 14.0 cm であったため合格と判定した。

(2) スランプ試験を行ったところ、最初の試験では許容される範囲に入っていなかったが、再度試料を採取してスランプ試験を行ったところ許容される範囲に入っていたので、合格と判定した。

(3) 空気量試験を行ったところ、4.5%の指定に対して 6.5% であったため合格と判定した。

(4) 塩化物含有量の検査を行ったところ、塩化物イオン（Cl^-）量として 0.30 kg/m^3 であったため合格と判定した。

解説 (1) スランプ試験：12.0 cm の場合は許容差 ± 2.5 cm、9.5〜14.5 cm の中なので合格。

(2)「スランプまたはスランプフロー、および空気量の一方または両方が許容の範囲を外れた場合には、同じ運搬車から新しく試料を採取して、1回に限り試験を行い、その結果が規定にそれぞれ適合すれば合格とする」ことになっている。

(3) 空気量試験：4.5%の許容差は ± 1.5%、3.0〜6.0%を超えるので、不合格となる。

(4) 塩化物含有量の検査：許容上限 0.3 kg/m^3 以下に含まれるので、合格となる。

【解答 (3)】

2-4 コンクリートの施工

出題傾向と学習のススメ

コンクリートは、許容された運搬時間内に速やかに運搬し、ただちに打ち込み、十分な締固めの後に、必要となる養生を行わなければならない。また、打継目は弱点となるので、耐久性や強度、水密性、外観などを考慮し、適切な位置に設ける必要がある。

試験では、打込み、締固め、養生といったコンクリートの施工の知識を問う問題がある。

基礎ポイント講義

1. 運搬

コンクリートのコンシステンシー、ワーカビリティといった性状の変化が少なく、経済的に行うために、コンクリートの運搬時間は短いほうが良い。

練り混ぜてから打ち終わるまでの時間 ※標準示方書の規定。

- 外気温が25℃を超えるとき　1.5時間以内
- 外気温が25℃以下のとき　2.0時間以内

JISでは練混ぜ開始から荷卸し地点到着までを1.5時間としている。

- 運搬中に著しい材料分離が見られた場合は、十分に練り直して均等質にしてから用いる。ただし、固まり始めたコンクリートは練り直して用いない。
- 打込みまでの時間が長くなる場合は、前もって遅延剤や流動化剤の使用を検討する。

現場までの運搬

- 一般には、トラックアジテータやトラックミキサが用いられる。
- トラックアジテータは、ドラム内に撹拌羽根があって、運搬中にゆっくりとドラムを回転させることで材料分離を防ぐ仕組みになっているので、長距離運搬に適している。

- 荷卸しする直前に、アジテータまたはミキサを高速で回転させると、材料分離を防止するうえで有効。
- 舗装コンクリートやRCDコンクリートのような硬練りのコンクリートを運搬する場合はダンプトラックを使用できる。この場合、練混ぜを開始してから1時間以内とし、比較的短距離区間の運搬とする。

トラックアジテータ

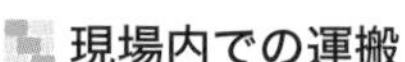

現場内での運搬

コンクリートポンプ車

コンクリートポンプ

- 輸送管の径や配管経路は、コンクリートの種類や品質、粗骨材の最大寸法、そのほか圧送作業の条件などを考慮して決める。
- 輸送管の径が大きいほど圧送負荷は小さくなるので、**管径の大きい輸送管の使用**が望ましい。ただし、**配管先端の作業性が低下**するので注意を要する。
- 配管の距離はできるだけ短く、曲がりの数を少なくする。
- コンクリートの圧送に先立ち、**先送りモルタルを圧送**し、コンクリートポンプや輸送管内の潤滑性を確保する。
- 圧送後の先送りモルタルは、使用するコンクリートの水セメント比以下とし、型枠内に打ち込まない。
- ポンプ圧送は**連続的**に行い、できるだけ中断しない。
  やむを得ず長時間中断する場合は、**インタバル運転**により閉塞を防止する。

シュート

- シュートを用いてコンクリートを卸す場合は、**縦シュート**を用いる。
  縦シュート下端とコンクリート打込み面の距離は1.5 m以下とする。
- やむを得ず**斜めシュート**を用いる場合は、**水平2に対して鉛直1**程度とし、材料分離が起きないようにするため、吐出し口には漏斗管やバッフルプレートを取り付ける。
- シュート使用の前後には水で洗う。
- シュート使用に先立ち、モルタルを流下させるとよい。

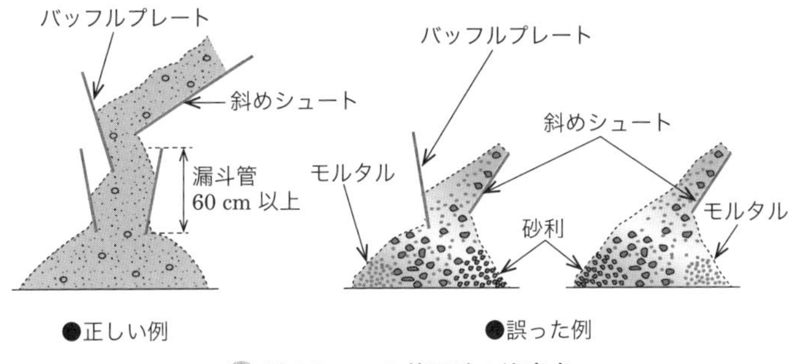

斜めシュート使用時の注意点

2. 打込み

打込み準備

- 鉄筋、型枠などの配置が施工計画どおりかを確認する。
- 型枠内部の点検清掃を行う。
- 旧コンクリート、せき板面などの吸水するおそれがあるところに散水し、湿潤状態を保つ。
- 型枠内の水は、打込み前に取り除く。
- 降雨や強風についての情報を収集して、必要な対策を準備しておく。

打込みにあたっての注意点

- 練り始めてから打ち終わるまでの時間

外気温が **25℃を超えるとき**	**1.5 時間以内**
外気温が **25℃以下のとき**	**2.0 時間以内**

- 打込み作業中は、鉄筋や型枠が所定の位置から動かないように注意する。
- 打ち込んだコンクリートは、型枠内で横移動させてはならない。
- 打込み中に著しい材料分離が認められた場合には、中断して原因を調べ、材料分離を抑制する対策を講じる。
- 計画した打継目以外は、連続して打込みをする。
- 打上がり面がほぼ水平になるように打ち込む。

打込み作業

- コンクリート打込みの 1 層の高さは、使用する内部振動機の性能などを考慮して **40〜50 cm 以下**が原則。
- コンクリートを 2 層以上に分けて打ち込む場合、上層と下層が一体となるように施工。

- コールドジョイントが発生しないよう許容打重ね時間間隔などを設定。

打重ね時間の限度

外気温	許容打重ね時間間隔
25℃を超える	2.0 時間
25℃以下	2.5 時間

- 縦シュートあるいはポンプ配管の吐出口と打込み面までの高さは **1.5 m 以下を標準**とする。
- 表面に集まった**ブリーディング水**は、スポンジ、ひしゃく、小型水中ポンプなどの適当な方法で**取り除いて**からコンクリートを打ち込まなければならない。
- 打上がり速度は、一般に **30 分当たり 1.0〜1.5 m 程度**が標準。
- コンクリートを直接地面に打ち込む場合には、あらかじめ均しコンクリートを敷いておく。

3. 締固め

コンクリートの締固め作業

- コンクリート打込み後、速やかに十分に締め固め、コンクリートが鉄筋の周囲や型枠の隅々に行きわたるようにする。
- コンクリートの締固めには、**内部振動機（棒状バイブレータ）**の使用が原則。
- 薄い壁など、内部振動機の使用が困難な場合には**型枠振動機**を使用してもよい。
- 型枠の外側を木槌などで軽打することも有効。
- コンクリートをいったん締め固めた後、適切な時期に**再び振動**を加えることにより、コンクリート中にできた空隙や余剰水が少なくなる。これにより、コンクリート強度や鉄筋との付着強度が増加し、沈下ひび割れの防止に効果がある。

棒状バイブレータ使用の注意点

- 棒状バイブレータは、なるべく**鉛直に挿入**、挿入間隔は一般に **50 cm 以下**に挿し込んで締め固める。
- コンクリートを打ち重ねる場合、棒状バイブレータは**下層のコンクリート中に 10 cm 程度挿入**する。
- 1 か所当たりの振動時間は 5〜15 秒。

- 引抜きは徐々に行い、あとに穴が残らないようにする。
- 棒状バイブレータは、コンクリートを横移動させる目的に使用しない。

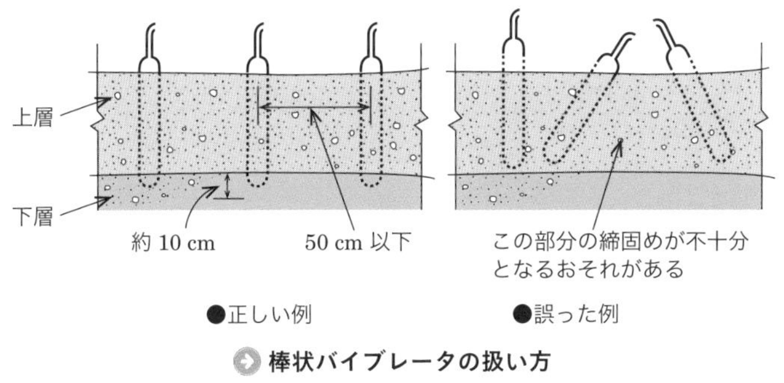

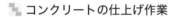

棒状バイブレータの扱い方

コンクリートの仕上げ作業

- コンクリートの仕上がり面は、木ごてなどを用いてほぼ所定の高さ、形に均した後、必要に応じて金ごてを用いて平滑に仕上げるのが一般的。
- 表面仕上げは、コンクリート上面にしみ出た水がなくなるか、または上面の水を取り除いてから行う。
- 仕上げ作業後、コンクリートが固まり始めるまでの間にひび割れが発生した場合は、タンピングまたは再仕上げによって修復する。
- 滑らかで密実な表面に仕上げる場合は、できるだけ遅い時期に金ごてで強い力を加えてコンクリート上面を仕上げるとよい。

4. 打継目

打継目の位置と方向

- 打継目は、できるだけせん断力の小さな位置に設ける。
  打継目の部材は、圧縮力の作用方向と直角にする。

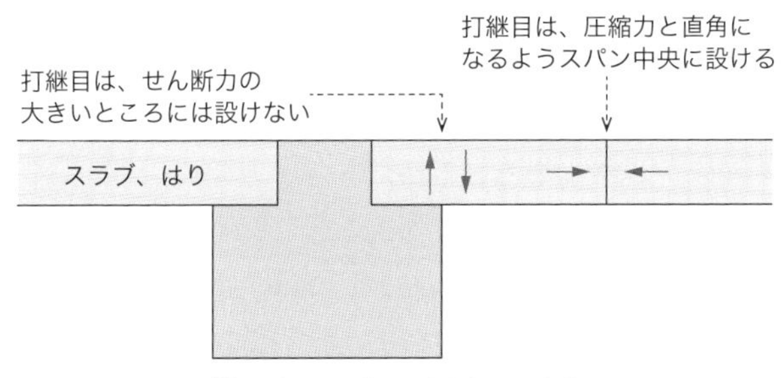

打継目の位置（床組みの例）

水平打継目の施工

- 水平打継目は、上層と下層を水平に打ち継ぐもの。
- 水平打継目の型枠に接する線は、できるだけ水平な直線にする。
- すでに打ち込まれたコンクリートの表面のレイタンス、品質の悪いコンクリート、緩んだ骨材を完全に除去し、粗な表面にする。
- グリーンカットは、十分に硬化していない状態のコンクリートの表面を、高圧の空気や高圧水、ブラシなどで表面を目荒らしする方法。
- コンクリートの打込み前に、型枠を確実に締め直す。
- 旧コンクリートは十分に湿潤にしておく。
- 新旧コンクリートの付着を良くするため、本体コンクリートと同等のモルタル（水セメント比は、使用するコンクリートの水セメント比以下）を敷いてから打ち継ぐ。
- 打継目の部材は、圧縮力の作用方向と直角にする。

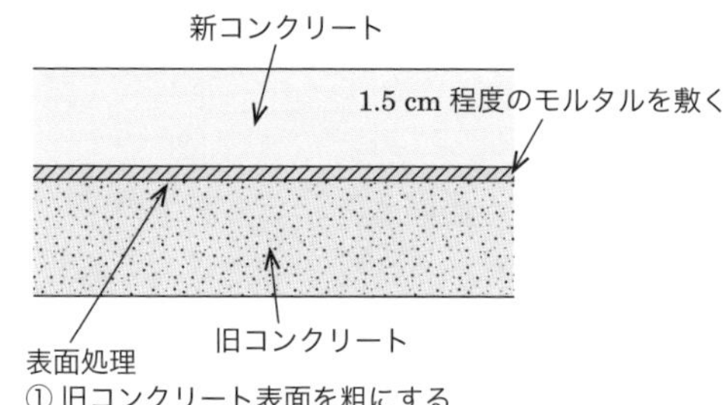

水平打継目の施工方法

鉛直打継目の施工

- 鉛直打継目は、左右のコンクリートを一体とするために鉛直に打ち継ぐもの。
- コンクリートの打込み前に、型枠は確実に締め直す。
- すでに打ち込まれた硬化したコンクリートの打継面は、ワイヤブラシで表面を削るか、チッピングなどにより表面を粗にし、十分に吸水させておく。
- 打ち継ぐ直前に、セメントペースト、モルタル、湿潤面用エポキシ樹脂などを塗ることで一体性を高めることができる。
- コンクリートの打込みでは、打継面が十分に密着するように締め固める。
- 水密を要するコンクリートの鉛直打継目では、止水板を用いる。

5. 養生

コンクリートを所定の品質（強度、水密性、耐久性）に仕上げるためには、硬化時に十分な湿度と適当な温度環境が必要で、外的な衝撃、有害な応力を与えないように配慮する必要がある。こうした環境下で管理することを**養生**という。

養生の主な目的

- 直射日光や風などからコンクリートの露出面を保護する。
- 衝撃や過分な荷重を加えないように保護する。
- 硬化に必要な温度を保つ。
- 十分に湿潤な状態を保つ。

養生の方法

種類	対象	方法	具体的な方法
湿潤状態に保つ	コンクリート全般	給水	湛水、散水、湿布、養生マットなど
		水分逸散抑制	せき板存置、シート・フィルム被覆、膜養生剤など
温度を制御する	暑中コンクリート	昇温抑制	散水、日覆いなど
	寒中コンクリート	給熱	電熱マット、ジェットヒータなど
		保温	断熱材、断熱性の高いせき板など
	マスコンクリート	冷却	パイプクーリングなど
		保温	断熱材、断熱性の高いせき板など
	工場製品	給熱	蒸気、オートクレーブなど
有害な作用に対して保護する	コンクリート全般	保護	防護シート、せき板存置など
	海洋コンクリート	遮断	せき板存置など

湿潤養生期間の標準

日平均温度	普通ポルトランドセメント	混合セメントB種	早強ポルトランドセメント
15℃以上	5日	7日	3日
10℃以上	7日	9日	4日
5℃以上	9日	12日	5日

演習問題でレベルアップ

〈〈〈問題1〉〉〉コンクリートの打込みに関する次の記述のうち、**適当でないもの**はどれか。

(1) コンクリートの打込み時にシュートを用いる場合は、縦シュートを標準とする。

(2) スラブのコンクリートが壁、または柱のコンクリートと連続している場合には、壁、または柱のコンクリートの沈下がほぼ終了してからスラブのコンクリートを打ち込むことを標準とする。
(3) コールドジョイントの発生を防ぐための許容打重ね時間間隔は、外気温が高いほど長くなる。
(4) 1回の打込み面積が大きく許容打重ね時間間隔の確保が困難な場合には、階段状にコンクリートを打ち込むことが有効である。

解説 (3) コールドジョイントの発生を防ぐための**許容打重ね時間間隔**は、外気温が低いほど長くなり、外気温が高いほど短くなる。したがって、この記述が誤りである。 【解答 (3)】

《《《問題2》》》 コンクリートの打込み・締固めに関する次の記述のうち、**適当でないもの**はどれか。
(1) 打ち込むコンクリートと接する型枠面から水分が吸われると、コンクリート品質の低下などがあるので、吸水するおそれのあるところは、あらかじめ湿らせておく。
(2) 打ち込んだコンクリートの粗骨材が分離してモルタル分が少ない部分があれば、その分離した粗骨材をすくい上げてモルタルの多いコンクリートの中に埋め込んで締め固める。
(3) コンクリートを打ち重ねる場合は、上層と下層が一体となるよう、棒状バイブレータを下層コンクリート中に10 cm程度挿入して締め固める。
(4) 締固めを行う際は、あらかじめ棒状バイブレータの挿入間隔および1か所当たりの振動時間を定め、振動時間が経過した後は、棒状バイブレータをコンクリートから素早く引き抜く。

解説 (4) 棒状バイブレータは、徐々にゆっくり引き抜き、穴をあけないようにする。したがって、この部分の記述が誤りである。 【解答 (4)】

《《《問題３》》》コンクリートの養生に関する次の記述のうち、**適当でないもの**はどれか。

⑴ マスコンクリートの養生では、コンクリート部材内外の温度差が大きくならないようにコンクリート温度をできるだけ緩やかに外気温に近づけるため、断熱性の高い材料で保温する。

⑵ 日平均気温が15℃以上の場合、コンクリートの湿潤養生期間の標準は、普通ポルトランドセメント使用時で5日、早強ポルトランドセメント使用時で3日である。

⑶ 日平均気温が4℃以下になることが予想されるときは、初期凍害を防止できる強度が得られるまでコンクリート温度を5℃以上に保つ。

⑷ コンクリートに給熱養生を行う場合は、熱によりコンクリートからの水の蒸発を促進させ、コンクリートを乾燥させるようにする。

解説 (4) コンクリートに給熱養生を行う場合は、熱によるコンクリートからの水の蒸発を抑制し、コンクリートを乾燥させないようにし、湿潤を保つ。したがって、この記述が誤りである。【解答 (4)】

《《《問題４》》》コンクリートの養生に関する次の記述のうち、**適当でないもの**はどれか。

⑴ 高流動コンクリートは、プラスチック収縮ひび割れが生じやすい傾向があり、表面の乾燥を防ぐ対策を行う。

⑵ 膨張コンクリートは、所要の強度発現および膨張力を得るために、打込み後、湿潤状態に保つことがきわめて重要である。

⑶ マスコンクリート部材では、型枠脱型時に十分な散水を行い、コンクリート表面の温度をできるだけ早く下げるのがよい。

⑷ 養生のため型枠を取り外した後にシートやフィルムによる被覆を行う場合は、できるだけ速やかに行う。

解説 (1) 高流動コンクリートは、通常のコンクリートに比べてブリーディングが少なく、表面の急激な乾燥に伴って発生するプラスチック収縮ひび割れを発生しやすい。このため、表面をシートや養生マットなどで覆う、水を噴霧するといった対策を講じる。

(2) 膨張コンクリートは、打込み後5日間は湿潤状態に保つ必要がある。

(3) マスコンクリートでは、型枠を脱型したときに、外気温との差が大きいと急激に冷却されることで、表面にひび割れが生じやすい。このため、シートなどによりコンクリート表面の保温を継続し、できるだけゆっくり温度を下げて、クラックの発生を防止する必要がある。したがって、この記述が誤りである。

(4) 正しい記述である。　【解答 (3)】

《《《問題５》》》 コンクリートの養生に関する次の記述のうち、**適当なもの**はどれか。

(1) 混合セメントＢ種を用いたコンクリートの湿潤養生期間の標準は、普通ポルトランドセメントを用いたコンクリートと同じ湿潤養生期間である。

(2) 日平均気温が4℃以下になることが予想されるときは、初期凍害を防止できる強度が得られるまでコンクリート温度を0℃以上に保つ。

(3) コンクリートの露出面に対して、まだ固まらないうちに散水やシート養生などを行う場合には、コンクリート表面を荒らさないで作業ができる程度に硬化した後に開始する。

(4) マスコンクリート構造物において、打込み後に実施するパイプクーリング通水用の水は、0℃をめどにできるだけ低温にする。

解説 (1) コンクリートの湿潤養生期間は、日平均気温15℃以上の場合で、混合セメントＢ種は7日間、普通ポルトランドセメントは5日間と、混合セメントＢ種が長い。記述は誤り。

(2) 日平均気温が4℃以下になることが予想されるときは寒中コンクリート(57ページを参照)として施工し、コンクリート温度を5℃に保つ。記述は誤り。

(3) 正しい記述である。

(4) パイプクーリングの温度が低すぎると、パイプ周辺や部材間での温度差が大きくなってしまい、ひび割れを助長することが懸念される。このため、通水温度とパイプ周りのコンクリートの温度差は20℃程度以下を目安とする。誤った記述である。　【解答 (3)】

2-5 特別な考慮を要するコンクリート

出題傾向と学習のススメ

コンクリートは、打設時期（冬期、夏期）に十分な配慮が必要であるとともに、部材の大きさ、使用する環境条件や求められる機能、施工方法などによって特別な考慮を要するものがある。特別な条件として、主に寒中コンクリート、暑中コンクリート、マスコンクリートがあげられる。

基礎ポイント講義

1. 寒中コンクリート

日平均気温が4℃以下になると予想されるときには、寒中コンクリートとしての措置をとらなければならない。

- 凝結硬化の初期に凍結させない。
- 養生後に想定される凍結融解作用に対して十分な抵抗性をもたせる。
- 凍結したり氷雪が混入したりしている骨材はそのまま使用せず、適度に加熱してから用いる。加熱は均等に行い、過度に乾燥させないこと。
- 材料の加熱は、水または骨材のみとし、セメントはどんな場合でも直接加熱してはならない。
- コンクリートの打設温度は5～20℃を原則とする。
- 凍害を避けるために、単位水量をできるだけ減らし、AEコンクリートを使用する。AE剤などの効果は、単位水量を減らすことと、コンクリートの凍結融解の耐候性を高めることである。
- 養生は所定の強度が得られるまでは5℃以上を保ち、その後も2日間は0℃以上に保つ。

2. 暑中コンクリート

日平均気温が25℃以上になるときには、暑中コンクリートとしての措置をとらなければならない。

- 材料や練混ぜ水は低温のものを使用する。

- コンクリートから吸水されそうな地盤や型枠などは十分な湿潤状態に保つ。
- 型枠、鉄筋などが日光を受けて高温となる場合は、散水や覆いなどを施す。
- コンクリート打設時の温度は35℃以下とし、重要な構造物に用いるコンクリートはできだけ低い温度で打ち込む。
- 練り混ぜ始めてから、打ち終わるまでの時間は1.5時間以内とする。

3. マスコンクリート

マスコンクリートとは、部材あるいは構造物の寸法が大きなもの（橋台、橋脚、スラブ厚80～100 cm以上、壁厚50 cm以上）のことである。セメントの水和熱によるコンクリート内部の温度上昇が大きいため、ひび割れを生じやすい。

- 中庸熱ポルトランドセメントや高炉セメント、フライアッシュセメントなどの低発熱形のセメントを使用する。
- AE剤などの使用で水量を減らし、これにより単位セメント量を減らす。
- コンクリートの温度をできるだけ緩やかに外気温に近づけるため、必要に応じてコンクリート表面を断熱性の良い材料（スチロール、シートなど）で覆う、保温、保護により温度ひび割れを制御する。
- 打込み後の温度制御のため必要に応じてパイプクーリングを行う。

演習問題でレベルアップ

《《《問題1》》》 暑中コンクリートに関する次の記述のうち、**適当なもの**はどれか。

(1) 暑中コンクリートでは、コールドジョイントの発生防止のため、減水剤、AE減水剤および流動化剤について遅延形のものを用いる。

(2) 暑中コンクリートでは、練上がりコンクリートの温度を高くするために、なるべく高い温度の練混ぜ水を用いる。

(3) 暑中コンクリートでは、運搬中のスランプの低下や連行空気量の減少などの傾向があり、打込み時のコンクリート温度の上限は、40℃以下を標準とする。

(4) 暑中コンクリートでは、練混ぜ後できるだけ早い時期に打ち込まなければならないことから、練混ぜ開始から打ち終わるまでの時間は、2時間以内を原則とする。

解説 (1) 正しい記述。

(2) 暑中コンクリートでは、練上がりコンクリートの温度を低くするために、なるべく低い温度の練混ぜ水を用いる。記述は誤り。

(3) 暑中コンクリートの打込み時のコンクリート温度の上限は35℃以下とする。

(4) 暑中コンクリートでは、練混ぜ開始から打ち終わるまでの時間は、1.5時間以内とする。記述は誤り。

【解答 (1)】

《《《問題2》》》寒中コンクリートおよび暑中コンクリートの施工に関する次の記述のうち、**適当でないもの**はどれか。

(1) 寒中コンクリートでは、コンクリート温度が低いと型枠に作用するコンクリートの側圧が大きくなる可能性があるため、打込み速度や打込み高さに注意する。

(2) 寒中コンクリートでは、保温養生あるいは給熱養生終了後に急に寒気にさらすと、コンクリート表面にひび割れが生じるおそれがあるので、適当な方法で保護して表面の急冷を防止する。

(3) 暑中コンクリートでは、運搬中のスランプの低下、連行空気量の減少、コールドジョイントの発生などの危険性があるため、コンクリートの打込み温度をできるだけ低くする。

(4) 暑中コンクリートでは、コンクリート温度をなるべく早く低下させるためにコンクリート表面に送風する。

解説 (4) 暑中コンクリートでは、コンクリート温度をなるべく早く低下させるために、散水、覆いなどの適切な処理を施す必要がある。コンクリート表面に**送風すると**、表面が急速に乾燥してしまい、**ひび割れ**が生じてしまうことがある。したがって、この記述は誤り。

【解答 (4)】

2-6 鉄　筋

出題傾向と学習のススメ

コンクリートは圧縮力に強く引張力に弱いという性質があるが、引張力の強い鉄筋をコンクリートの中に配置することによって、コンクリートの弱点を補うものが鉄筋コンクリートの基本的な考え方である。

試験では、鉄筋の加工、組立て、継手に関する知識を問う問題がある。

1. 鉄筋の加工

- 鉄筋は常温で加工する。
- 材質を害するおそれがあるため、曲げ加工した鉄筋を曲げ戻さない。
  施工継目の部分などでやむを得ず一時的に曲げておき、後で所定の位置に曲げ戻す場合、曲げ戻しをできるだけ大きな半径で行うか、加熱温度900～1 000℃程度で加熱加工する。
- 鉄筋は原則として溶接してはならない。
  やむを得ず溶接した場合は、溶接部分を避け、鉄筋直径の10倍以上離れたところで曲げ加工する。

2. 鉄筋の組立て

- 鉄筋を組み立てる前に清掃し、浮きさび、泥、油など、鉄筋とコンクリートの付着を害するおそれのあるものは除去する。
- 正しい位置に配置し、コンクリートの打込み時に動かないように十分堅固に組み立てる。
- 鉄筋の交差を直径0.8 mm以上の焼なまし鉄線、種々のクリップで緊結する。
  鉄筋の固定に使用した焼なまし鉄線やクリップは、かぶり内に残さない。
- 鉄筋とせき板との間隔はスペーサを用いて正しく保ち、かぶりを確保する。
- スペーサは適切な間隔で配置する。
  はり、床版など：1 m^2 当たり4個程度
  壁、柱　　　　：1 m^2 当たり2～4個程度

3. 鉄筋の継手

- 鉄筋の継手位置は、できるだけ応力の大きい断面を避ける。
- 同一断面に継手を集めないように、継手の長さに鉄筋直径の 25 倍を加えた長さ以上にずらす。
- 継手部と隣接する鉄筋や継手とのあきは、粗骨材の最大寸法以上とする。
- 重ね継手の重ね合せ長さは、鉄筋直径の 20 倍以上。
- 継手には重ね継手のほか、ガス圧接継手、機械式継手、溶接継手などがある。

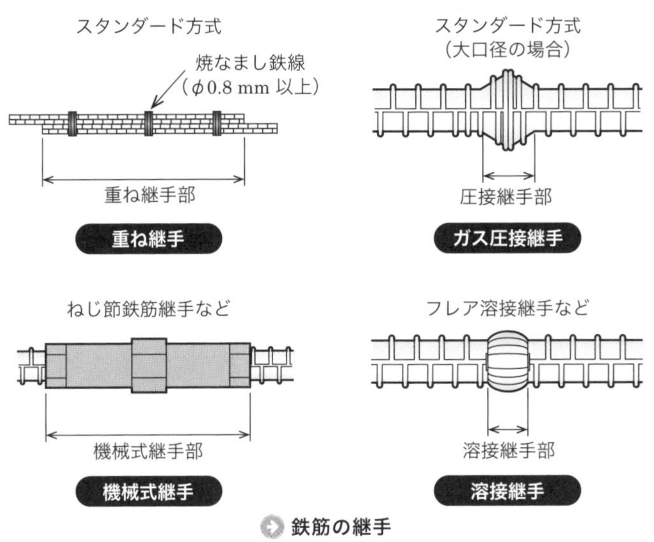

鉄筋の継手

演習問題でレベルアップ

〈〈〈問題１〉〉〉鉄筋の組立て・継手に関する次の記述のうち、**適当でないもの**はどれか。

(1) 鉄筋を組み立ててから長時間経過した場合には、コンクリートを打ち込む前に、付着を害するおそれのある浮きさびなどを取り除かなければならない。

(2) エポキシ樹脂塗装鉄筋は、腐食が生じにくいため、加工および組立てで損傷が生じても補修を行わなくてよい。

(3) 重ね継手における重ね合せ長さは、鉄筋径が大きい場合は、鉄筋径が小さい場合より長い。

⑷ 型枠に接するスペーサは、本体コンクリートと同等程度以上の品質を有するモルタル製あるいはコンクリート製とすることを原則とする。

解説 (2) エポキシ樹脂塗装鉄筋は、エポキシ樹脂塗装によりコンクリート材料に含まれる塩分や構造物建設後に外部から侵入してくる塩分から鉄筋を守り、鉄筋コンクリートの早期劣化を防ぐ効果がある。しかしこの塗膜は、曲げ加工や組立て時に傷つきやすいため、衝撃を与えないように適切に組み立てる必要がある。組立て途中や組立て後に検査し、損傷部は補修用材料で速やかに補修しなければならない。したがって、この記述は誤りである。

(3) 重ね継手の重ね合せ長さは、鉄筋直径の20倍以上となっていることから、鉄筋径が大きい場合はそれに応じて長くなる。正しい記述である。【解答 (2)】

《《《問題２》》》鉄筋の加工・組立てに関する次の記述のうち、**適当なもの**はどれか。

⑴ 鉄筋を組み立ててからコンクリートを打ち込む前に生じた浮きさびは、除去する必要がある。

⑵ 鉄筋を保持するために用いるスペーサの数は必要最小限とし、1 m² 当たり1個以下を目安に配置するのが一般的である。

⑶ 型枠に接するスペーサは、防せい処理が施された鋼製スペーサとする。

⑷ 施工継目において一時的に曲げた鉄筋は、所定の位置に曲げ戻す必要が生じた場合、600℃程度で加熱加工する。

解説 (1) この記述は正しい。

(2) スペーサの数は、はり、床版などで1 m² 当たり4個程度、ウェブ、壁、柱で1 m² 当たり2～4個程度となっている。この記述は誤り。

(3) 型枠に接するスペーサは、モルタル製あるいはコンクリート製（本体コンクリートと同等以上の品質）の使用が原則となっている。鋼製スペーサは、例え防せい処理がなされていても、コンクリート表面に露出した部分からさび始めることが考えられる。これにより、内部鉄筋の腐食の原因になり、またコンクリート外観にもさびの流れ出し跡が出て美観を損なう。これらから、この記述は適当ではない。

(4) 施工継目で一時的に曲げた鉄筋を曲げ戻す際には、900～1 000℃程度で加熱加工する必要がある。この記述は誤り。【解答 (1)】

2-7 型枠・支保工

出題傾向と学習のススメ

型枠および支保工は、コンクリート構造物の設計図に示されている形状・寸法に従ってずれの起きないように施工しなければならない。また、設定する荷重に対して、必要な強度と剛性を有する必要がある。

試験では、型枠・支保工についての基礎的な知識を問う問題が見られる。

基礎ポイント講義

1. 型枠の施工

- せき板内面には、はく離剤を塗布し、コンクリートが型枠に付着するのを防ぎ、型枠の取外しを容易にする。
- コンクリートの打込み前、打込み中に、型枠の寸法やはらみなどの不具合を確認し、管理する。
- 締付け金具のプラスチックコーンを除去した後の穴は、高品質のモルタルなどで埋めておく。

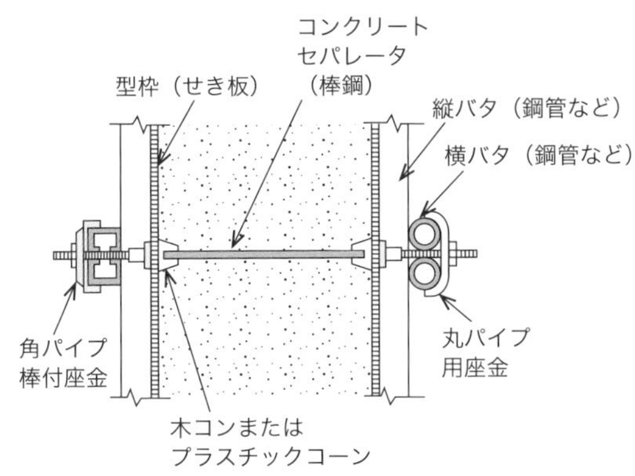

鉄筋の継手

2. 支保工の施工

- 支保工の組立てに先立って、基礎地盤を整地し、所要の支持力が得られるように、また不等沈下などが生じないように適切に補強する。
- 支保工は、十分な強度と安定性を持つように施工する。
- コンクリートの打込み前、打込み中に、支保工の寸法、移動、傾き、沈下などの不具合を確認し、管理する。

演習問題でレベルアップ

〈〈〈問題1〉〉〉施工条件が同じ場合に、型枠に作用するフレッシュコンクリートの側圧に関する次の記述のうち、**適当でないもの**はどれか。

⑴ コンクリートの温度が高いほど、側圧は小さく作用する。
⑵ コンクリートの単位重量が大きいほど、側圧は大きく作用する。
⑶ コンクリートの打上がり速度が大きいほど、側圧は大きく作用する。
⑷ コンクリートのスランプが大きいほど、側圧は小さく作用する。

解説 型枠を設計する際には、フレッシュコンクリートの側圧を考慮する必要がある。

コンクリートの側圧は、使用材料、配合、打込み速度、打込み高さ、締固め方法や打込み時のコンクリート温度によって異なるほか、使用する混和剤の種類、部材の断面寸法、鉄筋量などによっても影響を受ける。

- スランプが大きいほど、側圧は大きくなる傾向がある。
  → (4) の記述は誤り。
- 気温が低いほど、側圧は大きくなる。 → (1) の記述は正しい。
- コンクリートの単位重量が大きいほど、側圧は大きくなる。
  → (2) は正しい。
- コンクリートの圧縮強度が大きいほど側圧は大きくなる。
- 打上がり速度が大きいほど、側圧は大きくなる。→ (3) は正しい。

【解答 (4)】

3章 基礎工

3-1 基礎工の分類

出題傾向と学習のススメ

基礎は、構造物の下部構造の一部で、躯体からの荷重を地盤に伝える役割がある。

試験では、直接基礎や杭基礎の施工に関する知識の出題が見られる。

基礎ポイント講義

基礎工は、直接基礎、杭基礎（既成杭、場所打ち杭）、ケーソン基礎、その他の特殊基礎に分類される。

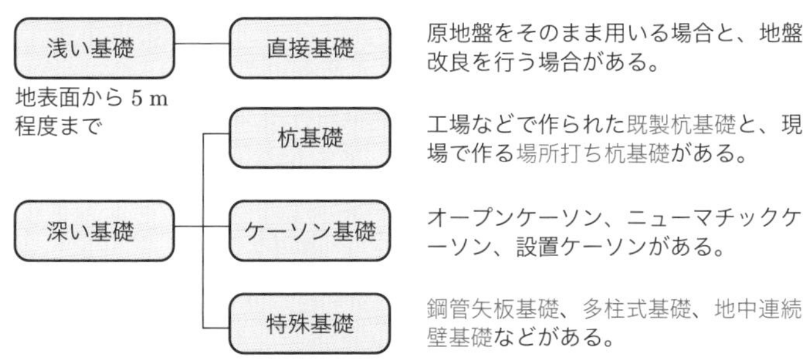
浅い基礎
地表面から5m程度まで
直接基礎
原地盤をそのまま用いる場合と、地盤改良を行う場合がある。
深い基礎
杭基礎
工場などで作られた既製杭基礎と、現場で作る場所打ち杭基礎がある。
ケーソン基礎
オープンケーソン、ニューマチックケーソン、設置ケーソンがある。
特殊基礎
鋼管矢板基礎、多柱式基礎、地中連続壁基礎などがある。

基礎工の分類

直接基礎

- 浅い基礎に分類され、良質な支持層が地表から5m程度の比較的浅い箇所に出現している場合に採用される。
- 鉛直荷重は、直接基礎底面の鉛直地盤反力のみで抵抗させる。
- 水平荷重は、直接基礎底面のせん断地盤反力のみで抵抗させることが多い。

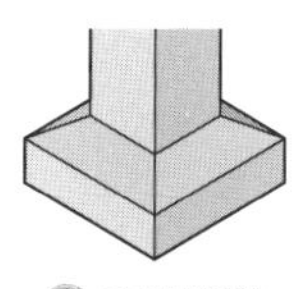

直接基礎（浅い基礎）

杭基礎

- 深い基礎に分類され、既製杭工法と場所打ち杭工法に大別される。
- 既製杭基礎は、工場製品の杭を打設したり、埋め込んだりして基礎を作る工法。
- 場所打ち杭基礎は、現地で杭穴を掘削して、鉄筋かごを組み立てて、コンクリートを打設して作る工法。

ケーソン基礎

- ケーソン基礎は、鉄筋コンクリート製の箱を地上で作り、箱内部を掘削して地中に沈める工法である。

ニューマチックケーソン

圧縮空気で水を排除して人力掘削または機械掘削する。長大橋の基礎で多数使用されている。

オープンケーソン

ウェル、井筒とも呼ばれ、バケットなどで掘削する工法。一般に水中掘削作業になるため確実性に乏しいが、騒音・振動源を持たないので市街地施工には適する。

特殊基礎

- 鋼管矢板基礎や多柱式基礎、地中連続壁基礎など、さまざまな工法の基礎がある。

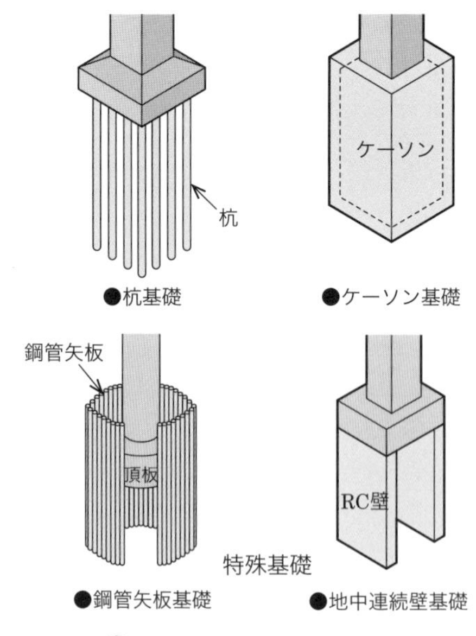

基礎工の種類（深い基礎）

3-2 直接基礎

1. 支持層の条件

良質な支持層の目安

- 砂　礫：*N* 値 30 以上
- 粘性土：*N* 値 20 以上で圧密のおそれがないこと
- 岩　盤：大きな支持力の期待できるもの(不連続面やスレーキングなどを確認)

安定性の条件

- 直接基礎は、鉛直支持、水平支持（滑動)、転倒に対して安定であること。
- 基礎の変位量が許容変位量を超えないこと。
- 基礎の各部材の応力度が許容応力度を超えないこと。

2. 直接基礎の施工

開削工

- 直接基礎の施工では、オープン掘削とも呼ばれる開削工による場合が多い。
- 地下水位が低く小規模の場合は、素掘りで行われる。地下水の状況によっては排水工や土留め工を必要とする。

土質ごとの掘削高さとのり勾配

地山の種類	掘削面の高さ	掘削面の勾配
岩盤または堅い粘土	5 m 未満 5 m 以上	90° 以下 75° 以下
その他の地山	2 m 未満 2 m 以上 5 m 未満 5 m 以上	90° 以下 75° 以下 60° 以下
砂からなる地山	5 m 未満または 35° 以下	
発破で崩壊しやすい状態になっている地山	2 m 未満または 45° 以下	

建設工事公衆災害防止対策工

- 掘削深さが 1.5 m を超える場合には、土留め工を必要とする(土質に見合った勾配を確保できない場合)。
- 掘削深さが 4 m を超える場合には、親杭横矢板、鋼矢板などの確実な土留めを施工。

地下水位が高い場合

- 砂利、砂の多い層　　　　　　：重力排水（ディープウェル、釜場排水など）
- 粘土やシルト混じり砂層、砂質粘性土層　：強制排水（ウェルポイント）

基礎底面の処理

- 直接基礎の支持層は砂地盤で ***N*** 値 **30** 以上、粘性土地盤で ***N*** 値 **20** 以下を確認する。
- 掘削によって支持地盤をゆるめないようにする。
  基礎が滑動する際のせん断面は、基礎の床付け面のごく浅い箇所に生じることから、地盤を乱さないようにする必要がある。
- 底面に乱れのある場合は、人力でていねいに均しておく。
- 掘削底面を長時間放置しない。コンクリート打設の直前に新鮮な面を出す、均しコンクリートで被覆するなどして、風化による劣化を防ぐ。
- 支持層として不適当な地盤がある場合や斜面上に直接基礎を設ける場合は、コンクリートで置き換える。
  この場合、底面を水平に掘削し、浮石などを除去、岩盤底面を洗浄する。
- 河川敷内や海中の基礎は、洗掘の影響も考慮しておく。現地盤から将来の低下を見込んだ位置まで掘り下げて施工する必要がある。

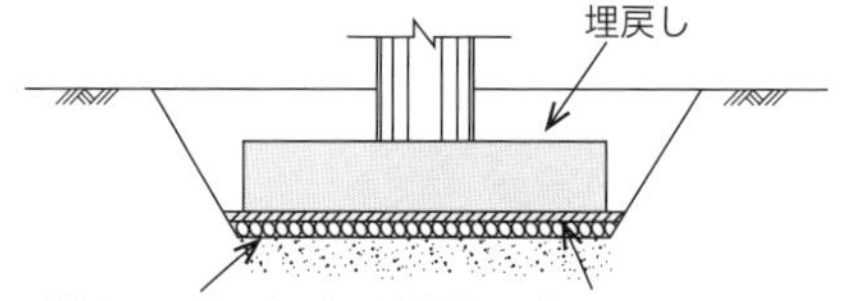

(a) 良好な支持層

埋戻しコンクリート
岩盤洗浄
均しコンクリート
必要な場合敷モルタル

(b) 岩盤の場合

埋戻し
地表面
安定処理土
軟弱層
30°
30°
良質な支持層

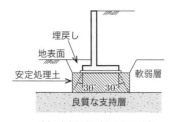

(c) 改良地盤（安定処理土）

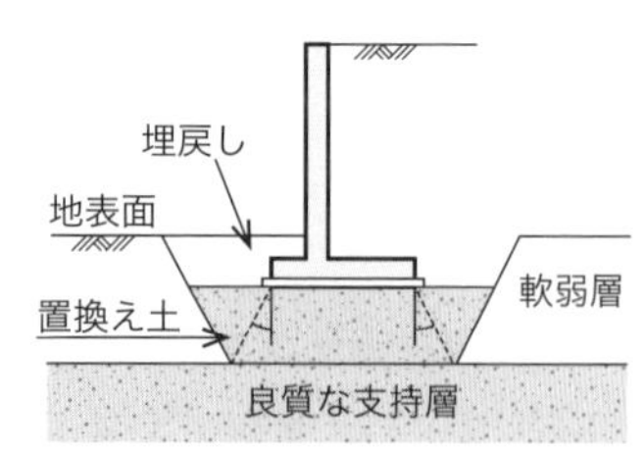

(d) 改良地盤（置換え土）

基礎底面の処理

直接基礎の施工上の留意点

砂地盤

- 栗石や砕石のかみ合いが期待できるように、ある程度の不陸（凹凸）を残して基礎底面の地盤を整地してから、その上に栗石や砕石を敷き均す。
- 割栗石基礎工を施工してから、均しコンクリートを打設する。
- 滑動抵抗を増すために、底面に突起を設ける場合は、栗石を貫いて支持地盤に十分に貫入させる。

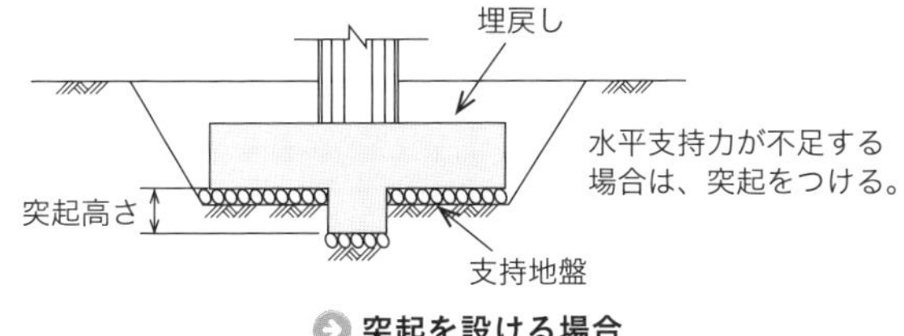

突起を設ける場合

岩盤

- 地山のゆるんだ部分を除去してから均しコンクリートを打設する。
- 基礎底面の地盤には、ある程度の不陸（凹凸）を残して平滑な面にはしない。均しコンクリートと基礎地盤が十分にかみ合うようにする。

埋戻し

- フーチングの根入れ部で水平抵抗をとらせる場合、埋戻し土砂は支持地盤よりゆるめた状態にしない。
- 岩盤を切り込んで施工した場合、掘削したずりではなく、貧配合のコンクリートで埋め戻す。

演習問題でレベルアップ

〈〈〈問題１〉〉〉道路橋下部工における直接基礎の施工に関する次の記述のうち、**適当でないもの**はどれか。

⑴ 直接基礎のフーチング底面は、支持地盤に密着させ、せん断抵抗を発生させないように処理を行う。

⑵ 直接基礎のフーチング底面に突起をつける場合は、均しコンクリートなどで処理した層を貫いて十分に支持層に貫入させる。

⑶ 基礎地盤が砂地盤の場合は、基礎底面地盤を整地したうえで、その上に栗石や砕石を配置するのが一般的である。

⑷ 基礎地盤が岩盤の場合は、基礎底面地盤にはある程度の不陸を残して、平滑な面としないようにしたうえで均しコンクリートを用いる。

解説 直接基礎は、この問題のように掘削底面の処理についての出題が多い。このため、演習問題をていねいに読みながら、必要となる知識を習得しよう。

(1) 直接基礎の底面は、せん断抵抗を発生させて滑動から安定させるため、基礎底面となる地盤にはある程度の不陸をつけておく必要がある。したがって、この記述は誤りとなる。

そのほかの選択肢は正しい記述なので覚えておこう。【解答 (1)】

《《《問題2》》》構造物の基礎に関する次の記述のうち、**適当でないもの**はどれか。

⑴ 橋梁下部の直接基礎の支持層は、砂層および砂礫層では十分な強度が、粘性土層では圧密のおそれのない良質な層が、それぞれ必要とされるため、沖積世の新しい表層に支持させるとよい。

⑵ 橋梁下部の杭基礎は、支持杭基礎と摩擦杭基礎に区分され、長期的な基礎の変位を防止するためには一般に支持杭基礎とするとよい。

⑶ 斜面上や傾斜した支持層などに擁壁の直接基礎を設ける場合は、基礎地盤として不適な地盤を掘削し、コンクリートで置き換えて施工することができる。

⑷ 表層は軟弱であるが、比較的浅い位置に良質な支持層がある地盤を擁壁の基礎とする場合は、良質土による置換えを行い、改良地盤を形成してこれを基礎地盤とすることができる。

解説 (1) 沖積世の新しい粘性土層では圧密沈下が大きい。こうした場合には、地盤改良する、不良部分をコンクリートに置き換えるなどして支持力を確保する。洪積世の粘性土層で N 値が 20 以上のときは、支持地盤にすることができる。

したがって、この記述が誤りとなる。【解答 (1)】

3-3 既　製　杭

基礎ポイント講義

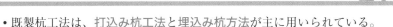

1. 既製杭工法の分類

- 既製杭工法は、打込み杭工法と埋込み杭方法が主に用いられている。

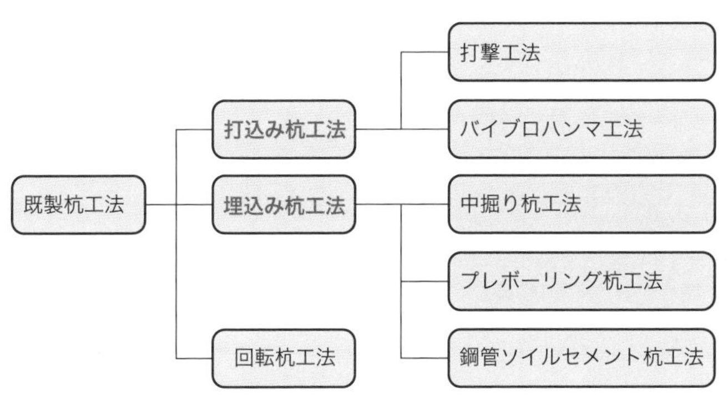

既製杭工法の分類

2. 打込み杭工法

- 油圧ハンマ、ドロップハンマなどにより、既製杭の杭頭部分を打撃し、所定の深さまで杭を打ち込む工法。バイブロハンマ工法は振動工法である。

施工方法

- 杭は、所定の位置に設置し、杭の軸方向か鉛直、または設計された斜角に建て込む。
- 杭打ちやぐらを据え付け、試し打ち（試験杭施工）をしてから本打ちを作業する。
- 建込み後の杭の鉛直性は、異なる二方向から検測する。
- 群杭の場合、一方の端から他方の端へ、もしくは群杭の中央から周辺部に向かって打ち進む。
- 杭打ちを中断すると、時間経過とともに周辺摩擦力が増大してしまい、以後の打込みが困難になるので、連続して打ち込む。

主な長所

- 工場製造の既製杭であることから杭体の品質は良い。
- 残土がほとんど発生しない。締固め効果も期待できる。
- 小規模な工事では割高になりにくい。
- 打止め管理などによって、支持力の確認が簡易にできる。
- 施工速度が速い。施工管理は比較的容易。

主な短所

- 他の工法と比較して、騒音、振動が大きい。
  そのため市街地での施工が困難になってきている。
- 所定の長さで打止りにならなければ、長さの調整が必要。
- 杭径が大きくなるほど重量も大きくなり、運搬などの取扱いに注意が必要。

3. 中掘り杭工法

- 先端開放の既製杭の内部にスパイラルオーガなどを通し、これによって地盤を掘削しながら杭を沈設し、所定の支持力が得られるように先端処理して仕上げる工法。

施工方法

- 杭周辺の地盤を乱さないようにする。
  所定の角度を保ちながら所定の深さまで沈設する。
- 掘削中は過大な先掘り、杭径程度以上の拡大掘りを行わない。
- 杭の沈設後は、ボイリングを発生させないように、スパイラルオーガは徐々に引き上げる。
  必要に応じ、杭中空部の水位を地下水位よりも高くなるよう注水しながら引き上げる。

先端処理の方法

最終打撃方式

定められた深度に達した杭を打撃により貫入させる方法。

セメントミルク噴射撹拌方式

セメントミルクを所定の圧力で噴射しながら、杭先端部周辺の地盤と撹拌して根固めとする方法。

コンクリート打設方式

土質に応じた方法でスライム処理を行い、トレミー管でコンクリートを打設する方法。

主な長所

- 騒音、振動は小さい。
- 既製杭のため杭体の品質は良い。
- 打込み工法に比べ、近接構造物への影響が小さい。

主な短所

- 泥水処理、排土処理が必要。
- 打込み工法に比べて、施工管理が難しい。
- 杭径が大きくなるほど重量も大きくなり、施工機械などの選定に注意。

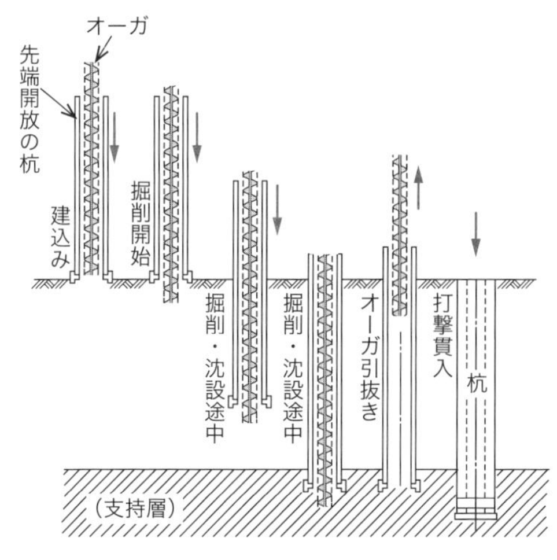

中掘り杭工法

4. プレボーリング杭工法

- 掘削ビット、ロッドを用いて掘削し、泥土化した掘削孔内の地盤にセメントミルクを注入し、撹拌混合してソイルセメント状にした後に既製杭を沈設する工法。

施工方法

- 杭心に掘削ビットの中心をセットし、オーガビットの先端から掘削液を吐き出しながら掘削する。
  これにより、掘削抵抗を減少させながら、孔内を泥土化し、孔壁崩壊を防止する。
- オーガの先端が所定の深さに達したら、過度の掘削や長時間の撹拌を行わない。

- 杭を沈設するときは、孔壁を削ったり杭体を損傷したりしないように注意し、ソイルセメントが杭頭部からあふれ出ることを確認する。

主な長所

- 騒音、振動は小さい（中掘り工法よりは不利）。
- 既製杭のため杭体の品質が良い。
- 打込み工法に比べ、近接構造物への影響が小さい（中掘り工法よりは不利）。

主な短所

- 泥水処理、排土処理が必要（中掘り工法よりは有利）。
- 打込み工法に比べて、施工管理が難しい（中掘り工法よりは有利）。
- 杭径が大きくなるほど重量も大きくなり、施工機械などの選定に注意が必要。

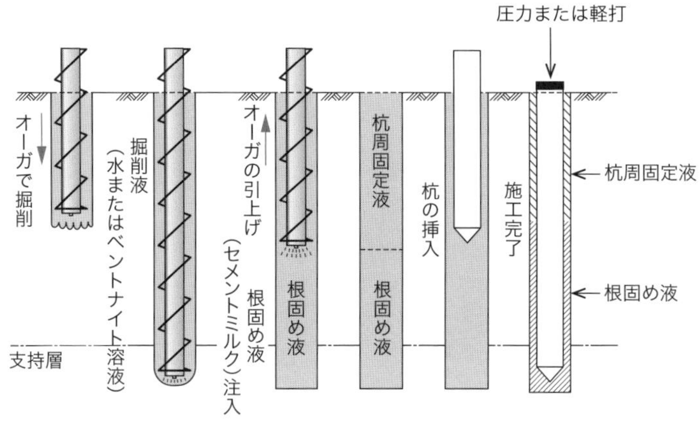

プレボーリング杭工法

演習問題でレベルアップ

《《《問題1》》》既製杭の施工に関する次の記述のうち、**適当でないもの**はどれか。

(1) プレボーリング杭工法の掘削速度は、硬い地盤ではロッドの破損などが生じないように、軟弱地盤では周りの地盤への影響を考慮し、試験杭により判断する。

(2) 中掘り杭工法の先端処理方法のセメントミルク噴出攪拌方式は、所定深度まで杭を沈設した後に、セメントミルクを噴出して根固め部を築造する。

(3) プレボーリング杭工法の掘削は、掘削液を掘削ヘッドの先端から吐出して地盤の掘削抵抗を増大させるとともに孔内を泥土化し、孔壁を軟化させながら行う。
(4) 中掘り杭工法の先端処理方法の最終打撃方式は、途中まで杭の沈設を中掘り工法で行い、途中から打撃に切り替えて打止めを行う。

解説 (3) プレボーリング杭工法では、掘削液により孔内を泥土化するとともに、孔壁を軟化させずに、孔壁の崩壊を防止しながら行う。したがって、この記述が誤りとなる。

他の記述は正しいので覚えておこう。　【解答 (3)】

〈〈〈問題2〉〉〉既製杭の施工に関する次の記述のうち、**適当なもの**はどれか。
(1) プレボーリング杭工法では、あらかじめ推定した支持層にオーガ先端が近づいたら、オーガ回転数やオーガ推進速度をできるだけ速くして施工することが必要である。
(2) 中掘り杭工法では、先端部にフリクションカッターを取り付けて掘削・沈設するが、中間層が比較的硬質で沈設が困難な場合は、杭径以上の拡大掘りを行う。
(3) プレボーリング杭工法では、杭を埋設する際、孔壁を削ることのないように確実に行い、ソイルセメントが杭頭部からあふれ出ることを確認する必要がある。
(4) 中掘り杭工法では、杭先端処理を最終打撃方式で行う際、中掘りから打込みへの切替えは、時間を空けて断続的に行う。

解説 (1) プレボーリング杭工法で所定の深さに近づいた際は、過度の掘削や長時間の撹拌につながらないように注意し、オーガの回転数やオーガ推進速度をできるだけ一定に保ち施工する必要がある。記述は誤り。

(2) 中掘り杭工法では、周囲地盤を乱したり周面摩擦力を低下させたりすることがないように、杭径以上の拡大掘りを行わないことが原則。誤った記述である。

(3) 正しい記述である。

(4) 中掘り杭工法では、中掘りから打込みへの切替えは、時間をあけずに連続的に行う。記述は誤り。　【解答 (3)】

3-4 場所打ち杭

基礎ポイント講義

1. 場所打ち杭工法の分類

- 場所打ち杭は、現場の地盤に孔をあけて、中にコンクリートを打ち込んで杭にする工法で、騒音や振動が少ないことから市街地で最も多く用いられている。

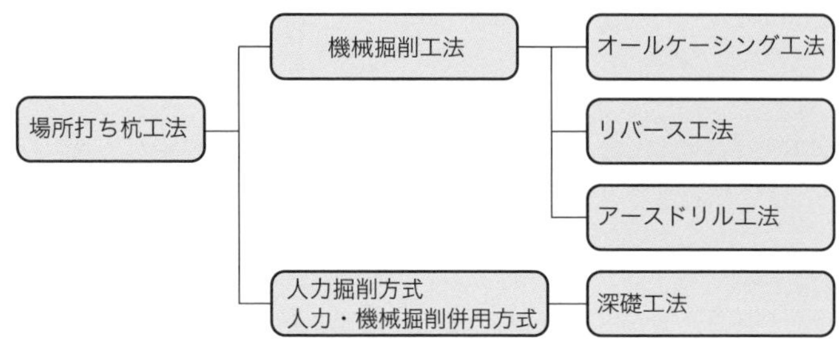

場所打ち杭工法の分類

2. オールケーシング工法

チュービング装置によるケーシングチューブを揺動圧入または回転圧入し、ハンマグラブなどによりチューブ内の土砂を掘削、排土する。掘削完了後に鉄筋かごを建て込み、コンクリートの打込みに伴いケーシングチューブを引き抜く。

施工方法

- 孔壁は、掘削孔全長にわたるケーシングチューブと孔内水で保護する。
- 掘削は、ケーシングチューブ内の土砂をハンマグラブで掘削、排土する。

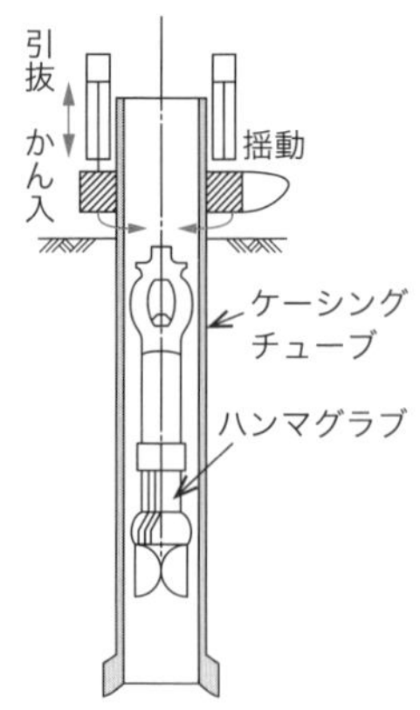

オールケーシング工法

主な長所

- 孔壁崩壊の心配がほとんどない。
- 岩盤の掘削、埋設物の除去が容易。

主な短所

- ボイリング、ヒービング、鉄筋の共上がりを起こしやすい。

3. リバース工法

- 地表部にスタンドパイプを建て込み、孔内水位を地下水位よりも 2 m 以上高く保持して孔壁にかけた水圧で崩壊を防ぎ、回転ビットで掘削した土砂をドリルパイプを介して泥水とともに吸い上げ排出する。地上のプラントで水と土砂を分離した後、孔内に循環させる。

施工方法

- 孔壁は、地下水位＋2 m の孔内水位を保つことで保護する。
- 掘削は回転ビットにより行う。その後、排土する。

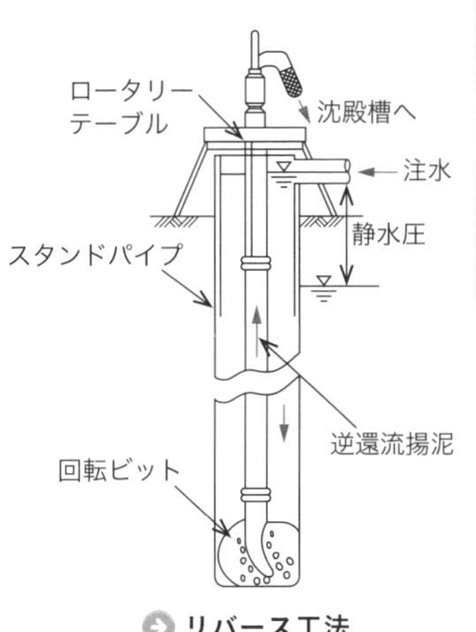

リバース工法

主な長所

- 狭い場所や水上などでも施工できる。
- 自然水を用いての孔壁保護ができる。

主な短所

- 泥水管理に注意する。泥廃水の処理が必要。
- ドリルパイプ内を通過しないような大きな礫や玉石などの掘削は困難。

4. アースドリル工法

- 比較的崩壊しやすい地表部に表層ケーシングを建て込み、孔内に安定液を注入して水圧により崩壊を防ぎ、ドリリングバケットにより掘削・排土する。

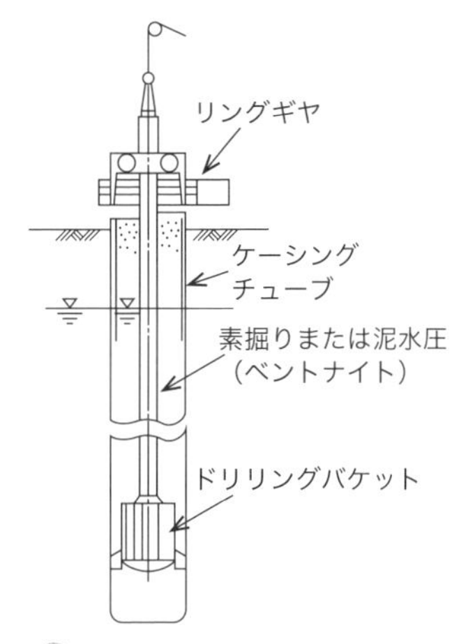

アースドリル工法

施工方法

- 孔壁は、孔内に安定液を注入し、地下水位以上を保つことで保護する。
- 掘削は、ドリリングバケット（回転バケット）により掘削、排土する。

主な長所

- 機械設備が小さくて済むので、工事費が安く、施工速度が速い。
- 周辺環境への影響が比較的少ない。

主な短所

- 廃泥土や廃泥水の処理が必要。

5. 深礎工法

- ライナープレートなどによって孔壁の土留めを行いながら、内部の土砂を掘削し、排土して掘り下げていく工法。掘削終了後に、鉄筋かごを建て込み、コンクリートを打ち込む。

施工方法

- 孔壁は、ライナープレートや波型鉄板などの山留め材によって保護する。
- 掘削は、主として人力により掘削、排土する。

主な長所

- 大口径、大深度の施工が可能。

主な短所

- 地盤が崩れやすい場所や、湧水の多い場所には適さない。

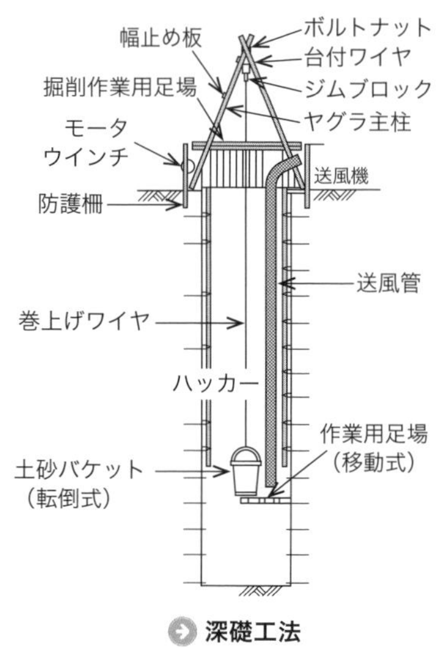

深礎工法

演習問題でレベルアップ

《《《問題1》》》場所打ち杭工法の施工に関する次の記述のうち、**適当なもの**はどれか。

(1) アースドリル工法では、掘削土で満杯になったドリリングバケットを孔底からゆっくり引き上げると、地盤との間にバキューム現象が発生する。

(2) 場所打ち杭工法のコンクリート打込みは、一般に泥水中などで打込みが行われるので、水中コンクリートを使用し、トレミーを用いて打ち込む。

(3) アースドリル工法の支持層確認は、掘削速度や掘削抵抗などの施工データを参考とし、ハンマグラブを一定高さから落下させたときの土砂のつかみ量も判断基準とする。

(4) 場所打ち杭工法の鉄筋かごの組立ては、一般に鉄筋かご径が小さくなるほど変形しやすくなるので、補強材は剛性の大きいものを使用する。

解説 (1) アースドリル工法のドリリングバケットを速い速度で引き上げると、地盤との間にバキューム現象が生じやすい。ゆっくり引き上げることで防止するので、記述は誤り。

(2) は正しい記述である。

(3) ハンマグラブを用いるのは、オールケーシング工法であり、アースドリル工法ではない。誤った記述である。

(4) 場所打ち杭工法の鉄筋かごは、鉄筋かご径が大きくなるほど変形しやすくなるので、より剛性の大きな補強材を必要とする。よって、この記述は誤りとなる。

【解答 (2)】

《《《問題2》》》 場所打ち杭工法における支持層の確認および支持層への根入れに関する次の記述のうち、**適当なもの**はどれか。

(1) リバース工法の場合は、ハンマグラブにより掘削した土の土質と深度を設計図書および土質調査試料などと比較し、支持層を確認する。

(2) アースドリル工法の場合は、一般にホースから排出される循環水に含まれた土砂を採取し、設計図書および土質調査試料などと比較して、支持層を確認する。

(3) オールケーシング工法の根入れ長さの確認は、支持層を確認したのち、地盤を緩めたり破壊しないように掘削し、掘削完了後に深度を測定して行う。

(4) 深礎工法の支持層への根入れは、支持層を確認したのち基準面を設定したうえで必要な根入れ長さをマーキングし、その位置まで掘削機が下がれば掘削完了とする。

解説 (1) ハンマグラブを用いるのは、オールケーシング工法であり、リバース工法ではない。リバース工法では、デリバリーホースから排出される循環水に含まれる土砂から支持層を確認する。誤った記述である。

(2)「ホースから排出される循環水」はリバース工法の特徴である。アースドリル工法では、バケットで掘削した土砂の土質と深度を設計図書などと比較することで支持層を確認する。記述は誤り。

(3) は正しい記述である。

(4) 深礎工法では、支持層への根入れは、鉛直支持力が確保できるように **50 cm** 程度以上とする。よって、この記述は誤りとなる。

【解答 (3)】

《《《問題３》》》場所打ち杭工法の施工に関する次の記述のうち、**適当でないもの**はどれか。

(1) オールケーシング工法では、コンクリート打込み時に、一般にケーシングチューブの先端をコンクリートの上面から所定の深さ以上に挿入する。

(2) オールケーシング工法では、コンクリート打込み完了後、ケーシングチューブを引き抜く際にコンクリートの天端が下がるので、あらかじめ下がり量を考慮する。

(3) リバース工法では、安定液のように粘性があるものを使用しないため、泥水循環時においては粗粒子の沈降が期待でき、一次孔底処理により泥水中のスライムはほとんど処理できる。

(4) リバース工法では、ハンマグラブによる中掘りをスタンドパイプより先行させ、地盤を緩めたり、崩壊するのを防ぐ。

解説 (1) 正しい記述。コンクリート打込み面よりも上にケーシングチューブの先端を上げてしまうと、孔壁が崩れ、コンクリートに土砂が混入することがあるので、これを防ぐためにコンクリート上面より２m 以上挿入する。

(2) と (3) は正しい記述である。

(4) ハンマグラブを用いるのは、オールケーシング工法であり、リバース工法ではない。

よって、この記述は誤りとなる。 【解答 (4)】

3-5 土留め、仮締切り

1. 土留め

- 開削工法により掘削を行う場合に、周辺にある土砂の崩壊防止と止水のために、土留めが設けられる。土留めは仮設構造物で、土留め壁と支保工で構成される。

土留め壁の種類と特徴

工　法	特　徴
親杭横矢板 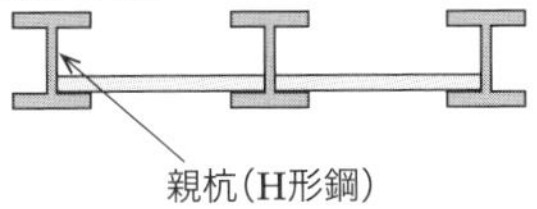 親杭（H形鋼）	・親杭（H 形鋼）を地中に設置。掘削とともに親杭間に土留め板を挿入して構築する ・施工は比較的容易で安い ・遮水性（止水性）はない
鋼矢板 鋼矢板 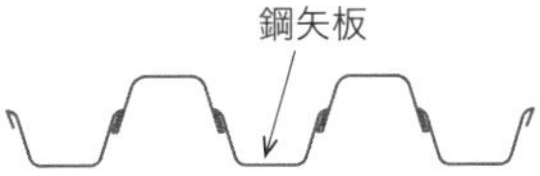	・鋼矢板の継手部をかみ合わせ、地中に連続して構築する ・施工は比較的容易。鋼管矢板、地中連続壁に比べると安い ・遮水性（止水性）がある
鋼管矢板 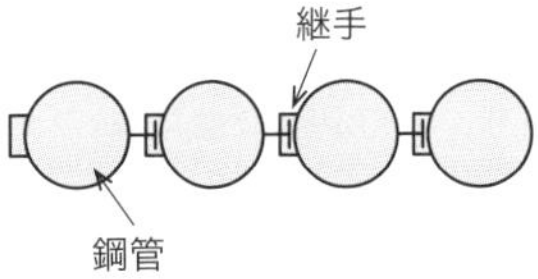 継手 鋼管	・鋼管矢板の継手部をかみ合わせ、地中に連続して構築する ・剛性が比較的大きい ・工事費は比較的高い ・遮水性（止水性）が良い
モルタル柱列壁 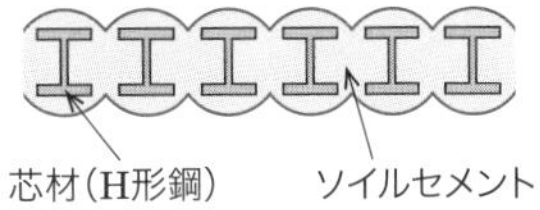 芯材（H形鋼）　ソイルセメント	・原地盤とセメントミルクを削孔混練機などで撹拌混合した柱体に、H 形鋼などの芯材を挿入し、地中に連続して構築する ・騒音、振動が少ない ・適用地盤は比較的広い
地中連続壁 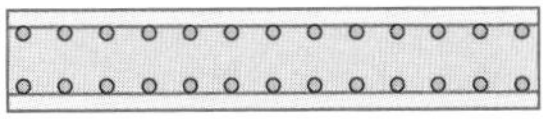	・安定液を使用して掘削した壁状の溝の中に鉄筋かごを建て込み、場所打ちコンクリートで連続して構築する ・剛性が高いので、大深度化に対応できる ・騒音、振動は少ない ・掘削時の泥水処理など、工事費は高い ・遮水性（止水性）が良い

支保工の種類と特徴

種類	自立式土留め	切梁式土留め	アンカー式土留め	控え杭タイロッド式土留め
概念図	土留め壁	腹起し 土留め壁 切ばり	腹起し 土留めアンカー 定着体 土留め壁	タイロッド 腹起し 控え杭 土留め壁
概要	切ばり、腹起しなどの支保工を用いず、主として掘削側の地盤の抵抗によって、土留め壁を支持する工法である	切ばり、腹起しなどの支保工と掘削側の地盤の抵抗によって、土留め壁を支持する工法である	掘削周辺地盤中に定着させた土留めアンカーと掘削側の地盤の抵抗によって、土留め壁を支持する工法である	土留め壁の背面地盤中にH型鋼、鋼矢板などの控え杭を設置し、土留めとタイロッドでつなげ、これと地盤の抵抗により土留め壁を支持する工法である

土留め支保工の構造

- 土留め支保工には、土圧、水圧のほか、周辺の活荷重・死荷重、衝撃荷重などさまざまな荷重が作用している。
- 覆工板を用いて覆うときは、覆工板からの鉛直荷重が杭に作用する。

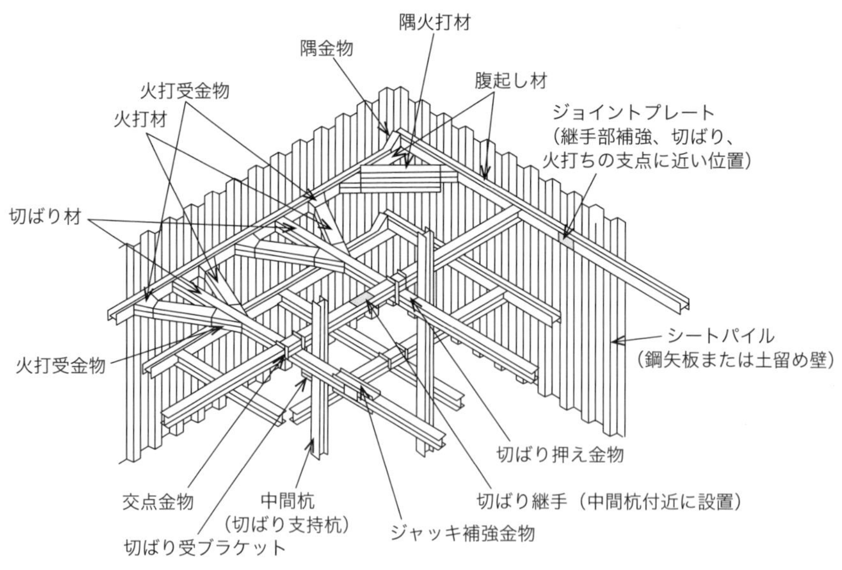

土留め支保工の各部名称

2. 仮締切り

- 河川や湖沼、海などで、ある区域を排水して止水と土留めを行い、乾燥状態で工事を行うために用いる仮設構造物が仮締切りである。
- 水中に設置されることから、部材には水圧が作用することになる。
- 水圧に対する強度に加え、工事を容易にするためには止水性が必要となる。
- 仮締切りは、重力式と矢板式に大別される。

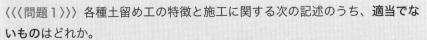

演習問題でレベルアップ

《《《問題1》》》各種土留め工の特徴と施工に関する次の記述のうち、**適当でないもの**はどれか。

(1) アンカー式土留めは、土留めアンカーの定着のみで土留め壁を支持する工法で、掘削周辺にアンカーの打設が可能な敷地が必要である。

(2) 控え杭タイロッド式土留めは、鋼矢板などの控え杭を設置し土留め壁とタイロッドでつなげる工法で、掘削面内に切ばりがないので機械掘削が容易である。

(3) 自立式土留めは、切ばり、腹起しなどの支保工を用いずに土留め壁を支持する工法で、支保工がないため土留め壁の変形が大きくなる。

(4) 切梁式土留めは、切ばり、腹起しなどの支保工により土留め壁を支持する工法で、現場の状況に応じて支保工の数、配置などの変更が可能である。

解説 (1) アンカー式土留めは、土留めアンカーと掘削側の地盤の抵抗によって土留め壁を支持する工法である。土留めアンカーの定着のみではないので、誤った記述となる。

そのほかの記述は正しいので、覚えておこう。 【解答 (1)】

《《《問題2》》》土留め工の施工に関する次の記述のうち、**適当でないもの**はどれか。

(1) 腹起し材の継手部は弱点となりやすいため、ジョイントプレートを取り付けて補強し、継手位置は切ばりや火打ちの支点から遠い箇所とする。

(2) 中間杭の位置精度や鉛直精度が低いと、切ばりの設置や本体構造物の施工に支障となるため、精度管理を十分に行う。

(3) タイロッドの施工は、水平、または所定の角度で、原則として土留め壁に直角になるように正確に取り付ける。
(4) 数段の切ばりがある場合には、掘削に伴って設置済みの切ばりに軸力が増加し、ボルトに緩みが生じることがあるため、必要に応じ増締めを行う。

解説 (1) 腹起し材の継手部は弱点となりやすいため、継手位置での曲げモーメントやせん断力に対して十分な強度を持つように、切ばりや火打ちの近くに設ける。よって、この記述が適当ではない。 【解答 (1)】

《《《問題3》》》土留め支保工の施工に関する次の記述のうち、**適当なもの**はどれか。
(1) 切ばりは、一般に引張部材として設計されているため、引張応力以外の応力が作用しないように腹起しと垂直にかつ、密着して取り付ける。
(2) 切ばりに継手を設ける場合の継手の位置は、中間杭付近を避けるとともに、継手部にはジョイントプレートなどを取り付けて補強し、十分な強度を確保する。
(3) 腹起しと土留め壁との間は、隙間が生じやすく密着しない場合が多いため、土留め壁と腹起しの間にモルタルやコンクリートを裏込めするなど、壁面と腹起しを密着させる。
(4) 腹起し材の継手部は、弱点となりやすいため、継手位置は応力的に余裕のある切ばりや火打ちの支点から離れた箇所に設ける。

解説 (1) 切ばりは、一般に軸圧縮部材として設計されているため、大きな曲げ荷重のかからないようにしなければならない。よって、この記述は適当ではない。

(2) 切ばりに継手を設ける場合は、座屈防止のために中間杭付近とし、十分な強度を持つ突合せ継手とするのがよい。よって、この記述は適当ではない。

(3) 正しい記述である。

(4) 腹起し材の継手部は弱点となりやすいため、継手位置での曲げモーメントやせん断力に対して十分な強度を持つように、切ばりや火打ちの近くに設ける。誤った記述である。 【解答 (3)】

2時限目

専門土木

1章 構造物

1-1 鋼橋に用いる鋼材

出題傾向と学習のススメ

代表的な構造物として、橋梁の鋼構造とコンクリート構造がある。鋼橋に関しては、鋼材、接合、鋼橋架設、塗装に関する出題がある。コンクリート構造については、劣化や補修に関する知識の出題が見られる。

基礎ポイント講義

1. 鋼材の種類

鉄鋼材料は、①材質－②規格名または製品名－③種類の記号で、区分されている。

鋼材の種類と記号

鋼材の種類	特徴と用途	
①材質	S F	鋼：Steel の頭文字 鉄：Ferrum の頭文字
②規格名、製品名	S R M F TK D	一般構造用圧延材 丸鋼 中炭素 鍛造品 構造用炭素鋼管 鉄筋コンクリート用異形棒鋼　など
③種類	数値	構造用鋼＝最低引張強度 鉄筋コンクリート用棒鋼＝降伏点 機械構造用炭素鋼＝炭素量 鋼線＝単線、より線　など

製品名の例

	①	②	③
SS400	S	S	400
	↓	↓	↓

① S：鋼材

② S：一般構造用圧延材

③ 400：最低引張強度 400 N/mm²

鋼材の種類と製品（規格）

鋼材の種類	製品（規格）
構造用鋼材	・一般構造用圧延鋼材 ・溶接構造用圧延鋼材 ・溶接構造用耐候性熱間圧延鋼材
鋼管	・一般構造用炭素鋼管 ・鋼管矢板　・鋼管ぐい
接合用鋼材	・摩擦接合用高力六角ボルト、六角ナット、平座金のセット
棒鋼	・鉄筋コンクリート用棒鋼

代表的な鋼材と用途

鋼材の種類	特徴と用途
低炭素鋼	溶接や加工が容易であるため、橋梁など、幅広い用途に用いられている
高炭素鋼	炭素量の増加によって加工は難しくなるが、引張強さや硬度が上昇するので、キー、ピン、工具などに用いられる
耐候性鋼	銅、クロム、ニッケルなどを添加した炭素鋼で、大気中での耐食性が高められている。無塗装橋梁などで用いられる
ステンレス鋼	耐食性が問題となるような用途で用いられる
鋳鋼品	鋳型に流し込んで、目的とする形にした鋼材。橋梁の伸縮継手のように形状が複雑な製品の用途が多い
硬鋼線材など	ピアノ線など、炭素量の多い硬鋼線材は、吊り橋や斜張橋などに用いられる

2. 鋼材の性質

鋼材の引張試験を行うと、応力－ひずみ曲線と呼ばれる結果となる（下図参照）。

荷重が、応力Aに達すると鋼材は降伏し、塑性変形が始まる。降伏点に達すると荷重は一度下がってから、ほとんど一定となり、その後断面がくびれながら応力は上昇し、最大荷重に達した後も伸び続け、最後にE点で破断する。

A点：上降伏点　B点：下降伏点　C点：最大応力点（＝引張強さ）

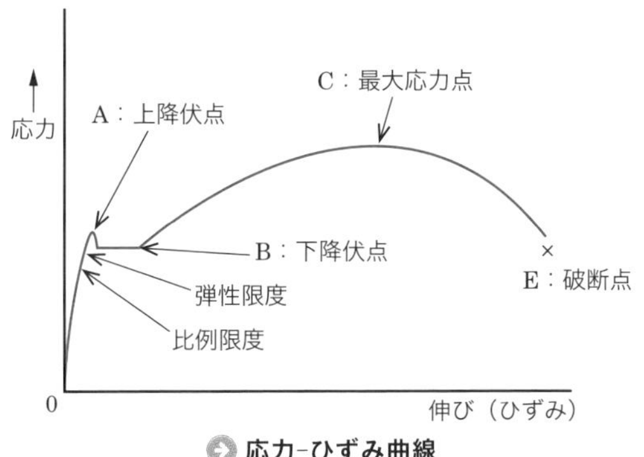

応力-ひずみ曲線

演習問題でレベルアップ

〈〈〈問題1〉〉〉 鋼橋に用いる耐候性鋼材に関する次の記述のうち、**適当でないもの**はどれか。

⑴ 耐候性鋼材の利用にあたっては、鋼材表面の塩分付着が少ないことなどが条件となるが、近年、塩分に対する耐食性を向上させた耐候性鋼材も使用されている。

⑵ 桁の端部などの局部環境の悪い箇所に耐候性鋼材を適用する場合には、橋全体の耐久性を確保するため、塗装などの防食法の併用なども検討することが必要である。

⑶ 耐候性鋼材で緻密なさび層が形成されるには、雨水の滞留などで長い時間湿潤環境が継続しないこと、大気中において乾湿の繰返しを受けないことなどの条件が要求される。

⑷ 耐候性鋼材には、耐候性に有効な銅やクロムなどの合金元素が添加されており、鋼材表面を保護し腐食を抑制するという性質を有する。

解説 (4) 耐候性鋼材は、緻密な保護性さびで抑制する特性がある。表面のさびが保護膜となり内部まで腐食しない構造で、鉄の弱点であるさびを自ら作り出しているともいえる。(4) は正しい記述である。

(3) 大気中での適度な乾湿の繰返しにより表面に緻密なさびを形成する鋼材。緻密なさびが鋼材表面を保護し、さびの進展が時間の経過とともにしだいに抑制されていく。よって、この記述は適当ではない。

(1)、(2) は正しい記述なので覚えておこう。　　　　　　　　　　【解答 (3)】

《《《問題２》》》鋼道路橋に用いる耐候性鋼材に関する次の記述のうち、**適当でないもの**はどれか。

(1) 耐候性鋼用表面処理剤は、耐候性鋼材表面の緻密なさび層の形成を助け、架設当初のさびむらの発生やさび汁の流出を防ぐことを目的に使用される。

(2) 耐候性鋼材の箱桁の内面は、気密ではなく結露や雨水の浸入によって湿潤になりやすいと考えられていることから、通常の塗装橋と同様の塗装をするのがよい。

(3) 耐候性鋼材は、普通鋼材に適量の合金元素を添加することにより、鋼材表面に緻密なさび層を形成させ、これが鋼材表面を保護することで鋼材の腐食による板厚減少を抑制する。

(4) 耐候性鋼橋に用いるフィラー板は、肌隙などの不確実な連結を防ぐためのもので、主要構造部材ではないことから、普通鋼材が使用される。

解説 (4) 肌隙（はだすき）は、高力ボルト継手の部分における板厚の違いによって生じる隙間を意味する。高力ボルト接合は、高力ボルトで板どうしを締め付けることによる摩擦抵抗力によるため、肌隙が大きい場合は、フィラー板を挿入して両面を接触させる必要がある。この際、接合する母材が耐候性鋼材の場合は、防せい・防食の点から**同種の鋼材**とする必要がある。普通鋼材を使用すると、水分の浸入などにより腐食が生じてしまうことから、耐候性鋼材を使用することになる。よって、この記述は誤りである。

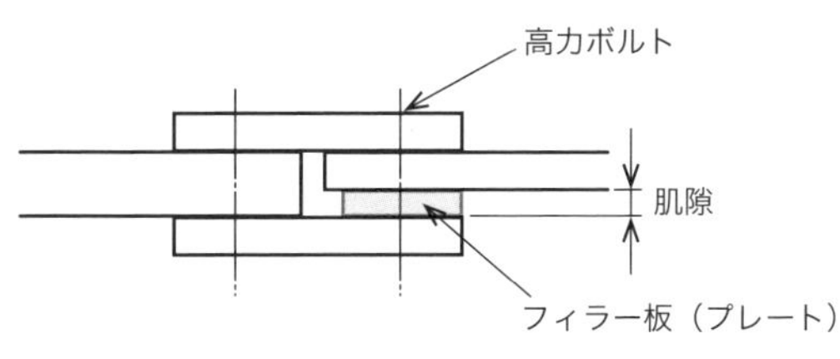

肌隙とフィラー板

【解答（4）】

1-2 鋼材の接合、塗装・防食

基礎ポイント講義

1. ボルト接合

鋼構造物の現場継手接合では、高力ボルトを用いることが多い。必要となる軸力を得るために、ナットを回転させる。

接合方法

摩擦接合

ボルトを締め付けて、継手材間を摩擦力で接合。

支圧接合

ボルト軸が部材穴に引っかかり、支圧力で接合。

引張接合

ボルトに対して平行な応力を伝達して接合。

ボルトの締付け

- 連結板の中央から外側に向かって行い、2度締めを行うことが原則。
- 溶接と高力ボルトの摩擦接合を併用する場合は、溶接後にボルトを締め付けるのが原則。

ボルトの締付け方法

締付け方法	手　順
ナット回転法 (回転法)	・ボルトの軸力は伸びによって管理、伸びはナットの回転角で表す ・降伏点を超えるまで軸力を与えるのが一般的 ・締付け検査は、全本数についてマーキングで外観検査
トルクレンチ法 (トルク法)	・レンチは、事前に導入軸力と締付けトルクの関係を調べるキャリブレーションを行う ・60%導入の予備締め、110%導入の本締めを行う ・締付け検査は、ボルト群の10%について行う ・キャリブレーション時の設定トルク値の ±10%範囲内で合格
耐力点法	・導入軸力とナット回転量の関係が耐力点付近では非線形となる性質により、一定の軸力を導入する締付け方法 ・締付け検査は、全数マーキングおよびボルト5組についての軸力平均が所定の範囲にあるかどうかを検査する
トルシア型高力ボルト	・破断溝がトルク反力で切断できる機構を持つ ・専用の締付け機を用いる ・締付け検査は、全数について、ピンテールの破断とマーキングの確認による

2. 溶接接合

溶接には、重ね継手やT継手のように、ほぼ直交する2面を接合するすみ肉溶接と、接合面に適当な溝を加工して溶着金属を盛るグルーブ（開先）溶接に大別される。

溶接の種類

溶接方法	手　順
開先（グルーブ）溶接	・接合する部材間に、グルーブ（開先）と呼ばれる間隙をつくり、その部分に溶着金属を盛って溶接合する ・突合せ継手、T継手、角継手などに用いられる
すみ肉溶接	・ほぼ直交する二つの部材の接合面に溶着金属を盛って溶接接合する ・T継手、重ね継手、角継手などに用いられる

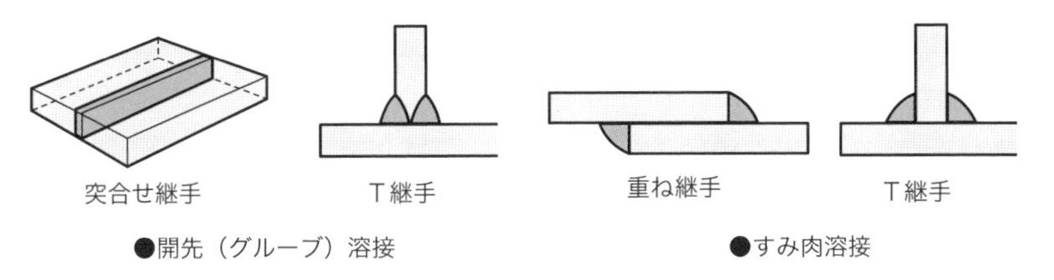

主な溶接の種類

橋梁などの鋼構造物では、アーク溶接が多く用いられる。アーク溶接法とは、電力によって溶接物と電極間にアークを発生させ、そのアーク熱（約6 000℃）を利用して金属を接合する方法である。

溶接の方法には、次のようなタイプがある。

溶接方法

手溶接（被覆アーク溶接）

被覆材を塗布した溶接棒を電極として母材との間にアークを発生し、そのアーク熱を利用して溶接する。

半自動溶接（ガスシールドアーク溶接）

溶接部にシールドガスを噴射させ、電極棒と母材の間に発生したアークを大気から遮断し、その中でアーク熱による加熱融合する。溶接材料（溶接棒）が自動供給される。

全自動溶接（サブマージアーク溶接）

工場溶接に用いられている。溶接材料（溶接棒）の送りと移動が連動して自動化された機械溶接である。

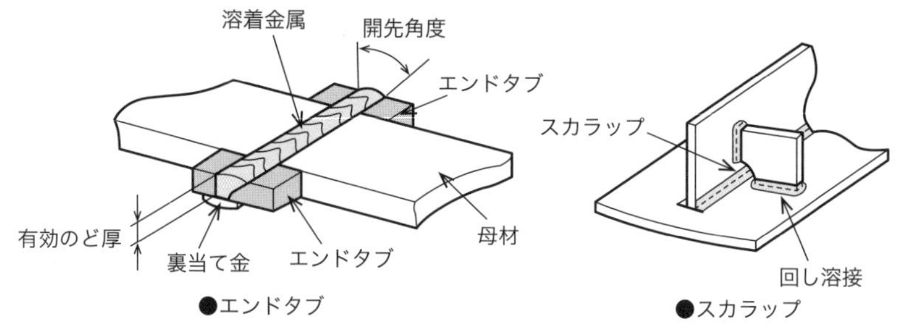

エンドタブとスカラップ

3. 塗装・防食

塗装は、鋼材に密着した塗膜を形成することであり、腐食の要因となるものを鋼材に到達しにくくし、到達した場合も防食機能を発揮する効果がある。

被覆防食

- 無機または有機の被膜により鋼材を覆い、腐食を促進する物質を遮断（環境遮断）する方法。
- 塗装、金属被覆、非金属被覆、有機ライニング（ポリエチレンライニングなど）、複合被覆などが代表的な方法。

電気防食

- 電極から防食する金属材料に通電することによって、金属を腐食させない電位に変化させて防食する方法。
- 流電陽極方式、外部電源方式、選択排流方式などがある。

耐食性材料

- 適量の銅（Cu）、クロム（Cr）、ニッケル（Ni）などの合金元素を含有し、大気中での適度な乾湿の繰返しにより表面に緻密なさびを形成する方法。
- 緻密なさびが鋼材表面を保護し、さびの進展が時間の経過とともにしだいに抑制される。

防せい防食方法

- **耐候性鋼材**：緻密なさびで表面を保護し、腐食を抑制。
- **塗　　装**：塗膜による大気遮断。
- **亜鉛めっき**：亜鉛酸化物による保護被膜。亜鉛による犠牲防食。
- **金属溶射**：溶射金属（亜鉛など）により犠牲防食となる保護被膜を形成。

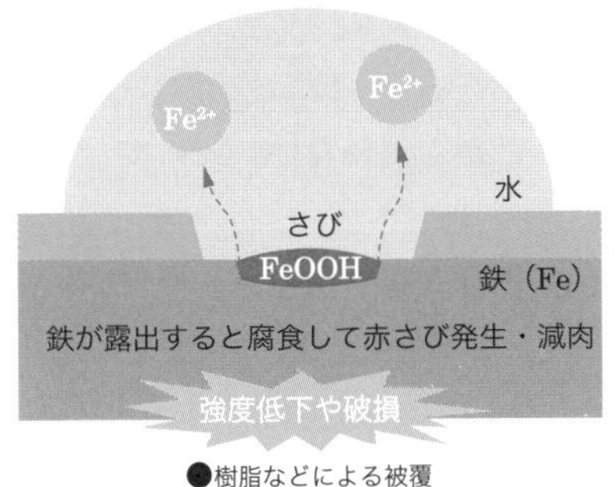

●樹脂などによる被覆

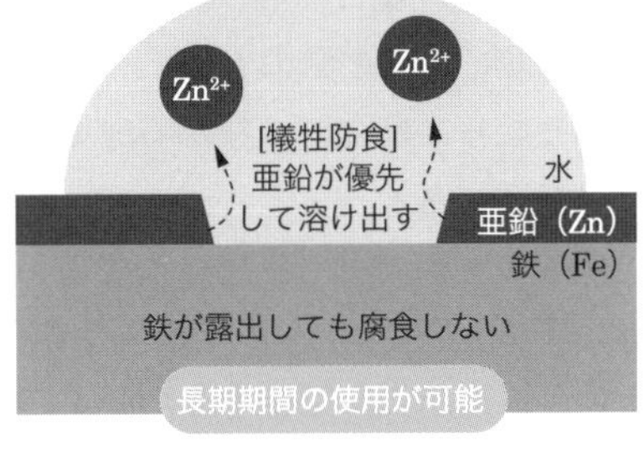

●亜鉛めっき（犠牲防食）

犠牲防食

ひとことアドバイス

高力ボルトや溶接、そして塗装・防食の施工についての具体的な施工の知識を問うさまざまなパターンの出題が多い。

基礎ポイント講義では、基本となる用語や施工の要点をまとめているが、実際の出題をもとにしながら、解答に必要な知識を習得しよう。

演習問題でレベルアップ

〈〈〈問題１〉〉〉 鋼道路橋における高力ボルトの施工および検査に関する次の記述のうち、**適当でないもの**はどれか。

⑴ 溶接と高力ボルトを併用する継手は、それぞれが適切に応力を分担するよう設計を行い、応力に直角なすみ肉溶接と高力ボルト摩擦接合とは併用してはならない。

⑵ フィラーは、継手部の母材に板厚差がある場合に用いるが、肌隙などの不確実な連結を防ぐため２枚以上を重ねて用いてはならない。

⑶ トルク法による締付け検査において、締付けトルク値がキャリブレーション時に設定したトルク値の10%を超えたものは、設定トルク値を下回らない範囲で緩めなければならない。

⑷ トルシア形高力ボルトの締付け検査は、全数についてピンテールの切断の確認とマーキングによる外観検査を行わなければならない。

解説 (1) 主に応力方向に平行なすみ肉溶接であれば、高力ボルト摩擦接合と併用できる。しかし、応力方向に直角なすみ肉溶接と高力ボルト摩擦接合は、両者の変形性状が異なるため、応力分担が不確定であることから併用できない。したがって、(1) は正しい。

(2) 継手部の母材では、肌隙量が1 mm を超えるときにフィラー板を用いる必要があるが、1枚を原則としている。2枚以上のフィラー板を使用すると不確実な連結となり、腐食につながる原因ともなることから重ねない。よって、(2) は正しい記述である。

(3) トルク法による締付け検査において、締付けトルク値がキャリブレーション時に設定したトルク値の10%を超えたもの、または軸部が降伏していると考えられる場合は、新しいボルトセットに交換して、締め直しを行う。したがって、この記述が適当ではない。

(4) は正しい記述である。

【解答 (3)】

《《《問題2》》》 鋼道路橋における高力ボルトの締付け作業に関する次の記述のうち、**適当なもの**はどれか。

(1) トルク法によって締め付けたトルシア形高力ボルトは、各ボルト群の半分のボルト本数を標準として、ピンテールの切断の確認とマーキングによる外観検査を行う。

(2) ボルト軸力の導入は、ナットを回して行うのを原則とするが、やむを得ずボルトの頭部を回して締め付ける場合は、トルク係数値の変化を確認する。

(3) 回転法によって締め付けた高力ボルトは、全数についてマーキングによる外観検査を行い、回転角が過大なものについては、一度緩めてから締め直し所定の範囲内であることを確認する。

(4) 摩擦接合において接合される材片の接触面を塗装しない場合は、所定のすべり係数が得られるよう黒皮をそのまま残して粗面とする。

解説 (1) トルシア形高力ボルトの場合は、全数についてピンテールの切断の確認とマーキングによる外観検査を行う。よって、記述は適当ではない。

(2) 正しい記述である。

(3) 回転角が過大なものについては、新しいボルトセットに取り換えて締め直す必要がある。よって記述は適当ではない。

(4) 摩擦接合において接合される材片の接触面は、必要とするすべり係数が確保できるように適切な処理を施す必要がある。接触面を塗装しない場合は、黒皮、浮きさび、油、泥などを除去して粗面とする。よって、記述は適当ではない。

【解答 (2)】

〈〈〈問題３〉〉〉鋼道路橋における溶接に関する次の記述のうち、**適当でないもの**はどれか。

⑴ 外観検査の結果が不合格となったスタッドジベルは全数ハンマー打撃による曲げ検査を行い、曲げても割れなどの欠陥が生じないものを合格とし、元に戻さず、曲げたままにしておく。

⑵ 現場溶接において、被覆アーク溶接法による手溶接を行う場合には、溶接施工試験を行う必要がある。

⑶ エンドタブは、溶接端部において所定の品質が確保できる寸法形状の材片を使用し、溶接終了後は、ガス切断法によって除去し、その跡をグラインダ仕上げする。

⑷ 溶接割れの検査は、溶接線全体を対象として肉眼で行うのを原則とし、判定が困難な場合には、磁粉探傷試験、または浸透探傷試験を行う。

解説 (1) この場合は、15°の角度まで曲げても欠陥の生じないものは元に戻すことなく、曲げたままにしておかなければならない。記述は正しい。

(2) 現場溶接において、被覆アーク溶接法（手溶接のみ）、ガスシールドアーク溶接法、サブマージアーク溶接法以外の溶接を行う場合について、溶接施工試験を行う必要がある。この記述は適当ではない。

(3)、(4) の記述は適当なものである。　【解答 (2)】

〈〈〈問題４〉〉〉鋼橋の防食に関する次の記述のうち、**適当でないもの**はどれか。

⑴ 金属溶射は、鋼材表面に形成した溶射被膜が腐食の原因となる酸素と水や、塩類などの腐食を促進する物質を遮断し鋼材を保護する防食法である。

⑵ 耐候性鋼は、腐食速度を低下できる合金元素を添加した低合金鋼であり、鋼材表面に生成される緻密なさび層によって腐食の原因となる酸素や水から鋼材を保護するものである。

⑶ 塗装は、鋼材表面に形成した塗膜が腐食の原因となる酸素と水や、塩類などの腐食を促進する物質を遮断し鋼材を保護する防食法である。

⑷ 電気防食は、鋼材に電流を流して表面の電位差を大きくし、腐食電流の回路を形成させない方法である。

解説 (4) 電気防食は鋼材に電流を流して表面の電位差をなくすことにより、腐食電流の回路を形成させない方法である。したがって、この記述が誤りである。

そのほかの記述は適当なものであるので、覚えておこう。　　　【解答（4）】

〈〈〈問題5〉〉〉鋼構造物の塗装における塗膜の劣化に関する次の記述のうち、**適当でないもの**はどれか。

(1) チェッキングは、塗膜の表面が粉化してしだいに消耗していく現象であり、紫外線などにより塗膜表面が分解することで生じる。

(2) 膨れは、塗膜の層間や鋼材面と塗膜の間に発生する気体、または液体による圧力が、塗膜の付着力や凝集力より大きくなった場合に発生するもので、高湿度条件などで生じやすい。

(3) クラッキングは、塗膜の内部深く、または鋼材面まで達する割れを指し、目視で容易に確認ができるものである。

(4) はがれは、塗膜と鋼材面、または塗膜と塗膜間の付着力が低下したときに生じ、塗膜が欠損している状態であり、結露の生じやすい下フランジ下面などに多く見られる。

解説 (1) チェッキングは、下地となる鋼材までダメージのない、塗膜の表面に生じるひび割れで、目視でやっとわかる程度の比較的軽度な割れである。チェッキングが進行するとクラッキングになっていく。塗膜の表面が粉化して消耗していく現象は、チョーキングである。したがって、この記述が誤りである。

【解答（1）】

塗膜劣化

塗膜劣化	特　徴
クラッキング	下地となる鋼材まで達するダメージの大きなひびの深い割れ
チェッキング	下地となる鋼材までダメージのない、塗膜の表面に生じるひび割れ
チョーキング	紫外線などにより塗膜表面が劣化、粉化（白亜化）して消耗し、耐久性が低下
膨(ふく)れ	塗膜がその内部に含まれるガスや液体、さびなどにより膨れる現象。外部からの液体の浸入、内部に含まれたガス、さびが発生した場合などが原因となる
はがれ	下地となる鋼材と塗膜、または塗膜と塗膜の間の付着力が低下したときに発生

1-3 鋼橋の架設

基礎ポイント講義

鋼橋架設工法は、架橋する場所の条件や橋梁の種類などによって、工法が選定される。

鋼橋の架橋方法

架橋方法	手　順
(I) 桁を所定の位置で組み立てる工法	
ベント工法	・クレーンで桁部材を吊り、桁下に設置した支持台（ベント、ステージング）で支持させている間に接合する ・キャンバー（反り）の調整が容易 ・一般的な工法だが、桁下が高い場所や、支持力の不足するような地盤では向かない
片持式工法	・架設された桁の上にレールを設け、仮設用のトラベラクレーンを使って部材を運搬して、組み立てる ・河川上や山間部など桁下が高く、ベントが組めない場所で使う
ケーブルエレクション工法	・ケーブルを張り、主索、吊索、ケーブルクレーンを用いて架設する ・ケーブルの伸びによる変形など、キャンバーの調整が困難 ・深い谷や河川などで用いられる
(II) 別の位置で組み立てた桁を所定の位置に移動する工法	
送出し工法	・手延機などによって、隣接する場所で組み立てた橋桁を送り出して架橋する ・水上や軌道上など、ベントが設置できない場所に使う
横取り工法	・あらかじめ架設位置の横に橋桁を組み立て、その架設した橋桁を新橋位置に横移動させて据え付ける工法 ・橋桁が移動を始めてから短時間に据付けができることから、迂回が困難で時間制限のある鉄道橋などで用いられる
架設桁工法	・あらかじめ仮設桁を設置しておき、橋桁を吊り込み、引き出しながら架設する ・深い谷部や軌道上など、ベントが設置できない場所、曲線橋などで用いられる
フローティングクレーン工法(一括架橋工法)	・台船などによって、組立済みの橋体を大ブロックで移動して組み立てる ・海上や河川などで使われるが、水深が必要。流れが弱い場所で用いられる

桁を所定の位置で組み立てる工法

・ベント工法

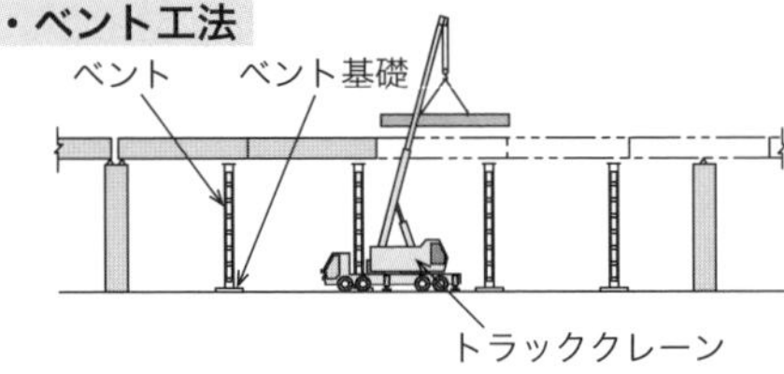

・片持式工法

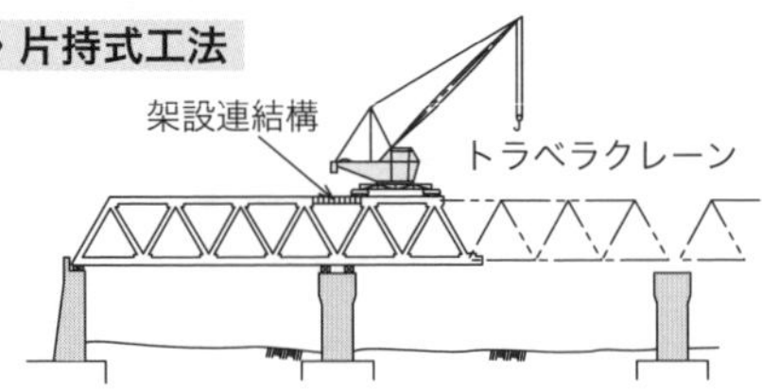

・ケーブルエレクション工法

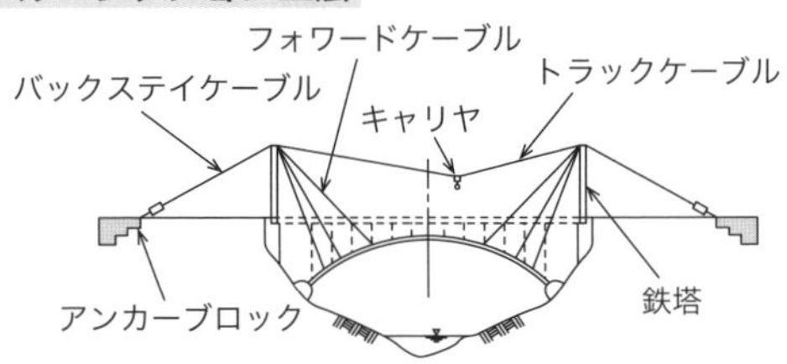

・送出し工法

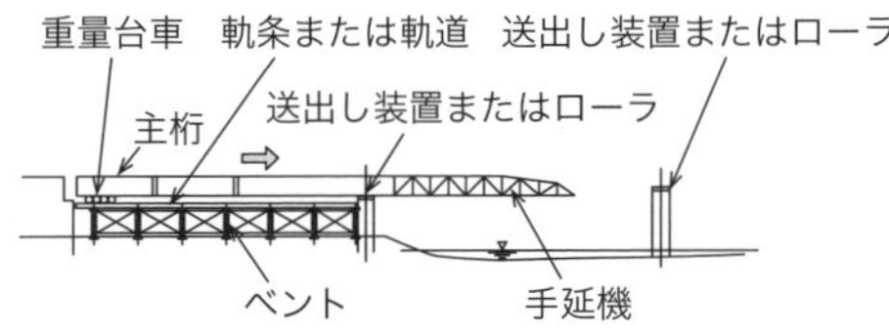

・仮設桁工法

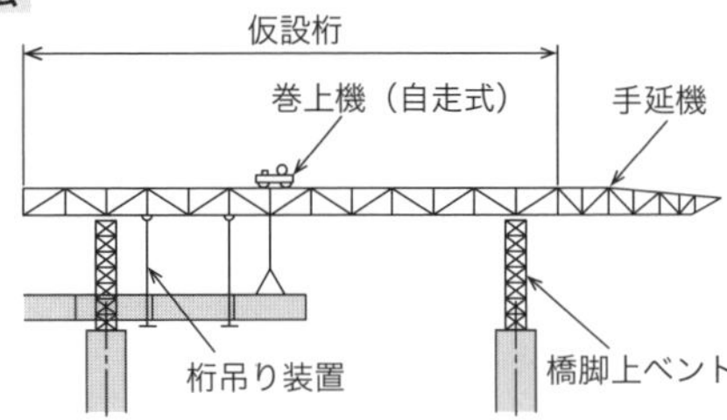

・横取り工法

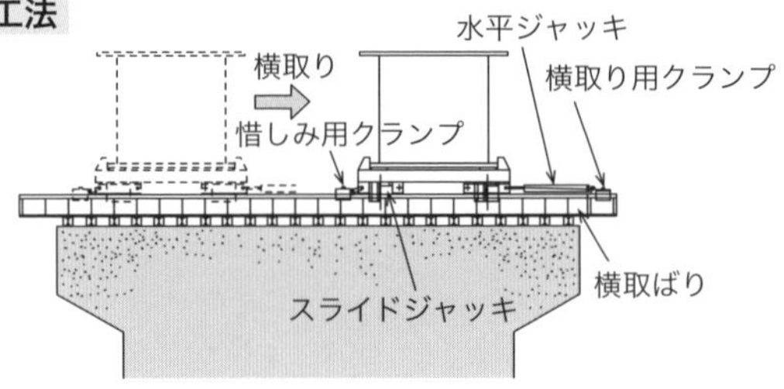

演習問題でレベルアップ

〈〈〈問題１〉〉〉鋼道路橋の架設上の留意事項に関する次の記述のうち、**適当でないもの**はどれか。

(1) 同一の構造物では、ベント工法で架設する場合と片持式工法で架設する場合で、鋼自重による死荷重応力は変わらない。

(2) 箱桁断面の桁は、重量が重く吊りにくいので、事前に吊り状態における安全性を確認し、吊り金具や補強材を取り付ける場合には工場で取り付ける。

(3) 連続桁をベント工法で架設する場合においては、ジャッキにより支点部を強制変位させて桁の変形および応力調整を行う方法を用いてもよい。

(4) 曲線桁橋は、架設中の各段階において、ねじれ、傾きおよび転倒などが生じないように重心位置を把握し、ベントなどの反力を検討する。

解説 (1) 同一の構造物であることから死荷重は変わらないが、ベント工法で架設する場合のベント支持位置と片持式工法での支持点といった荷重集中点における局部的応力度は異なる。架設工法や架設順序などにより架設時に生じる応力が異なる場合があるので十分に安全を確認する必要がある。したがって、この記述が誤りである。 【解答 (1)】

〈〈〈問題２〉〉〉鋼橋における架設の施工に関する次の記述のうち、**適当でないもの**はどれか。

(1) 部材の組立てに用いるドリフトピンは、仮締めボルトとドリフトピンの合計本数の 1/3 以上使用するのがよい。

(2) 吊り金具は、本体自重のほかに、2 点吊りの場合には本体自重の 100%、4 点吊りの場合には 50%の不均等荷重を考慮しなければならない。

(3) ジャッキをサンドル材で組み上げた架台上にセットする場合は、鉛直荷重の 10%以上の水平荷重がジャッキの頭部に作用するものとして照査しなければならない。

(4) I 形断面部材を仮置きする場合は、風などの横荷重による転倒防止に十分配慮し、汚れや腐食に対する養生を行い、地面から 15 cm 以上離すものとする。

解説 (2) 吊り金具は、本体自重のほか、2 点吊りの場合には**本体自重の 50%**、4 点吊りの場合には **100%の不均等荷重**を考慮しなければならない。したがって、この記述が誤りである。

(3) ジャッキをサンドル材で組み上げた架台上にセットする場合は、ジャッキ基部に転倒防止用台座を使用しなければならない。この転倒防止用台座は、上昇高さの違いによって構造物が傾斜、基礎本体の沈下などにより、ジャッキ自体が傾斜しようとする水平力が作用することも考えられる。このため、鉛直荷重の 10% 以上の水平荷重がジャッキ頭部に作用するものとして照査しなければならない。適当な記述である。

(1) と (4) は、正しい記述である。　　　　　　　　　　　　　【解答 (2)】

《《《問題３》》》 鋼道路橋の架設上の留意事項に関する次の記述のうち、**適当でないもの**はどれか。

⑴ I 形断面部材を仮置きする場合は、転倒ならびに横倒れ座屈に対して十分に注意し、汚れや腐食などに対する養生として地面より 50 mm 以上離すものとする。

⑵ 連続桁の架設において、側径間をカウンタウェイトとして中央径間で閉合する場合には、設計時に架設応力や変形を検討し、安全性を確認しておく必要がある。

⑶ 部材の組立てに使用する仮締めボルトとドリフトピンの合計は、架設応力に十分耐えるだけの本数を用いるものとし、その箇所の連結ボルト数の 1/3 程度を標準とする。

⑷ 箱形断面の桁は一般に剛性が高いため、架設時のキャンバー調整を行う場合には、ベントに大きな反力がかかるので、ベントの基礎およびベント自体の強度について十分検討する必要がある。

解説 (1) I 形断面部材を仮置きする場合は、風などの横荷重による転倒や、横倒れ座屈に対して十分に注意する必要がある。さらに、汚れや腐食などに対する養生として地面より **15 cm 以上**離すものとするため、この記述が誤りである。

ほかの記述は適当であるので、覚えておこう。　　　　　　　　【解答 (1)】

1-4 コンクリート構造物

基礎ポイント講義

1. 劣化

コンクリートの劣化は、中性化、塩害、凍害、化学的侵食、アルカリシリカ反応などの現象がある。

劣化機構と劣化現象

中性化

アルカリ性が低下して中性に近づく現象で、空気中の二酸化炭素とセメント水和物の炭酸化反応。

内部鉄筋が腐食してさびが生じる。さびによって体積が膨張し、ひび割れを生じさせる。鉄筋に沿ったひび割れ、表面のはく離、はく落、鋼材の断面減少などが起こる。

塩害

塩化物イオンによって生じる現象。コンクリート製造時の混入、または硬化後の表面に付着した塩分が浸透する。

塩分が塩化物イオンとして浸透し、鉄筋位置まで到達すると、鉄筋が腐食してさびが生じる。さびによる影響は中性化と同じ。

凍害

寒冷地などで、コンクリート内の水分が、凍結により膨張し、凍結・融解が繰り返されることで進行する現象。

コンクリート自体が膨張して表面を弾き飛ばすポップアウト、微細なひび割れ、コンクリート表面のセメントペーストがはく離するスケーリングなどが起こる。

化学的侵食

硫酸イオンや酸性物質といった化学物質との接触で生じる化学反応。

コンクリートの多孔化や分解、または化合物生成時の膨張などでひび割れが起こる。

アルカリシリカ反応

反応性骨材（シリカ鉱物）を有していると、コンクリート中のアルカリ水溶液によって、骨材が異常膨張する現象。

コンクリート構造や状態によって、さまざまなひび割れが生じる。

劣化防止対策

劣化機構	防止策
中性化	・鉄筋のかぶりを大きくする ・水セメント比を小さくする
塩害	・鉄筋の防せい処置（さび止め） ・鉄筋のかぶりを大きくする ・水セメント比を小さくする ・高炉セメントを用いる ・練混ぜ時の塩化物イオンを総量規制する
凍害	・AE コンクリートを用いる ・水セメント比を小さくする
化学的侵食	・コンクリート表面被覆などで抑制する ・鉄筋のかぶりを化学的侵食深さより大きくする
アルカリシリカ反応（ASR）	・アルカリシリカ反応が無害の骨材を使用する ・抑制効果のある混合セメントを使用する

2. 補修

コンクリート構造物の劣化に対する対策としては、点検強化、補修・補強、供用制限、場合によっては解体・撤去といった適切な手段を講じる必要がある。

劣化要因に基づく補修工法

劣化機構	対策の考え方	補修工法
中性化	・中性化したコンクリート除去 ・補修後の再アルカリ化防止	・断面補修 ・表面保護など
塩害	・浸入した塩化物イオンの除去 ・補修後の塩化イオン、水分、酸素の浸入抑制	・脱塩 ・断面補修 ・表面保護など
凍害	・劣化したコンクリート除去 ・凍結、融解抵抗性の向上 ・補修後の水分の浸入抑制	・断面補修 ・ひび割れ注入工 ・表面保護など
化学的侵食	・劣化したコンクリート除去 ・有害化学物質の侵入抑制	・断面補修 ・表面保護など
アルカリシリカ反応（ASR）	・水分やアルカリの供給抑制 ・内部水分の散逸促進 ・膨張抑制	・ひび割れ注入工 ・表面保護 ・巻立て工など
疲労	・ひび割れ発展の抑制 ・部材剛性の回復	・床版防水工 ・パネル接着など
すり減り	・摩耗、減少した断面の回復 ・粗度係数の回復、改善	・断面修復 ・表面保護など

ひとことアドバイス

コンクリート構造物では、劣化や補修についての具体的な施工の知識を問うさまざまなパターンの出題が多い。実際の出題をもとにしながら、解答に必要な知識を掘り下げよう。

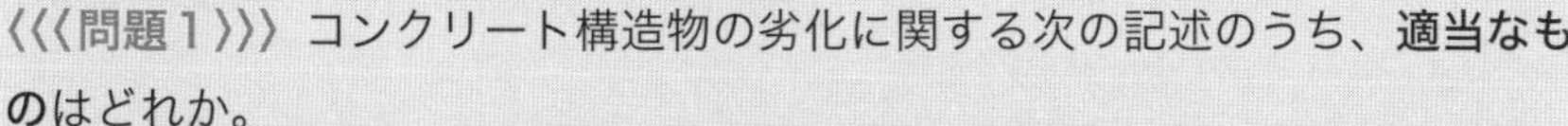

《《《問題１》》》コンクリート構造物の劣化に関する次の記述のうち、**適当なもの**はどれか。

⑴ 中性化と水の浸透に伴う鋼材腐食は、乾燥・湿潤が繰り返される場合と比べて常時滞水している場合のほうが腐食速度は速い。

⑵ 塩害環境下においては、一般に構造物の供用中における鉄筋の鋼材腐食による鉄筋断面の減少量を考慮した設計を行う。

⑶ 凍結防止剤として塩化ナトリウムの散布が行われる道路用コンクリート構造物では、塩化物イオンの影響によりスケーリングによる表面の劣化が著しくなる。

⑷ アルカリ骨材反応を抑制する方法は、骨材のアルカリシリカ反応性試験で区分Ａ「無害」と判定された骨材を用いる方法に限定されている。

2時限目 専門土木

解説 (1) 鋼材腐食は、鋼材への水と酸素の供給により進行する。そのため、常時滞水している環境では、鋼材付近に水があるものの、溶存酸素として消費されていることから酸素が少なくなっている。また、常時乾燥している環境では鋼材付近に水が少なくなっている。これらの環境下では鋼材腐食は進みにくい。乾燥・湿潤が繰り返される場合は、水と酸素が繰り返し供給されるため、鋼材腐食は進みやすい。よって、(1) は適当ではない。

(2) 塩害環境下においては、かぶりを大きくすることによって塩化物イオンの侵入に対する対策をとっている。鉄筋断面の減少量を考慮した設計は行わず、供用中における鋼材腐食を発生させないこととしていると理解してよいので、(2) は適当ではない。

(3) スケーリングは、コンクリート中にある水分の断続的な凍結や融解の連続によりコンクリートの表面がフレーク状にはく離する現象。積雪寒冷地では、凍害だけでなく凍結防止剤の散布による塩化物イオンの影響が組み合わさって表面劣化が著しくなる。この記述は正しい。

(4) アルカリ骨材反応を抑制する方法は、区分Ａ「無害」と判定された骨材を用いる方法だけに限定されておらず、次ページの対策のうち一つを講じることとされている。この記述は適当ではない。 【解答 (3)】

アルカリ骨材反応を抑制する方法

- アルカリシリカ反応性試験の結果が「無害」
- コンクリート中のアルカリ総量の抑制（コンクリート中のアルカリ総量が、Na_2O 換算で 3.0 kg/m³ 以下）
- 抑制効果のある混合セメントなどの使用（高炉セメントのB種またはC種、フライアッシュセメントのB種またはC種など）

〈〈〈問題2〉〉〉 コンクリート構造物の中性化による劣化とその特徴に関する次の記述のうち、**適当でないもの**はどれか。

⑴ 大気中の二酸化炭素による中性化は、乾燥・湿潤が繰り返される場合と比べて常時乾燥している場合のほうが中性化速度は速い。

⑵ 中性化と水の浸透に伴う鉄筋腐食は、乾燥・湿潤が繰り返される場合と比べて常時滞水している場合のほうが腐食速度は速い。

⑶ コンクリート中に塩化物が含まれている場合、中性化の進行により、セメント水和物に固定化されていた塩化物イオンが解離し、未中性化領域に濃縮するため腐食の開始が早まる。

⑷ コンクリートの中性化深さを調査する場合は、フェノールフタレイン溶液を噴霧し、コンクリート表面から、発色が認められない範囲までの深さを測定する。

解説 (2) 乾燥・湿潤が繰り返される場合は、水と酸素が繰り返し供給されるため、鋼材腐食は進みやすい（〈〈〈問題1〉〉〉の **解説** 参照)。よって、この記述が適当ではない。ほかの記述は適当であるので、覚えておこう。 【解答 (2)】

中性化が進行しやすい条件

- 欠損部（ひび割れ、豆板など）である。
- 温度が高い。
- 湿度が 40～60％程度。
- 二酸化炭素濃度が高い環境（屋内など）である。

《《《問題３》》》損傷を生じた鉄筋コンクリート構造物の補修に関する次の記述のうち、**適当でないもの**はどれか。

⑴ 有機系表面被覆工法による補修には塗装工法とシート工法があり、塗装工法はコンクリート表面を十分吸水させた状態で塗布する。

⑵ 無機系表面被覆工法による補修を行う場合には、コンクリート表面の局所的なぜい弱部は除去し、また空隙はパテにより充填し、段差や不陸もパテにより解消する。

⑶ 断面修復による補修を行う場合は、補修範囲の端部にはカッターを入れるなどによりフェザーエッジを回避する。

⑷ 外部電源方式の電気防食工法は、防食電流の供給システムの性能とその耐久性などを把握し、適切なシステム全体の維持管理を行う必要がある。

解説 (1) 有機系表面被覆工法による補修には、塗装工法とシート工法がある。このうち塗装工法は、十分に乾燥させた状態のほうがコンクリート面への付着性に優れている。よって、この記述が誤りとなる。【解答 (1)】

断面修復

- 断面修復部の平面的な範囲は、劣化部から余裕をもたせる。
- 断面修復部範囲の端部には、コンクリートカッターで切れ目（目安として10～20 mm）を入れる。
- 内部鉄筋が腐食している場合、はつり深さは鉄筋背面までを考慮する。

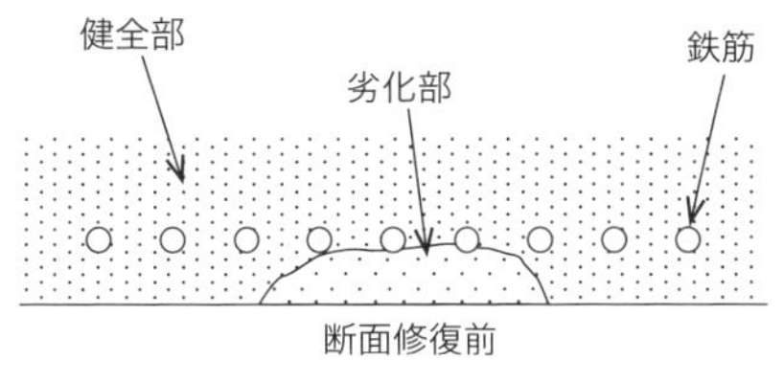

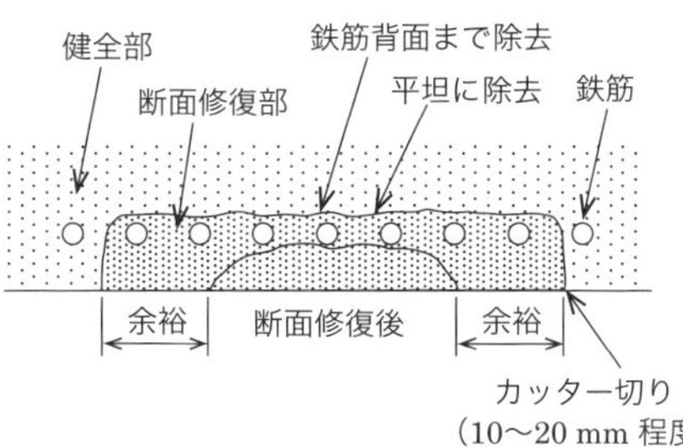

断面修復の補修範囲

- フェザーエッジは、断面が緩やかなスロープ状になる部分のことで、断面補修材の塗布厚さが極めて薄くなってひび割れがしやすくなる。
- フェザーエッジを回避するために、劣化部の範囲よりも多少広く（余裕をもたせて）設定し、コンクリートカッターで切れ目を入れる方法をとる。

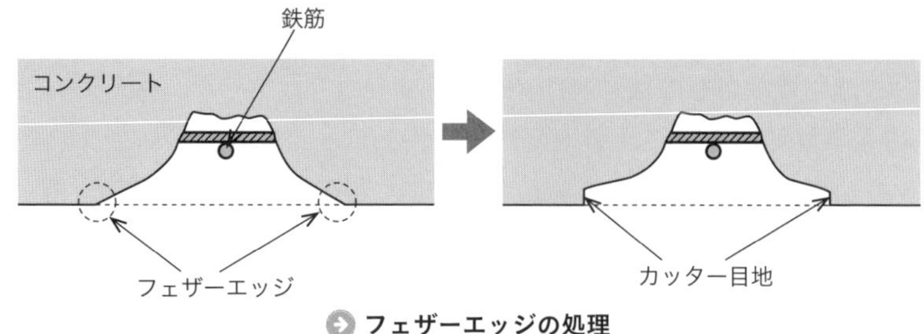

フェザーエッジの処理

《《《問題4》》》アルカリシリカ反応を生じたコンクリート構造物の補修・補強に関する次の記述のうち、**適当でないもの**はどれか。

(1) 塩害とアルカリシリカ反応による複合劣化が生じ、鉄筋の防食のために電気防食工法を適用する場合は、アルカリシリカ反応を促進させないように配慮するとよい。

(2) 予想されるコンクリート膨張量が大きい場合には、プレストレス導入やFRP巻立てなどの対策は適していないので、他の対策工法を検討するとよい。

(3) アルカリシリカ反応によるひび割れが顕著になると、鉄筋の曲げ加工部にき裂や破断が生じるおそれがあるので、補修・補強対策を検討するとよい。

(4) アルカリシリカ反応の補修・補強のときには、できるだけ水分を遮断し、コンクリートを乾燥させる対策を講じるとよい。

解説 (2) アルカリシリカ反応（ASR）の補修工法のうち、外部拘束により**ASR膨張を物理的に抑制する巻立て工法**は適している。また、補強PC鋼材を配置したプレストレス導入により、ASRによる膨張を抑制する工法も実際に行われている。よって、この記述が適当ではない。 **【解答 (2)】**

アルカリシリカ反応（ASR）の補修工法

劣化因子の遮断

コンクリート中への水分の浸入を低減する対策工法

- 表面保護工法　(表面被覆工法、表面含浸工法など)
- ひび割れ注入工法　(エポキシ樹脂、ポリマーセメントなど)

ゲルの非膨張化

アルカリシリカゲルの膨張性を消失させる対策工法

- 内部圧入工法　(亜硝酸リチウム)

コンクリートの膨張拘束

外部拘束によりASR膨張を物理的に抑制する対策工法

- 接着工法、巻立て工法 （鋼板、FRPシート、PCパネルなど）

《《《問題5》》》 コンクリート構造物の補強工法に関する次の記述のうち、**適当でないもの**はどれか。

⑴ 道路橋の床版に対する接着工法では、死荷重などに対する既設部材の負担を減らす効果は期待できず、接着された補強材は補強後に作用する車両荷重に対してのみ効果を発揮する。

⑵ 橋梁の耐震補強では、地震後の点検や修復作業の容易さを考慮し、橋脚の曲げ耐力を基礎の曲げ耐力より大きくする。

⑶ 耐震補強のために装置を後付けする場合には、装置本来の機能を発揮させるために、その装置が発現する最大の強度と、それを支える取付け部や既存部材との耐力の差を考慮する。

⑷ 連続繊維の接着により補強を行う場合は、既設部材の表面状態が直接確認できなくなるため、帯状に補強部材を配置するなど点検への配慮を行う。

解説 (1) 接着工法は、補強鋼板や連続繊維シートを定着ボルト（アンカー）などにより、床版の引張応力の作用する面に固定し、接着剤を注入して床版コンクリートと一体化させる工法。これにより曲げ耐荷力（車両による活荷重）は大幅に増加するものの、死荷重に対する既存部材の負担を減らす効果はない。(1)は適当な記述である。

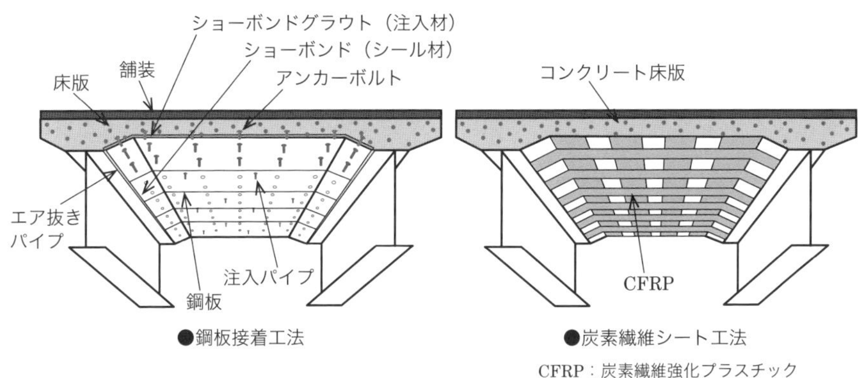

代表的な接着工法

2時限目 専門土木

(2) 橋脚の曲げ耐力を基礎の曲げ耐力よりも大きくした場合、地震時では基礎のほうが先に損傷してしまうことになる。橋梁の基礎は地中に埋められていることを考えると、地震後の点検や修復作業が困難になってしまう。そのため、橋脚の曲げ耐力を基礎の曲げ耐力よりも小さくする必要がある。(2) は誤りである。

(3) 装置を取り付ける場合、それを支える取付け部分や既存部材が装置よりも低い力で損壊すると、装置そのものが有する最大の強度を発揮できなくなってしまうことから、耐力の差を考慮しておく必要がある。(3) は適当な記述である。

(4) かつては、床版下面全面に接着する方法が多かったが、近年では既設部材の表面状態が確認しやすいように、帯状や格子状に接着する方法が多くなっている。この記述は適当であるといえる。　【解答 (2)】

《《《問題6》》》 下図は3径間連続非合成鋼板桁におけるコンクリート床版の打設ブロックⓐ〜ⓓを示したものである。一般的なブロックごとのコンクリートの打設順序として、**適当なもの**は次のうちどれか。

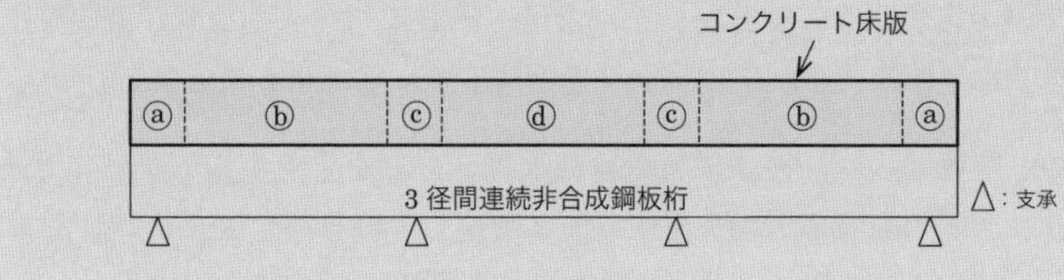

(1) ⓑ→ⓒ→ⓐ→ⓓ　(2) ⓑ→ⓐ→ⓓ→ⓒ
(3) ⓓ→ⓑ→ⓒ→ⓐ　(4) ⓓ→ⓒ→ⓐ→ⓑ

解説 3径間連続非合成鋼板桁におけるコンクリート床版では、打設するコンクリートの自重によって生じる支持桁の変形の影響を考慮する必要がある。このため、一般的には変形の大きいスパン中央から打設する。

中間支点（支承部）上では、支間中央のコンクリート打設により大きな負の曲げモーメントが生じるので、最後に打設する。

以上から、(3) の ⓓ→ⓑ→ⓒ→ⓐ が最も適当な順番である。　【解答 (3)】

コンクリート床版の打設順序

- 支間中央から打設するのが原則。
- 床版に縦横断の勾配がある場合は、低いほうから高いほうに向かって打設するのが原則。

2章 河 川

2-1 堤防の機能と施工

出題傾向と学習のススメ

河川の分野からは、堤防（堤体）の施工と護岸の施工について、それぞれ1問程度が出題されている。いずれも基礎的で重要な問題であるので、演習問題を通じてしっかり学習しておこう。また、構造物である樋門や樋管、仮設構造物の仮締切り工の出題がしばしば見られる。

1. 堤防の機能

河道は、河川の流水が流下する部分で、堤防・河岸と河床で仕切られた部分を意味する。河道のうち、常に水の流れている部分を低水路、高水時だけ水が流れる部分を高水敷という。

堤防の盛土では、耐水性が重視され、耐浸食（水の浸食作用に対して安全）機能、耐浸透（河川水の浸透を抑制）機能が必要となる。

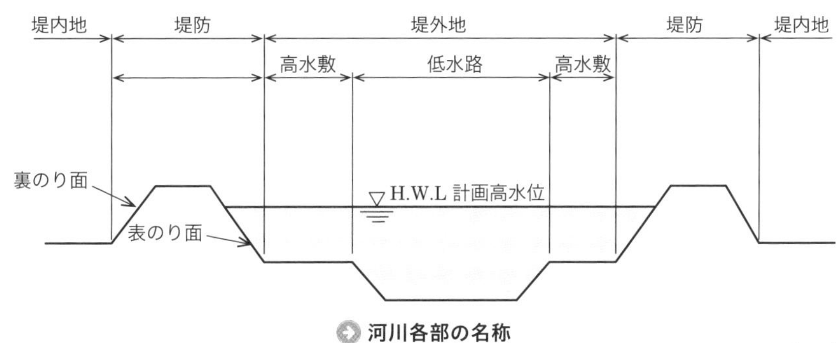

河川各部の名称

2. 堤防の施工

堤体の材料は、施工性や完成後に影響が大きいことから、できるだけ良質な土砂を使って入念に盛土、締固めを行う。

堤体の盛土（築堤）では、空隙などのない均質性を重視した施工により、支持力といった耐荷性よりも耐水性を高める施工が求められる。

堤体材料の要件

- 吸水しても膨潤性が低く、のり面にすべりが起きにくい。
- 施工性が良く、締固めが容易である。
- 木の根や草などの有機物がなく、水に溶解する成分がない。
- 圧縮変形や膨張性がない。
- 高い密度が得られる粒度分布で、締固め後の透水係数が小さく、せん断強度が大きい。

築堤工

仮設

- 堤防工事期間中の出水を考慮し、工事用道路や排水処理施設、重機退避場所などを検討する。

基礎地盤処理

- 基礎地盤面から 1 m 以内に存在する切株、竹根、その他の障害物などを入念に除去する。
- 極端な凹凸はできるだけ平坦にする。
- 地盤の安定を図り支持力を増加させる。

築堤工

- 1 層の敷均し厚さは 35～45 cm で、仕上がり厚さは 30 cm 以下
- 堤体ののり面に平行に締め固める。
- 締固めは、ブルドーザ、タイヤローラ、振動ローラなどが用いられる。

のり面

- のり面の締固めには小型の振動機械も使われる。
- 締固めを十分に行い、のり面崩壊を防ぐ。
- のり崩れや洗掘に対して安全になるように、芝などでのり覆工する。

拡築

- のり面の拡築である腹付けを施工してから、堤頂部のかさ上げを行う。
- 旧堤防のり面に段切りを行い、接合を高める。
- 段切りは、最小幅 1.0 m 程度、高さ 50 cm 以内の階段状。水平部は 2～5% で外向きの勾配。

演習問題でレベルアップ

〈〈〈問題１〉〉〉河川堤防の盛土施工に関する次の記述のうち、**適当なもの**はどれか。

(1) 築堤盛土の施工では、降雨によるのり面浸食の防止のため適当な間隔で仮排水溝を設けて降雨を流下させたり、降水の集中を防ぐため堤防縦断方向に排水勾配を設ける。

(2) 築堤盛土の施工開始にあたっては、基礎地盤と盛土の一体性を確保するために地盤の表面を乱さないようにして盛土材料の締固めを行う。

(3) 既設の堤防に腹付けを行う場合は、新旧のり面をなじませるため段切りを行い、一般にその大きさは堤防締固め一層仕上り厚程度とすることが多い。

(4) 築堤盛土の締固めは、堤防縦断方向に行うことが望ましく、締固めに際しては締固め幅が重複するように常に留意して施工する。

解説 (1) 盛土の施工中は、3～5% 程度の横断勾配を確保して、横断方向への排水を行う。また、降雨が予想されるときは、盛土表面を平滑にしておき、雨水の浸透や滞水がないようにする必要があるので、この記述は適当ではない。

(2) 盛土の基礎地盤に凹凸などの極端な段差がある場合には、この段差部分と周辺の締固めが不十分になりやすい。このため、盛土に先立って平坦にかき均し、均一な盛土が施工できるようにする。したがって、この記述は適当ではない。

(3) 既設の堤防に腹付けを行う場合は、既設部分と新しく盛土する部分が十分に接着し、すべり面が生じないようにするため、既設堤防部分に階段状の段切りを行う。盛土の仕上がり厚さは 1 層当たり 30 cm 以下とし、段切りの 1 段当たりの高さは 50 cm 程度とする。したがって、この記述は適当ではない。

(4) は正しい記述である。 【解答 (4)】

〈〈〈問題２〉〉〉河川堤防の施工に関する次の記述のうち、**適当でないもの**はどれか。

(1) 築堤土は、粒子のかみ合せにより強度を発揮させる粗粒分と、透水係数を小さくする細粒分が、適当に配合されていることが望ましい。

(2) トラフィカビリティが確保できない土は、地山でのトレンチによる排水、仮置きによるばっ気乾燥などにより改良することで、堤体材料として使用が可能になる。

(3) 石灰を用いた土質安定処理工法は、石灰が土中水と反応して、吸水、発熱作用を生じて周辺の土から脱水することを主要因とするが、反応時間はセメントに比較して長時間が必要である。

(4) かさ上げや拡幅に用いる堤体材料は、表腹付けには既設堤防より透水性の大きい材料を、裏腹付けには既設堤防より透水性の小さい材料を使用するのが原則である。

解説 (1) 築堤土は、さまざまな粒径が含まれた粒度分布の良い土であると、締固めを十分に行うことができる。したがって、この記述は適当である。

(2)、(3) は正しい記述である。

(4) かさ上げや拡幅に用いる堤体材料は、表腹付けには既設堤防よりも透水性の小さい細かな粒度の材料にして、河川水の浸入を防ぐ。裏腹付けには既設堤防よりも透水性の大きい粗い粒度の材料にして、堤体内に浸入した浸透水を速やかに排水できるようにする。よって、この記述が適切ではない。 **【解答 (4)】**

《《《問題3》》》河川堤防における軟弱地盤対策工に関する次の記述のうち、**適当なもの**はどれか。

(1) 表層混合処理工法では、一般に、改良強度を確認する場合は、サンプリング試料を一軸圧縮試験により行い、CBR 値の場合は CBR 試験により実施する。

(2) 緩速盛土工法で軟弱地盤上に盛土する際の基礎地盤の強度を確認する場合は、強度増加の精度が把握しやすい動的コーン貫入試験が多く使用されている。

(3) 堤体材料自体に人工的な材料を加えて盛土自体を軽くする軽量盛土工法は、圧密沈下量の減少などの効果が得られることから、河川堤防の定規断面内に多く使用されている。

(4) 軟弱な粘性土で構成されている基礎地盤上において、堤防の拡幅工事中にき裂が発生した場合は、シートなどでき裂を覆い、き裂の進行が終了する前に堤体を切り返して締固めを行う。

解説 河川堤防における軟弱地盤対策工についての出題がしばしばあるので、必要な知識を覚えておこう。

(1) 表層混合処理工法は、生石灰や消石灰、セメントなどの添加剤を軟弱な粘性土に混入し、地盤の圧縮性や強度特性などを改良することによって施工機械のトラフィカビリティの確保や支持力の増大を図るものである。

(2) 緩速盛土工法は、直接的に地盤の改良を図るものではないが、軟弱な粘性土地盤は築堤荷重により圧密が進行すると強度が増加するというメカニズムを利用して、築堤の全期間を通じてすべり破壊に対する安全率が所定の値以上であるように、徐々にまたは段階的に堤体を築造するものである。

基礎地盤の強度確認として最も精度の良い方法として、固定ピストン式シンウォールサンプラーにより不撹乱試料を採取し、室内土質試験（一軸圧縮試験）によるのが一般的。また、簡易的な手法としては、オランダ式二重管コーン貫入試験、電気式静的コーン貫入試験が用いられている。深度が浅い場合にはポータブルコーン貫入試験でも把握できるが、人力で押し込む方法のため比較的強度が大きな地盤や深度が深い場合には調査深度が不足する場合がある。

なお、地盤の強度増加の精度が把握できないことから、動的なコーン貫入試験は採用されない場合が多い。この記述は適当ではない。

(3) 軽量盛土工法は、盛土自体を軽くして、すべり安定性の向上や圧密沈下量の減少などの効果を期待するものであるが、河川堤防の定規断面で使用することは避けられている※。よって、この記述は適当ではない。

(4) 既設堤防の基礎地盤が軟弱な粘性土で構成されている場所では、かさ上げ・拡幅の施工中、既設堤防の天端にき裂が発生する場合がある。き裂が発見された場合、このき裂に雨水などの水を入れないために、シートなどでき裂を覆う。また、恒久的な対策としては、き裂の深さを確認し、き裂の進行が終了したことが確認されれば、弱体化した堤体を切り返し、締固めを行う。盛土の荷重による圧密沈下の進行が長期間に及ぶため、き裂の進行が終了する前に切り返し、締固めを行っても新たなき裂が発生してしまう。よって、この記述は適当ではない。

【解答 (1)】

※ 土堤原則：河川堤防の機能（耐浸食機能など）は土の自重に起因するものもあるという考えなどから、人工的な材料を河川堤防内に入れることはこの原則になじまないとされている。

《《《問題4》》》 河川堤防における軟弱地盤対策工に関する次の記述のうち、**適当でないもの**はどれか。

(1) 段階載荷工法は、基礎地盤がすべり破壊や側方流動を起こさない程度の厚さでゆっくりと盛土を行い、地盤の圧密の進行に伴い、地盤のせん断強度の減少を期待する工法である。

(2) 押え盛土工法は、盛土の側方に押え盛土を行いすべりに抵抗するモーメントを増加させて盛土のすべり破壊を防止する工法である。

(3) 掘削置換工法は、軟弱層の一部または全部を除去し、良質材で置き換えてせん断抵抗を増加させるもので、沈下も置き換えた分だけ小さくなる工法である。

(4) サンドマット工法は、軟弱層の圧密のための上部排水の促進と、施工機械のトラフィカビリティの確保をはかる工法である。

解説 さまざまな軟弱地盤対策工法についての出題である。それぞれの特徴を覚えておこう。

(1) 段階載荷工法は、緩速載荷工法の一つである。直接的に軟弱地盤の改良を行うことなく、築堤荷重により基礎地盤の圧密が進行して強度が漸増していくメカニズムを利用して盛土する工法で、築堤の全期間を通じてすべり破壊に対する安全率が所定の値以上となるようにしながら段階的に盛土を実施するものである。地盤の圧密の進行に伴い、地盤のせん断強度の増加を期待する工法であることから、この記述は適当ではない。

ほかの記述は正しい。 **【解答 (1)】**

2-2 護岸の機能と施工

基礎ポイント講義

1. 護岸の機能

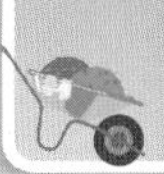

護岸には、高水敷の洗掘防止と低水路の保護のための低水護岸、堤防のり面を保護する高水護岸、およびそれらが一体となった堤防護岸がある。

護岸は、堤防が流水で洗掘されるのを防止するのり覆工、基礎工、のり覆工や基礎工を洗掘から保護する根固め工によって構成されているほか、天端工、天端保護工、すり付け工なども組み合わせる。

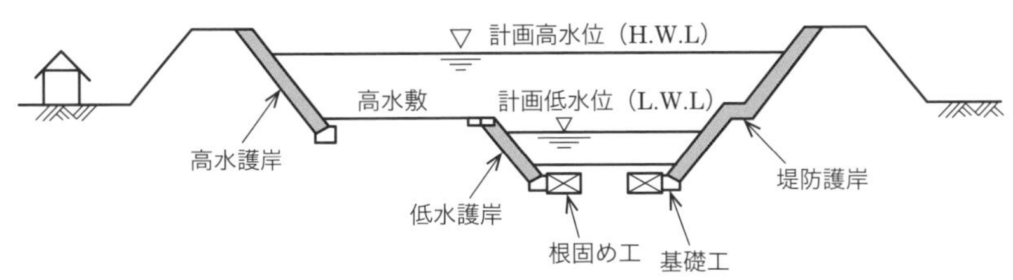

河川断面と護岸

護岸の種類

コンクリートブロック張工

のり面勾配の緩い場所、流速の小さな場所で使用する。

間知ブロック積工

のり面勾配が急な場所、流速の大きい場所で使用する。

コンクリートのり枠工

コンクリート格子枠を作り、粗度を増す。

2 割以上の緩勾配の場所で使用する。

連結ブロック張工

工場製作のブロックを鉄筋で連結（連節）する。

緩勾配の場所で使用する。

鉄線蛇かご工

鉄線を編んだ蛇かごの中に、現場で玉石を詰める。

屈とう性、空隙があり、生物への配慮ができる。

2. 護岸の施工

のり覆工

基礎工の天端高

洪水時の洗掘でも基礎が浮き上がらない最深河床高を評価して設定する。

- 最深河床高の評価高よりも高くする場合

基礎工前面に根固め工、基礎工に洗掘対策の矢板を根入れすることで、計画河床または現況河床のいずれか低い河床面から0.5〜1.0 m程度の深さに設定できる。

根固め工

- 根固め工と基礎工は絶縁し、絶縁部は間詰めを行う。

根固め工の破壊が、基礎工の破壊を引き起こさないようにする。

根固め工の敷設天端高

護岸基礎工の天端高と同じことが基本である。

屈とう性のある構造

根固めブロック、沈床、捨石などにより、河床の洗掘や変化に追従できる屈とう性を持たせる。

天端工・天端保護工

- 天端工や天端保護工は、低水護岸が流水で裏側から浸食されないよう保護する。
- 天端工は、低水護岸の天端部分を保護するため、のり肩部分に1〜2 m程度の幅で設置する。のり覆工と同じ構造が望ましい。
- 天端保護工は、天端工と背後地の間からの浸食から保護するためのもので、屈とう性のある構造にする。

すり付け工

- 護岸の上下流端部に設けるもので、隣接する河岸とのなじみを良くし、上下流からの浸食による破壊を防ぐために設ける。
- 屈とう性があり、大きい粗度の構造とする。

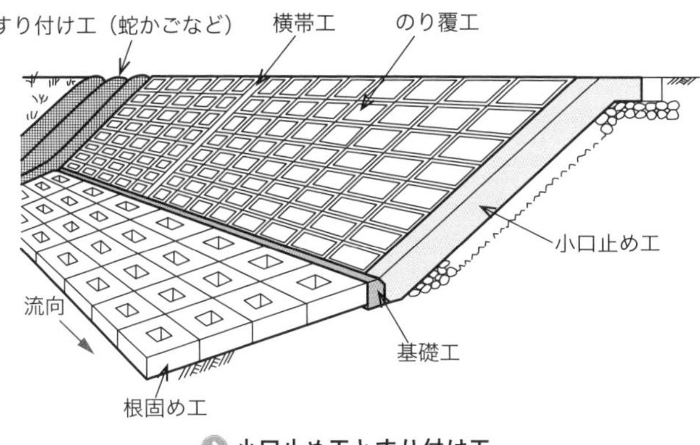

小口止め工とすり付け工

演習問題でレベルアップ

〈〈〈問題１〉〉〉河川護岸の施工に関する次の記述のうち、**適当でないもの**はどれか。

(1) かごマットは、かごを工場で完成に近い状態まで加工し、これまで熟練工の手作業に頼っていた詰め石作業を機械化するため、ふた編み構造としている。

(2) 透過構造ののり覆工である連節ブロックは、裏込め材の設置は不要となるが、背面土砂の吸出しを防ぐため、吸出し防止材の設置が代わりに必要である。

(3) 練積みの石積み構造物は、裏込めコンクリートなどによって固定することで、石と石のかみ合わせを配慮しなくても構造的に安定している。

(4) すり付け護岸は、屈とう性があり、かつ、表面形状に凹凸のある連節ブロックやかご工などが適しているが、局部洗掘や上流端からのめくれなどへの対策が必要である。

解説 (3) 石積み・石張りは、空積みとして発達してきた技術で、石と石のかみ合わせ（組合せ）が重要である。石のかみ合わせが不十分だと構造的に安定しない※ばかりか、目地が不ぞろいで見栄えも良くない。練積の石積み構造物や石張り構造物は、裏込めコンクリートで固定するものであるが、裏込めコンクリートなどの有無にかかわらず、石のかみ合わせを重視した石積み構造物にすることが基本である。よって、この記述は適当とはいえない。

ほかの記述は正しいものであるので覚えておこう。【解答 (3)】

※ 特に谷積みの場合、斜めになった石材が互いに押し合うような力を発生させて崩れにくくする作用をせり持ち作用と呼んでいる。

《《《問題２》》》河川護岸に関する次の記述のうち、**適当でないもの**はどれか。

(1) 護岸には、一般に水抜きは設けないが、掘込め河道などで残留水圧が大きくなる場合には、必要に応じて水抜きを設けるものとする。

(2) 縦帯工は、護岸ののり肩部の破損を防ぐために施工され、横帯工は、護岸の変位や破損がほかに波及しないよう絶縁するために施工する。

(3) 現地の残土や土砂などを利用して植生の回復を図るかご系の護岸では、水締めなどによる空隙の充填を行い、背面土砂の流出を防ぐために遮水シートを設置する。

(4) 河床が低下傾向の河川において、護岸の基礎を埋め戻す際は、可能な限り大径の材料で寄石などにより、護岸近傍の流速を低減するなどの工夫を行う。

解説 (3) かご系の護岸では、流水の作用や残留水圧などによって堤体材料が吸い出されることを防止するために、裏込め材の背面に吸出し防止材などを設置する。これは、かご系を含む連結ブロックや木系といった透過性護岸では共通である。遮水シートは、堤防内に河川水の浸水を防ぎ、堤防の安全度を増すため浸透対策が必要な高水護岸などで用いられる。

したがって、この記述は適当ではない。

(4) 河床と比べ比較的平滑である護岸は、粗度が小さいため流速が大きくなる傾向があるため、護岸近傍はのり先部分が浸食されやすい。このため、河床が低下傾向の河川で、護岸基礎を埋め戻す場合は、できるだけ粒径の大きい河床材料を用いて、浸食を受けにくくするとともに、粗度を大きくして護岸近傍の流速を低減するなどの工夫が必要となる。よって、この記述は適当である。

【解答 (3)】

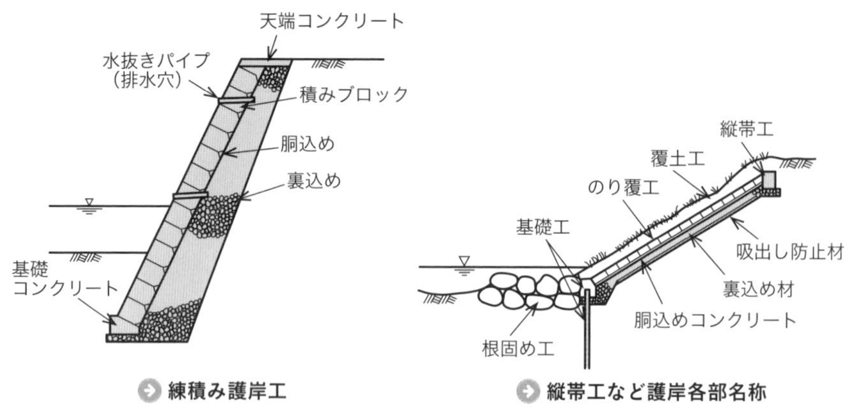

練積み護岸工

縦帯工など護岸各部名称

2-3 樋門、仮締切り工

基礎ポイント講義

1. 樋門、水門

2時限目 専門土木

堤内地の雨水や水田の水などが川や水路を流れ、より大きな川に合流する場合、合流する川の水位が洪水などで高くなったときに、その水が堤内地側に逆流しないように設ける施設である。

堤防の中にコンクリートの水路を通し、そこにゲート設置する場合、樋門または樋管と呼ぶ。樋門と樋管の機能は同じだが、明確な区別はなく、一般的には堤防の下をくぐる部分の構造が丸い管の場合で規模の比較的小さなものを樋管、箱形などの構造の場合で規模の大きなものを樋門とすることが多い。

また堤防を分断してゲートを設置する場合、その施設を水門と呼ぶ。水門はゲートを閉めたときに堤防の役割を果たすものであり、これが堰（せき）と異なる点である。

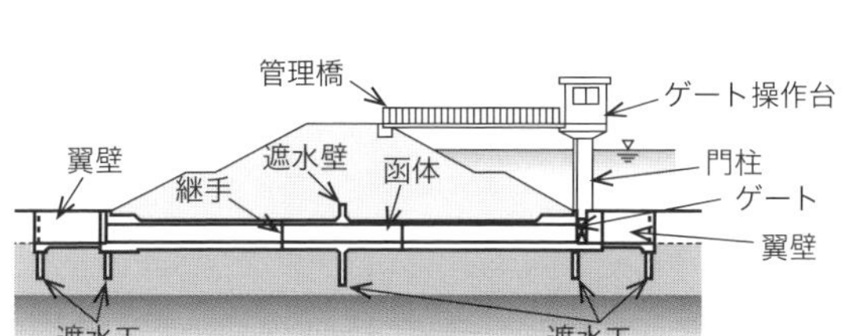

樋門

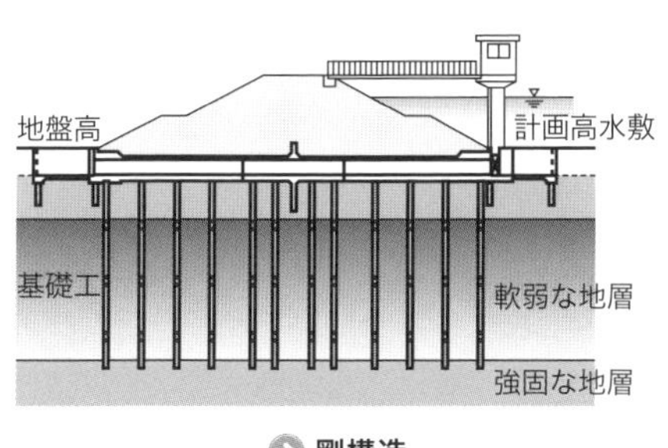

剛構造

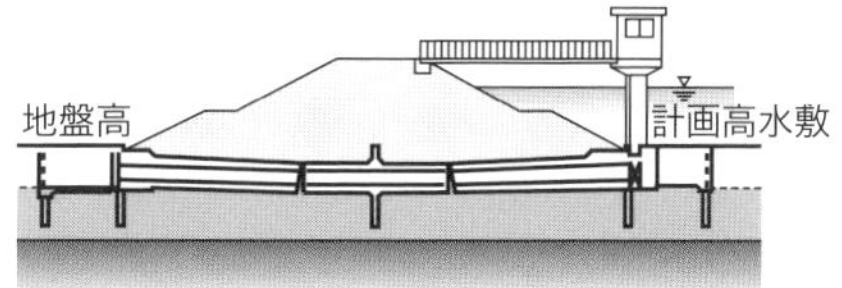

柔構造

従来の工法は、樋門の下に軟弱な地層がある場合などは、基礎工を施工して剛構造として樋門の安定を図ってきた。しかしこの方法では、樋門だけが独立して安定を保っているため、周辺堤防の土となじみが悪くなりやすく、き裂や空洞の発生が課題となることがあった。さらに、基礎工の施工には多くの工事期間と工事費を要する。

樋門および周辺堤防の安全性を確保するための方法として、柔構造樋門がある。これにより、樋門が堤防と一体となって挙動することができるといった堤防の安全性の確保とともに、大幅な工期の短縮、工事費の縮減が図られる。

2. 仮締切り工

仮締切り工は、河川（海など）の水中に構造物を構築する際に、施工する区域内をドライな状態にするために、水を遮断する目的として設ける仮設構造物を意味する。

仮締切り工には、数多くの種類があり、施工方法、構造形式、使用材料、支保工などによって分類される。河川堤防における仮締切り工法は、土堤、一重鋼矢板、二重鋼矢板が一般的である。重力式は、岩盤が比較的浅いところにあるときや、緩流河川で仮締切の敷地が十分あり現場周辺に土砂が十分ある場合に有効となる。矢板式は、仮締切りの敷地が狭く水深が深いときや、掘削規模が大きいとき、河川管理者から条件を付されたときなどに適用される。

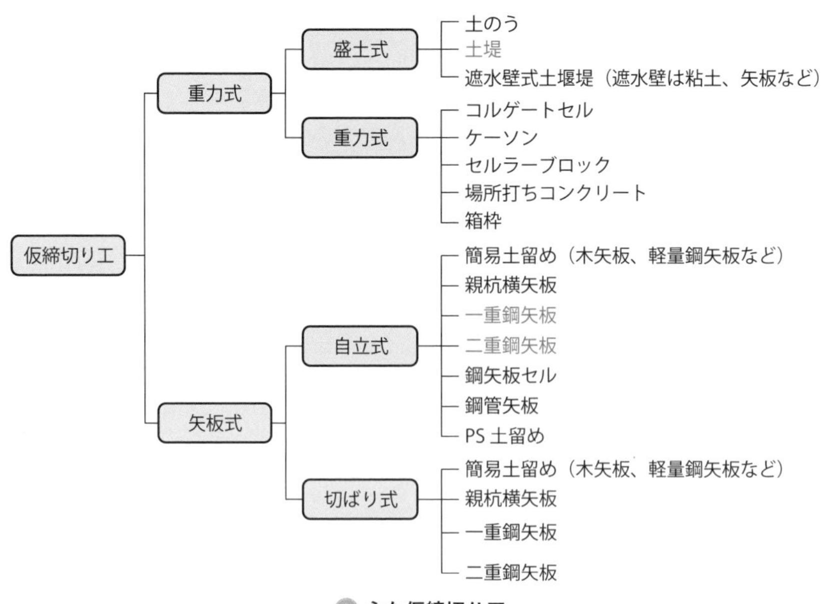

主な仮締切り工

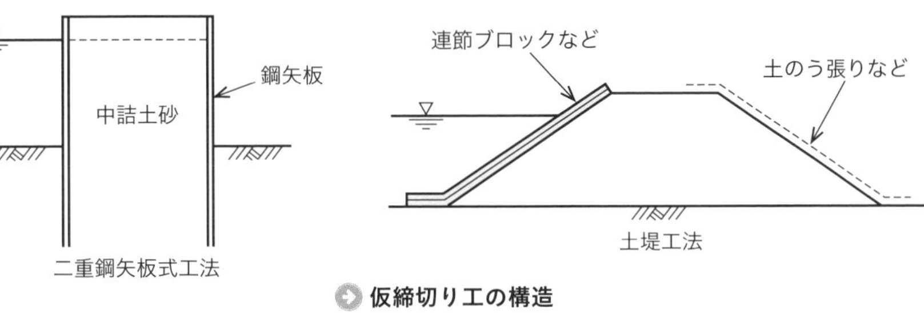

仮締切り工の構造

演習問題でレベルアップ

《《《問題1》》》河川の柔構造樋門の施工に関する次の記述のうち、**適当でないものはどれか。**

⑴ キャンバー盛土の施工は、キャンバー盛土下端付近まで掘削し、新たに適切な盛土材を用いて盛土することが望ましい。

⑵ 樋門本体の不同沈下対策としての可とう性継手は、樋門の構造形式や地盤の残留沈下を考慮し、できるだけ土圧の大きい堤体中央部に設ける。

⑶ 堤防開削による床付け面は、荷重の除去に伴って緩むことが多く、乱さないで施工するとともに転圧によって締め固めることが望ましい。

⑷ 基礎地盤の沈下により函体底版下に空洞が発生した場合は、その対策としてグラウトが有効であることから、底版にグラウトホールを設置する。

解説 (1) キャンバー盛土※を必要とする場所は、地盤の弱い場所であることから、現場の土を再利用することは適さないと考えられる。そのため、均一で締固めがしやすく、透水性の低い盛土材料を用いることが望ましい。したがって、この記述は適当である。

(2) 可とう継手工法は、各プレキャスト函体の函軸方向に緊張力を導入し、一体化した複数のスパンを可とう継手により接合するものである。可とう継手の位置は、できるだけ堤体中央部の土圧の大きな場所を避ける必要がある。よって、この記述が適当ではない。

(3) 床付け面は、開削による荷重の除去に伴って緩みやすいため、ボイリング、パイピング、ヒービング、盤ぶくれ、湧水など、掘削底面の基礎地盤を乱さないように適切な対策を講じる必要がある。したがって、この記述は適当である。

(4) 正しい記述である。 【解答 (2)】

※　キャンバー盛土：あらかじめ沈下量を見込んで函体を上げ越して設置することで、地盤の沈下に伴う樋門の最終沈下量を実質的に少なく抑える工法。

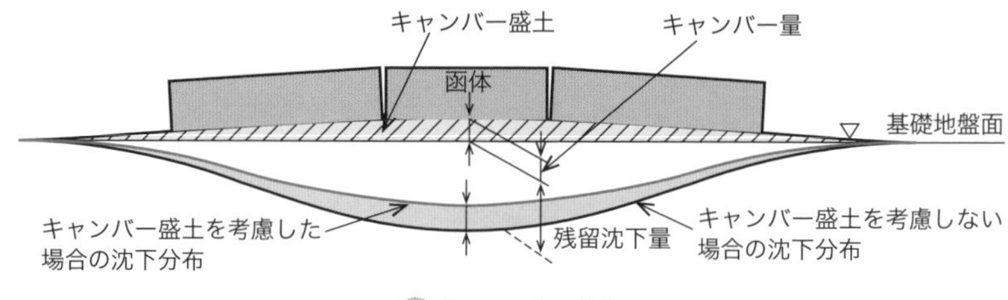

キャンバー盛土

《《《問題２》》》河川堤防の開削工事に関する次の記述のうち、**適当でないもの**はどれか。

⑴ 鋼矢板の二重締切りに使用する中埋め土は、壁体の剛性を増す目的と、鋼矢板などの壁体に作用する土圧を低減するという目的のため、良質の砂質土を用いることを原則とする。

⑵ 仮締切り工は、開削する堤防と同等の機能が要求されるものであり、流水による越流や越波への対策は不要で、天端高さや堤体の強度を確保すればよい。

⑶ 仮締切り工の平面形状は、河道に対しての影響を最小にするとともに、流水による洗掘、堆砂などの異常現象を発生させない形状とする。

⑷ 樋門工事を行う場合の床付け面は、堤防開削による荷重の除去に伴って緩むことが多いので、乱さないで施工するとともに転圧によって締め固めることが望ましい。

解説 (2) 河川堤防を開削する場合、仮締切り工が堤防の代わりの役割を果たすものである。このため、基本的には開削する堤防と同等の機能が要求され、天端高さや堤体の強度はもとより、のり面や河道の洗掘対策、流水による越流や越波への対策も必要となる。この記述は適当ではない。

ほかの記述は正しいので、覚えておこう。 【解答 (2)】

3章 砂防

3-1 砂防堰堤

出題傾向と学習のススメ

砂防の分野からは、砂防堰堤、渓流保全工、地すべり防止工、急傾斜地崩壊防止工について、それぞれ1問程度が出題されている。いずれも基礎的で重要な問題であるので、演習問題を通じてしっかり学習しておこう。

基礎ポイント講義

1. 砂防堰堤の機能と構造

砂防堰堤には、土砂生産抑制と土砂流送制御の二つの目的がある。

砂防堰堤は、透過型と不透過型に大きく分けられる。透過型では、格子構造によって大粒径の石を固定して土砂の流出を調整し、透過部を土石流で閉塞させて捕捉する機能がある。

土砂生産抑制

- 渓床の縦侵食の防止・軽減
- 山脚固定による山腹崩壊などの発生、拡大の防止・軽減
- 渓床に堆積した不安定土砂の流出防止・軽減

土砂流送制御

- 土砂の流出抑制・調節
- 土石流の捕捉・減勢

2. 砂防堰堤の施工

砂防堰堤の構造には重力式とアーチ式などがあるが、重力式が一般的で多く設置されている。材料は、コンクリートや鋼材、ソイルセメントなどである。

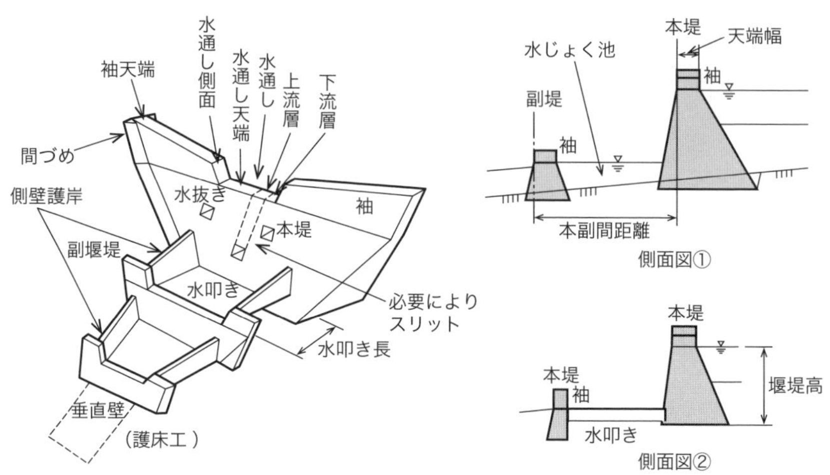

砂防堰堤（重力式コンクリート堰堤）の各部名称

砂防堰堤の主な構造

部　分	計画・施工での留意点
水通し	・上流部からの水や土砂を安全に越流させる機能 ・現河床の中央、堤体の中央部に設けるのが原則 ・水通し断面は、（逆）台形
堤体	・堤体下流は、鉛直が望ましいが 1：0.2 が一般的 ・堤体の天端幅は、 砂混じり砂利～玉石混じり砂利で 1.5～2.5 m、玉石～転石で 3.0～4.0 m ・堤体の根入れ基礎は、地盤が岩盤の場合で 1 m 以上 砂礫の場合で 2 m 以上
袖	・袖は、洪水を越流させないのが原則 ・万が一の越流の際も、両側を保護するため、両岸に向かって上り勾配にする
前庭保護工	・堰堤を越流した水や砂礫が、基礎地盤や堰堤下流部を洗掘、破壊しないように水叩き工、または水じょく池（ウォータクッション）を設ける
副堰堤	・本堰堤下流部の洗掘防止の機能 ・副堰堤を設けない場合は、水叩き下端部に垂直壁を設ける

準備工

- 施工に先立ち施工箇所付近に仮量水標を設置し、施工期間中1日1回以上水位の観測を行い、その記録を備える。出水時には、毎時観測を行う。
- 工事用道路、管理用道路は、撤去を前提とするため、むやみに周辺を乱さないよう配慮する。
- 仮排水路工の通水容量は、1年に1～2回程度の洪水流量を考慮して決定する。
- 伐開、除根したものは乾燥・チップ化するなどし、緑化材などを有効活用する。有効活用できない場合は産業廃棄物として適正に処分する。

基礎掘削

- 局部的不良岩の処理および破砕帯断層の処理は、不良部分の撤去、浸透防止工法などで現地に適した工法を選択し、適正に処理する。
- 掘削する際は、基礎面をゆるめないように注意しつつ、掘りすぎないよう十分に管理する。掘りすぎた場合は、所定の地耐力が得られるようなコンクリートを所定の高さまで充填する。
- 釜場排水などのポンプ排水では、そのまま排水することなく適切な濁水処理を行ってから沢や河川に戻す。
- 基礎面は著しい凹凸のないように整形する。
- 掘削のり面は、浮石の崩落や作業員の安全確保のため、常に監視を行うとともに、状況により崩落防止ネットやブルーシートで覆う。なお、ブルーシートはのり面の状態を目視できないため、状況により使い分ける。

岩盤清掃

- 基礎となる岩盤は、コンクリート打設前にあらかじめ岩盤の浮石や岩片、堆積物、油などを除去したうえで、圧力水などにより清掃し、溜水、砂などを除去する。

コンクリート工

- 打設に先立ち、作業区画割図を作成する。この際、伸縮目地施工箇所以外では上下の打継ぎ箇所が同一箇所とならないよう計画する。
- 側壁、垂直壁方式の場合は、本堤の水通し部が現河床高程度まで打ち上げ、完了した時点で垂直壁の施工を行い、次に側壁、水叩きの順序で打設し、前庭部の完了後、本堤を引き続き打設することを原則とする。
- コンクリート打込み用パケットは、その下端が打設面の上部1m以下に達するまでおろし、打込み箇所のできるだけ近くにコンクリートを投入する。

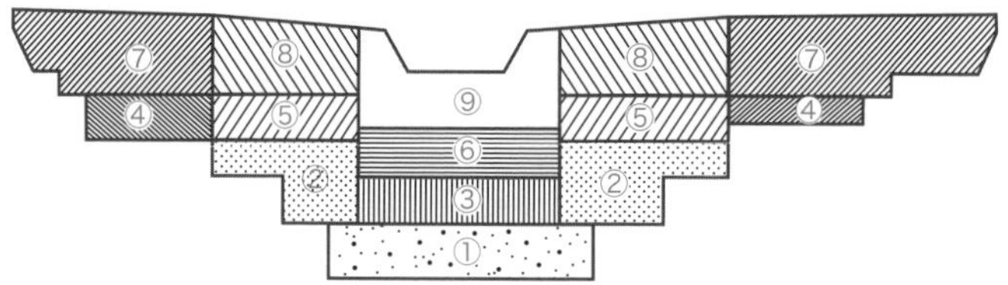

砂防堰堤におけるコンクリート打設順序

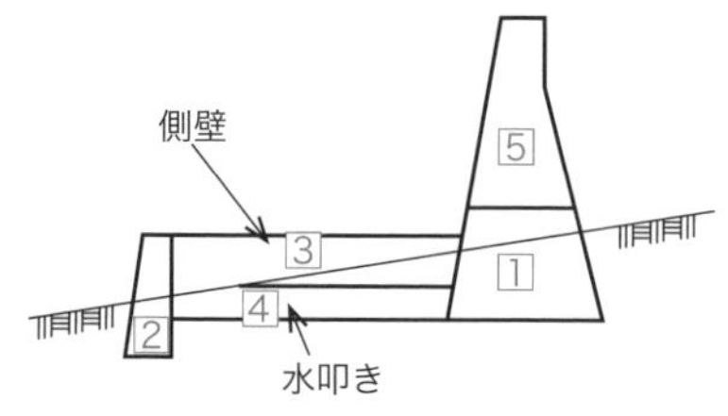

砂防堰堤の施工順序

- コンクリートの一層の厚さは **40 cm** 以下が原則。
- **1** リフトの高さは **0.75～2.0 m** とする。
- 水叩きの施工は垂直打継とし、水平打継としない。

演習問題でレベルアップ

〈〈〈問題１〉〉〉不透過型砂防堰堤に関する次の記述のうち、**適当でないもの**はどれか。

(1) 砂防堰堤の水抜き暗きょは、一般には施工中の流水の切替えと堆砂後の浸透水圧の減殺を主目的としており、後年に補修が必要になった際に施工を容易にする。

(2) 砂防堰堤の水通しの位置は、堰堤下流部基礎の一方が岩盤で他方が砂礫層や崖錐の場合、砂礫層や崖錐側に寄せて設置する。

(3) 砂防堰堤の基礎地盤が岩盤の場合で、基礎の一部に弱層、風化層、断層などの軟弱部をはさむ場合は、軟弱部をプラグで置き換えて補強するのが一般的である。

(4) 砂防堰堤の材料のうち、地すべり箇所や地盤支持力の小さい場所では、屈とう性のあるコンクリートブロックや鋼製枠が用いられる。

解説 (2) 水通しの位置は、原則として現河床の中央に位置するものとし、堰堤上下流の地形、地質、渓岸の状態、流水の方向などを考慮して定めるものとしている。堰堤の基礎と両岸の地質状況が同程度であれば、水通しは中央に設ければよい。一方が岩盤で他方が砂礫層や崖錘の場合は、水通し位置を岩盤側に寄せることもある。また、上流部に崩壊がある場合や屈曲部の場合には、満砂後の流況を想定して流水の偏るほうの袖を高くするなど、必要な対策を行う。したがって、この記述は適当ではない。

そのほかの記述は適当である。【解答（2）】

《《《問題２》》》砂防堰堤の基礎の施工に関する次の記述のうち、**適当でないもの**はどれか。

⑴ 基礎掘削は、砂防堰堤の基礎として適合する地盤を得るために行われ、堰堤本体の基礎地盤への貫入による支持、滑動、洗掘などに対する抵抗力の改善や安全度の向上がはかられる。

⑵ 基礎掘削の完了後は、漏水や湧水により、水セメント比が変化しないように処理を行った後にコンクリートを打ち込まなければならない。

⑶ 砂礫基礎の仕上げ面付近の掘削は、掘削用重機のクローラ（履帯）などによって密実な地盤がかく乱されることを防止するため 0.5 m 程度は人力掘削とする。

⑷ 砂礫基礎の仕上げ面付近にある大転石は、その 1/2 以上が地下にもぐっていると予想される場合は取り除く必要はないので存置する。

解説 （1）～（3）は正しい記述である。

（4）砂礫基礎の仕上げ面付近にある大転石は、**2/3 以上**が地下にもぐっていると予想される場合は取り除かなくてもよいことになっている。したがって、この記述は適当ではない。【解答（4）】

3-2 渓流保全工

基礎ポイント講義

山間部などの渓流において、安全に土砂や洪水を流下させることを目的とし、縦断勾配の規制などにより渓岸の侵食や崩壊を防止するために、床固め工、帯工や護岸工、水制工などの砂防施設を組み合わせて構成されるのが渓流保全工である。

1. 床固め工

床固め工は、縦侵食を防止して渓床を安定させ、渓床堆積物の再移動防止、渓岸の侵食または崩壊などの防止を図るとともに、護岸などの工作物の基礎保護のために施工する。

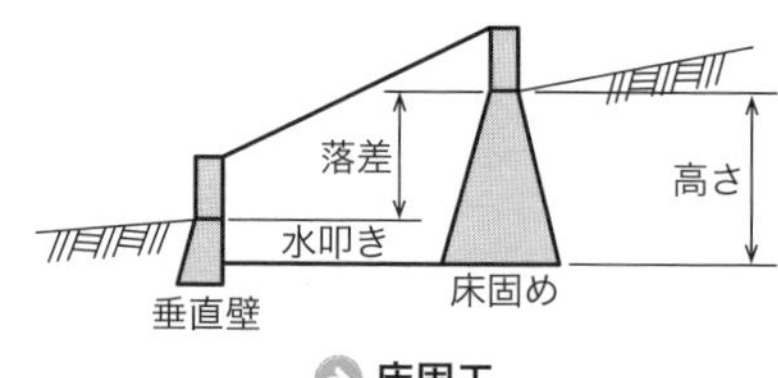

床固工

- 床固め工の高さ（全高）は通常の場合 5 m 程度以下とし、水叩きおよび垂直壁を設けるときも落差 3.5～4.5 m が限度。
- 床固め工の高さが 5 m 程度以上を必要とする場合、および床固め工を長区間にわたって設ける必要がある場合は、階段状床固工群を計画するのが適当である。
- 単独床固工の方向は、必ず計画箇所下流の流心線に対して直角とする。
- 袖天端幅は、水通し天端幅と同一を標準とする。

2. 帯工

帯工は、縦侵食を防止するための施設である。単独床固め工の下流および床固め工群の間隔が大きいところで、縦侵食の発生、あるいはその恐れがあるところに計画する。

- 帯工は渓床の過度の洗掘を防止するために施工されるものであり、一般に高さは 2 m 程度。

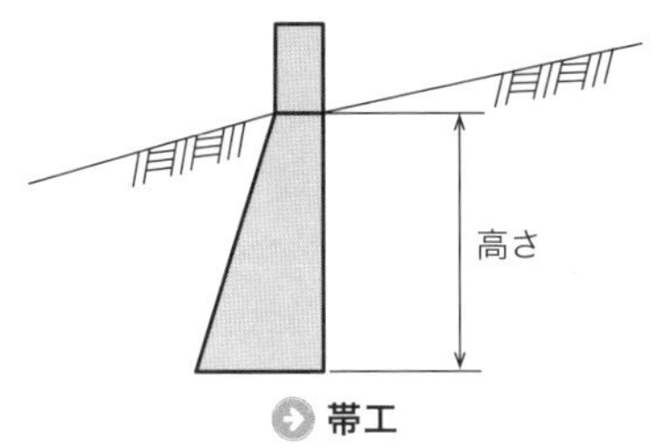

帯工

- 天端高は計画渓床高として、落差はつけない。
- 天端幅は 0.5～1.5 m 程度。上流のりは垂直、下流のりは砂防堰堤に準じて安定計算から求めるものとするが通常は 2 分（1：0.2）とする。

3. 護岸工

護岸工は、渓岸の侵食や崩壊防止、山脚の固定、河道の横侵食防止などを目的とした施設である。

- 渓流では、一般的にコンクリート護岸、練ブロック積護岸、練石積護岸、および自然石などの練積護岸とし、空積護岸は渓流には不適当。
- 治水上問題のない限り、多自然型護岸を計画する。
- 護岸の前のり勾配は、原則として **1：0.3 より緩い勾配**とする。渓床勾配が急なほど摩耗防止になるため、比較的急勾配とすることが望ましい。一般には 1：0.5 程度とする場合が多い。
- 護岸工の天端高は、計画高水位に余裕高を加えた高さとすることが原則。
- 砂礫基礎の護岸工の根入れは、計画渓床高または最深渓床高のいずれか低いほうより 1 m 以上の根入れを原則とする。
- 護岸基礎部に岩盤がある場合は、岩盤の質、護岸基礎部の前面のかぶりなどを考慮して設定するが、一般的には 0.5～1 m 程度の根入れをする。

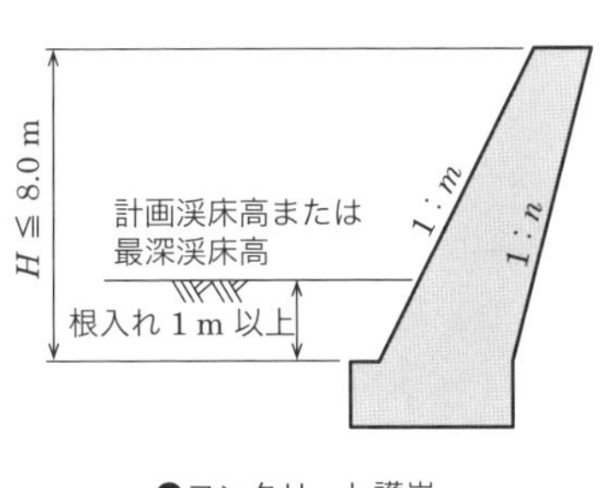

●コンクリート護岸

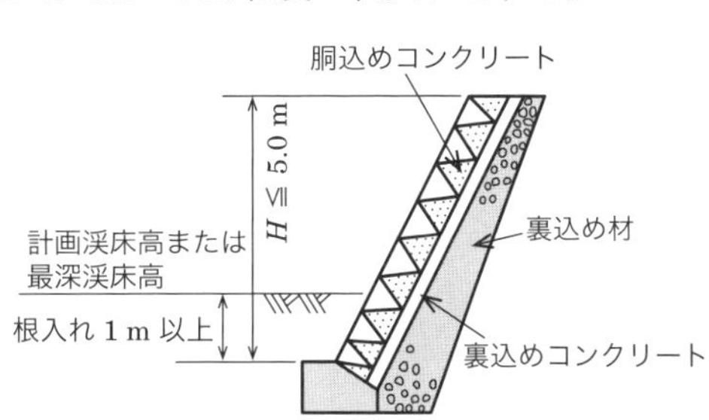

●ブロック積（石積）護岸

護岸工の根入れ

4. 渓流保全工の施工

- 渓流保全工の施工は床固め工、帯工、護岸工および水制工を合わせて、上流側より下流側に向かって進めることを原則とする。
- 機械掘削の場合、掘り過ぎて固結した河床を損なわないように十分注意する。
- 床掘りは掘り過ぎないように注意し、誤って掘り過ぎた場合は、所定の地耐力が得られるような捨てコンクリートを充填する。
- 床固め工（本堤および垂直壁）、帯工の袖は地山付けとし、型枠などで仕切ることのないようにする。

演習問題でレベルアップ

《《《問題1》》》渓流保全工に関する次の記述のうち、**適当なもの**はどれか。

(1) 床固め工は、渓床の縦侵食および渓床堆積物の流出を防止または軽減することにより渓床の安定を図ることを目的に設置される。

(2) 護岸工は、床固め工の袖部を保護する目的では設置せず、渓岸の侵食や崩壊を防止するために設置される。

(3) 渓流保全工は、洪水流の乱流や渓床高の変動を抑制するための縦工および側岸侵食を防止するための横工を組み合わせて設置される。

(4) 帯工は、渓床の変動の抑制を目的としており、床固め工の間隔が広い場合において天端高と計画渓床高に落差を設けて設置される。

解説（1）正しい記述である。

（2）護岸工は、渓岸の侵食や崩壊を防止し、山脚の固定、河道の横侵食防止などを目的としているとともに、床固め工の袖部を保護する目的もある。護岸工の天端は、床固め工上流では床固め工の袖天端と同高または、それ以上の高さに取り付ける。よって、この記述は誤りとなる。

（3）渓流保全工は、洪水流の乱流、および河床高の過度の変動を抑制するための施設（床固め工、帯工など＝横工）、渓岸侵食を防止するための施設（護岸工、水制工など＝縦工）、細粒土砂を堆積させるためなどの施設（渓畔林など）などで構成することを基本とする。縦工は護岸工・水制工・流路工などを、横工は床固め工・谷止め工などを意味する。よって、この記述は誤りとなる。

(4) 帯工は、縦侵食を防止するための施設であり、単独床固め工の下流および床固め工群の間隔が大きいところで、縦侵食の発生、あるいはそのおそれがあるところに計画される。帯工の天端高は計画渓床高として、落差はつけないものとする。よって、この記述は誤りとなる。　　　　　　　　　　【解答（1）】

《《《問題2》》》渓流保全工に関する次の記述のうち、**適当でないもの**はどれか。

(1) 床固め工は、一般的に重力式コンクリート型式が用いられるが、地すべり地や軟弱地盤などでは枠床固め工、ブロック床固め工が用いられる。

(2) 護岸工ののり勾配は、渓床勾配が比較的緩く流水やその中に含まれる砂礫による摩耗・破壊が少ないと考えられる区間では、緩勾配として親水性の向上をはかる。

(3) 護岸工の背後地に湧水が多い場合は、水抜き孔を設けて護岸にかかる外力の減少をはかるが、水抜き孔の設置位置は常時の水位より高い位置とする。

(4) 渓流保全工を扇状地に施工する場合は、その施工により地下水、伏流水などの周辺水利に影響を及ぼすおそれがないので、調査を実施する必要はない。

解説 (4) 渓流保全工を扇状地で施工する場合、その施工の影響によって地下水や伏流水など周辺水利に影響を及ぼすおそれがあるので、十分な調査を実施する必要がある。したがって、この記述は適当ではない。

(1) ～ (3) の記述は正しいもので、あるので覚えておこう。　【解答（4）】

2時限目 専門土木

3-3 地すべり防止工、山腹保全工

基礎ポイント講義

1. 地すべり防止工

地すべり災害の防止や軽減のために設けられる地すべり防止工は、抑制工と抑止工の二つに分けられる。

抑制工
地形や地下水位などの自然条件を変化させる。

●地すべり運動を止める、緩和させる

抑止工
鋼管杭などの構造物による抵抗力を設ける。

●地すべり運動の一部、または全部を止める

地すべり防止工の種類

- 抑制工
  - 地表水排除工：水路工、浸透防止工
  - 地下水排除工：浅層地下水排除工、深層地下水排除工
  - 排土工
  - 押え盛土工
  - 河川構造物：ダム工、床固め工、水制工、護岸工
- 抑止工
  - 杭工
  - シャフト工
  - アンカー工

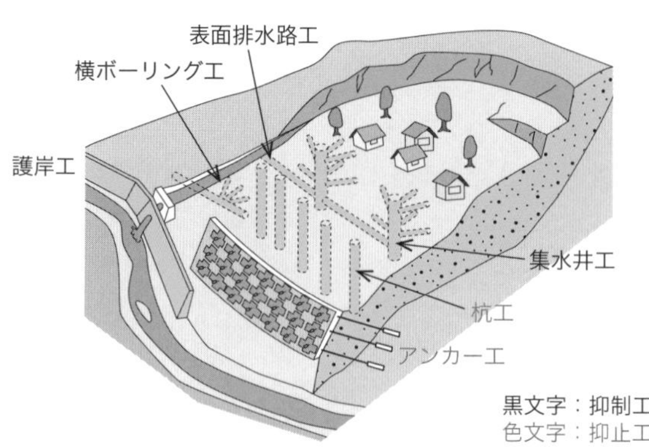

地すべり防止工の種類

代表的な抑制工と留意点

工　法		計画・施工での留意点
地表水排除工		地表水の速やかな排除、再浸透の防止
	水路工	・降雨を速やかに集水して地域外に排水 ・地域外からの流入水も排水
	浸透防止工	・き裂が発生すると地下に浸透しやすくなるので、シート被覆や、粘土などの充填で対処
浅層地下水排除工		浅層部にある地下水の排除
	暗きょ工	・地表から 2 m の深さ、1 本の長さを 20 m 程度の直線で暗きょを設置
	明暗きょ工	・地表面の水路工と暗きょ工を併用した構造
	横ボーリング工	・表層部の帯水層に横ボーリングし、排水 ・上向き **5〜10°** の角度 ・帯水層またはすべり面に **5 m** 以上先まで貫入
深層地下水排除工		深層部にある地下水の排除
	横ボーリング工	・深部の帯水層に横ボーリングし、排水 ・削孔長さは **50 m** 程度、すべり面を **5〜10 m** 貫入
	集水井工	・直径 3.5〜4.0 m の井筒で集中的に地下水を集水 ・集水（横）ボーリングで集水し、排水ボーリングで排水
	排水トンネル工	・原則として基盤内に設置 ・集水ボーリングや集水井との連結によって効率的に排水
排土工		地すべり頭部の土塊を排除：滑動力を減少
押え盛土工		地すべり末端部に盛土　　：抵抗力を増加

代表的な抑止工と留意点

工　法	計画・施工での留意点
杭工	杭の剛性で対抗 ・不動地盤まで鋼管杭などを挿入 ・杭の剛性で、せん断抵抗力、曲げ抵抗力を付加 ・地すべりの運動方向に対してほぼ直角に、複数の杭を等間隔で配置 ・地すべりブロックの中央部より下部に配置
シャフト工	鉄筋コンクリートによる抑止杭で対抗 ・杭では安全率が確保できない場合、不動地盤が良好であれば設置可能 ・直径 2.5〜6.5 m の縦坑を不動地盤まで掘削し、抑止杭を設置
アンカー工	杭の引張強さで対抗 ・不動地盤内に鋼材などを定着 ・鋼材等の引張強さによる引止め効果、締付け効果により滑動に対抗

2. 山腹保全工

山腹保全工は、崩壊地（山腹崩壊に起因した裸地など）、とくしゃ地（全面的もしくは部分的に植生が消失または衰退した山腹斜面など）などにおいて切土・盛土や土木構造物により斜面の安定化を図る目的で施工されるもので、山腹工と山腹保育工で構成されている。

山腹保全工

山腹工

植生を導入することにより表面侵食や表層崩壊の発生、拡大の防止、軽減を図るもの。山腹基礎工、山腹緑化工、山腹斜面補強工がある。

山腹保育工

導入した植生の保育などによりそれらの機能の増進を図るもの。

山腹保全工の工種（組合せで行われる）

・谷止工　・のり切工　・土留め工　・水路工　・暗きょ工　・柵工
・積苗工　・筋工　・伏工　・実播工　・植栽工

山腹保全工の施工

- 緑化においては在来環境を尊重し、草木の種を選定すること。
- 排水路の施工の際には、環境、特に小動物、昆虫に配慮した構造（スロープなどのはい出し装置など）とすること。

ひとことアドバイス

地すべり防止工についての具体的な知識を問う出題がときおり見られるほか、まれに山腹保全工の出題がある。

では、基本となる工法などを把握するものであったが、さらに実際の出題例をもとにして、解答に必要な知識を習得しよう。

演習問題でレベルアップ

〈〈〈問題１〉〉〉地すべり防止工に関する次の記述のうち、**適当なもの**はどれか。

⑴ アンカーの定着長は、地盤とグラウトとの間およびテンドンとグラウトとの間の付着長について比較を行い、それらのうち短いほうを採用する。

⑵ アンカー工は基本的には、アンカー頭部とアンカー定着部の二つの構成要素により成り立っており、締付け効果を利用するものとひき止め効果を利用するものの二つのタイプがある。

⑶ 杭の基礎部への根入れ長さは、杭に加わる土圧による基礎部破壊を起こさないように決定し、せん断杭の場合は原則として杭の全長の 1/4 〜 1/3 とする。

⑷ 杭の配列は、地すべりの運動方向に対して概ね平行になるように設計し、杭の間隔は等間隔で、削孔による地盤の緩みや土塊の中抜けが生じるおそれを考慮して設定する。

解説 アンカー工と杭工の施工に関する問題である。

（1）アンカーは、作用する引張り力を基盤となる地盤に伝達させるもので、アンカー頭部、引張り部、アンカー体に分けられる。引張り力を伝達する部材はテンドンと呼ばれており、PC 鋼線や PC 鋼より線、PC 鋼棒などの鋼材が一般的に用いられる。アンカーの定着長は、地盤とグラウトの間、テンドンとグラウトの間の付着長についての比較を行い、それらのうち長いほうを採用する。よって、この記述は誤りである。

（2）アンカー工は基本的には、アンカー頭部と引張り部、アンカー定着部（アンカー体と定着地盤）の三つの構成要素により成り立っている。アンカー工は、締付け効果とひき止め効果の機能があり、地盤やすべり状況などにより、どちらを重視するのか検討する必要がある。

よって、この記述は誤りである。

締付け効果　：すべり面における垂直応力を増加させ、せん断抵抗力を増大させる効果。

ひき止め効果：アンカー力を用いることですべり力の反力となる効果。

（3）杭工は、抑止工の一種で、すべり面を貫通させて設置した構造物のせん断抵抗または曲げ抵抗により地すべり抵抗力を付加させることを目的とした施設である。せん断破壊に対する検討だけでよい杭の場合、基礎地盤の強度により根入

れ長さは、原則として杭の全長の 1/4〜1/3 とする。基礎地盤の N 値が 50 以下のときは杭の全長の 1/3 以上を根入れする。ただし、すべり面以下の地盤が特に柔らかい場合は、打設位置および工法を含めて検討する。したがって、この記述は適当である。

(4) 杭の配列は、地すべりの運動方向に対して概ね直角で、等間隔になるよう設計する。土塊の性状によっては、削孔による地盤の緩みや土塊の中抜けが生じる恐れがあるため、杭の間隔などは考慮して設定する必要がある。よって、この記述は誤りである。 【解答 (3)】

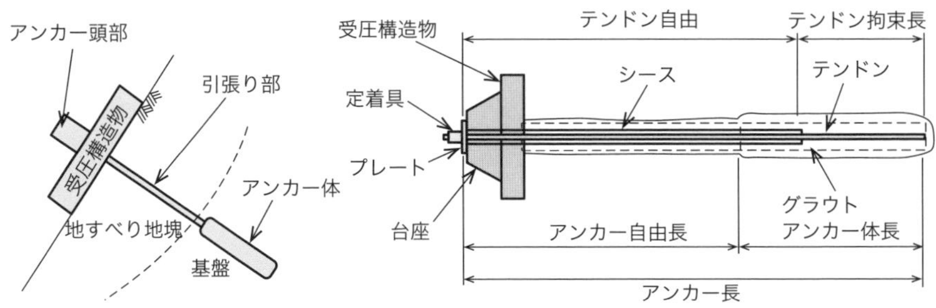

アンカーの構造と各部名称

〈〈〈問題２〉〉〉 地すべり防止工に関する次の記述のうち、**適当でないもの**はどれか。

(1) 排土工は、排土による応力除荷に伴う吸水膨潤による強度劣化の範囲を少なくするため、地すべり全域にわたらず頭部域において、ほとんど水平に大きな切土を行うことが原則である。

(2) 地表水排除工は、浸透防止工と水路工に区分され、このうち水路工は掘込み水路を原則とし、合流点、屈曲部および勾配変化点には集水ますを設置する。

(3) 杭工は、原則として地すべり運動ブロックの中央部より上部を計画位置とし、杭の根入れ部となる基盤が強固で地盤反力が期待できる場所に設置する。

(4) 地下水遮断工は、遮水壁の後方に地下水を貯留し地すべりを誘発する危険があるので、事前に地質調査などによって潜在性地すべりがないことを確認する必要がある。

解説 (1) 排土工は、地すべり土塊頭部の荷重を減じて滑動力を減少させることを目的としている。排土工により、周辺よりも急勾配で地すべり土塊を取り巻く形状の切土のり面と、地すべり土塊の頭部にほぼ水平な排土平坦面が新たに形成される。よって、(1) は正しい記述である。

(2) 地表水排除工には、浸透防止工と水路工がある。浸透防止工は、特に浸透しやすいき裂部や地下水の補給源となる沼地などを対象とする。水路工は掘込水路とし、地すべり地内では掘削を最小限度にとどめるようにルートを選定する。また、なるべく幅の広い浅い形状となるようにし、原則として底張りを行う。支線水路との合流点、屈曲部および勾配の変化点には集水ますを設ける。(2) は正しい記述である。

(3) 杭の設置位置は、原則として地すべり運動ブロックの中央部より下部の、すべり面の勾配が緩やかで、地すべり土塊の圧縮部で、しかもすべり層が比較的厚い、受動破壊の起こらない所とする。杭の根入れ部となる基盤が強固で地盤反力が期待できる場所に設置する。したがって、この記述が適当ではない。

(4) 地下水遮断工は、地すべり地域内に他の地域から水脈を通って流入する地下水を、遮水壁を設けてカットすることを目的としている。この工法では遮水壁の後方で地下水を貯留することがあるので、逆に地すべりを誘発しないように、地質調査などにより潜在性地すべりがないかを検討する必要がある。(4) は正しい記述である。

【解答 (3)】

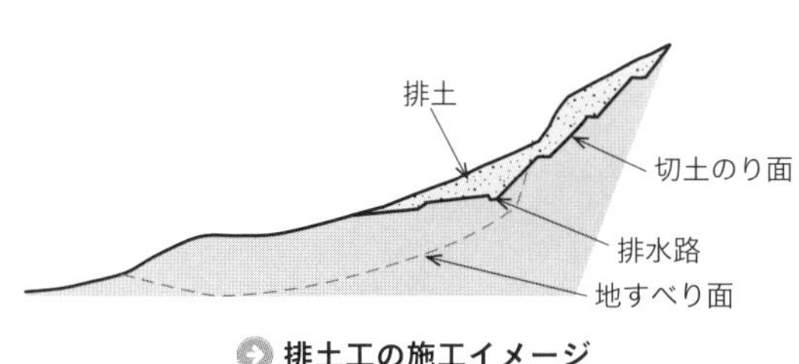

排土工の施工イメージ

3-4 急傾斜地崩壊防止工

基礎ポイント講義

1. 急傾斜地崩壊防止工の役割

崖地に近接した区域において、急傾斜地の崩壊による災害から住民の生命を土砂災害から守るため、実施する工事が急傾斜地崩壊防止工である。

急傾斜地崩壊防止工事

抑制工

斜面の地形、地質、地表水、地下水の状態などの自然条件を変化させることによって、斜面の安定を図ることを目的とする。

抑止工

構造物を設けることによって、斜面の崩落、また滑動を抑止することを目的とする。

急傾斜地崩壊危険区域の指定

- 崖地の傾斜度が 30 度以上
- 斜面の高さが 5 m 以上（崩壊の危険性が高い場合）
- 斜面の崩壊により危害の恐れのある人家が 5 戸以上（崩壊の危険性が高い場合）

急傾斜地崩壊防止工の設置イメージ

2. 斜面崩壊防止工の種類と特徴

工　種		計画・施工での留意点
のり切		・のり切は、急傾斜地の高さを低くするか、傾斜度を緩くすることによってのり面の安定化を図り、のり面の崩壊を防止するもの
急傾斜地の崩壊を防止するための施設		
	土留め	・のり面の崩壊を起こそうとする力に対して擁壁などの構造物により抵抗させることで、のり面崩壊の発生を直接防止する施設 ・擁壁工、杭工、アンカー工、土留め柵工
	のり面を保護するための施設	・安定した斜面が降雨や風化などによって不安定化することを防止するため、石やモルタルなどでのり面の表面を被覆して保護する施設 ・張工、植生工、吹付け工、のり枠工、編柵工
	排水施設	・のり面表面の地表水や内部の地下水の状況を変化させることによりのり面の崩壊を防止する施設 ・地表排水工、地下水排水工
急傾斜地の崩壊が発生した場合に生じた土石などを堆積するための施設		
	待受け式擁壁	・土石などを到達させないことを目的に、重力式擁壁を急傾斜地下部（脚部）からある程度距離をおいて設置し、土石などを捕捉し堆積させる。
	待受け式盛土	・敷地に土石などを到達させないことを目的に、盛土を急傾斜地下部（脚部）からある程度距離をおいて設置し、土石などを捕捉し堆積させる。

ひとこと **アドバイス**

急傾斜地崩壊防止工についての具体的な知識を問う出題がときおり見られる。基礎ポイント講義では、基本となる工法などの理解であったが、さらに実際の出題例をもとにしながら、解答に必要な知識を習得しよう。

演習問題でレベルアップ

《《《問題１》》》急傾斜地崩壊防止工に関する次の記述のうち、**適当でないもの**はどれか。

⑴ 排水工は、崩壊の主要因となる斜面内の地表水などを速やかに集め、斜面外の安全なところへ排除することにより、斜面および急傾斜地崩壊防止施設の安全性を高めるために設けられる。

⑵ のり枠工は、斜面に枠材を設置し、のり枠内を植生工やコンクリート張工などで被覆する工法で、湧水のある斜面の場合は、のり枠背面の排水処理を行い、吸出しに十分配慮する。

⑶ 落石対策工のうち落石予防工は、発生した落石を斜面下部や中部で止めるものであり、落石防護工は、斜面上の転石の除去など落石の発生を防ぐものである。

⑷ 擁壁工は、斜面脚部の安定や斜面上部からの崩壊土砂の待受けなどのために設けられ、基礎掘削や斜面下部の切土は、斜面の安定に及ぼす影響が大きいので最小限になるように検討する。

解説 (3) 急傾斜地崩壊防止工は、抑制工と抑止工が主な工法であるが、その他として、落石を防止する落石防止工（落石予防工、落石防護工）、なだれを防止するなだれ対策工（なだれ予防工、なだれ防護工）がある。

落石予防工：落石の発生予防を行う工法。除石工、根固め工などがある。

落石防護工：落石から人家などを防護する工法。防止網工、防止柵工、防止壁工などがある。

この記述文は、落石予防工の説明と落石防護工の説明が逆であるので、誤りである。

ほかの記述は正しいので、覚えておこう。【解答 (3)】

《《《問題2》》》急傾斜地崩壊防止工に関する次の記述のうち、**適当でないもの**はどれか。

⑴ 排水工は、崖崩れの主要因となる地表水、地下水の斜面への流入を防止することにより、斜面自体の安全性を高めることを目的に設けられ、地表水排除工と地下水排除工に大別される。

⑵ のり枠工は、斜面に設置した枠材と枠内部を植生やコンクリート張り工などで被覆することにより、斜面の風化や侵食の防止、のり面の表層崩壊を抑制することを目的に設けられる。

⑶ 落石対策工は、斜面上の転石や浮石の除去・固定、発生した落石を斜面中部や下部で止めるために設けられ、通常は急傾斜地崩壊防止施設に付属して設置される場合が多い。

⑷ 待受け式コンクリート擁壁工は、斜面上部からの崩壊土砂を斜面下部で待ち受ける目的に設けられ、ポケット容量が不足する場合は地山を切土して十分な容量を確保する。

解説 (1) 排水工は、急傾斜地の崩壊の原因となる地表水および地下水を速やかに急傾斜地から排除することが目的で、急傾斜地の安定性を高めるものである。地表水排除工と地下水排除工がある。よって、この記述は適当である。

(2)、(3) は適当な記述である。

(4) 待受け式コンクリート擁壁は、急傾斜地の崩壊などにより生じる土石などを急傾斜地との間に堆積させて、新たに土石などが到達することのないようにする目的で設けられる。崩壊による土砂は、ポケット部に堆積するが、ポケット容量を超えた土砂は擁壁前方に堆積することを検討する必要がある。地山を切土すると斜面がより不安定になるので行わない。したがって、この記述は適当ではない。

【解答 (4)】

2時限目 専門土木

《《《問題3》》》 急傾斜地崩壊防止工に関する次の記述のうち、**適当なもの**はどれか。

(1) もたれ式コンクリート擁壁工は、重力式コンクリート擁壁と比べると崩壊を比較的小規模な壁体で抑止でき、擁壁背面が不良な地山において多用される工法である。

(2) 落石対策工は、落石予防工と落石防護工に大別され、落石予防工は斜面上の転石の除去などにより落石を未然に防ぐものであり、落石防護工は落石を斜面下部や中部で止めるものである。

(3) 切土工は、斜面の不安定な土層、土塊をあらかじめ切り取ったり、斜面を安定勾配まで切り取る工法であり、切土した斜面へののり面保護工が不要である。

(4) 現場打ちコンクリート枠工は、切土のり面の安定勾配が取れない場合や湧水を伴う場合などに用いられ、桁の構造は一般に無筋コンクリートである。

解説 (1) もたれ式コンクリート擁壁は、重力式コンクリート擁壁に比べると比較的小さな壁体で抑止するものであるが、擁壁背面が比較的良好な地山で用いられる。よって、この記述は適当ではない。

(2) 正しい記述である。

(3) 切土した斜面は、侵食や風化を防止するためにのり面保護工を設ける必要がある。よって、この記述は適当ではない。

(4) 桁には鉄筋を入れるのが一般的である。よって、この記述は適当ではない。

【解答 (2)】

4章 道路・舗装

4-1 アスファルト舗装

出題傾向と学習のススメ

道路は、アスファルト舗装とコンクリート舗装が出題される。

なかでもアスファルト舗装は、路体、路床、路盤、基層、表層といった各部の施工方法についての出題がある。また、さまざまな舗装や維持、修繕鋼橋に関しても出題がある。

基礎ポイント講義

1. アスファルト舗装の構成

骨材などの材料をアスファルトで結合した混合物の舗装を、アスファルト舗装という。舗装は、一般に表層、基層、路盤で構成されている。舗装を支持する役割が路床、路床下部の原地盤（土の部分）が路体である。原地盤を改良する場合には、その改良した層を構築路床という。

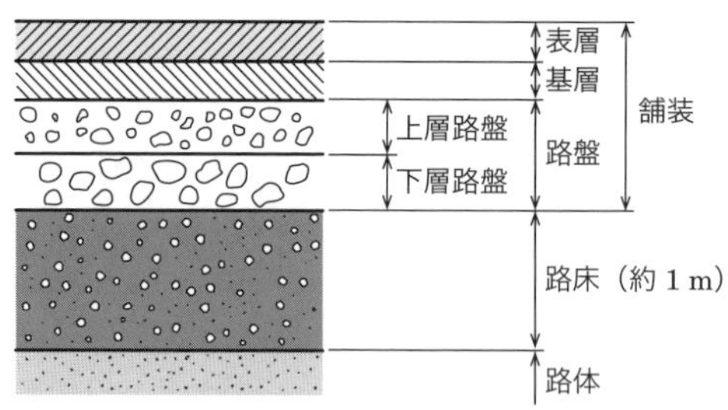

アスファルト舗装の構成

2. 路体

路体は、切土や盛土による造成で施工される。

盛土によって路体を施工する際は、材料に応じて、締固め機械、一層の締固め厚、締固め回数、施工中の含水比を適切に選定する必要がある。

路体盛土を施工する際の留意点

- 敷均し厚さ 35～45 cm、締固め後の仕上がり厚さ **30 cm** 以下が一般的。
- 盛土の横断方向に **4%**程度の勾配をつけて雨水対策とする。

3. 路床

路床の種類は、切土路床と盛土路床の二つに分けられる。

切土路床	盛土路床
支持力のある地山は切土部をそのまま路床にできる。	軟弱で支持力不足、仕上がり高さ、凍結融解などの際、改良して構築する。

路床の支持力は、舗装厚さの基準となるため、**CBR** 試験によってその結果から評価を行う。路床の条件としては、路床の厚さは **1 m**、路床の設計 **CBR** は、**3** 以上とする。

原地盤を改良して構築された層を構築路床という。構築路床には、盛土工法のほか、安定処理工法、置換工法、凍上抑制層などがある。

構築路床を必要とするケース

- 路床の設計 CBR が 3 未満の場合：経済的な構築路床を設置。
  路床の設計 CBR が 3 以上の場合：舗装するか、構築路床を設置したほうが経済的かを検討。
- 路床の排水、凍結融解に対する対応策が必要な場合。
- 道路の地下に埋設された管路などへの交通荷重の影響を緩和する場合。
- 舗装の仕上がり高さが制限される場合。
- 路床を改良した方が経済的な場合。

路床の施工種別と施工上の留意点

切土路床

- 現地盤の支持力を低下させないようにする。
  粘性土や高含水比の場合はこね返し、過転圧に注意。
- 路床表面から 30 cm 程度以内の木根、転石は除去する。

盛土路床

- 均一に敷き均し、締め固める。
- 敷均し厚 25～30 cm、締固め後の仕上がり厚 20 cm 以下。
- 施工後の雨水対策として、縁部に仮排水路を設置。

安定処理工

- CBRが3未満の軟弱土に支持力を改善する場合。
  CBRが3以上でも、長寿命化や舗装厚低減などの効果を期待して用いる場合。
- 砂質土＝セメント、粘性土＝石灰　が有効。

置換工法

- 軟弱な（切土）現状地盤の場合、所定の深さまでを掘削し、良質土で置き換える。

ひとことアドバイス

道路に関しては、複数の出題がある。基礎ポイント講義では、基本となる用語や構造の理解であったが、具体的な施工法に関する出題に対応するために、実際の出題例をもとにしながら、解答に必要な知識を習得しよう。

演習問題でレベルアップ

《《《問題1》》》道路のアスファルト舗装における路床の安定処理の施工方法に関する次の記述のうち、**適当でないもの**はどれか。

⑴ 路上混合方式による場合、安定処理の効果を十分に発揮させるには、混合機により対象土を所定の深さまでかき起こし、安定剤を均一に散布・混合し締め固めることが重要である。

⑵ 路上混合方式による場合、安定材の散布および混合に際して粉じん対策を施す必要がある場合には、防じん型の安定材を用いたり、シートを設置したりするなどの対策をとる。

⑶ 路上混合方式による場合、粒状の生石灰を用いるときには、一般に、1回目の混合が終了したのち仮転圧して散水し、生石灰の消化が始まる前に再び混合する。

⑷ 路上混合方式による場合、混合にはバックホウやブルドーザを使用することもあるが、均一に混合するには、スタビライザを用いることが望ましい。

解説 (3) 路上混合方式による場合、粒状の生石灰を用いるときには、一般に、1回目の混合が終了した後に仮転圧して放置し、生石灰の消化が終了してから再び混合する。ただし、粉状の生石灰（0～5 mm）を使用する場合は、1回の混合で済ませてもよい。よって、この記述は適当ではない。

その他は正しい記述なので、覚えておこう。　　【解答（3）】

《《《問題2》》》 道路のアスファルト舗装における路床の施工に関する次の記述のうち、**適当でないもの**はどれか。

⑴ 構築路床は、適用する工法の特徴を把握したうえで現状路床の支持力を低下させないように留意しながら、所定の品質、高さおよび形状に仕上げる。

⑵ 置換え工法は、軟弱な現地盤を所定の深さまで掘削し、良質土を原地盤の上に盛り上げて構築路床を築造する工法で、掘削面以下の層をできるだけ乱さないよう留意して施工する。

⑶ 安定処理工法では、安定材の散布を終えたのち、適切な混合機械を用いて所定の深さまで混合し、混合むらが生じた場合には再混合する。

⑷ 盛土路床は、使用する盛土材の性質をよく把握して均一に敷き均し、過転圧により強度増加が得られるように締め固めて仕上げる。

解説 (1) ～ (3) は適当な記述である。

(4) 盛土路床は、使用する盛土材の性質をよく把握して敷き均し、均一にかつ過転圧により強度を低下させない範囲で十分に締め固めて仕上げるが、次の点に留意するとよい。

- 一層の敷均し厚さは、仕上がり厚で 20 cm 以下とする。
- 盛土路床施工後の降雨対策として、縁部に仮排水溝を設けておくことが望ましい。
- 路床の部分的な締固め不足や不良箇所を確かめるため、プルーフローリングを行うこと。

プルーフローリング

路床、路盤の締固めの程度や、不良箇所の有無について調べるために、施工時に用いた転圧機械と同等以上の締固め効果を有するタイヤローラや軸重を調整したトラックにより、締固め終了面を数回走行させ、そのときの沈下状態を観察するなどの方法。

【解答 (4)】

4. 路盤

路盤は、下層路盤と上層路盤で構成される。

下層路盤

下層路盤の築造は、粒状路盤工法、セメント安定処理工法、石灰安定処理工法がある。

粒状路盤工法

- クラッシャラン、砂利、砂などを使用。
- 一層の仕上がり厚 20 cm 以下。
- 敷均しは、モータグレーダ。
- 転圧は、ロードローラ、タイヤローラ、振動ローラ。

セメント安定処理工法、石灰安定処理工法

- セメントまたは石灰で路盤の強度を高め、耐久性を向上させる。
- 路上混合方式での施工が一般的。
- 一層の仕上がり厚：15〜30 cm。
- 粗均しはモータグレーダ、タイヤローラで軽く締め固め、再度モータグレーダで整形し、舗装用ローラで転圧。

上層路盤

上層路盤工法には、粒度調整工法、セメント安定処理工法、石灰安定処理工法、瀝青安定処理工法、セメント・瀝青安定処理工法がある。

粒度調整工法

- 良好な粒度分布になるよう調整した骨材を使用する。
- 敷均し、締固めが容易。
- 敷均しは、モータグレーダ。
- 転圧は、ロードローラ、タイヤローラ、振動ローラ。
- 一層の仕上がり厚 15 cm 以下（振動ローラは 20 cm 以下）。

セメント安定処理工法、石灰安定処理工法

- 中央混合方式、または路上混合方式で施工する。
- 一層の仕上がり厚 10〜20 cm（振動ローラは 30 cm 以下）。
- セメント安定処理では、硬化が始まる前までに完了。
- 石灰安定処理では、最適含水比よりやや湿潤状態で締め固める。

瀝青安定処理工法

- 加熱アスファルトを骨材に添加して安定処理する工法。
- 平坦性が良好、たわみ性や耐久性に富む。
- 一層の仕上がり厚 10 cm の一般工法、それを超える厚さのシックリフト工法がある。
- 敷均しは、アスファルトフィニッシャを用いるが、ブルドーザ、モータグレーダを用いることもある。

セメント・瀝青安定処理工法

- 破砕された既設アスファルト舗装に安定材を加えた骨材を、セメントや瀝青材料を混合、転圧して安定処理する工法。
- 路上路盤再生工法である。

2時限目 専門土木

演習問題でレベルアップ

《《《問題1》》》道路のアスファルト舗装における路盤の施工に関する次の記述のうち、**適当なもの**はどれか。

(1) 上層路盤の粒度調整路盤は、一層の仕上り厚さが 20 cm を超える場合において所要の締固め度が保証される施工方法が確認されていれば、その仕上がり厚さを用いてもよい。

(2) 上層路盤の加熱混合方式による瀝青安定処理路盤は、一層の施工厚さが 20 cm までは一般的なアスファルト混合物の施工方法に準じて施工する。

(3) 下層路盤の粒状路盤工法では、締固め密度は液性限界付近で最大となるため、乾燥しすぎている場合は適宜散水し、含水比が高くなっている場合はばっ気乾燥などを行う。

(4) 下層路盤の路上混合方式によるセメント安定処理工法では、締固め終了後直ちに交通開放しても差し支えないが、表面を保護するために常時散水するとよい。

解説 (1) この記述は適当である。

(2) 瀝青安定処理路盤の施工には、一層を 10 cm 以内の仕上がり厚で施工し、層を積み上げていく一般工法と、大規模工事、急速施工の現場などでよく用いられる一層の仕上がり厚が 10 cm を超えるシックリフト工法がある。この工法は、敷均し厚さが厚いため、敷均しにはアスファルトフイッニッシャのほかにブル

ドーザ（クローラ式）やモータグレーダを用いることもある。よって、この記述は適当ではない。

(3) 下層路盤の粒状路盤工法では、粒状路盤材が乾燥しすぎている場合は適宜散水し、最適含水比付近の状態で締め固める。仕上がり前に降雨などにより著しく水を含み、転圧作業が困難な場合は、晴天時を待ってばっ気乾燥を行う。また、少量のセメントまたは消石灰などを散布混合して処理することもある。なお、液性限界は、粘性土が塑性体を示す最大の含水比または液体状を示す最小の含水比を意味する。よって、この記述は適当ではない。

(4) 下層路盤のセメント安定処理工法は、現地材料またはこれに補足材を加えたものにセメントを添加して処理する工法であり、一般には路上混合方式によって製造することが多い。一層の仕上がり厚は、15～30 cm を標準とする。締固め終了後直ちに交通開放しても差し支えないが、含水比を一定に保つとともに表面を保護する目的で、必要に応じてアスファルト乳剤などを散布するとよい。よって、この記述は適当ではない。

【解答 (1)】

《《《問題２》》》 道路のアスファルト舗装における路盤の施工に関する次の記述のうち、**適当でないもの**はどれか。

(1) 下層路盤の施工において、粒状路盤材料が乾燥しすぎている場合は、適宜散水し、最適含水比付近の状態で締め固める。

(2) 下層路盤の路上混合方式による安定処理工法は、1 層の仕上がり厚は 15 ～ 30 cm を標準とし、転圧には 2 種類以上の舗装用ローラを併用すると効果的である。

(3) 上層路盤の粒度調整工法では、水を含むと泥濘(でいねい)化することがあるので、75 μm ふるい通過量は締固めが行える範囲でできるだけ多いものがよい。

(4) 上層路盤の瀝青安定処理路盤の施工でシックリフト工法を採用する場合は、敷均し作業は連続的に行う。

解説 (1) 正しい記述である。土や路盤材料が最もよく締まる状態が最適含水比である。

(2) 正しい記述である。下層路盤の施工における各工法の仕上がり厚を覚えておこう。

各工法の仕上がり厚

- 路上混合方式による安定処理工法：一層の仕上がり厚は、15～30 cm を標準
- 粒状路盤工法：一層の仕上がり厚は 20 cm 以下を標準

(3) 上層路盤の粒度調整工法では、骨材には粒度調整砕石、粒度調整鉄鋼スラグ、水硬性粒度調整鉄鋼スラグなどが用いられ、砕石、鉄鋼スラグ、砂およびスクリーニングスなどを用い、これらを適当な比率で混合して適する粒度範囲に入るように調整する。このとき、骨材の 75 μm ふるい通過量が 10%以下の場合でも、水を含むと泥濘（でいねい）化することがあるので、75 μm ふるい通過量は締固めが行える範囲でできるだけ少ないものが良い。したがって、この記述が適当ではない。

(4) 上層路盤における瀝青安定処理路盤の施工方法は、一層を 10 cm 以内の仕上がり厚で施工し層を積み上げていく一般工法と、大規模工事、急速施工の現場などでよく用いられる一層の仕上がり厚が 10 cm を超えるシックリフト工法がある。シックリフト工法では、敷均し時の混合物の温度は 110℃を下回らないようにしながら、敷均し作業は連続的に行う必要がある。したがって、この記述は正しい。

【解答 (3)】

5. プライムコート・タックコート

舗装で用いられるプライムコートとタックコートは、それぞれの役割や施工する位置が異なる。

プライムコート	タックコート
路盤と混合物のなじみを良くする。 降雨による表面水の浸透防止、路盤表面に浸透し安定、路盤からの水の蒸発を遮断するなどの機能がある。	新たに舗設するアスファルトの混合物層と、その下層の瀝青安定処理層、基層との付着を良くする。

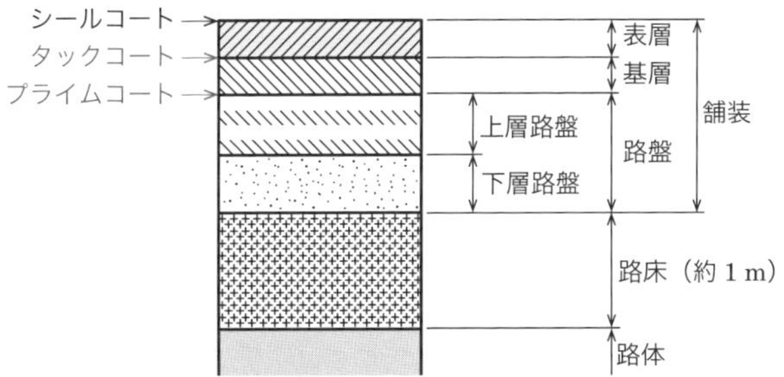

プライムコート・タックコートの施工位置

6. 基層、表層

表層と基層は、それぞれに分けて2層で施工するのが、アスファルト舗装では一般的である。施工手順は、加熱アスファルトの敷均しと加熱アスファルトの締固めの2段階となる。

アスファルト舗装の施工手順

1. 敷均し

- 使用機械は、アスファルトフィニッシャ。
- 敷均し時の混合物の温度は**110℃**。
- 敷均し作業中の降雨では、敷均し作業を中止し、敷均し済みの混合物を速やかに締め固めて仕上げる。

2. 締固め

- アスファルト混合物を敷均し後、ローラにより、所定の密度が得られるように締め固める。
- ローラは、アスファルトフィニッシャ側に駆動輪を向け、横断勾配の低いほうから高いほうへ向かい、順次幅寄せしながら低速、等速で転圧する。
- 作業は、継目転圧 → 初転圧 → 二次転圧 → 仕上げ転圧の順序。

3. 初転圧

- 10～12 t のロードローラで1往復（2回）程度。
- できるだけ高い温度で行う。一般に**110～140℃**。

4. 二次転圧

- 8～20 t のタイヤローラ、または6～10 t の振動ローラ。
- 二次転圧終了温度は、一般に**70～90℃**。

5. 仕上げ転圧

- 不陸の修正やローラマーク消去が目的。
- タイヤローラ、またはロードローラで1往復（2回）程度行う。
- 二次転圧で振動ローラを用いたときは、タイヤローラが望ましい。

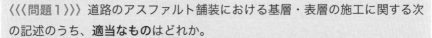

演習問題でレベルアップ

〈〈〈問題１〉〉〉道路のアスファルト舗装における基層・表層の施工に関する次の記述のうち、**適当なもの**はどれか。

(1) アスファルト混合物の敷均し前は、アスファルト混合物のひきずりの原因とならないように、事前にアスファルトフィニッシャのスクリードプレートを十分に湿らせておく。

(2) アスファルト混合物の敷均し時の余盛高は、混合物の種類や使用するアスファルトフィニッシャの能力により異なるので、施工実績がない場合は試験施工などによって余盛高を決定する。

(3) アスファルト混合物の転圧開始時は、一般にローラが進行する方向に案内輪を配置して、駆動輪が混合物を進行方向に押し出してしまうことを防ぐ。

(4) アスファルト混合物の締固め作業は、所定の密度が得られるように締め固め、初転圧、二次転圧、継目転圧および仕上げ転圧の順序で行う。

解説 (1) アスファルト混合物の敷均し前は、アスファルト混合物のひきずりの原因にならないように、事前にアスファルトフィニッシャのスクリードプレートを十分に加熱しておく。よって、この記述は適当ではない。

(2) 適当な記述である。

(3) 転圧の際は、アスファルトフィニッシャ側に駆動輪を向け、勾配の低いほうから等速で転圧する。これにより、案内輪よりも駆動輪のほうが転圧中に混合物を前方に押す傾向が小さいので、その動きを最小にとどめることができる。また同様に、混合物の側方移動をできるだけ少なくするために、横断勾配が付いている場合は勾配の低いほうを先に転圧する。したがって、この記述は適当ではない。

(4) アスファルト混合物は敷均しが終わったら、所定の締固め度が得られるように十分締め固めることが必要である。締固め作業の手順は、①継目転圧 → ②初転圧 → ③二次転圧 → ④仕上げ転圧である。したがって、この記述は適当ではない。

【解答 (2)】

《《《問題2》》》道路のアスファルト舗装における基層・表層の施工に関する次の記述のうち、**適当でないもの**はどれか。

(1) アスファルト舗装の仕上げ転圧は、不陸の整正やローラマークを消去するために行うものであり、タイヤローラあるいはロードローラで2回程度行うとよい。

(2) アスファルト舗装に中温化技術により施工性を改善した混合物を使用する場合は、所定の締固め度が得られる範囲で、適切な転圧温度を設定するとよい。

(3) やむを得ず5℃以下の気温でアスファルト混合物を舗設する場合、敷均しに際しては断続作業を原則とし、アスファルトフィニッシャのスクリードを断続的に加熱するとよい。

(4) ポーラスアスファルト混合物の敷均しは、通常のアスファルト舗装の場合と同様に行うが、温度低下が通常の混合物よりも速いため、敷均し後速やかに初転圧を行うとよい。

解説 (2) 中温化技術とは、加熱アスファルト混合物を製造する過程で、特殊添加剤を加えることやフォームドアスファルトを使用することなどにより、従来よりも低い温度でアスファルト混合物を製造・施工を行うことを意味する。この記述は正しい。

(3) 寒冷期に加熱アスファルト混合物を舗設すると、混合物温度の低下が速く所定の締固め度が得られにくいので、やむを得ず5℃以下の気温で舗設する場合は、中温化技術を用いるなどの対策を講じて所定の締固め度が得られることを確認したうえで舗設する必要がある。特に敷均しに際しては連続作業に心がけ、アスファルトフィニッシャのスクリードを継続して加熱するとよい。よって、この記述は適当ではない。

(1)、(4) は正しい記述なので覚えておこう。 【解答 (3)】

《《《問題３》》》道路のアスファルト舗装における表層・基層の施工に関する次の記述のうち、**適当でないもの**はどれか。

(1) 横継目の施工にあたっては、既設舗装の補修・延伸の場合を除いて、下層の継目の上に上層の継目を重ねないようにする。

(2) アスファルト混合物の二次転圧で荷重、振動数および振幅が適切な振動ローラを使用する場合は、タイヤローラよりも少ない転圧回数で所定の締固め度が得られる。

(3) 改質アスファルト混合物の舗設は、通常の加熱アスファルト混合物に比べて、より高い温度で行う場合が多いので、特に温度管理に留意して速やかに敷き均す。

(4) 寒冷期のアスファルト舗装の舗設は、中温化技術を使用して混合温度を大幅に低減させることにより混合物温度が低下しても良好な施工性が得られる。

解説 (1) 施工継目や構造物との接合部では締固めが不十分となりがちであり、所定の締固め度が得られないばかりか不連続となることから弱点となりやすい。そのため、施工継目はできるだけ少なくするのが望ましい。また、継目の施工では、十分締固め、相互に密着させなければならない。下層と上層の継目を同じ位置で重ねないようにすることも必要である。よって、この記述は適当である。

(2) 荷重、振動数や振幅が適切な振動ローラを使用する場合は、タイヤローラを用いるより少ない転圧回数で所定の締固め度が得られる。ただし、振動ローラの作業速度は、速すぎると締固め効果が減少するばかりでなく、平坦な仕上がりを期待できなくなるので、適切な速度で作業する必要がある。よって、この記述は適当である。

(3) 改質アスファルト混合物の舗設は、基本的には通常の加熱アスファルト混合物と同様にして行う。ただし、通常の加熱アスファルト混合物に比べてより高い温度で舗設を行う場合が多いので、特に温度管理に留意して速やかに敷均しを行い、締め固めて仕上げる。よって、この記述は適当である。

(4) 中温化アスファルト舗装による舗装は、混合物の施工温度を低減しても、特に寒冷期における施工性を改善・向上することができる。しかし、混合温度を低減するわけではない。よって、この記述が適当ではない。　【解答 (4)】

7. さまざまな舗装

工　法	特　徴
ポーラスアスファルト舗装	高い空隙率を有するポーラスアスファルト混合物を表層あるいは表層・基層に用いることで、排水機能・透水機能、低騒音舗装などの機能を有する舗装。
グースアスファルト舗装	高温時の流動性を利用して流し込み、一般にローラ転圧を行わない加熱混合物で、不透水性で防水効果が大きく、優れたたわみ追従性を有する舗装。鋼床版舗装などの橋面舗装にも用いられる。
半たわみ性舗装	空隙率が大きい開粒度アスファルト混合物の空隙に、浸透用セメントミルクを浸透させた舗装。耐流動性、明色性、耐油性、難燃性などの特長を有する舗装。交差点やバスターミナル、トンネルなどにも用いられる。
保水性舗装	ポーラスアスファルト混合物の空隙に吸水・保水性を有するグラウトを注入、充填させた舗装。舗装体内に保水させた水分が蒸発する際の気化熱によって、路面温度の上昇を抑制する機能を有する。一般の舗装に比べ日中で 10〜20℃程度路面温度が低下し、ヒートアイランド対策に効果がある。
排水性舗装	ポーラスアスファルト混合物層を通して、表層の下に遮断層を設けて、路面の雨水を路肩の側溝などの排水施設などに速やかに排水する舗装。水はね防止のほか、ハイドロプレーニング防止、騒音低減などの効果がある。

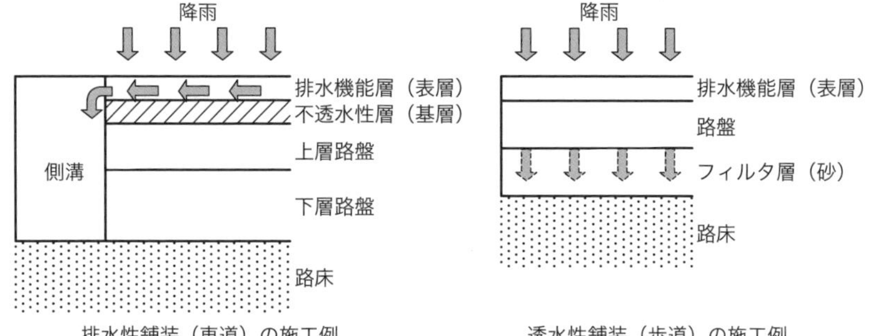

排水性舗装、透水性舗装の施工例

演習問題でレベルアップ

《《《問題１》》》道路の排水性舗装に用いるポーラスアスファルト混合物の施工に関する次の記述のうち、**適当でないもの**はどれか。

(1) 敷均しは、異種の混合物を二層同時に敷き均せるアスファルトフィニッシャや、タックコートの散布装置付きフィニッシャが使用されることがある。

(2) 締固めは、供用後の耐久性および機能性に大きく影響を及ぼすため、所定の締固め度を確保することが特に重要である。

⑶ 敷均しは、通常のアスファルト舗装の場合と同様に行うが、温度の低下が通常の混合物よりも早いため、できるだけ速やかに行う。
⑷ 締固めは、所定の締固め度をタイヤローラによる初転圧および二次転圧の段階で確保することが望ましい。

解説 (1) 二層同時舗設式アスファルトフィニッシャは、2種類の混合物を貯蔵するための二つのホッパを有し、それぞれにスクリード（下層スクリード、上層スクリード）を装備したアスファルトフィニッシャ。1回の施工で2種類の混合物を上下層に分けて敷き均し、締め固めて仕上げることができるので、工事期間短縮や表・基層の一体化による耐久性向上といった効果がある。

(1) ～ (3) は適当な記述である。

(4) ポーラスコンクリートの締固めは、所定の締固め度を確保するのが重要で、初転圧および二次転圧をロードローラによって確保することが望ましい。よって、この記述は適当ではない。　【解答 (4)】

《《《問題2》》》 道路のアスファルト舗装の各種舗装の特徴に関する次の記述のうち、**適当でないもの**はどれか。
⑴ 半たわみ性舗装は、空隙率の大きな開粒度タイプの半たわみ性舗装用アスファルト混合物に、浸透用セメントミルクを浸透させたものである。
⑵ グースアスファルト舗装は、グースアスファルト混合物を用いた不透水性やたわみ性などの性能を有する舗装で、一般に鋼床版舗装などの橋面舗装に用いられる。
⑶ ポーラスアスファルト舗装は、ポーラスアスファルト混合物を表層あるいは表・基層などに用いる舗装で、雨水を路面下に速やかに浸透させる機能を有する。
⑷ 保水性舗装は、保水機能を有する表層や表・基層に保水された水分が蒸発する際の気化熱により路面温度の上昇を促進する舗装である。

解説 (4) 保水性舗装は、保水機能を有する表層や表・基層に保水された水分が蒸発する際の気化熱により路面温度の上昇を抑制する舗装である。よって、この記述は適当ではない。

(1) ～ (3) は正しい記述なので覚えておこう。　【解答 (4)】

8. 維持、修繕

舗装は、交通荷重、気象条件などの外的作用を常に受け、また舗装自体の老朽などにより、放置しておけば供用性が低下し、やがては円滑かつ安全な交通に支障をきたす。これを防ぐために適切な維持、修繕が必要となる。

維持

維持は、道路の機能を保持するために行われる道路の保存行為で、一般に日常的に反復して行われる手入れ、または軽度な修理を指す。

修繕

修繕は、日常の手入れでは及ばないほど大きくなった損傷部分の修理や更新を指す。現状の機能を、当初の機能まで回復させ（または近づけ）たり、あるいは多少の機能増を行うことや、老朽化、陳腐化による更新も含まれる。

アスファルト舗装に見られる主な破損

破損の種類	特　徴
亀甲ひび割れ	混合物の劣化・老化、路床や路盤の支持力低下や沈下などで生じる亀甲状のひび割れ
ヘアクラック	混合物の品質不良、転圧温度の不適などで、表層に生じる細かなクラック
コルゲーション	道路縦断方向の波長の長い波状の凹凸。表層と基層の接着不良などが原因
わだち掘れ	路床や路盤の沈下、塑性変形、摩耗などにより、走行軌跡部に生じる

※　このほかにも、施工不良や摩耗、凍上など、さまざまな原因により多様な破損が発生する場合がある。

維持修繕工法

アスファルト舗装の維持修繕工法には、構造的対策を目的としたものと、機能

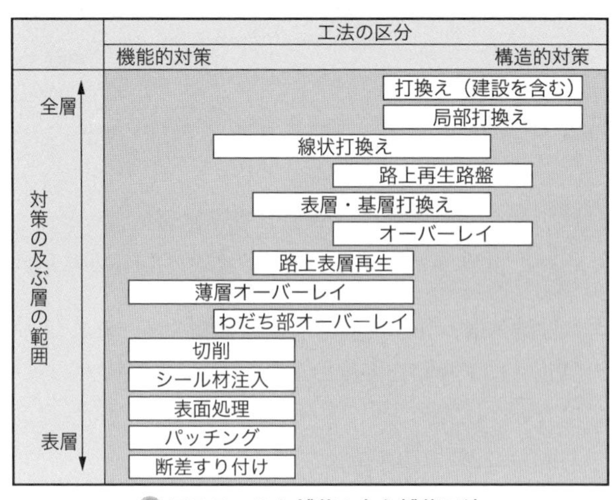

アスファルト舗装の主な補修工法

的対策を目的としたものがある。構造的対策は、主として全層に及ぶ修繕工法、機能的対策は主として表層の維持工法である。また、機能的対策の中には、予防的維持や応急的な修繕工法も含まれる。

アスファルト舗装の主な維持修繕工法

工　法	特　徴
打換え工法 (再構築含む)	・既設舗装の路盤を打ち換える工法 ・路床の入れ換え、路床や路盤の安定処理を行うこともある
局部打換え工法	・局部的に著しい破損箇所に、表層・基層または路盤から局部的に打ち換える工法
線状打換え工法	・線状に発生したひび割れに沿って舗装を打ち換える工法 ・通常は、加熱アスファルト混合物層のみを打ち換える
路上路盤再生工法	・既設アスファルト混合物層を、現位置で路上破砕混合機などによって破砕するとともに、セメントやアスファルト乳剤などの添加材料を加え混合し、締め固めて安定処理した路盤を構築する工法
表層・基層打換え工法 (切削オーバーレイ工法を含む)	・既設舗装を表層または基層まで打ち換える工法 ・切削により既設アスファルト混合物層を搬去する工法を、特に切削オーバーレイ工法と呼ぶ
オーバーレイ工法	・既設舗装の上に、厚さ 3 cm 以上の加熱アスファルト混合物層を舗設する工法
路上表層再生工法	・現位置において、既設アスファルト混合物層の加熱、かきほぐしを行い、これに新規アスファルト混合物や再生用添加剤を加え、混合したうえで敷き均して締め固め、再生した表層を構築する工法
薄層オーバーレイ工法	・既設舗装の上に厚さ 3 cm 未満の加熱アスファルト混合物を舗設する工法 ・予防的な維持工法として用いられることもある
わだち部オーバーレイ工法	・既設舗装のわだち掘れ部のみを、加熱アスファルト混合物で舗設する工法 ・主に摩耗などによってすり減った部分を補うものであり、オーバーレイ工法に先立ちレベリング工として行われることも多い
切削工法	・路面の凸部などを切削除去し、不陸や段差を解消する工法 ・オーバーレイ工法や表面処理工法の事前処理として行われることも多い
シール材注入工法	・比較的幅の広いひび割れに注入目地材などを充填する工法 ・予防的維持工法として用いられることもある
表面処理工法	・既設舗装の上に、加熱アスファルト混合物以外の材料を使用して、3 cm 未満の封かん層を設ける工法 ・予防的維持工法として用いられることもあり、チップシール、(シールコート、アーマーコート)、スラリーシール、マイクロサーフェシング、樹脂系表面処理などの工法がある
パッチングおよび段差すり付け工法	・ポットホール（局所的な小穴)、くぼみ、段差などを応急的に充填する工法 ・加熱アスファルト混合物、瀝青材料や樹脂結合材料系のバインダーを用いた常温混合物などが使用される

演習問題でレベルアップ

〈〈〈問題1〉〉〉 道路のアスファルト舗装の補修に関する次の記述のうち、**適当でないもの**はどれか。

(1) アスファルト舗装の流動によるわだち掘れが大きい場合は、その原因となっている層の上への薄層オーバーレイ工法を選定する。

(2) 加熱アスファルト混合物のシックリフト工法で即日交通開放する場合、交通開放後早期にわだち掘れを生じることがあるので、舗装の冷却などの対策をとることが望ましい。

(3) アスファルト舗装の路面のたわみが大きい場合は、路床、路盤などの開削調査などを実施し、その原因を把握したうえで補修工法の選定を行う。

(4) オーバーレイ工法でリフレクションクラックの発生を抑制させる場合には、クラック抑制シートの設置や、応力緩和層の採用などを検討する。

解説 (1) アスファルト舗装の流動によるわだち掘れが大きい場合は、その原因となっている層を除去する必要があるので、影響範囲について表層、基層の打換え工法を選択する必要がある。薄層オーバーレイ工法では、根本的な原因を取り除くことができない。よって、この記述は適当ではない。

(2) ～ (4) は正しい記述なので覚えておこう。　　　　【解答 (1)】

リフレクションクラック

アスファルト層の下方にあるコンクリート版、セメント安定処理路盤の目地、ひび割れの真上に生じるひび割れのことを意味する。アスファルト舗装のオーバーレイ工法においては、在来舗装のひび割れから生じるケースもある。リフレクションクラックの原因としては、ひび割れや目地に直角方向の水平変位が特に重要であるが、応力やひずみの発生などによっても進行する。

〈〈〈問題2〉〉〉 道路のアスファルト舗装における補修工法に関する次の記述のうち、**適当でないもの**はどれか。

(1) 打換え工法で既設舗装の切削作業を行う場合には、地下埋設物占有者の立会いを求めて、あらかじめ試験掘りを行うなどして位置や深さを確認するとよい。

(2) 路上表層再生工法でリミックス方式による場合、再生表層混合物は、既設混合物が加熱されて温度が低下しにくいため温度低下してから初転圧を行う。

(3) 切削オーバーレイ工法で施工する場合は、切削くずをきれいに除去し、特に切削溝の中に切削くずなどを残さないようにする。

(4) 打換え工法で表層を施工する場合は、平坦性を確保するために、ある程度の面積にまとめてから行うことが望ましい。

解説 (2) 路上表層再生工法には、既設アスファルト舗装の形状改善を目的としたリフォーム方式、既設アスファルト混合物の形状改善とともに品質改善も目的としたリミックス方式、リミックスあるいはリフォームと同時に新規混合物をオーバーレイするリペーブ方式がある。

このうちリミックス方式は、既設表層混合物の粒度やアスファルト量、旧アスファルトの針入度などを総合的に改善する場合に用いる方式であり、加熱・かきほぐした既設表層混合物に必要に応じて再生用添加剤を加え、新規アスファルト混合物を混合して敷き均し、締め固める方法。施工では、敷均し後、速やかに初転圧を行う必要がある。よって、この記述は適当ではない。

ほかの記述は適当なものであるので覚えておこう。　　　　　【解答 (2)】

4-2 コンクリート舗装

基礎ポイント講義

1. コンクリート舗装の構造

コンクリート舗装は、一般的にコンクリート版および路盤からなり、路盤の最上部にアスファルト中間層を設ける場合もある。

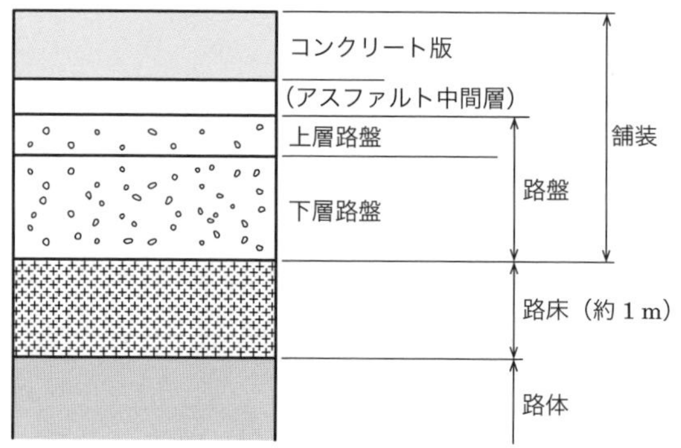

コンクリート舗装の構成

2. コンクリート舗装の施工

コンクリート舗装の種類は、普通コンクリート版、連続鉄筋コンクリート版、転圧コンクリート版があり、交通条件、環境条件、経済性、安全性、環境保全などにより選定される。

また、コンクリート舗装版の施工方法には、①あらかじめ型枠を設置するセットフォーム工法と、②型枠を設置せず専用のスリップフォームペーバを使用するスリップフォーム工法がある。鉄網を用いる場合は、セットフォーム工法で施工されることが多い。

普通コンクリート版

- コンクリート版にあらかじめ目地を設け、版に発生するひび割れを誘導する。
- 目地部が構造的弱点となり、走行時の衝撃感を生じることがある。
- 目地部には荷重伝達装置（ダウエルバー）を設ける。

連続鉄筋コンクリート版

- コンクリート版の横目地を省いたものであり、コンクリート版に生じた横ひび割れを縦方向鉄筋で分散させる。
- このひび割れ幅は狭く、鉄筋とひび割れ面での骨材のかみ合わせにより連続性を保持する。

転圧コンクリート版

- 従来の舗装用コンクリート版よりも単位水量の少ない硬練りコンクリートを通常のアスファルト舗装と同様の方法で施工する。
- 通常のコンクリート版に比べて施工速度が速く、強度発現が早いため養生時間が短く、工期短縮、早期交通開放が可能。

3. 維持、修繕

コンクリート舗装の維持修繕工法は、コンクリート版そのものが対象なのか、版の表面部が対象なのかにより、構造的対策工法と機能的対策工法とに分けられる。

コンクリート舗装の主な維持修繕工法（構造的対策）

工　法	特　徴
打換え工法	・コンクリート版そのものに広い範囲の破損が生じた場合に適用される
局部打換え工法	・隅角部や横断方向などで、版の厚さ方向全体に達するひび割れが発生し荷重伝達が期待できない場合に、版または路盤を含めて局部的に打ち換える工法
オーバーレイ工法	・既設コンクリート版の上に、アスファルト混合物を舗設するかまたは新しいコンクリートを打ち継ぎ、舗装の耐荷力を向上させる工法 ・既設版への影響を減らすため、事前に不良箇所のパッチングやリフレクションクラック対策などを施しておく
バーステッチ工法	・既設コンクリート版に発生したひび割れ部に、ひび割れと直角の方向に切り込んだカッタ溝を設け、この中に異形棒鋼あるいはフラットバーなどの鋼材を埋設して、ひび割れをはさんだ両側の版を連結させる工法
注入工法	・コンクリート版と路盤との間にできた空隙を填充する。または、沈下した版を押し上げて平常の位置に戻すなどの工法 ・注入する材料は、アスファルト系とセメント系があり、常温タイプのアスファルト系の材料を用いることが多い

コンクリート舗装の主な維持修繕工法（機能的対策）

工　法	特　徴
粗面処理工法	・コンクリート版表面のすべり抵抗性を回復させる目的で、機械または薬剤（主に酸類）により粗面化する工法
グルービング工法	・雨天時のハイドロプレーニング現象の抑制、すべり抵抗性の改善などを目的として、グルービングマシンにより、路面に溝（深さ×幅：6×6、6×9 mm）を 20〜60 mm 間隔で切り込む工法 ・溝の方向には、縦方向と横方向とがあり、通常は施工性が良いことから縦方向に行われることが多い ・縦方向の溝は、横滑りや横風による事故防止に効果的。横方向の溝は、停止距離の短縮に効果があり、急坂路、交差点付近などに適用される
パッチング工法	・コンクリート版に発生した欠損箇所や段差などに材料を充填して、路面の平坦性などを応急的に回復する工法 ・パッチング材料：セメント系、アスファルト系、樹脂系など
表面処理工法	・コンクリート版にラベリング、ポリッシング、スケーリング（はがれ）、表面付近のヘアクラックなどが生じた場合、版表面に薄層の舗装を施工して、車両の走行性、すべり抵抗性や版の防水性などを回復させる工法
シーリング工法	・目地材の老化、ひび割れなどによる脱落やはく離などの破損、コンクリート版のひび割れにより、雨水が浸入するのを防ぐ目的で注入目地材などのシール材を注入または充填する工法

演習問題でレベルアップ

《《《問題１》》》道路の各種コンクリート舗装に関する次の記述のうち、**適当でないもの**はどれか。

⑴ 転圧コンクリート版は、単位水量の少ない硬練りコンクリートを、アスファルト舗装用の舗設機械を使用して敷き均し、ローラによって締め固める。

⑵ 連続鉄筋コンクリート版は、横方向鉄筋上に縦方向鉄筋をコンクリート打設直後に連続的に設置した後、フレッシュコンクリートを振動締固めによって締め固める。

⑶ プレキャストコンクリート版は、あらかじめ工場で製作したコンクリート版を路盤上に敷設し、必要に応じて相互のコンクリート版をバーなどで結合して築造する。

⑷ 普通コンクリート版は、フレッシュコンクリートを振動締固めによってコンクリート版とするもので、版と版の間の荷重伝達を図るバーを用いて目地を設置する。

解説 (2) 連続鉄筋コンクリート舗装は、コンクリート版の横断面積に対して約 0.6～0.7％の縦方向鉄筋を設置し、施工目地を除きコンクリート版の横目地を省いたコンクリート版と路盤で構成されている。特徴は、コンクリート版に生じる横ひび割れを縦方向鉄筋で分散させ、個々のひび割れ幅を交通車両や耐久性に支障ない程度に狭く分布させせようとする目的がある。

鉄筋は縦方向鉄筋が上側になるように配置し、その設置位置はコンクリート版表面から版厚の **1/3** 程度とする。施工手順は、鉄筋の組立て後にコンクリートを敷き均し、締め固めて表面仕上げをする。コンクリートの敷均しと締固めは 1 層としている。よって、この記述は適当ではない。

ほかは正しい記述なので覚えておこう。　　　　　　　　　　**【解答 (2)】**

2時限目
専門土木

《《《問題 2》》》 道路のコンクリート舗装に関する次の記述のうち、**適当でないものはどれか。**

(1) 普通コンクリート版の施工では、コンクリートの敷均しは、鉄網を用いる場合は 2 層で、鉄網を用いない場合は 1 層で行う。
(2) コンクリート舗装の初期養生は、コンクリート版の表面仕上げに引き続き行い、後期養生ができるまでの間、コンクリート表面の急激な乾燥を防止するために行う。
(3) 連続鉄筋コンクリート版の施工では、コンクリートの敷均しと締固めは鉄筋位置で 2 層に分けて行い、コンクリートが十分にいきわたるように締め固めることが重要である。
(4) 転圧コンクリート版の施工では、コンクリートは、舗設面が乾燥しやすいので、敷均し後できるだけ速やかに、転圧を開始することが重要である。

解説 (1) コンクリートの敷均しは、鉄網を設けるためには 2 層施工が必要となり、鉄網を用いない場合は 1 層とする。したがって、この記述は適当である。

(2) コンクリートの表面仕上げに引き続いて行う初期養生は、後期養生はできるまでの間、急激な乾燥を防止するためにコンクリート表面に養生剤を噴霧散布する方法で行われる。なお、後期養生は、養生マットでコンクリート版表面を覆い、養生マット上に散水を行うことで、所定の期間コンクリート表面湿潤状態に保つ散水養生が一般的である。よって、この記述は適当である。

(3) 連続鉄筋コンクリート版の敷均しと締固めは 1 層で行う。よって、この記述が適当ではない。

(4) 転圧コンクリート舗装は、単位水量の著しく少ない硬練りのコンクリートを高締固め型アスファルトフィニッシャで路盤上に敷き均し、振動ローラなどによる転圧で締め固めて、高強度のコンクリート舗装版を構築する舗装工法である。転圧コンクリートの締固めは、敷均しが終了した後できるだけ速やかに開始し、所定の締固め度が得られるように十分に行わなければならない。転圧コンクリートの表面が急速に乾燥する場合には、表面にフォグスプレイを行うとよい。また一般的に、初転圧と二次転圧は振動ローラを用い、仕上げ転圧はタイヤローラを用いる。よって、この記述は適当である。　【解答 (3)】

《《《問題3》》》道路のコンクリート舗装の補修工法に関する次の記述のうち、**適当でないもの**はどれか。

(1) グルービング工法は、雨天時のハイドロプレーニング現象の抑制やすべり抵抗性の改善などを目的として実施される工法である。

(2) バーステッチ工法は、既設コンクリート版に発生したひび割れ部に、ひび割れと直角の方向に切り込んだカッター溝に目地材を充填して両側の版を連結させる工法である。

(3) 表面処理工法は、コンクリート版表面に薄層の舗装を施工して、車両の走行性、すべり抵抗性や版の防水性などを回復させる工法である。

(4) パッチング工法は、コンクリート版に生じた欠損箇所や段差などに材料を充填して、路面の平坦性などを応急的に回復させる工法である。

解説 (2) バーステッチ工法は、既設コンクリート版に発生したひび割れ部に、ひび割れと直角の方向に切り込んだカッター溝を設け、この中に異形棒鋼あるいはフラットバーなどの鋼材を埋設して、ひび割れをはさんだ両側の版を連結させる工法。よって、この記述は適当ではない。

ほかは正しい記述なので覚えておこう。　【解答 (2)】

5章

ダム

5-1 ダムの種類と特徴

出題傾向と学習のススメ

ダムからは、基礎処理の施工とダムコンクリートの施工について多く出題されている。

基礎ポイント講義

1. ダムの種類

ダムは、材料によってコンクリートダムとフィルダムの2種類に分類される。

コンクリートダム	フィルダム
築堤材料は 、コンクリート。 両岸、河床は岩盤。	築堤材料は、土砂や岩石などの天然材料。 堤敷幅が広いので、必ずしも堅硬な基礎岩盤を必要としない。

コンクリートダム

・重力式ダム

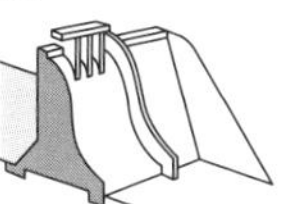

自重（コンクリートの重量）で水圧などの力に耐える構造

・アーチダム

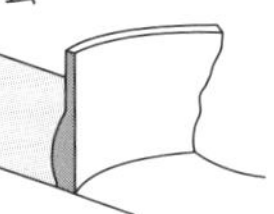

アーチ形状で、水圧などの力を両岸、河床の岩盤に分散する構造

フィルダム

・ゾーン型フィルダム

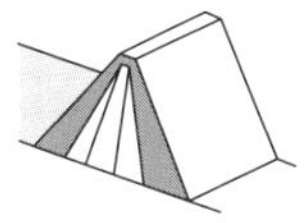

透水性の異なるゾーンで構成

・均一型フィルダム

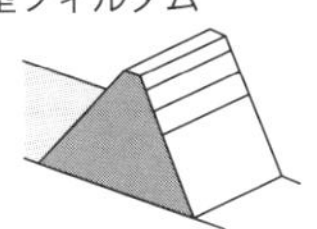

均一な土質材料で構成

・表面遮水壁フィルダム

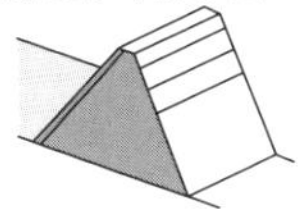

上流側の表面を遮水壁で構成

ダムの基本的な構造

5-2 掘削と基礎処理

基礎ポイント講義

1. 準備工事

ダムを確実に施工するために、河川水を転流するなどの河流処理によって本体工事の場所をドライにする必要がある。また、骨材プラントやダムサイトからの濁水を処理する設備などが設けられる。

河川水のバイパス

- 仮排水開水路方式
- 仮排水トンネル方式

川幅の広い河川

- 半川締切り方式

2. 掘削

ダムに要求される設計条件から、計画掘削面が設定される。ダムの形式や現地の状況などにより、掘削方法などの検討が行われる。

岩盤の掘削は、粗掘削（計画掘削面の手前約 50 cm で止める）と仕上げ掘削（粗掘削で緩んだ岩盤や凹凸を除去する）の 2 段階で行う。

なお、岩盤の基礎掘削は、ベンチカット工法が一般的である。ベンチカット工法は、最初に平坦なベンチを造成し、大型削岩機などにより、階段状に切り下げる工法である。

3. 基礎処理

ダムの基礎地盤における遮水性の改良や、弱い部分の補強のために基礎処理が必要となる場合がある。基礎処理は、セメントを主材としたグラウチングが一般的である。

グラウチング

グラウチングの種類	目　的
コンソリデーショングラウチング	コンクリートダムの基礎岩盤において、表面から 5〜10 m 程度の浅い範囲で、弱部を補強、遮水性を改良
ブランケットグラウチング	フィルダムの遮水ゾーンにおいて、基礎岩盤との連結に実施し、遮水性を改良
カーテングラウチング	基礎岩盤にカーテン状にグラウチングし、遮水性を高め、漏水を防ぐ。ダム直下や両翼部などで行う
補助カーテングラウチング	カーテングラウチング施工時のリーク防止を目的とする
コンタクトグレーチング	基礎地盤と、コンクリートダム堤体やフィルダムの通廊など、コンクリートとの間に生じた間隙の閉塞を目的とする

演習問題でレベルアップ

《《《問題１》》》ダムの基礎処理として行うグラウチングに関する次の記述のうち、**適当でないもの**はどれか。

⑴ ダムの基礎グラウチングの施工方法として、上位から下位のステージに向かって削孔と注入を交互に行っていくステージ注入工法がある。

⑵ ブランケットグラウチングは、コンクリートダムの着岩部付近を対象に遮水性を改良することを目的として実施するグラウチングである。

⑶ コンソリデーショングラウチングは、カーテングラウチングとあいまって遮水性を改良することを目的として実施するグラウチングである。

⑷ カーテングラウチングは、ダムの基礎地盤とリム部の地盤の水みちとなる高透水部の遮水性を改良することを目的として実施するグラウチングである。

解説 (2) ブランケットグラウチングは、**フィルダム**の遮水ゾーンと基礎岩盤との連結部分で実施するグラウチング。岩盤内の割れ目にセメントミルクを注入するなどして、遮水性を改良することを目的とする。よって、この記述は適当ではない。

ほかは正しい記述なので覚えておこう。　　　　　　　　　**【解答 (2)】**

《《《問題２》》》ダムの基礎処理に関する次の記述のうち、**適当でないもの**はどれか。

⑴ ステージ注入工法は、最終深度まで一度削孔した後、下位ステージから上位ステージに向かって１ステージずつ注入する工法である。

(2) ダム基礎グラウチングの施工法には、ステージ注入工法とパッカー注入工法のほかに、特殊な注入工法として二重管式注入工法がある。

(3) 重力式ダムで遮水性改良を目的とするコンソリデーショングラウチングの孔配置は、規定孔を格子状に配置し、中央内挿法により施工するのが一般的である。

(4) カーテングラウチングは、ダムの基礎地盤およびリム部の地盤において、浸透路長が短い部分と貯水池外への水みちとなるおそれのある高透水部の遮水性の改良が目的である。

解説 (1) 注入工法では、上位のステージから穿孔と注入を交互に行い、順次下位のステージに施工していくステージグラウチング（ダウンステージ注入工法）が一般的である。記述のように注入孔の全長を一度に削孔し、その後パッカーを使用しながらステージに分割し、最深部のステージから順次上のステージに向かって注入する方式をパッカー方式という。よって、この記述は適当ではない。

(2) ～ (4) は正しい記述である。 【解答 (1)】

〈〈〈問題3〉〉〉 ダムの基礎処理に関する次の記述のうち、**適当でないもの**はどれか。

(1) ダムの基礎グラウチングとして施工されるステージ注入工法は、下位から上位のステージに向かって施工する方法で、ほとんどのダムで採用されている。

(2) 重力式コンクリートダムのコンソリデーショングラウチングは、着岩部付近において、遮水性の改良、基礎地盤弱部の補強を目的として行う。

(3) グラウチングは、ルジオン値に応じた初期配合および地盤の透水性状などを考慮した配合切替え基準をあらかじめ定めておき、濃度の薄いものから濃いものへ順次切り替えつつ注入を行う。

(4) カーテングラウチングの施工位置は、コンクリートダムの場合は上流フーチングまたは堤内通廊から、ロックフィルダムの場合は監査廊から行うのが一般的である。

解説 (1) 〈〈〈問題2〉〉〉 **解説** (1) ステージ注入工法の説明と同じく、適当ではない。

(2) ～ (4) は正しい記述なので覚えておこう。 【解答 (1)】

5-3 ダムコンクリートの施工

1. 打設工法

コンクリートダムでは、従来型である柱状工法（ブロック工法）と面状工法の二つのタイプがある。

柱状工法	面状工法
収縮目地によって区切ったブロックごとにコンクリートを打ち上げていく。	低リフトで大区画を対象にして、大量のコンクリートを打設する合理化施工法。

2. 準備工

岩盤面の処理

- 仕上げ掘削として、ピックハンマーなどにより人力で施工し、ウォータージェットなどによる水洗いで岩盤清掃を行う。
- 清掃後にたまった水は、バキュームなどで吸い取るが、モルタル敷に備えて適度な湿潤状態にしておく。
- 清掃完了後の岩盤面には、モルタルを 2 cm 程度敷き均し、なじみを良くする。

コンクリート打継面の処理

- 打設されたコンクリートの上面には、レイタンスが存在し、そのまま打ち継ぐと、止水に影響が出てしまうため、十分に固まっていない状態のときに圧力水などにより除去（グリーンカット）を行う。
- その後に、モルタルを 1.5 cm 程度敷き均す。

3. コンクリートの施工

コンクリート打設と敷均し、締固め

- 柱状工法と面状工法で、それぞれ打設方法に特徴がある。

柱状工法

隣接する区画を収縮継目で区切り、分割されたブロックごとにコンクリートを打ち込む工法。

• ブロック方式

横継目と縦継目を設け、打ち込む。

• レヤー方式

縦継目を設けず、横継目のみで打ち込む。

面状工法

低リフトを大区画で、一度に大量のコンクリートを打設する工法。

• RCD 工法

運搬、敷均し、締固めなどの工程を効率化。

貧配合の硬練りコンクリートを使用。

• 拡張レヤー方式

運搬、敷均し、締固めなどの工程を効率化。

有スランプの軟らかいコンクリートを使用。

リフト高の特徴

工　法	リフト高
柱状工法	一般に 1.5 ～ 2.0 m 岩着部などのハーフリフトで 0.75 ～ 1.0 m
RCD 工法	0.75 または 1.0 m（0.5 ～ 0.75 m）
拡張レヤー工法	0.75 または 1.5 m

敷均し・締固めの特徴

工　法	施工方法の特徴
柱状工法	・コンクリート運搬用バケットなどで放出 ・内部振動機で締固め ・締固め後の 1 層厚さ 50 cm 程度
RCD 工法	・ダンプトラック、インクラインなどで運搬 ・ブルドーザで薄層敷均し ・薄層敷均しでは、1 リフトを 3 ～ 4 層に分ける ・振動ローラで締固め
拡張レヤー工法	・インクラインなどで直送 ・ホイールローダなどで敷均し、内部振動機で締固め ・締固め後の 1 層厚さ 0.75 m 程度

養生

• 柱状工法では、湛水養生（コンクリートの上に水を張る）が標準的。

• 面状工法では、コンクリート打設後もダンプトラックなどが走行するため、スプリンクラーやホースでの散水養生が標準。

演習問題でレベルアップ

〈〈〈問題 1〉〉〉 下記に示す（イ）～（ホ）の作業内容について、一般的なRCD工法（巡航RCD工法を除く）の施工手順として、**適当なもの**は次のうちどれか。

（イ） RCD用コンクリート打込み

（ロ） 外部コンクリート打込み

（ハ） 内部振動機で締固め

（ニ） 内部振動機で境界部を締固め

（ホ） 敷き均して振動ローラで締固め

⑴ （イ）→（ハ）→（ホ）→（ロ）→（ニ）

⑵ （イ）→（ハ）→（ロ）→（ニ）→（ホ）

⑶ （ロ）→（ハ）→（イ）→（ホ）→（ニ）

⑷ （ロ）→（ハ）→（イ）→（ニ）→（ホ）

解説 一般的なRCD工法の施工手順は、ダンプトラックなどで運搬されたRCD用コンクリートをブルドーザにより敷き均し、振動目地切機で横継目を設け、振動ローラにより締固めを行うものである。また、ダム堤体の各部において、ダムコンクリートに求められる条件が異なることから、外部コンクリートと内部コンクリートに大きく分けて施工する。

- まず外部コンクリートを打ち込み（ロ）、内部振動機で締め固める（ハ）。
- RCD用コンクリートを外部コンクリートとの境界部にていねいに敷き均し（イ）、振動ローラで締め固める（ホ）。
- 境界部を内部振動機により、外部コンクリート側から境界部に沿って締め固める（ニ）。

以上から適当な施工手順は次のとおりとなる。

（ロ） 外部コンクリート打込み

（ハ） 内部振動機で締固め

（イ） RCD用コンクリート打込み

（ホ） 敷き均して振動ローラで締固め

（ニ） 内部振動機で境界部を締固め

したがって、⑶の組合せが正しい。 【解答（3）】

《《《問題２》》》ダムにおけるRCD用コンクリートの打込みに関する次の記述のうち、**適当でないもの**はどれか。

⑴ RCD用コンクリートは、ブルドーザにより薄層に敷き均されるが、1層当たりの敷均し厚さは、振動ローラで締め固めた後に25 cm程度となるように27 cm程度にしている例が多い。

⑵ 練混ぜから締固めまでの許容時間は、ダムコンクリートの材料や配合、気温や湿度などによって異なるが、夏季では3時間程度、冬季では4時間程度を標準とする。

⑶ 横継目は、貯水池からの漏水経路となるため、横継目の上流端付近には主副2枚の止水版を設置しなければならない。

⑷ RCD用コンクリート敷均し後、振動目地切機により横継目を設置するが、その間隔はダム軸方向で30 mを標準とする。

解説 (1) RCD用コンクリートは、ダンプトラックなどにより運搬されてきた硬練りコンクリートを、ブルドーザによって薄層（**0.75 mリフトの場合は3層、1 mリフトの場合は4層**）で敷き均す。締固めには一般的に振動ローラを用い、**締固め後に25 cm程度**にするために、1層当たりの敷均し厚さは**27 cm程度**にしているケースが多い。よって、この記述は適当である。

(2) RCD用コンクリートは、超硬練りである。このため、練り混ぜてから締め固めるまでの時間が長くなると、十分な締固めを行うことが困難となるため、できるだけ速やかに行わなければならない。練混ぜから締固めまでの許容時間は、ダムコンクリートの材料や配合、気温や湿度などによって異なるが、**夏季では3時間程度、冬季では4時間程度**を標準とする。よって、この記述は適当である。

(3) 適当な記述である。

(4) RCD用コンクリートでは、敷均し後に振動目地切機を用いて横継目を設置する。この際、**ダム軸方向の間隔を15 m**とし、有害な温度ひび割れの発生を防止することができる。したがって、この記述は適当ではない。　【解答（4）】

《《《問題３》》》重力式コンクリートダムで各部位のダムコンクリートの配合区分と必要な品質に関する次の記述のうち、**適当なもの**はどれか。

⑴ 構造用コンクリートは、水圧などの作用を自重で支える機能を持ち、所要の単位容積質量と強度が要求され、大量施工を考慮して、発熱量が小さく、

施工性に優れていることが必要である。
⑵ 内部コンクリートは、所要の水密性、すりへり作用に対する抵抗性や凍結融解作用に対する抵抗性が要求される。
⑶ 着岩コンクリートは、岩盤との付着性および不陸のある岩盤に対しても容易に打ち込めて一体性を確保できることが要求される。
⑷ 外部コンクリートは、鉄筋や埋設構造物との付着性、鉄筋や型枠などの狭あい部への施工性に優れていることが必要である。

解説 (1) 構造用コンクリートは、鉄筋や埋設構造物との付着性、鉄筋や型枠などの狭あい部への施工性に優れていることが必要である。(4) の説明文と組み合わせると良い。よって、この記述は誤り。

(2) 内部コンクリートは、水圧などの作用を自重で支える機能を持ち、所要の単位容積質量と強度が要求され、大量施工を考慮して、発熱量が小さく、施工性に優れていることが必要である。(1) の説明文と組み合わせると良い。よって、この記述は誤り。

(3) 正しい記述である。

(4) 外部コンクリートは、所要の水密性、すりへり作用に対する抵抗性や凍結融解作用に対する抵抗性が求められる。(2) の説明文と組み合わせるとよい。よって、この記述は誤り。 【解答 (3)】

重力式コンクリートダムにおけるダムコンクリートの配合区分

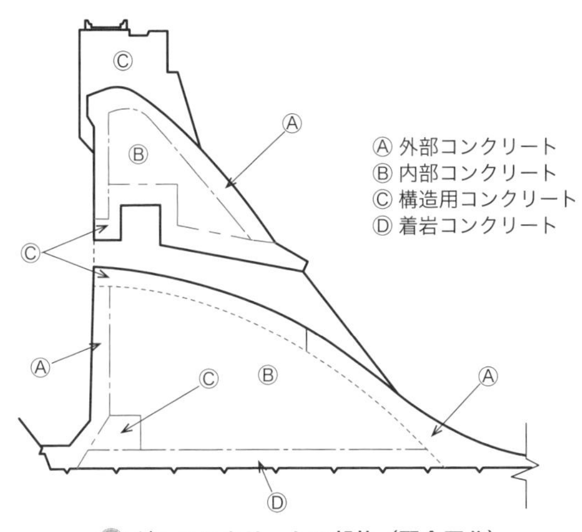

ダムコンクリートの部位（配合区分）

ダムコンクリートの部位（配合区分）と機能

部位（配合区分）	機能と特徴
内部コンクリート	水圧などの荷重を支える機能。所要の強度および弾性係数のほか、ある程度の耐久性、止水性、均質な性状で大量施工を考慮した打込み性に優れていることが必要。重力式ダムの場合は、単位容積重量の大きいほうが良い
外部コンクリート	基本的には内部コンクリートと同じ機能を持つ。止水性、耐久性（耐凍結融解性）は特に重要。型枠や埋設物があっても打込み性に優れ、外観が美しく仕上がるほうが良い
構造用コンクリート	鉄筋や埋設構造物との付着性が良く、高い応力に対応した強度と変形性が求められる。また、鉄筋、型枠などがあっても打込み性に優れていると良い
着岩コンクリート	基本的には内部コンクリートと同じ機能を持つ。岩盤の不陸があっても打込み性に優れていることが重要

《《《問題4》》》コンクリートダムの施工に関する次の記述のうち、**適当でないもの**はどれか。

(1) RCD 工法は、超硬練りコンクリートをダンプトラック、ブルドーザ、振動目地切り機、振動ローラなどの機械を使用して打設する工法である。

(2) PCD 工法は、ダムコンクリートをポンプ圧送し、ディストリビュータによって打設する工法である。

(3) SP-TOM は、管内部に数枚の硬質ゴムの羽根をらせん状に取り付け、管を回転させながら、連続的にコンクリートを運搬する工法である。

(4) ELCM は、有スランプのダムコンクリートを、ダム軸方向の複数のブロックに一度に打設し、振動ローラを用いて締め固める工法である。

解説 (1)「Roller Compacted Dam-concrete Method」のこと。記述のとおり正しい。

(2)「Pumped Concrete for Dams Method」、ダムコンクリートポンプ圧送工法のこと。コンクリートに使用する骨材の最大寸法を 60～80 mm に抑え、ダムコンクリートをポンプで圧送し、ディストリビュータ（配管兼用ブームを備えたクローラ機械など）で打設する工法。

(3)「Spiral Pipe Transportation Method」のこと。記述のとおりで正しい。

(4)「Extended Layer Construction Method」、拡張レヤー工法とも呼ばれる。面状工法の一つであり、ある程度は継目を設けずに一度にコンクリートを流し込む特徴がある。有スランプの貧配合コンクリートを用い複数のブロックを同時に打設して、内部振動機（バイバックや棒状バイブレータなど）を用いて締め固める工法である。よって、この記述は適当ではない。　**【解答 (4)】**

5-4 ゾーン型フィルダムの施工

基礎ポイント講義

1. ゾーン型フィルダムの構造

ゾーン型フィルダムは、中心部から、コア（遮水性材料）、フィルタ（半透水性材料）、ロック（透水性材料）の三つのゾーンで構成される。

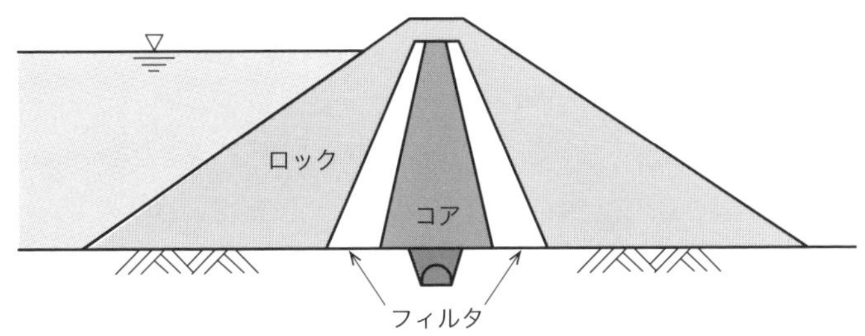

ゾーン型フィルダムの構造

ゾーン型フィルダムの使用材料と役割

コア	遮水性材料	堤体内の浸透流を防止する役割 材料の主な条件：遮水性があり、膨張性や収縮性はないことなど 自由な排水機能を有する
フィルタ	半透水性材料	遮水材料の流出防止 材料の主な条件：締固めが容易で変形性が小さいこと 排水を有する
ロック	透水性材料	ダムの安全性確保 材料の主な条件：堅硬で水や気象条件に耐久性があること 飽和状態で軟泥化しないこと

2. 盛立工

盛立工とは、フィルダムの構成部分であるロック、フィルタ、コア盛立および堤体のり面保護の諸工種をいう。

演習問題でレベルアップ

〈〈〈問題1〉〉〉フィルダムの施工に関する次の記述のうち、**適当でないもの**はどれか。

(1) 遮水ゾーンの盛立面に遮水材料をダンプトラックで撒き出すときは、できるだけフィルタゾーンを走行させるとともに、遮水ゾーンは最小限の距離しか走行させないようにする。

(2) フィルダムの基礎掘削は、遮水ゾーンと透水ゾーンおよび半透水ゾーンとでは要求される条件が異なり、遮水ゾーンの基礎の掘削は所要のせん断強度が得られるまで掘削する。

(3) フィルダムの遮水性材料の転圧用機械は、従来はタンピングローラを採用することが多かったが、近年は振動ローラを採用することが多い。

(4) 遮水ゾーンを盛り立てる際のブルドーザによる敷均しは、できるだけダム軸方向に行うとともに、均等な厚さに仕上げる。

解説 (1) 適当な記述である。また、ダンプトラックの走行では、同一箇所だけを重複して走行することや急旋回することなどは避けなければならない。ダンプトラックの走行によって過度に締め固まってしまった箇所は、レーキドーザなどでのかき起こしを行う。

(2) フィルダムの基礎掘削は、遮水ゾーン、透水ゾーンおよび半透水ゾーンとでは要求される条件が異なる。透水ゾーンや半透水ゾーンの基礎の掘削は所要のせん断強度が得られるまで掘削する。なお、遮水ゾーンの基礎の掘削では、止水性と変形性が重視される。したがって、この記述は適当ではない。

(3)、(4) の記述は正しいので覚えておこう。　　　　【解答 (2)】

《《《問題２》》》ロックフィルダムの遮水ゾーンの盛立てに関する次の記述のうち、**適当でないもの**はどれか。

⑴ 基礎部においてヘアクラックなどを通して浸出してくる程度の湧水がある場合は、湧水箇所の周囲を先に盛り立てて排水を実施し、その後一挙にコンタクトクレイで盛り立てる。

⑵ ブルドーザによる敷均しは、できるだけダム軸に対して直角方向に行うとともに均等な厚さに仕上げる。

⑶ 盛立面に遮水材料をダンプトラックで撒きだすときは、遮水ゾーンは最小限の距離しか走行させないものとし、できるだけフィルタゾーンを走行させる。

⑷ 着岩部の施工では、一般的に遮水材料よりも粒径の小さい着岩材を人力あるいは小型締固め機械を用いて施工する。

解説 (1) 基礎部においてヘアクラックなどを通して浸出してくる程度の湧水がある場合は、湧水箇所の周辺を先に遮水材料で盛り立てて囲み、底にたまった水を排水してから、その後一挙にコンタクトクレイで盛り立てる。よって、この記述は適当である。

コンタクトクレイ

フィルダムの遮水ゾーンの盛立て材料として、岩盤やコンクリート表面との接触部に用いられる密着性をより高めるために貼り付ける細粒の土質材料。

(2) ブルドーザによる敷均しは、できるだけダム軸に対して平行方向に行うとともに均等な厚さに仕上げる。ダム軸に対して平行にすることで、水みちにならないようにするためである。したがって、この記述は適当ではない。

(3) 適当な記述である。

(4) 着岩部の施工では、一般的に遮水材料よりも粒径の小さい着岩材を人力、あるいは小型締固め機械を用いて施工する。着岩部に粒径の大きな礫などを用いたとすると、礫の周りで水みちとなるような空隙ができやすいことや、締固めの不十分な箇所が生じてしまうことなどが考えられる。よって、この記述は適当である。

【解答 (2)】

6章 トンネル

6-1 掘削工法・掘削方法

出題傾向と学習のススメ

トンネルの分野からは、主に山岳トンネルにおける掘削工法、支保工や覆工、補助工法に関して2問程度が出題されている。いずれも基礎的で重要な問題であるので、演習問題を通じてしっかり学習しておこう。

基礎ポイント講義

1. 山岳トンネルにおける掘削工法

山岳トンネルの掘削では、全断面工法、ベンチカット工法、中壁分割工法、導坑先進工法といった種類がある。

主な掘削工法

工法	図	特徴
全断面工法	①	・全断面を掘削する。 ・機械化による省力化急速施工に有利。 ・地山の地質が安定している場所や、小断面のトンネルで用いる。
ベンチカット工法	① ②	・上部半面と下部半面の2段に分割して掘削するのが一般的だが、多段式もある。 ・全断面掘削では安定しない場合に用いる。
中壁分割工法	① ②	・左右の片半断面を掘削、残りを遅れて掘削する。左右を掘ると中壁ができる。 ・断面を分割することによって切羽の安定が確保しやすい。大断面の掘削に用いられる。
導坑先進工法	② ① ① ③	・小断面のトンネルを先行して作る。地質や湧水を確認でき、排水も可能。 ・掘削地盤が悪い場合や土かぶりの小さい場合などで用いられる。

2. 掘削方法

トンネルの掘削は、発破掘削、機械掘削、発破と機械の併用方式、人力掘削などがある。

機械掘削では、ブーム掘削機などによる自由断面掘削方式と、トンネルボーリングマシン（全断面掘削機 TBM）による全断面掘削方式がある。一般的には、軟岩や土砂地盤では自由断面掘削方式、中硬岩、硬岩などでは全断面掘削方式が用いられる。このほか、バックホウや大型ブレーカ、削岩機なども使用される場合もあり、地質やトンネル形状、施工能率、安全面などを総合的に判断して決められる。

破砕した岩（ずり）は、ホイールローダなどによるずり積みの後、タイヤ方式、レール方式などによるずり運搬により、坑外に搬出され、ずり捨てされる。このような一連のずり処理は、トンネルの掘削速度にも影響するので、効率良くする必要がある。

演習問題でレベルアップ

《《《問題1》》》トンネルの山岳工法における掘削工法に関する次の記述のうち、**適当でないもの**はどれか。

(1) 導坑先進工法は、導坑をトンネル断面内に設ける場合は、前方の地質確認や水抜きなどの効果があり、導坑設置位置によって、頂設導坑、中央導坑、底設導坑などがある。

(2) ベンチカット工法は、一般に上部半断面と下部半断面に分割して掘進する工法であり、地山の良否に応じてベンチ長を決定する。

(3) 補助ベンチ付き全断面工法は、ベンチを付けることにより切羽の安定を図る工法であり、地山の大きな変位や地表面沈下を抑制するために、一次インバートを早期に施工する場合もある。

(4) 全断面工法は、地質が安定しない地山などで採用され、施工途中での地山条件の変化に対する順応性が高い。

解説 (4) 全断面工法は、地質が安定した地山で採用され、施工途中での地山条件の変化に対する順応性が低い。したがって、この記述が適当ではない。

このほかは正しい記述である。　【解答 (4)】

《《《問題２》》》トンネルの山岳工法における掘削の施工に関する次の記述のうち、**適当でないもの**はどれか。

⑴ 全断面工法は、小断面のトンネルや地質が安定した地山で採用され、施工途中での地山条件の変化に対する順応性が高い。

⑵ 補助ベンチ付き全断面工法は、全断面工法では施工が困難となる地山において、ベンチを付けて切羽の安定をはかり、上半、下半の同時施工により掘削効率の向上をはかるものである。

⑶ 側壁導坑先進工法は、側壁脚部の地盤支持力が不足する場合や、土かぶりが小さい土砂地山で地表面沈下を抑制する必要のある場合などに適用される。

⑷ ベンチカット工法は、全断面では切羽が安定しない場合に有効であり、地山の良否に応じてベンチ長を決定する。

解説（1）全断面工法は、小断面のトンネルや地質が安定した地山で採用される。しかし、施工途中での地山条件の変化に対する順応性は低い。施工途中で他の工法に変更することになった場合は、作業効率が低下する。したがって、この記述が適当ではない。

ほかは正しい記述であるので覚えておこう。

（4）ベンチカット工法は、全断面では切羽が安定しない場合に有効であり、地山の良否に応じてベンチ長を決める。一般に、上半部と下半部に２分割して、上半部を先行して掘削し、下半部を追従して掘削していく。　　　　**【解答（1）】**

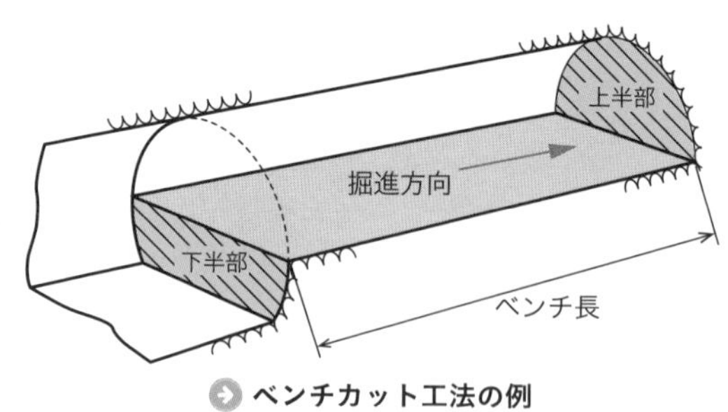

ベンチカット工法の例

6-2 支 保 工

基礎ポイント講義

1. 堤防の機能

トンネル掘削とともに、周辺地山の安定を図る目的で、支保工が設けられる。支保工の部材としては、吹付けコンクリート、ロックボルト、鋼製（鋼アーチ）支保工などがある。いずれも、掘削後に速やかに地山と支保工を一体化させる必要がある。

なお、地山自体の保持力（支保機能）を利用した**NATM工法**も多く用いられている。この工法は、掘削部分にコンクリートを吹き付けて迅速に硬化させてから、ロックボルトを打ち込んで岩盤とコンクリートを固定する工法である。

主な支保工の部材

吹付けコンクリート

- 局部的な岩塊の脱落を防ぎ、緩みが進行しないようにする。

ロックボルト

- 岩盤を穿孔してボルトを挿入、ナットで締めて定着させる。

鋼製支保工

- H鋼などを一定の間隔で建て込むことで、切羽の早期安定、吹付けコンクリートを強化する。

NATM工法

地山条件が良い場合

吹付コンクリート ⇒ ロックボルト

地山条件が悪い場合

一次吹付けコンクリート ⇒ 鋼製支保工 ⇒ 二次吹付けコンクリート ⇒ ロックボルト

ひとことアドバイス

支保工についての具体的な知識を問う出題がときおり見られる。基礎ポイント講義では、基本となる用語や構造の理解であったが、さらに実際の出題例をもとにしながら、解答に必要な知識を習得しよう。

演習問題でレベルアップ

《《《問題1》》》トンネルの山岳工法における支保工に関する次の記述のうち、**適当でないもの**はどれか。

(1) 支保工の施工は、周辺地山の有する支保機能が早期に発揮されるように掘削後速やかに行い、支保工と地山とを密着あるいは一体化させ、地山を安定させなければならない。

(2) 吹付けコンクリートの施工は、吹付けノズルを吹付け面に直角に保ち、ノズルと吹付け面の距離および衝突速度を適正となるように行わなければならない。

(3) 鋼製支保工は、一般的に地山条件が良好な場合に用いられ、吹付けコンクリートと一体化させなければならない。

(4) ロックボルトは、ロックボルトの性能を十分に発揮させるために、定着後、プレートが掘削面や吹付け面に密着するように、ナットなどで固定しなければならない。

解説 (1)、(2) は正しい記述である。なお、吹付けコンクリートの施工では、ノズルから吐き出される材料が適切な速度で掘削面に対して直角に吹き付けられた場合が最も圧縮され、付着性も良くなる。

(3) 鋼製支保工は、一般的に地山条件が悪い場合に用いられる。また、支保効果を十分なものにするためには、鋼製支保工と吹付けコンクリートを一体化させなければならない。

したがって、この記述が適当ではない。

(4) は正しい記述である。ロックボルトは、トンネルの壁面から地山内部に穿孔された孔内にモルタルを充填し、鋼材を挿入して岩盤に定着させ、地山の安定性を高める部材である。ロックボルトを十分に機能させるためには、定着後、ベアリングプレートが掘削面や吹付けコンクリート面に密着するようにナットなどで固定しなければならない。

【解答 (3)】

〈〈〈問題2〉〉〉 トンネルの山岳工法における支保工の施工に関する次の記述のうち、**適当でないもの**はどれか。

(1) 吹付けコンクリートは、覆工コンクリートのひび割れを防止するために、吹付け面にできるだけ凹凸を残すように仕上げなければならない。

(2) 支保工の施工は、周辺地山の有する支保機能が早期に発揮されるよう掘削後速やかに行い、支保工と地山をできるだけ密着あるいは一体化させることが必要である。

(3) 鋼製支保工は、覆工の所要の巻厚を確保するために、建込み時の誤差などに対する余裕を考慮して大きく製作し、上げ越しや広げ越しをしておく必要がある。

(4) ロックボルトは、ロックボルトの性能を十分に発揮させるために、定着後、プレートが掘削面や吹付け面に密着するように、ナットなどで固定しなければならない。

解説 (1) 吹付けコンクリートは、トンネル掘削壁面に発生する応力が円滑に伝達されるように、地山の凹凸を埋めるように仕上げなければならない。なお、吹付け面はできるだけ平滑に仕上げ、コンクリートのひび割れや防水シートの破損を防止する必要がある。したがって、この記述が適当ではない。

(2) ~ (4) は正しい記述である。 【解答 (1)】

6-3 覆　工

基礎ポイント講義

トンネルの仕上げは、半円筒形の型枠（セントル）を使って、永久構造物となる覆工コンクリートを打設する工程である。覆工は、永久構造物となるので、土圧などの荷重に耐えるほか、強度低下の少ない耐久性が求められる。

覆工は、アーチ部、側壁部、インバート部で構成されている。覆工コンクリートは、一般的には無筋構造である。ただ、坑口や膨潤性地山などの大きな荷重や偏圧を受ける場所では、鉄筋コンクリート構造にすることもある。

地山の状態が良い場合では、インバートを設けず、アーチと側壁を組み合わせて構築する場合もある。

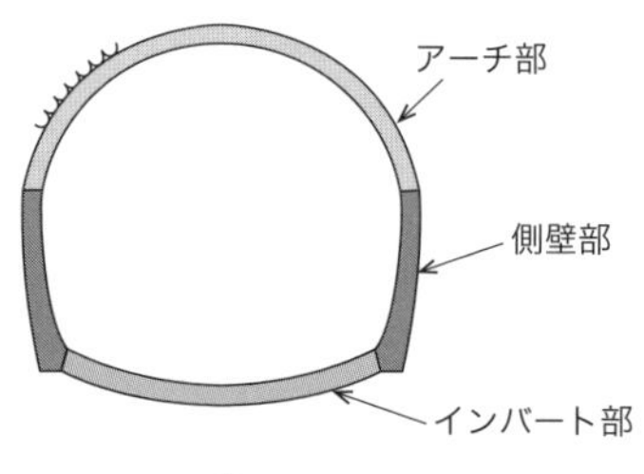

覆工の構造

演習問題でレベルアップ

〈〈〈問題１〉〉〉トンネルの山岳工法における覆工コンクリートの施工に関する次の記述のうち、**適当でないもの**はどれか。

⑴ 覆工コンクリートの施工は、原則として、トンネル掘削後に地山の内空変位が収束したことを確認した後に行う。

⑵ 覆工コンクリートの打込みは、つま型枠を完全に密閉して、ブリーディング水や空気が漏れないようにして行う。

⑶ 覆工コンクリートの締固めは、コンクリートのワーカビリティが低下しないうちに、上層と下層が一体となるように行う。

⑷ 覆工コンクリートの型枠の取外しは、打ち込んだコンクリートが自重などに耐えられる強度に達した後に行う。

解説 (1) 覆工コンクリートの施工は、原則として地山変位の収束を待って施工する。ただし、変位が長期にわたる場合には、計測結果などを考慮して判断されており、一般に、内空変位の変位速度が1～3 mm/月程度以下の値が2週間程度継続することで地山変位が収束したと判断し、覆工の施工を行っていることが多い。よって、この記述は適当である。ただし、膨張性地山など、大きな変位が予測される地山では、支保工建込み後、直ちに覆工を打設することにより変形を押さえる場合もある。

(2) 覆工コンクリートは、隅々まで行き渡り、空隙が残らないようにしなければならない。特に天端部の打込みでは、つま型枠の開口部などからブリーディング水や空気を排除しながら、既施工された覆工コンクリート側から連続して打ち込む。また、空隙が発生しそうな部分には、空気抜きなどの対策を講じておく。よって、この記述は適当ではない。

(3)、(4) は正しい記述である。 【解答 (2)】

《《《問題2》》》山岳トンネルの覆工コンクリートの施工に関する次の記述のうち、**適当でないもの**はどれか。

(1) 覆工コンクリートの打込み時期は、掘削後、支保工により地山の内空変位が収束した後に施工することを原則とする。

(2) 覆工コンクリートの打込みは、型枠に偏圧が作用しないように、左右に分割し、片側の打込みがすべて完了した後に、反対側を打ち込む必要がある。

(3) 覆工コンクリートの背面は、掘削面や吹付け面の拘束によるひび割れを防止するために、シート類を貼り付けて縁切りを行う必要がある。

(4) 覆工コンクリートの型枠の取外しは、打ち込んだコンクリートが自重などに耐えられる強度に達した後に行う必要がある。

解説 (2) 覆工コンクリートの打込みは、型枠に偏圧が作用しないように、左右均等に、できるだけ水平に打ち込む必要がある。よって、この記述は適当ではない。

このほかは正しい記述である。 【解答 (2)】

6-4 補助工法

基礎ポイント講義

1. その他の堤防の機能

切羽の安定、施工の安全性、周辺環境の保全といった目的のため、ロックボルト、吹付けコンクリート、鋼アーチ支保工などといった通常の支保パターンでは対処できない場合や得策ではない場合に、主に地山条件の改善を図る目的で補助工法が適用される。

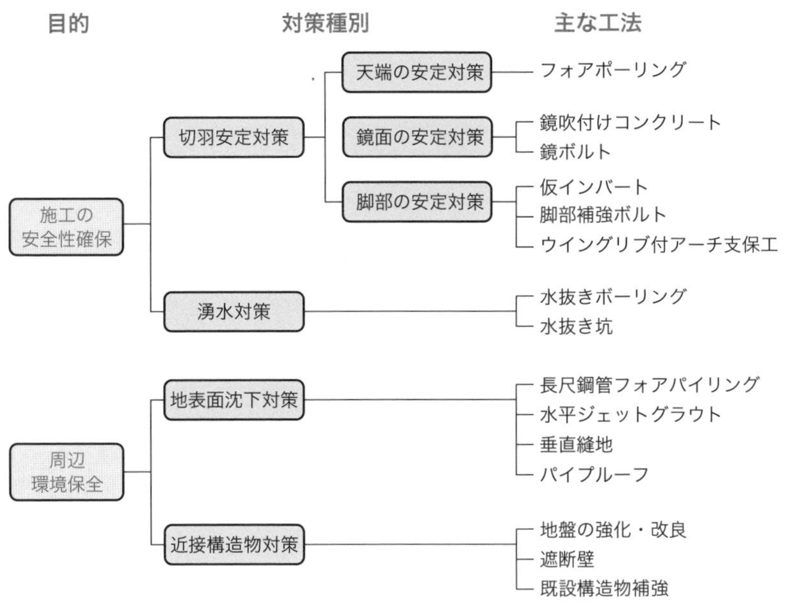

《《《問題1》》》トンネルの山岳工法における切羽安定対策に関する次の記述のうち、**適当でないもの**はどれか。

(1) 天端部の安定対策は、天端の崩落防止対策として実施するもので、充填式フォアポーリング、注入式フォアポーリング、サイドパイルなどがある。

(2) 鏡面の安定対策は、鏡面の崩壊防止対策として実施するもので、鏡吹付けコンクリート、鏡ボルト、注入工法などがある。

(3) 脚部の安定対策は、脚部の沈下防止対策として実施するもので、仮インバート、レッグパイル、ウィングリブ付き鋼製支保工などがある。

(4) 地下水対策は、湧水による切羽の不安定化防止対策として実施するもので、水抜きボーリング、水抜き坑、ウェルポイントなどがある。

解説 (1) 天端部の安定対策は、天端の崩落防止対策として実施するもので、充填式フォアポーリング、注入式フォアポーリングなどがある。サイドパイルは、トンネル側壁の変位を抑制する変形対策や、地盤支持力の確保を目的として用いられる補助工法である。したがって、この記述が適当ではない。

ほかは正しい記述である。 【解答 (1)】

2時限目 専門土木

フォアポーリング

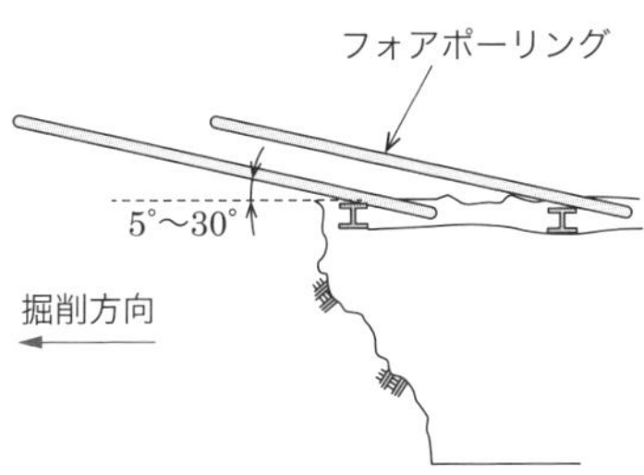

切羽面から上半アーチ外周に5 m 以下の長さのロックボルト、鉄筋、パイプなどを低角度で打設し、セメントミルクやモルタルなどを充填することにより、前方地山の変形に対する拘束力を高める工法

充填式フォアポーリングの例

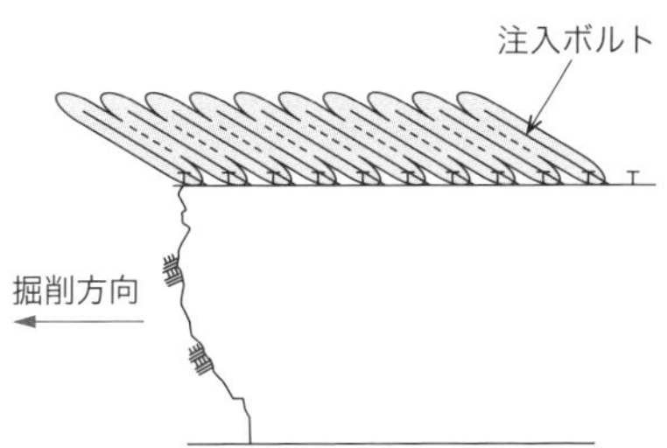

切羽面から斜め前方地山に5 m 以下の長さのロックボルト、パイプなどを打設し、セメントミルク、ウレタン、シリカレジンなどの薬液を圧力注入することにより、前方地山の変形に対する拘束力と天端安定を高める工法

注入式フォアポーリングの例

《《《問題２》》》トンネルの山岳工法における補助工法に関する次の記述のうち、**適当でないもの**はどれか。

⑴ 切羽安定対策のための補助工法は、断層破砕帯、崖錐などの不良地山で用いられ、天端部の安定対策としてフォアポーリングや長尺フォアパイリングがある。

⑵ 地下水対策のための補助工法は、地下水が多い場合に、穿孔した孔を利用して水を抜き、水圧、地下水位を下げる方法として、止水注入工法がある。

⑶ 地表面沈下対策のための補助工法は、地表面の沈下に伴う構造物への影響抑制のために用いられ、鋼管の剛性によりトンネル周辺地山を補強するパイプルーフ工法がある。

⑷ 近接構造物対策のための補助工法は、既設構造物とトンネル間を遮断し、変位の伝搬や地下水の低下を抑える遮断壁工法がある。

解説 (1) 正しい記述である。

(2) 地下水対策のための補助工法は、地下水が多い場合に、穿孔した孔を利用して水を抜き、水圧、地下水位を下げる方法として**排水工法**がある。排水工法には、水抜きボーリングや水抜き杭のほかウェルポイントやディープウェルなどがある。さらに、止水注入工法などの**止水工法**も地下水対策のための補助工法となっている。この工法は、切羽前方や地山中にセメントミルクなどの非薬液系材料や水ガラスなどの薬液を注入して、地山のき裂や空壁の水みちを閉塞することで、地山の止水を行うものである。したがって、この記述が適当ではない。

(3)、(4) は正しい記述である。 **【解答 (2)】**

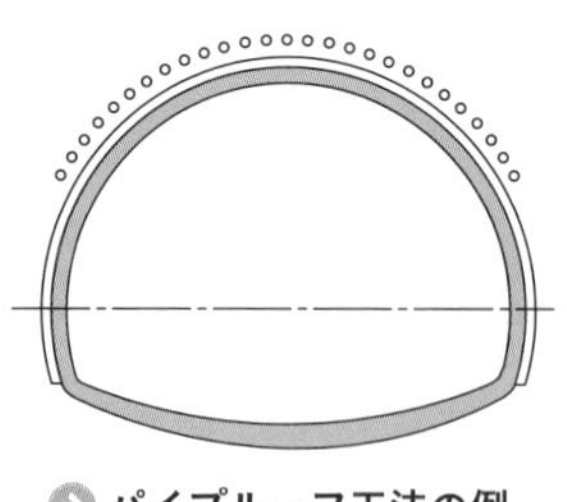

パイプルーフ工法の例

7章 海岸・港湾

7-1 海岸堤防

出題傾向と学習のススメ

海岸・港湾の分野からは、海岸堤防、浸食対策について、2問程度が出題されている。また、防波堤や浚渫に関する出題も2問程度見られる。いずれも基礎的で重要な問題であるので、演習問題を通じてしっかり学習しておこう。

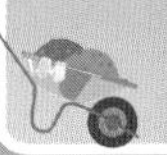

1. 海岸堤防の形式と構造

海岸における堤防には、直立型、傾斜型・緩傾斜型、混成型といった構造形式がある。

海岸堤防の主な形式と特徴

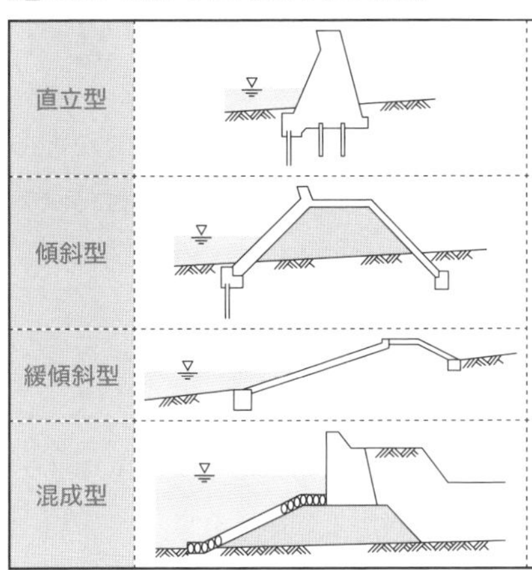

形式	特徴
直立型	・前面で波力を受けるため、波の反射が大きい ・海岸の地盤が硬く、洗掘のおそれのない場所や地盤改良して用いられる
傾斜型	・台形断面型に、多少の粘土を含む砂質、砂礫質を用いた堤体とする ・コンクリート被覆で表のりを被覆する
緩傾斜型	
混成型	・捨石基礎の上に、直立型を配置した構造 ・改訂の地盤が軟弱であったり、水深が深い場所でも適用でき、経済的 ・規模が大きい場合は、ケーソン式混成堤が用いられる

堤防形式と護岸

堤防形式	のり勾配	護岸構造
直立型	1：1.0より急	石積み敷、重力式、扶壁式など
傾斜型	1：1.0〜1：3.0	石張り式、コンクリートブロック張り式、コンクリート被覆式など
緩傾斜型	1：3.0より緩	コンクリートブロック張り式
混成型	傾斜堤と直立堤の複合的な構造 上部1：1.0より急、下部1：1.0より緩、など	上記の組合せ

傾斜型海岸堤防の構造

- 傾斜型海岸堤防は、堤体工、基礎工、根固め工、表のり被覆工、波返し工、天端被覆工、裏のり被覆工で構成されている。

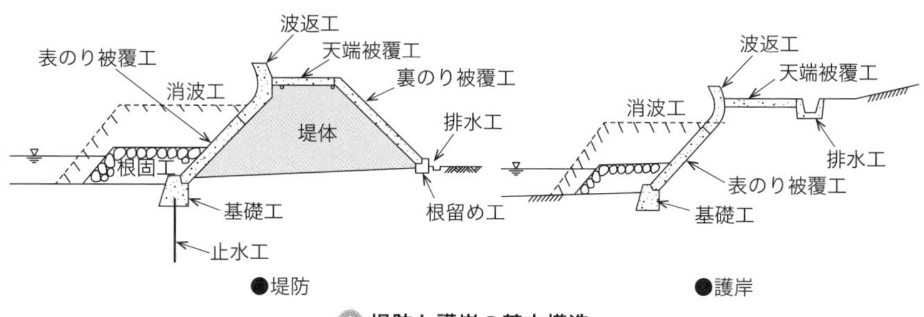

堤防と護岸の基本構造

2. 消波工

消波工は、波の勢いを弱めて、越波を減少させ、堤防・護岸を保護するなどの目的で設置されたコンクリートブロックで構成される構造物である。波打ち際や堤防・護岸のすぐ前面に設置されるが、離岸堤、突堤などでは、海岸浸食の対策にも用いられる。

消波工には、捨石を投入する方法や、消波ブロックを据え付ける方法がある。

消波工の施工

- 消波工は、波のエネルギーを消耗させるように、表面の粗度を大きくする。
- 異形ブロックの空隙により波のエネルギーを吸収する。
- 消波工の異形ブロックの積み方には、乱積み、層積みがある。

演習問題でレベルアップ

《《《問題1》》》海岸堤防の根固め工の施工に関する次の記述のうち、**適当でないもの**はどれか。

(1) 異形ブロック根固め工は、適度のかみ合わせ効果を期待する意味から天端幅は最小限2個並び、層厚は2層以上とすることが多い。

(2) 異形ブロック根固め工は、異形ブロック間の空隙が大きいため、その下部に空隙の大きい捨石層を設けることが望ましい。

(3) 捨石根固工を汀線付近に設置する場合は、地盤を掘り込むか、天端幅を広くとることにより、海底土砂の吸出しを防止する。

(4) 捨石根固め工は、一般に表層に所要の質量の捨石を3個並び以上とし、中詰石を用いる場合は、表層よりも質量の小さいものを用いる。

解説 (1) 記述のとおりであり、正しい。

(2) 異形ブロック根固め工は、異形ブロック間の空隙が大きいため、その下部に空隙の小さい捨石層を設けて、海底をカバーすることで土砂の吸出しを防止するのが望ましい。よって、この記述は適当ではない。

(3)、(4) の記述は適当である。　　　　　　　　　　　　　　【解答 (2)】

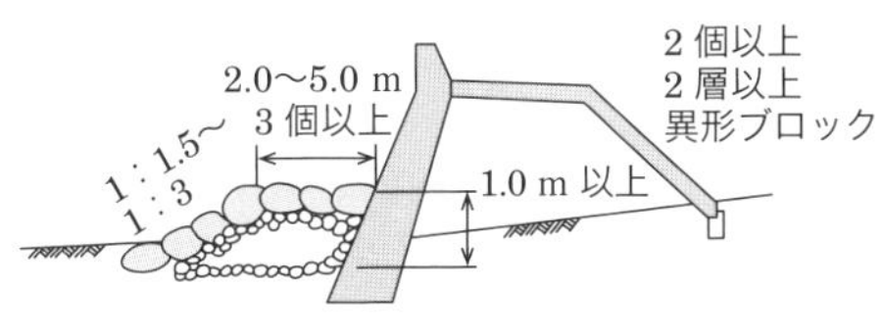

●中詰による根固め工

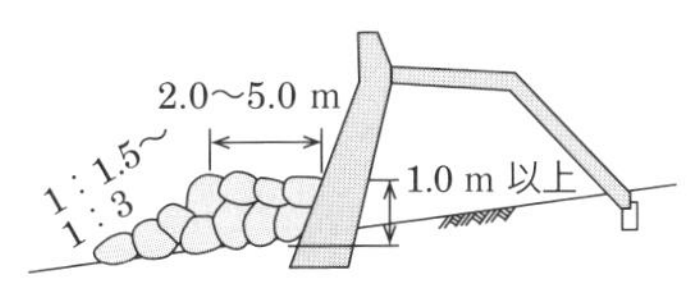

●同重量の捨石による根固め工

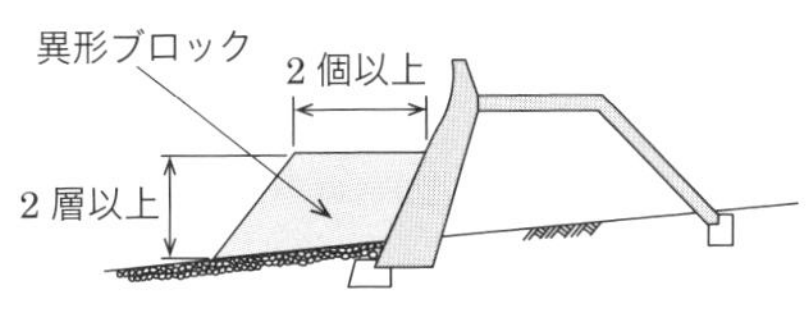

●異形ブロックによる根固め工

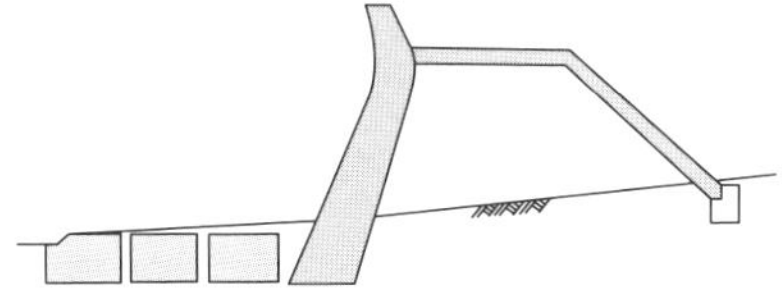

●コンクリート方塊による根固め工

根固め工の種類と特徴

2時限目 専門土木

《《《問題２》》》海岸の傾斜型護岸の施工に関する次の記述のうち、**適当でないもの**はどれか。

⑴ 傾斜型護岸は、堤脚位置が海中にある場合には汀線付近で吸出しが発生することがあるので、層厚を厚くするとともに上層から下層へ粒径を徐々に小さくして施工する。

⑵ 吸出し防止材を用いる場合には、裏込め工の下層に設置し、裏込め工下部の砕石などを省略して施工する。

⑶ 表のりに設置する裏込め工は、現地盤上に栗石・砕石層を 50 cm 以上の厚さとして、十分安全となるように施工する。

⑷ 緩傾斜護岸ののり面勾配は 1:3 より緩くし、のり尻については先端のブロックが波を反射して洗掘を助長しないように、ブロックの先端を同一勾配で地盤に根入れして施工する。

解説 (2) 吸出し防止対策として吸出防止材を用いる場合には、裏込め工の下層に設置する。ただし、吸出し防止材を用いた際に裏込め工下部の砕石などは省略することはできない。したがって、この記述は適当ではない。

なお、堤体本体が礫であって吸出しのおそれがない場合は、吸出し防止材を用いなくてもよい。

【解答 (2)】

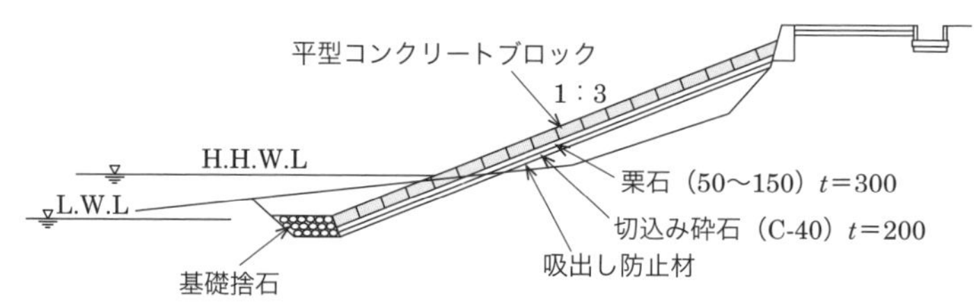

緩傾斜堤の例（コンクリートブロック張）

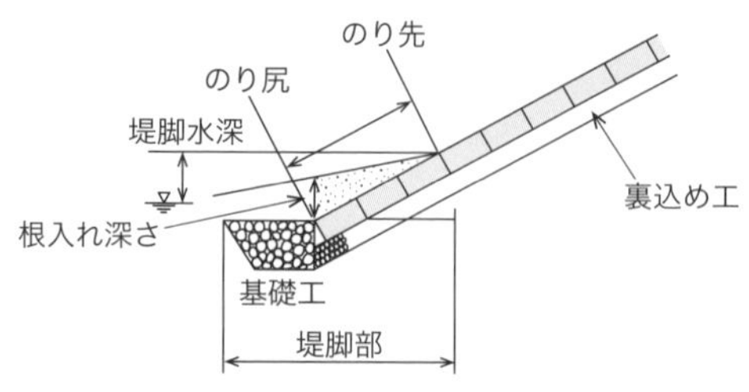

緩傾斜堤の根入れ構造

7-2 浸食対策工

基礎ポイント講義

1. 突堤

突堤は、沿岸漂砂（海岸線に平行な砂の移動）が著しい海岸において、海岸から細長く突出して設けられるもので、砂の動きを制御することにより、汀線の維持あるいは前進を目的とした構造物である。

消波工の施工

- 突堤は、透過型と不透過型に大別される。
- 透過性は、沿岸漂砂の制御効果に強く影響する。
- 不透過堤は堤体が完全に漂砂を遮断するため、下手へ通過するのは先端部を回り込む漂砂だけであることから、長さによって沿岸漂砂の制御効果を調整する。

突堤（透過型）の種類と構造

型式名	護岸構造
捨石・捨ブロック式	石やブロック（異形ブロックなど）を捨て込んだ構造。ブロックに孔をあけ、これに杭を差し込んだ串形も含む
詰杭式	コンクリート杭などを2列に打ち並べ、中詰石を詰めた構造。透過率が小さいので不透過に近い
石杭式	鉄筋コンクリートの枠を製作し、これを井げたに積み重ねて石材を充填する構造

突堤（不透過型）の種類と構造

型式名	護岸構造
石積み式・石張り式	捨石して、表面を割石で張る構造。のり勾配が1：1.0より急なタイプを石積み、緩やかなタイプを石張りという
コンクリートブロック積み式	コンクリート方塊ブロックを積み上げる構造。平らな形のブロックに穴をあけ、これに杭を差し込んだ串形も含む
場所打ちコンクリート式	陸上部分に用いられることが多い
パイル式	鋼管矢板を1列に打ち並べた構造
二重矢板式	鋼矢板を二重に打ち、砂利や土砂を中詰めにした構造

突堤の平面形

平面形状から直線型、T 型、L 型などに分類される。

現在、よく用いられるのは直線型と T 型であり、直線型が沿岸漂砂のみの制御を考えているのに対して、T 型は岸沖漂砂の制御も考慮できる。

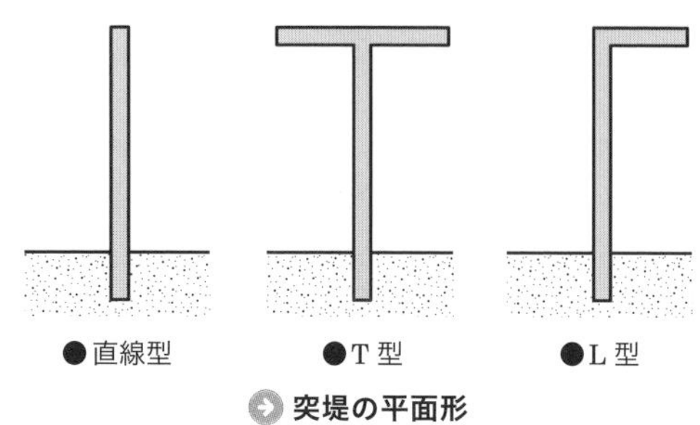

突堤の平面形

2. 離岸堤

離岸堤は、汀線から離れた沖側に汀線にほぼ平行に設置し、上部が海面上に現れている施設である。波の勢いを弱め、越波を減少させたり、離岸堤の背後に砂を貯えて、砂浜の浸食を防いだりすることを目的としている。

離岸堤の施工

- 表のり勾配は、緩斜面化、複断面化を行うと、より反射による離岸堤前面の洗掘を防ぎ、堤体の安全性を高める。
- 浸食区域の下手から着手し、上手へと工事を進める。
- 本体は異形ブロック、基礎工は捨石を基本とする。

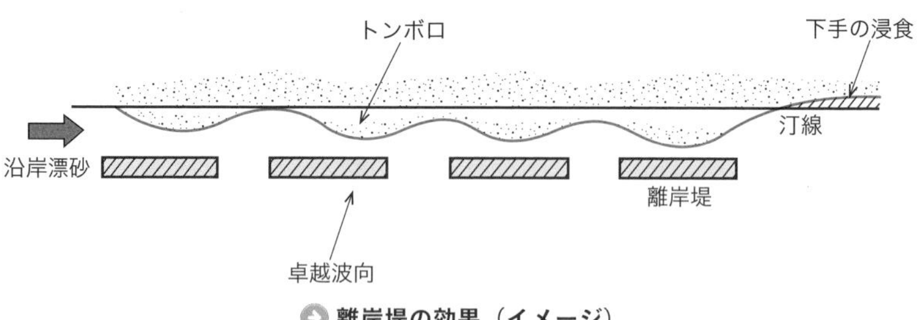

離岸堤の効果（イメージ）

3. 潜堤・人工リーフ

潜堤・人工リーフは、汀線から離れた沖側に汀線にほぼ平行に設置され、景観に配慮して堤体を水面下にとどめた施設である。上部の幅をかなり広くとること

で、離岸堤とほぼ同じ効果を有する。中でも人工リーフは、浜辺から少し離れた海の中に、海岸線と並行の形で設置する幅広型の潜堤である。

潜堤・人工リーフの施工

- 潜堤・人工リーフは、天端が平坦で中詰材が捨石などで構成され、表面を被覆材で覆った不透過型が一般的であるが、さまざまな形式がある。
- 消波効果は天端水深と天端幅により決定される。離岸距離、堤脚水深も岸沖漂砂の制御に関係する。

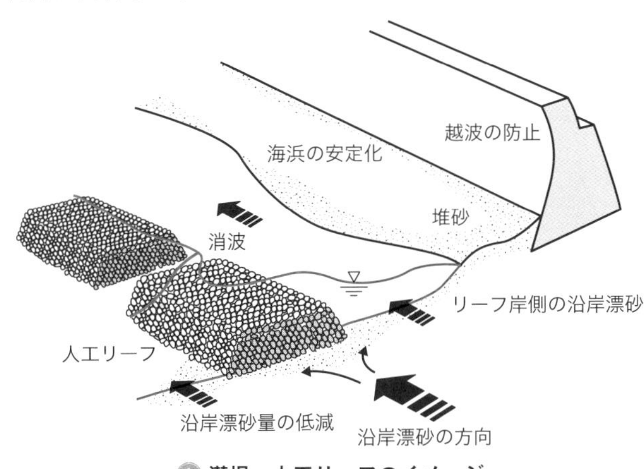

潜堤・人工リーフのイメージ

4. 養浜

養浜は、浸食された海岸に人工的に砂を供給し、砂浜を形成することを意味する。これにより造られた砂浜を人工海浜という。養浜の代表的な方法には、構造物によって下手への漂砂の供給が断たれた場合に、漂砂の上手海岸に堆積した土砂を人工的に下手海岸に供給するサンドバイパス工法がある。

養浜の施工（養浜材料）

- 海岸の安定性は、一般に粒径が粗いほうが良い。
- 消波効果は、一般に粒径が粗いほうが良い。
- 海岸の浄化機能は、泥質にならない程度に細かいほうが良い。
- 海岸勾配は、粗いほど急になる。
- 利用者の触感は、一般に泥質にならない程度に細かいほうが好まれる。

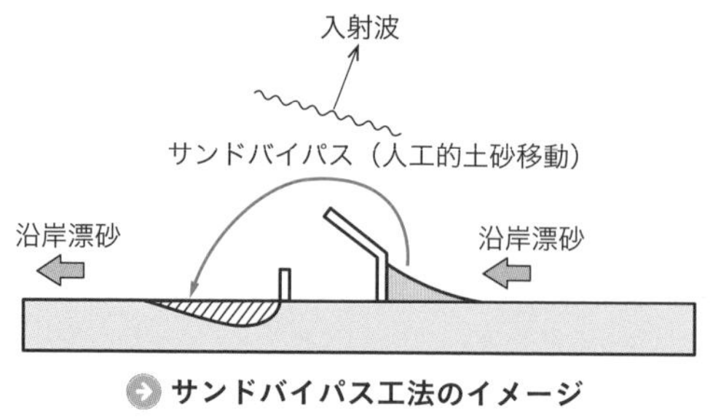

サンドバイパス工法のイメージ

演習問題でレベルアップ

〈〈〈問題１〉〉〉港湾構造物の基礎捨石の施工に関する次の記述のうち、**適当でないもの**はどれか。

⑴ 捨石に用いる石材は、台船、グラブ付運搬船（ガット船）、石運船などの運搬船で施工場所まで運び投入する。

⑵ 捨石の均しには荒均しと本均しがあり、荒均しは直接上部構造物と接する部分を整える作業であり、本均しは直接上部構造物と接しない部分を堅固な構造とする作業である。

⑶ 捨石の荒均しは、均し基準面に対し凸部と凹部の差があまり生じないように、石材の除去や補充をしながら均す作業で、面がほぼ揃うまで施工する。

⑷ 捨石の本均しは、均し定規を使用し、大きい石材で基礎表面を形成し、小さい石材を間詰めに使用して緩みのないようにかみ合わせて施工する。

解説 (2) 捨石には荒均しと本均しがあり、本均しは、直接上部構造物と接する部分を整える作業であり、荒均しは直接上部構造物と接しない部分を堅固な構造とする作業である。用語と説明が逆になっており、誤りである。なお、本均しは平坦性を必要とするため±5 cm、荒均しは±50 cm（場所によって±30 cm）の精度で均すのが標準である。

【解答 (2)】

〈〈〈問題２〉〉〉海岸の潜堤・人工リーフの機能や特徴に関する次の記述のうち、**適当でないもの**はどれか。

⑴ 潜堤・人工リーフは、その天端水深、天端幅により堤体背後への透過波が変化し、波高の大きい波浪はほとんど透過し、小さい波浪を選択的に減衰させるものである。

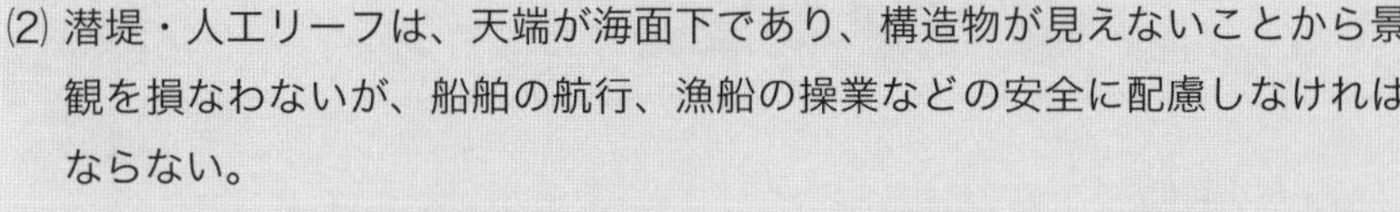

(2) 潜堤・人工リーフは、天端が海面下であり、構造物が見えないことから景観を損なわないが、船舶の航行、漁船の操業などの安全に配慮しなければならない。

(3) 人工リーフは天端水深をある程度深くし、反射波を抑える一方、天端幅を広くすることにより、波の進行に伴う波浪減衰を効果的に得るものである。

(4) 潜堤は天端幅が狭く、天端水深を浅くし、反射波と強制砕波によって波浪減衰効果を得るものである。

解説 (1) 潜堤・人工リーフは、その天端水深、天端幅により堤体背後の透過波が変化し、波高の小さい波浪はほとんど通過し、大きい波浪を選択的に減衰させるものである。用語と説明が逆になっており、誤りである。　【解答 (1)】

《《《問題3》》》海岸保全施設の養浜の施工に関する次の記述のうち、**適当でないもの**はどれか。

(1) 養浜の投入土砂は、現況と同じ粒径の細砂を用いた場合、沖合部の海底面を保持する上で役立ち、汀線付近での保全効果も期待できる。

(2) 養浜の施工方法は、養浜材の採取場所、運搬距離、社会的要因などを考慮して、最も効率的で周辺環境に影響を及ぼさない工法を選定する。

(3) 養浜の陸上施工においては、工事用車両の搬入路の確保や、投入する養浜砂の背後地への飛散など、周辺への影響について十分検討し施工する。

(4) 養浜の施工においては、陸上であらかじめ汚濁の発生源となるシルト、有機物、ごみなどを養浜材から取り除くなど、適切な方法により汚濁の発生防止に努める。

解説 (1) 養浜の投入土砂は、礫などを含む粗粒の材料を用いた場合、沖合部の海底面を保持する上で役立ち、汀線付近での保全効果も期待できる。現況と同じ粒径の細砂を用いた場合、平衡勾配が小さいことから養浜の材料としては安定性が低く、沖へと流出することにより海底勾配を緩くしたり、砂州を形成しやすくしたりする。よって、この記述は適当ではない。　【解答 (1)】

7-3 防波堤・ケーソン

基礎ポイント講義

1. 防波堤の形式と特徴

海岸における防波堤には、主に直立堤、傾斜堤、混成堤、消波ブロック被覆堤といった構造形式がある。

防波堤の主な形式と特徴

直立堤

- 前面が鉛直な壁体を据え付ける構造。
- 鉛直壁で波力を受け、波の反射が大きい。
- 海岸の地盤が硬く、洗掘のおそれのない場所で用いられる。根固め工などで補強する。

傾斜堤

- 捨石やコンクリートを台形断面に入れる。
- のり斜面で砕波するので、反射波が少ない。
- 凹凸や軟弱のある海底地盤にも対応。
- 底面幅が広いので、水深の浅い場所や小規模な防波堤に用いられる。

混成堤

- 傾斜堤の上に、直立堤を設置した構造。
- 軟弱な海底地盤や深い水深にも適用し、経済的な組合せができる。

消波ブロック被覆堤

- 直立堤や混成堤の前面に消波ブロックを置く構造。
- 直立部に作用する波力や反射波を軽減。

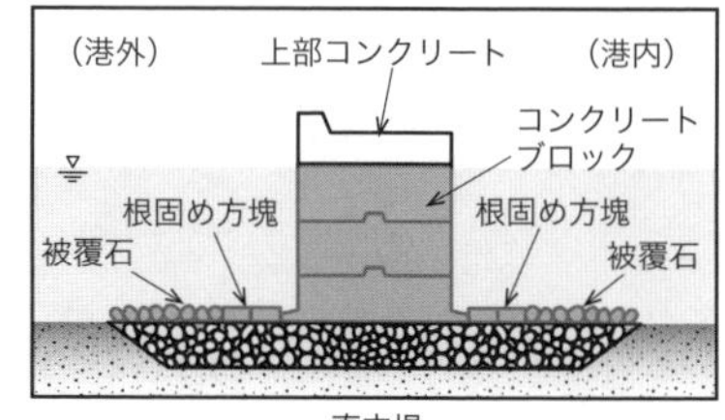

直立堤

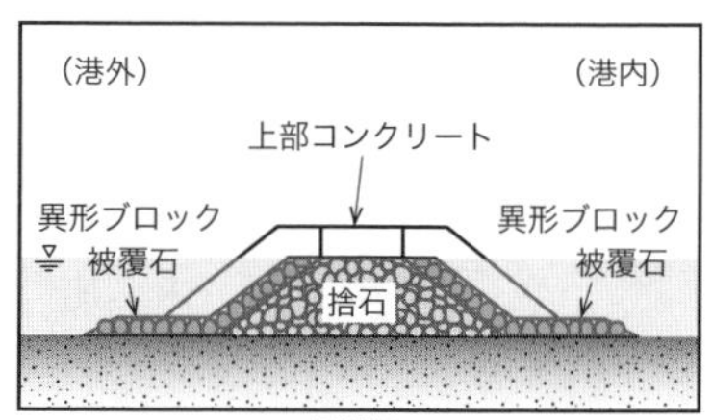

傾斜堤

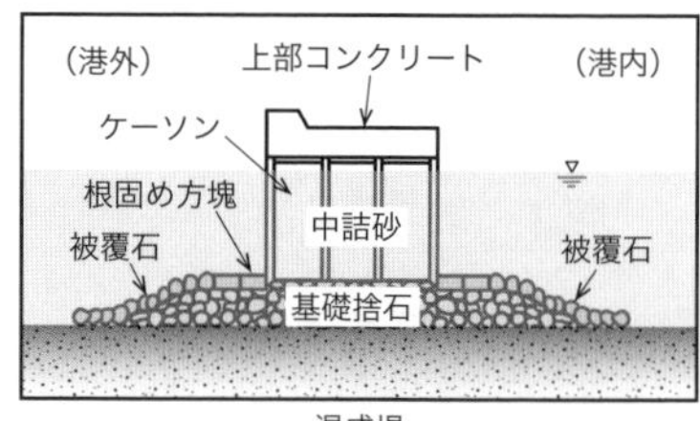

混成堤

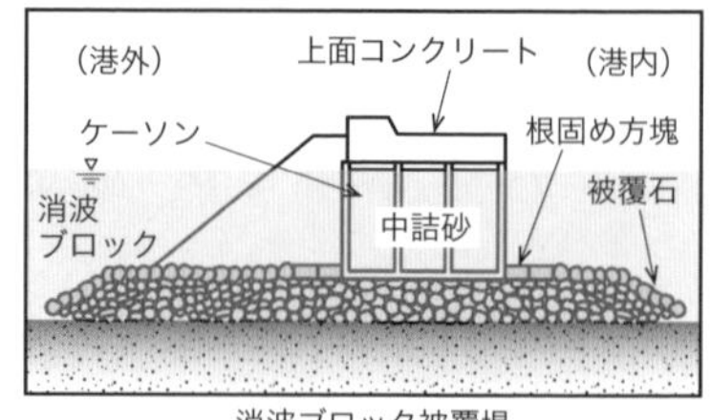

消波ブロック被覆堤

主な防波堤

2. ケーソン

ケーソンは、ケーソン式防波堤やケーソン式混成堤、護岸、岸壁などの構造物に用いられる。通常は、陸上で製作したケーソンを、進水、曳航、据付け、中詰め、ふたコンクリート、上部コンクリートの順で施工する。

ケーソンの施工手順

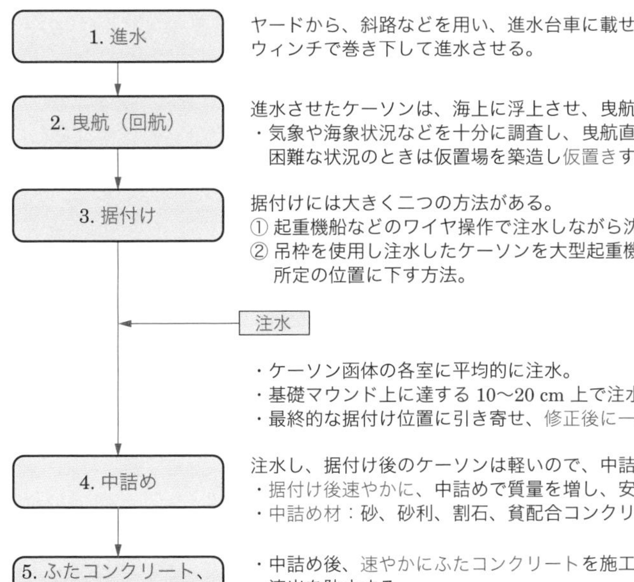

1. 進水
ヤードから、斜路などを用い、進水台車に載せたケーソンをウィンチで巻き下して進水させる。
2. 曳航（回航）
進水させたケーソンは、海上に浮上させ、曳航する。
・気象や海象状況などを十分に調査し、曳航直後の据付けが困難な状況のときは仮置場を築造し仮置きする。
3. 据付け
据付けには大きく二つの方法がある。
① 起重機船などのワイヤ操作で注水しながら沈設する方法。
② 吊枠を使用し注水したケーソンを大型起重機船で吊り上げ、所定の位置に下す方法。
注水
・ケーソン函体の各室に平均的に注水。
・基礎マウンド上に達する 10～20 cm 上で注水は一旦中止。
・最終的な据付け位置に引き寄せ、修正後に一気に注水着底させる。
4. 中詰め
注水し、据付け後のケーソンは軽いので、中詰めする。
・据付け後速やかに、中詰めで質量を増し、安定を高める。
・中詰め材：砂、砂利、割石、貧配合コンクリートなど。
5. ふたコンクリート、上部コンクリート
・中詰め後、速やかにふたコンクリートを施工し、中詰め材の流出を防止する。
・上部コンクリートは、堤体が安定する重量や耐久性を要するもので、ケーソンと一体化する。

演習問題でレベルアップ

《《《問題１》》》ケーソンの施工に関する次の記述のうち、**適当でないもの**はどれか。

⑴ ケーソン製作に用いるケーソンヤードには、斜路式、ドック式、吊り降し方式などがあり、製作函数、製作期間、製作条件、用地面積、土質条件、据付現場までの距離、工費などを検討して最適な方式を採用する。

⑵ ケーソンの据付けは、函体が基礎マウンド上に達する直前でいったん注水を中止し、最終的なケーソン引寄せを行い、据付け位置を確認、修正を行ったうえで一気に注水着底させる。

⑶ ケーソン据付け時の注水方法は、気象、海象の変わりやすい海上の作業を手際良く進めるために、できる限り短時間で、かつ、隔室ごとに順次満水にする。

⑷ ケーソンの中詰作業は、ケーソンの安定を図るためにケーソン据付け後直ちに行う必要があり、ケーソンの不同沈下や傾斜を避けるため、中詰材がケーソンの各隔室でほぼ均等に立ち上がるように中詰材を投入する。

解説 (3) ケーソン据付け時の注水方法は、気象、海象の変わりやすい海上の作業を手際良く進めるため、各隔室を平均的に注水する。このため、ケーソン隔壁に導水孔を設けておく。よって、この記述は適当ではない。

このほかは正しい記述なので覚えておこう。　　　　【解答 (3)】

《《《問題２》》》港湾の防波堤の施工に関する次の記述のうち、**適当でないもの**はどれか。

⑴ ケーソン式の直立堤は、海上施工で必要となる工種は少ないものの、荒天日数の多い場所では海上施工日数に著しく制限を受ける。

⑵ ブロック式の直立堤は、施工が確実で容易であり、施工設備が簡単であるが、海上作業期間は一般的に長く、ブロック数が多い場合には、広い製作用地を必要とする。

⑶ 傾斜堤は、施工設備が簡単、工程が単純、施工管理が容易であるが、水深が大きくなれば、多量の材料および労力を必要とする。

⑷ 混成堤は、石材などの資材の入手の難易度や価格などを比較し、捨石部と直立部の高さの割合を調整して、経済的な断面とすることが可能である。

解説 (1) ケーソン式の直立堤においては、海上施工で必要となる工種は多く(捨石工、被覆石工、基礎均し、根固め工、本体据付け、中詰め、上部工など)、荒天日数の多い場所では海上施工日数に著しく制約を受ける。また、本体据付けからふたコンクリートまでは連続施工とすることからも制約が大きいといえる。したがって、この記述は適当ではない。

このほかは正しい記述である。【解答 (1)】

《《《問題3》》》ケーソンの施工に関する次の記述のうち、**適当でないもの**はどれか。

⑴ ケーソンの曳航作業は、ほとんどの場合が据付け、中詰、ふたコンクリートなどの連続した作業工程となるため、気象、海象状況を十分に検討して実施する。

⑵ ケーソンに大回しワイヤを回して回航する場合には、原則として二重回しとし、その取付け位置はケーソンのきっ水線以下で、できれば浮心付近の高さに取り付ける。

⑶ ケーソン据付け時の注水方法は、気象、海象の変わりやすい海上の作業を手際良く進めるために、できる限り短時間で、かつ、各隔室に平均的に注水する。

⑷ ケーソンの据付けは、ケーソンを所定の位置上まで曳航した後、注水を開始したら据付けまで中断することなく一気に注水し、着底させる。

解説 (4) ケーソンを所定の位置上まで曳航した後、ケーソン内部の隔室に注水し、ケーソン本体を基礎マウンド上に徐々に降ろしていく。このとき、各隔室に水位の差が生じないように均一に注水することが基本である。注水は、ケーソンの側壁下部に装備されたバルブを開く方法と、上部からポンプによって海水を流し込む方法などがある。基礎マウンドから 10〜20 cm ほどのところで注水を一旦中止、最終的な位置決めを確認した後に一気に注水して基礎マウンド上に着底させる。したがって、この記述は適当ではない。

このほかは正しい記述である。【解答 (4)】

7-4 浚渫工

基礎ポイント講義

1. 浚渫船（しゅんせつ）

港湾、河川などで浚渫作業を行うのが浚渫船である。浚渫船としては、ポンプ浚渫を行うポンプ船、グラブ浚渫を行うグラブ船が多く用いられているが、バケット船、ディッパー船などもある。

ポンプ浚渫とグラブ浚渫の方法と特徴

ポンプ浚渫

浚渫方法

カッターの回転で海底を切削した土砂をポンプで吸込み、排砂管により排送する。

特徴

- カッターにより、軟泥から軟質岩盤まで適応できる。
- 大量の浚渫や埋立てに適する。
- ポンプ船には引船による非自航式、磁力で航行できる自航式がある。
- 標準的な船団構成：非自航式ポンプ浚渫船、自航揚げびょう船、交通船

排送管
ワイヤロープ
モータ
ポンプ
ラダー
吸込み管
カッタ

グラブ浚渫

浚渫方法

グラブバケットで土砂をつかんで浚渫する。

特徴

- 浚渫深度や土質の制限はないが、浚渫底面を平坦に仕上げにくい。
- 中規模の浚渫や狭い場所に適する。
- 浚渫の対象土によってさまざまなグラブバケットがある。
- 標準的な船団構成：グラブ浚渫船（自航式）、引船、土運航船、揚びょう船

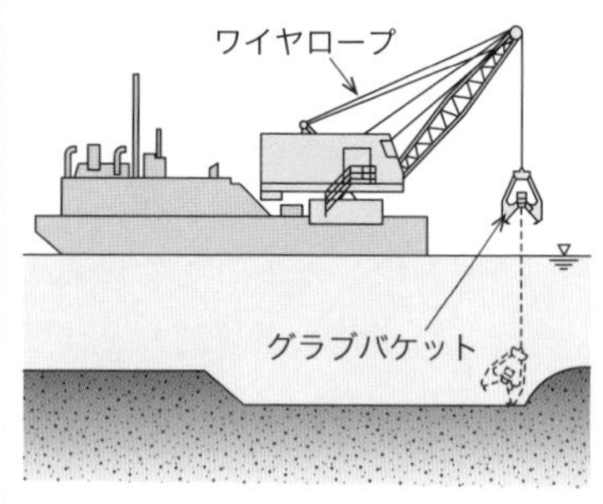

ポンプ浚渫とグラフ浚渫

演習問題でレベルアップ

〈〈〈問題1〉〉〉港湾における浚渫工事の事前調査に関する次の記述のうち、**適当でないもの**はどれか。

⑴ 音響測深機による深浅測量は、連続的な記録がとれる利点があり、海底の状況をよりきめ細かく測深する必要がある場合には、未測深幅を広くする。

⑵ 施工方法を検討するための土質調査では、海底土砂の硬さや強さ、その締まり具合や粒の粗さを調査する必要があるため、一般的に粒度分析、比重試験、標準貫入試験を実施する。

⑶ 機雷などの危険物が残存すると推定される海域においては、浚渫に先立って工事区域の機雷などの探査を行い、浚渫工事の安全を確保する必要がある。

⑷ 水質調査の目的は、海水汚濁の原因が、バックグラウンド値か浚渫による濁りかを確認するために実施するもので、事前、浚渫中の調査が必要である。

解説 (1) 音響測深は、船舶に搭載した音響測深機から発信された音波が海底で反射されて戻ってくるまでの時間を測定することにより水深を測定する方法である。未測深幅は音波による測深範囲外となる部分であるので、海底の状況をよりきめ細かく測深する必要がある場合には、未測深幅を狭くする必要がある。よって、この記述が適当ではない。

このほかは正しい記述なので覚えておこう。　　　　　　　【解答 (1)】

事前調査

土質調査

- 海底土砂の硬さや粒度を測定するため標準貫入試験、粒度分析、比重試験などを行う。

有害物質、水質調査、磁気探査

- 磁気探査により、基準の磁気反応が出た場合に潜水探査を行う。
- 爆発物を発見した場合は、その位置を標識で明示し、ただちに発注者や港長に報告する。すぐに撤去しないこと。
- 浚渫工事前と工事中の水質調査により、汚濁の原因が浚渫によるものかを判定できるようにする。

浅深測量

- 水深が深い場合は、音響測深機を用いる。
- 水深が浅い場合や構造物全面などでは、ロッド（スタッフ）、錘付き目盛綱

（レッド）を用いて計測する。

• 位置の測定は、トータルステーションやGNSSなどを用いる。

《《《問題2》》》港湾工事に用いる浚渫船の特徴に関する次の記述のうち、**適当なもの**はどれか。

(1) ポンプ浚渫船は、あまり固い地盤には適さないが、掘削後の水底面の凹凸が小さいため、構造物の築造箇所での浚渫に使用される。

(2) ドラグサクション浚渫船は、浚渫土を船体の泥倉に積載し自航できることから機動性に優れ、主に船舶の往来が頻繁な航路などの維持浚渫に使用される。

(3) グラブ浚渫船は、適用される地盤は軟泥から岩盤までの範囲で極めて広く、浚渫深度の制限も少なく、大規模な浚渫工事に適しており、主に航路や泊地の浚渫に使用される。

(4) バックホウ浚渫船は、かき込み型（油圧ショベル型）掘削機を搭載した硬土盤用浚渫船で、大規模な浚渫工事に使用される。

解説 (1) ポンプ浚渫船は、カッターヘッドにより海底土砂を切り取るため軟泥から軟質岩盤まで適応できる。しかし、掘削後の水底面の凹凸は比較的大きいため、構造物の築造箇所での浚渫には適していない。施工能力が大きいので、臨海用地の造成や航路、停地などの浚渫で用いられることが多い。したがって、この記述は適当ではない。

(2) 適当な記述である。ドラグサクション浚渫船は、土砂吸入管の先端に取り付けたドラグヘッドによって、海底土砂を水とともに吸い上げて自船内の泥倉に積載する、自航しながら浚渫できる特徴がある。

(3) グラブ浚渫船は、グラブバケットで海底の土砂を掴んで浚渫する構造であることから、浚渫深度の制限も少なく、グラブバケットの交換により軟泥から岩盤までの広い範囲の底質に対応できる。ただし、他の浚渫船と比べると、浚渫能力は比較的小さいことから中小規模の浚渫や構造物前面、狭い場所での浚渫ができる。したがって、この記述は適当ではない。

(4) バックホウ浚渫船は、浚渫船の先端部に「かき込み型」（作業装置と上部旋回体で構成される油圧ショベル＝バックホウ）掘削機を搭載したものである。このため、掘削能力が高いので、泥や土砂、砂利、軟岩まで広い底質に対応できるが、他の浚渫船と比べると浚渫能力は比較的小さいことから、浚渫深度の浅い規模の小さな工事に適している。したがって、この記述は適当ではない。

【解答 (2)】

8章 鉄道・地下構造物

8-1 鉄道の盛土・路盤工

出題傾向と学習のススメ

鉄道の盛土や路盤工、営業線・近接工事、シールド工法に関する出題が各1問程度見られる。まれに、軌道の維持管理についての出題もある。

2時限目 専門土木

1. 盛土

鉄道の盛土は、低盛土（3 m 以下）、上部盛土（施工基面から 3 m）・下部盛土（上部盛土の下）に区分されている。

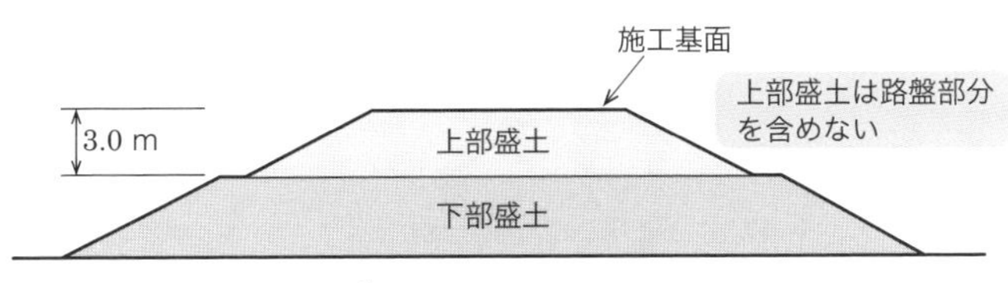

鉄道盛土の断面構造

土の施工上のポイント

盛土の準備

- 支持地盤の状態、盛土材料、気象条件などを十分に考慮。
- 安定や沈下などの問題を生じないように留意する。
- 施工地盤は、伐開・除根し、盛土に有害なものは除去。

下部盛土

- 発生土の有効活用が望ましいが、膨張性のある土、岩や高い有機質土など圧縮性の高い土は原則用いない。

敷均し、締固め

- 盛土材料は一様に敷き均し、各層の仕上がり厚さは 30 cm 程度。
- 上部盛土は平板載荷試験で締固め程度を管理する。
- K_{30} 値を 70 MN/m³ 以上とする。

降雨対策

- 毎日の作業終了時には表面に 3%程度の横断勾配を設け、盛土部分がぬかるまないようにする。
- 水の集まりやすい場所には、仮排水路を設ける。

2. 路盤

鉄道の路盤は、道床の下に位置し、軌道を直接支持する層のことである。路盤には、強化路盤、土路盤などの種類がある。

路盤の種類

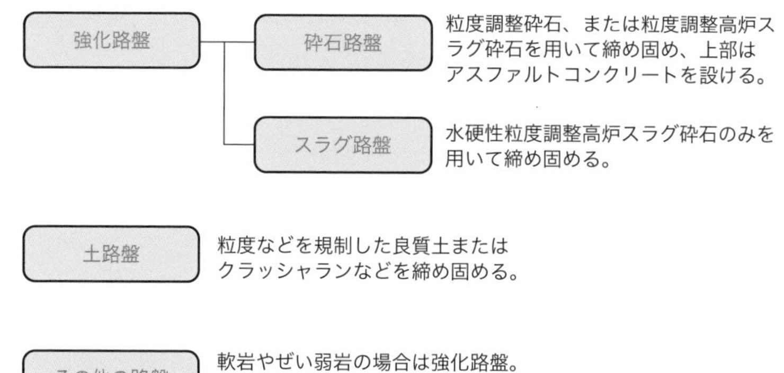
強化路盤
砕石路盤
粒度調整砕石、または粒度調整高炉スラグ砕石を用いて締め固め、上部はアスファルトコンクリートを設ける。
スラグ路盤
水硬性粒度調整高炉スラグ砕石のみを用いて締め固める。
土路盤
粒度などを規制した良質土またはクラッシャランなどを締め固める。
その他の路盤
軟岩やぜい弱岩の場合は強化路盤。硬岩の場合は、切取岩盤の上にコンクリートを設ける。

強化路盤

- 路盤材料は、十分に混合された均一なものを使用する。**1 層の敷均し厚さは、仕上がり厚さで 15 cm 以下とする。**
- 締固めは、K_{30} 値で 110 MN/m³ または、最大乾燥密度の 95%以上とする。
- 路床面の仕上がり精度は設計高さに対して +15 mm～−50 mm とし、雨水による水たまりができるなど、有害な不陸がないようにできるだけ平坦に仕上げる。
- 路盤表面および路床面の**横断排水勾配は 3%程度**とする。

路盤の構造

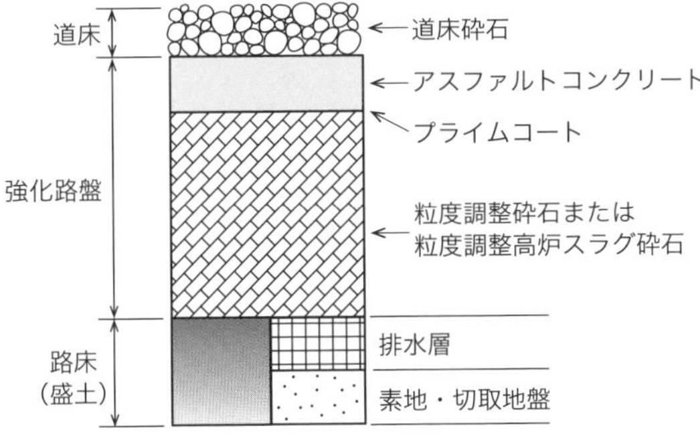

強化路盤（砕石路盤）

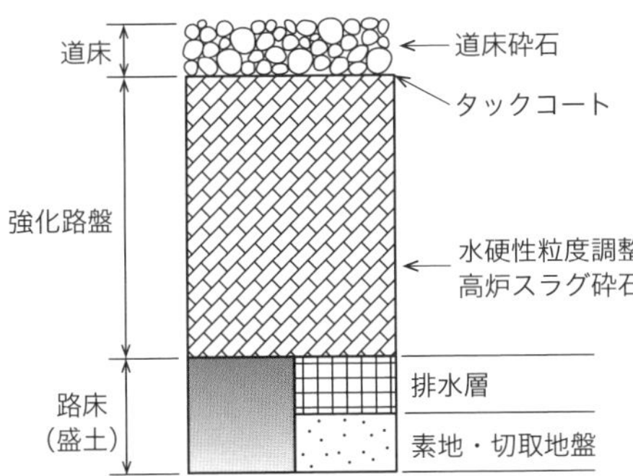

強化路盤（スラグ路盤）

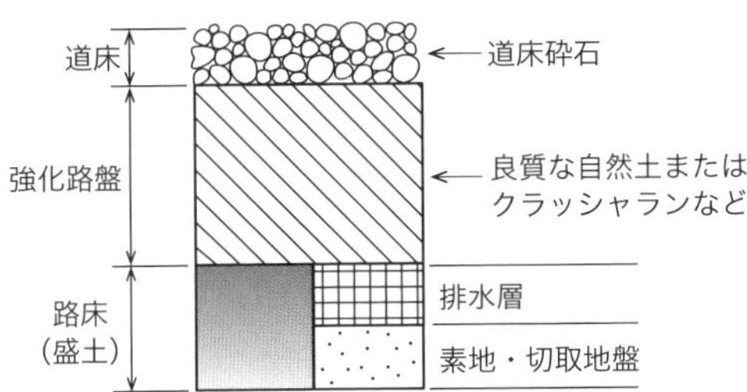

土路盤

2時限目 専門土木

演習問題でレベルアップ

《《《問題1》》》鉄道の路床の施工に関する次の記述のうち、**適当でないもの**はどれか。

(1) 路床は、軌道および路盤を安全に支持し、安定した列車走行と良好な保守性を確保するとともに、軌道および路盤に変状を発生させないなどの機能を有するものとする。

(2) 路床の範囲に軟弱な層が存在する場合には、軌道の保守性の低下や、走行安定性に影響が生じるおそれがあるため、軟弱層は地盤改良を行うものとする。

(3) 切土および素地における路床の範囲は、一般に列車荷重の影響が大きい施工基面から下 3 m までのうち、路盤を除いた地盤部をいう。

(4) 地下水および路盤からの浸透水の排水を図るため、路床の表面には排水工設置位置へ向かって 10%程度の適切な排水勾配を設ける。

解説 (1) ~ (3) の記述は適当であるので覚えておこう。

(4) 地下水および路盤からの浸透水の排水を図るため、路床の表面には排水工設置位置へ向かって **3%程度**の適切な排水勾配を設ける。よって、この記述は適当ではない。

【解答 (4)】

《《《問題2》》》鉄道の砕石路盤の施工に関する次の記述のうち、**適当でないもの**はどれか。

(1) 砕石路盤の材料としては、列車荷重を支えるのに十分な強度があることを考慮して、クラッシャランなどの砕石、または良質な自然土などを用いる。

(2) 砕石路盤の仕上り精度は、設計高さに対して ±25 mm 以内を標準とし、有害な不陸が出ないようにできるだけ平坦に仕上げる。

(3) 砕石路盤の施工は、材料の均質性や気象条件などを考慮して、所定の仕上り厚さ、締固めの程度が得られるように入念に行う。

(4) 砕石路盤の敷均しは、モータグレーダなど、または人力により行い、1 層の仕上り厚さが 300 mm 程度になるよう敷き均す。

解説 (1) ~ (3) の記述は適当である。

(4) 砕石路盤の敷均しは、モータグレーダなど、または人力により行い、1 層

の仕上がり厚さが **150 mm** 程度になるように敷き均す。よって、この記述は適当ではない。　【解答（4）】

〈〈〈問題３〉〉〉鉄道のコンクリート路盤の施工に関する次の記述のうち、**適当でないもの**はどれか。

⑴ 鉄筋コンクリート版に用いるセメントは、ポルトランドセメントを標準とし、使用する骨材の最大粒径は、版の断面形状および施工性を考慮して、最大粒径 25 mm とする。

⑵ コンクリート路盤相互の連結部となる伸縮目地は、列車荷重などによるせん断力の伝達を円滑に行い、目違いの生じない構造としなければならない。

⑶ 路床面の仕上がり精度は、設計高さに対して± 15 mm とし、雨水による水たまりができて表面の排水が阻害されるような有害な不陸ができないように、できる限り平坦に仕上げる。

⑷ 粒度調整砕石の締固めが完了した後は、十分な監視期間を取ることで砕石層のなじみなどによる変形が収束したのを確認したうえでプライムコートを施工する。

解説（4）粒度調整砕石の締固めが完了した後は、速やかにプライムコートを施工する。プライムコートが粒度調整砕石に十分に浸透することで砕石部を安定させるとともに、コンクリート打設の際に水分が砕石に吸収されるのを防ぐ目的がある。よって、この記述は適当ではない。

（1）～（3）の記述は適当である。　【解答（4）】

8-2 営業線・近接工事

基礎ポイント講義

1. 軌道

軌道は路盤の上にある構造物の総称であり、鉄道車両を誘導するレール、レールの間隔を一定に保つ枕木、レールと枕木を支え走行する車両の重量を路盤に伝える道床で構成されるのが一般的である。

軌道には、有道床軌道と省力化軌道の二つのタイプがあり、それぞれに適合する路盤がある。

軌道の種類

有道床軌道

- 道床バラストで枕木を支持する構造
- 定期的な保守管理が必要
- 適合する路盤：有道床軌道用アスファルト、砕石路盤

省力化軌道

- 軌道スラブや枕木を直接路盤で支持する構造
- 適合する路盤：省力化軌道用アスファルト路盤、コンクリート路盤

2. 営業線と近接工事

営業線およびこれに近接して工事を施工する場合、列車見張員の配置や作業表示標の設置などの対応が必要となる。

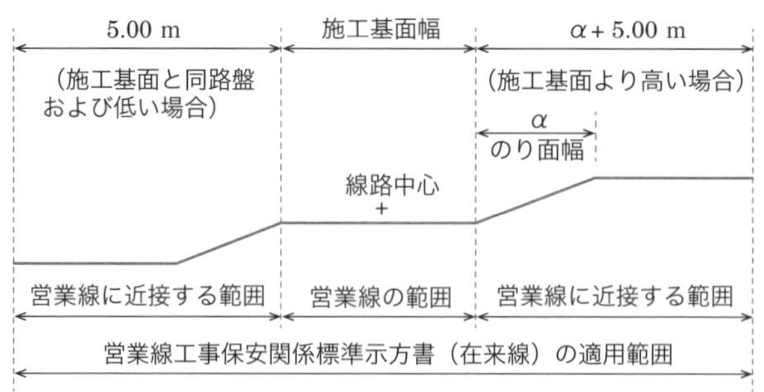

営業線・近接工事の適用範囲の例

列車見張員の配置

- 列車見張員は、指定された場所での専念見張り、列車などの進来・通過確認、列車などの接近予告・退避の合図、作業員避難後の安全確認などを任務とする。
- 工事現場ごとに専任を配置、必要に応じ複数を配置する。他の作業従事者は兼任できない。
- 列車見通し不良箇所では、列車の見通し距離が確保できるまで列車見張員を増員する。
- 作業現場への往復は指定された通路を歩行する。
- やむを得ず営業線を歩行する場合は、列車見張員を配置し、列車の進行方向に対向して歩行する。
- 線路を横断する場合は、指差し呼称で列車の進来を確認してから、線路に対して直角に横断する。

作業表示標の設置

- 作業表示標は、列車の進行方向左側で、乗務員の見やすい位置に建植する。列車の風圧などで、建築限界を侵さないように注意。
- 線路閉鎖工事や保守用車使用手続きによる作業、短時間移動作業など、作業表示標の建植を省略できる場合がある。

演習問題でレベルアップ 

〈〈〈問題1〉〉〉鉄道（在来線）の営業線およびこれに近接して工事を施工する場合の保安対策に関する次の記述のうち、**適当でないもの**はどれか。

(1) 踏切と同種の設備を備えた工事用通路には、工事用遮断機、列車防護装置、列車接近警報機を備えておくものとする。

(2) 建設用大型機械の留置場所は、直線区間の建築限界の外方 1 m 以上離れた場所で、かつ列車の運転保安および旅客公衆などに対し安全な場所とする。

(3) 線路閉鎖工事実施中の線閉責任者の配置については、必要により一時的に現場を離れた場合でも速やかに現場に帰還できる範囲内とする。

(4) 列車見張員は、停電時刻の 10 分前までに、電力指令に作業の申込みを行い、き電停止の要請を行う。

解説 (4) 停電責任者は、停電時刻の 10 分前までに電力指令に作業の申込みを行い、き電停止の要請を行う。よって、この記述は適当ではない。

(1) ～ (3) の記述は適当である。 【解答 (4)】

停電責任者

停電責任者は、工事の際必要に応じて一時的に工事区間を停電する作業に当たる者をいう。

線閉責任者（線路閉鎖責任者）

線閉責任者とは、鉄道の大規模な保線工事などにおいて、線路閉鎖の手続きなどを行う者をいう。作業を行う線路に列車が来ないよう、信号を赤にすることで線路を閉鎖させ、工事が行えるようにする。

《《《問題２》》》鉄道（在来線）の営業線およびこれに近接して工事を施工する場合の保安対策に関する次の記述のうち、**適当でないもの**はどれか。

(1) き電停止の手続きを行う場合は、その手続きを工事管理者が行うこととし、使用間合、時間、作業範囲、競合作業などについて、あらかじめ監督員などと十分打合せを行う。

(2) 列車見張員を増員するときは、1人の列車見張員が掌握できる範囲を前後50 m程度とし、列車見張員相互が携帯無線機などで連絡が取れる体制とする。

(3) ストッパー機能を有していない工事用重機械をやむを得ず架空電線に接近して使用する場合は、架空電線監視人を配置する。

(4) 作業員が概ね10人以下で、かつ、作業範囲が50 m程度の線路閉鎖時の作業については、線閉責任者が作業などの責任者を兼務することができる。

解説（1）き電停止（線路の架線送電を停止）の手続きを行う場合は、その手続きを停電責任者が行うこととし、使用間合、時間、作業範囲、競合作業などについて、あらかじめ監督員などと十分打合せを行う。よって、この記述は適当ではない。

（2）～（4）の記述は適当であるので覚えておこう。　**【解答（1）】**

き電（饋電）

線路上を走行する電気車（＝電気機関車と電車）に、必要な電力を供給すること。

8-3 軌道の維持・管理

基礎ポイント講義

軌間整正

- 軌間整正の施工において基準側は、直線区間では路線の終点に向かって左側を原則とし、曲線区間では外軌側としている。

ロングレール区間の保守

- ロングレールは、長さ 200 m 以上に溶接したもの。
- ロングレール敷設区間では、夏季においては高温時でのレール張出し、冬季においては低温時でのレールの曲線内方への移動防止のため、保守作業が制限されている。

道床つき固め

- 道床のつき固めは、原則としてタイタンパーを使用し、枕木端部および中心部をつき固めないよう留意する。道床の交換箇所と未施工箇所との境界部分を入念に行う。

脱線防止レール、ガードの取付け

- 脱線防止レール、脱線防止ガードの取付けは、脱線被害が大きくなる側の反対側のレールに設ける。
- 急曲線、推定脱線曲線による設置では、曲線内軌側の内方に設ける。

演習問題でレベルアップ

〈〈〈問題1〉〉〉 鉄道の軌道における維持・管理に関する次の記述のうち、**適当なもの**はどれか。

(1) ロングレールでは、温度変化による伸縮が全長にわたって発生する。

(2) 犬くぎは、枕木上のレールの位置を保ち、レールの浮き上がりを防止するためのものとして使用される。

(3) 重いレールを使用すると保守量が増加するため、走行する車両の荷重、速度、輸送量などに応じて使用するレールを決める必要がある。

(4) 直線区間ではレール頭部が摩耗し、曲線区間では曲線の内側レールが顕著に摩耗する。

解説 (1) 長さ方向に全く拘束されていないレールでは、温度変化による伸縮は全長にわたって発生するといえる。しかし、ロングレールは枕木に固定されているため、レールの温度変化による伸縮の少ない中央部の不動区間と、温度変化による伸縮が発生する両端部の可動区間に区分される。可動区間の伸縮量は大きいので、伸縮継目が設けられる。よって、この記述は適当ではない。

(2) 記述のとおりであり、正しい。

(3) 使用するレールは、走行する車両の重量、速度、輸送量などに応じて決める必要があるが、この際に保守量の増加、減少は考慮されるものではない。よって、この記述は適当ではない。

(4) 直線区間では、主に車輪による輪重や加速、制動などの作用によりレール頭部が摩耗する。曲線区間では、こうした力のほかに、曲線区間における横圧、左右車輪のねじれによる作用などの外力が生じることから、曲線の外側レールが顕著に摩耗する。よって、この記述は適当ではない。　**【解答 (2)】**

《《《問題2》》》鉄道の軌道における維持管理に関する次の記述のうち、**適当でないもの**はどれか。

(1) バラストは、列車通過のたびに繰り返しこすれ合うことにより、しだいに丸みを帯び、軌道に変位が生じやすくなるため、丸みを帯びたバラストは順次交換する必要がある。

(2) スラブ軌道は、プレキャストコンクリートスラブを高架橋などの堅固な路盤に据え付け、スラブと路盤との間に填充材を注入したものであり、保守作業の軽減を図ることができる。

(3) PC 枕木は、木枕木に比べ初期投資は多額となるものの、交換が容易であることから維持管理の面で有利である。

(4) レールは温度変化によって伸縮を繰り返すため、レールの継目部に遊間を設けることで処理するが、遊間の整正はレールの伸縮が著しい夏季および冬季に先立ち行うのが適当である。

解説 (3) PC 枕木は、木枕木に比べ初期投資は多額であり、重量が重いことから交換が容易ではないが、耐用年数が長く堅固な結束ができることから、保守費が低減できるなど、トータルコストにおいて有利である。よって、この記述は適当ではない。

このほかの記述は適当である。　**【解答 (3)】**

8-4 地下構造物（シールド工法）

基礎ポイント講義

1. 地下構造物の施工

地下構造物を施工する場合、土留め支保工を用いた開削工法と、シールド工法がある。特に、既設埋設物を下越する必要性や、施工深度が深くなっていること、経済性、安全性、周辺環境への影響などから、シールド工法が多く用いられている。

2. シールド工法の施工

シールド工法は、地盤内にシールド（掘削機）と呼ばれる鋼製の筒（または枠）を推進させて、トンネルを構築していく工法である。

設置の際は、まず開削工法によって立坑を設置し、シールドマシンがクレーンで吊り下げられる。分割されている場合は、地下部で再度、組み立てられる。

基本的には、シールド先端の刃先で切羽を掘削し、その切羽を保持しながらジャッキ推進でシールドを推進させる。シールド後部では、推進に合わせて鋼製、または鉄筋コンクリート製のセグメントを組み立て、管きょなどの構造物を施工する。

シールド工法は、シールドマシン前部の構造によって、開放式・密閉式の2種類があり、さらに掘削方式や切羽安定保持方式によって工法が細分化されている。

シールド工法の種類

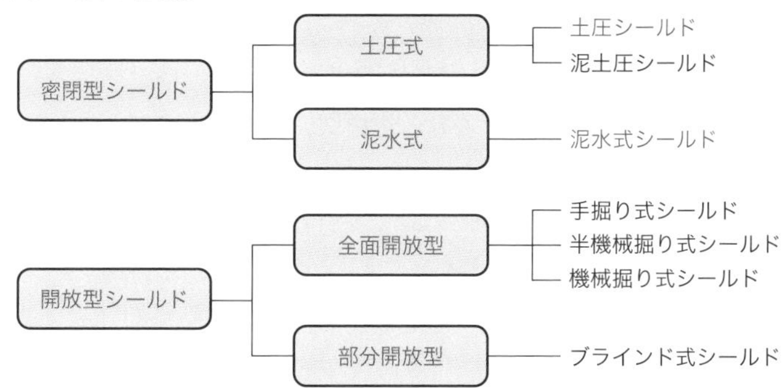

密閉型シールド

- 切羽工法に隔壁を有し、切羽と隔壁間のチャンバ内を土砂や泥水で満たし、その加圧力を保持させて切羽を安定させる。

開放型シールド

- 切羽の全部、または大部分が開放されているシールドで、切羽の自立が前提となる。

密閉型シールドの構造

シールドには、スキンプレートなどで構成された外殻となる鋼殻部と、掘削、推進、覆工機能を持つ内部の装置群があり、前面の切羽面からフード部、ガーター部、テール部で構成されている。

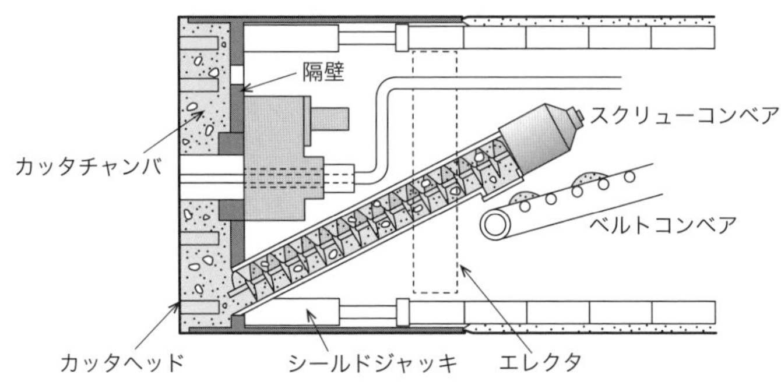

密閉型シールドの構造イメージ

フード部

- 掘削土砂や泥水を満たして、切羽への圧力を保持するための空間（カッタチャンバ）。掘削土砂や泥水を排土する経路になる。

ガーター部

- カッタヘッド駆動装置、排土装置、推進に用いるシールドジャッキといった機械装置を備える空間。

テール部

- エレクタ（セグメントの組立装置）を備え、覆工作業を行う空間。

覆工

- あらかじめ工場製作されたセグメント（円弧上のブロック）を機械で組み立てる。組立ては千鳥組みが一般的。
- セグメントの組立てでは、シールドジャッキの全部を一度に引き込んでしまうと、切羽の地山土圧や泥水圧によってシールドが押し戻されてしまうことがあるので、シールドジャッキは数本ずつの引込みを行う。
- 完成したセグメントを一次覆工とし、二次覆工として内側をさらに無筋または鉄筋コンクリートで巻き立てる場合もある。

演習問題でレベルアップ

〈〈〈問題1〉〉〉 シールド工法の施工管理に関する次の記述のうち、**適当でないもの**はどれか。

(1) 泥水式シールド工法では、地山の条件に応じて比重や粘性を調整した泥水を加圧循環し、切羽の土水圧に対抗する泥水圧によって切羽の安定を図るのが基本である。

(2) 土圧式シールド工法において切羽の安定を保持するには、カッタチャンバ内の圧力管理、塑性流動性管理および排土量管理を慎重に行う必要がある。

(3) シールドにローリングが発生した場合は、一部のジャッキを使用せずシールドに偏心力を与えることによってシールドに逆の回転モーメントを与え、修正するのが一般的である。

(4) シールドテールが通過した直後に生じる沈下あるいは隆起は、テールボイドの発生による応力解放や過大な裏込め注入圧などが原因で発生することがある。

解説 (3) 中心軸回りに回転する動作であるローリングが発生した場合は、カッタの回転方向を変えることによってシールドに逆の回転モーメントを与え、修正するのが一般的である。この記述が適当ではない。　【解答 (3)】

〈〈〈問題2〉〉〉 シールド工法の施工に関する次の記述のうち、**適当でないもの**はどれか。

(1) セグメントを組み立てる際は、掘進完了後、速やかに全数のシールドジャッキを同時に引き戻し、セグメントをリング状に組み立てなければならない。

(2) 粘着力が大きい硬質粘性土を掘削する際は、掘削土砂に適切な添加材を注入し、カッタチャンバ内やカッタヘッドへの掘削土砂の付着を防止する。

(3) 裏込め注入工は、地山の緩みと沈下を防ぐとともに、セグメントからの漏水の防止、セグメントリングの早期安定やトンネルの蛇行防止などに役立つため、速やかに行わなければならない。

(4) 軟弱粘性土の場合は、シールド掘進による全体的な地盤の緩みや乱れ、過剰な裏込め注入などに起因して後続沈下が発生することがある。

解説 (1) セグメントを組み立てる際は、推進完了後に、組立てに伴う必要最小限のジャッキを引き戻す。全数のシールドジャッキを同時に引き戻すと、地山の土水圧や切羽の泥水圧によってシールドが押し戻されてしまい、切羽の安定が保てなくなってしまう。よって、この記述は適当ではない。 【解答 (1)】

《《《問題3》》》 シールド工法の施工管理に関する次の記述のうち、**適当でないもの**はどれか。

(1) 土圧式シールド工法において切羽の安定をはかるためには、泥土圧の管理および泥土の塑性流動性管理と排土量管理を慎重に行わなければならない。

(2) 泥水式シールド工法において切羽の安定をはかるためには、泥水品質の調整および泥水圧と掘削土量管理を慎重に行わなければならない。

(3) 土圧式シールド工法において、粘着力が大きい硬質粘性土や砂層、礫層を掘削する場合には、水を直接注入することにより掘削土砂の塑性流動性を高めることが必要である。

(4) シールド掘進に伴う地盤変位は、切羽に作用する土水圧の不均衡やテールボイドの発生、裏込め注入の過不足などが原因で発生する。

解説 (3) 土圧式シールド工法において、粘着力が大きい硬質粘性土を掘削する場合には、カッタヘッドやカッタチャンバ内に付着が発生することがあるので、添加材を注入して塑性流動性を確保しつつ、付着防止対策とする。また、砂層や礫層を掘削する場合は、透水性が高いことから止水性の確保が必要となる場合が多いので、添加材の注入によって止水性のある泥土状に改良することが行われる。いずれの場合においても水を直接注入することは行わない。よって、この記述は適当ではない。

このほかの記述は適当である。 【解答 (3)】

ひとことアドバイス

この分野からは、鋼橋の塗装・防食法に関する出題が見られるが、p.90、2時限目1章「構造物」1-2「鋼材の接合、塗装・防食」にまとめているので参照のこと。

9章 上水道・下水道

9-1 上　水　道

出題傾向と学習のススメ

上水道・下水道の分野からは、上水道管きょと下水道管きょの布設に関する出題が１問ずつ程度見られ、更生工法として出題されるケースもある。また、小口径管推進工法と薬液注入工法のそれぞれから１問ずつ程度が出題されている。いずれも基礎的で重要な問題であるので、演習問題を通じてしっかり学習しておこう。

1. 上水道の種類

上水道には、貯水や浄水、配水管などといった水道施設と、配水管から分岐した給水管や給水用具といった給水装置がある。

配水管に用いる管材は、鋼管、ダクタイル鋳鉄管、ステンレス鋼管、硬質塩化ビニル管、水道配水用ポリエチレン管などがある。

配水管の種類と特徴

配水管の種類	特　徴
鋼　管	・強度が大きく、耐久性、じん性があり、衝撃にも強い ・溶接継手で一体化できる ・電食に対する配慮が必要
ダクタイル鋳鉄管	・強度が大きく、耐久性、じん性があり、衝撃にも強い ・伸縮性や可とう性のあるメカニカル継手を用いる ・地盤の変動に追従できるが、重量は比較的重い
ステンレス鋼管	・強度が大きく、耐久性、じん性があり、衝撃にも強い ・耐食性に優れている。ライニング、塗装を要しない ・異種金属との接続では、絶縁処理を行う
硬質塩化ビニル管	・重量が軽いので施工性が良いが、低温時では耐衝撃性が低下する ・耐食性に優れる
水道配水用ポリエチレン管	・重量が軽いので施工性が良いが、熱と紫外線に弱い ・耐食性に優れる

配水管の基礎と布設

- 鋼管の基礎は、硬い地盤や玉石などを含む地盤上の場合は管体保護のために砂基床工（サンドベッド）を用いる。
- ダクタイル鋳鉄管の基礎は、平底溝を原則とし、特別な基礎は必要としない場合が多い。
- 塩化ビニル管、水道配管用ポリエチレン管の場合は、掘削溝の底に 0.1 m 程度の厚さで砂または良質土を敷く。

配水管布設の主な留意点

- 高低差のある配水管の布設は、原則として低所から高所に向けて行う。
- 受口のある管を用いる場合は、受口を高所に向けて配管する。管の据付けの際、管体の表示記号を確認するとともに、ダクタイル鋳鉄管の場合は、受口部分にある表示記号のうち、管径、年号の記号を上に向けて据え付ける。
- 管を切断する場合は、管軸に対して直角に行う。鋳鉄管の切断は、切断機で行うことを原則とし、異形管部は切断しないこと。

演習問題でレベルアップ

《《《問題１》》》上水道の配水管の埋設位置および深さに関する次の記述のうち、**適当でないもの**はどれか。

(1) 道路に管を布設する場合には、配水本管は道路の中央寄りに布設し、配水支管はなるべく道路の片側寄りに布設する。

(2) 道路法施行令では、歩道での土かぶりの標準は 1.5 m と規定されているが、土かぶりを標準または規定値までとれない場合は道路管理者と協議のうえ、土かぶりを減少できる。

(3) 寒冷地で土地の凍結深度が標準埋設深さよりも深いときは、それ以下に埋設するが、やむを得ず埋設深度が確保できない場合は、断熱マットなどの適当な措置を講ずる。

(4) 配水管を他の地下埋設物と交差、または近接して布設するときは、少なくとも 0.3 m 以上の間隔を保つ。

解説 (1) 適当な記述である。

(2) 道路法施行令では、歩道での土かぶりの標準は **1.2 m** と規定されているが、土かぶりを標準または規定値までとれない場合は道路管理者と協議のうえ、土かぶりを減少（0.6 m まで）できる。したがって、この記述が適当ではない。

(3)、(4) は正しい記述であるので覚えておこう。 【解答 (2)】

《《《問題2》》》軟弱地盤や液状化のおそれのある地盤における上水道管布設に関する次の記述のうち、**適当でないもの**はどれか。

(1) 砂質地盤で地下水位が高く、地震時に間隙水圧の急激な上昇による液状化の可能性が高いと判定される場所では、適切な管種・継手を選定するほか必要に応じて地盤改良などを行う。

(2) 水管橋またはバルブ室など構造物の取付け部には、不同沈下に伴う応力集中が生じるので、伸縮可とう性の小さい伸縮継手を使用することが望ましい。

(3) 将来、管路の不同沈下を起こすおそれのある軟弱地盤に管路を布設する場合には、地盤状態や管路沈下量について検討し、適切な管種、継手、施工方法を用いる。

(4) 軟弱層が深い場合、あるいは重機械が入れないような非常に軟弱な地盤では、薬液注入、サンドドレーン工法などにより地盤改良を行うことが必要である。

解説 (2) 水道橋またはバルブ室などの構造物の取付け部には、不同沈下に伴う応力集中が生じるので、伸縮可とう性の大きな伸縮継手を使用することが望ましい。したがって、この記述は適当ではない。

そのほかは適当な記述である。 【解答 (2)】

9-2 下　水　道

基礎ポイント講義

1. 下水道管路施設

下水道管路施設に用いられる管は、剛性管と可とう性管の２種類がある。それぞれの管種は、土質・地耐力に応じた基礎を用いることになっている。

剛性管の種類と基礎工

管　　種	硬質土・普通土	軟弱土	極軟弱土
鉄筋コンクリート管 レジンコンクリート管	砂基礎 砕石基礎 コンクリート基礎	砂基礎 砕石基礎 はしご胴木基礎 コンクリート基礎	はしご胴木基礎 鳥居基礎 鉄筋コンクリート基礎
陶管	砂基礎 砕石基礎	砕石基礎 コンクリート基礎	

可とう性管の種類と基礎工

管　　種	硬質土・普通土	軟弱土	極軟弱土
硬質塩化ビニル管 ポリエチレン管	砂基礎	砂基礎 ベットシート基礎 ソイルセメント基礎	ベットシート基礎 ソイルセメント基礎 はしご胴木基礎 布基礎
強化プラスチック複合管	砂基礎 砕石基礎		
ダクタイル鋳鉄管 鋼管	砂基礎	砂基礎	砂基礎 はしご胴木基礎 布基礎

地盤の区分と代表的な土質

地　盤	代表的な地質
硬　質　土	硬質粘土、礫混り土および礫混り砂
普　通　土	砂、ロームおよび砂質粘土
軟　弱　土	シルトおよび有機質土
極 軟 弱 土	非常に緩いシルトおよび有機質土

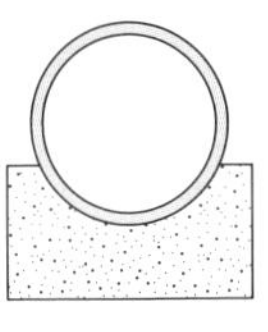
砂基礎

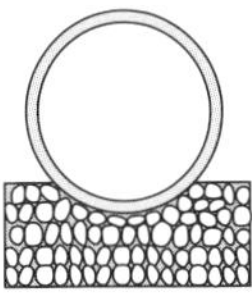
砕石基礎

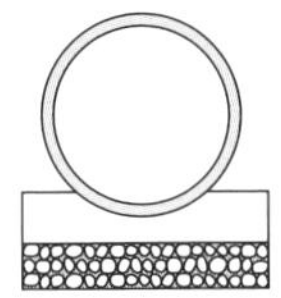
コンクリート基礎

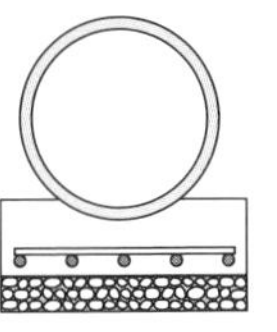
鉄筋コンクリート基礎

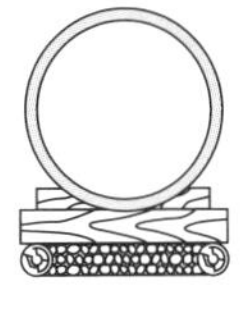
はしご胴木基礎

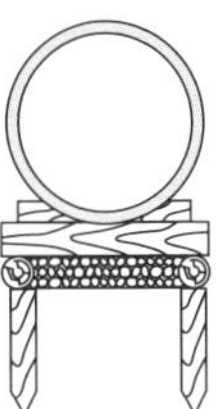
鳥居基礎

基礎工の種類（剛性管きょ）

基礎工（剛性管きょ）の特徴

基礎工	特　徴
砂基礎、砕石基礎	・比較的地盤が良い場所で用いられる ・底部を、砂または細かい砕石でまんべんなく密着するように締め固める
コンクリート基礎 鉄筋コンクリート基礎	・軟弱な地盤や外力が大きい場合に用いられる ・底部をコンクリートで巻き立てる
はしご胴木基礎	・軟弱な地盤や、地質や載荷重が不均一な場合に用いられる ・はしご状の構造で支持する ・砂、砕石などの基礎を併用することも多い
鳥居基礎	・極軟弱地盤のようにほとんど地耐力のない場合に用いられる ・沈下防止の杭を打ち、鳥居状に組んで支持する

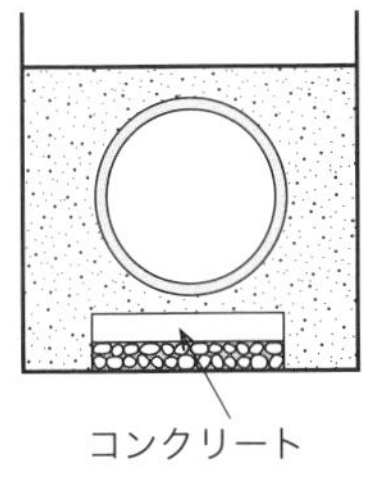

布基礎

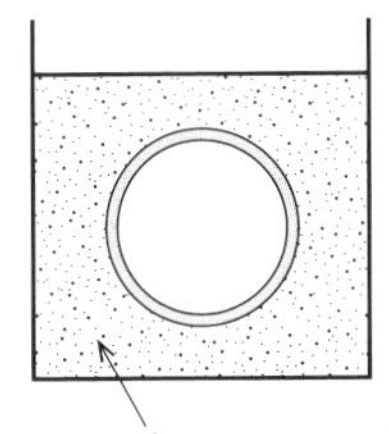

砂基礎・砕石基礎・ソイルセメント

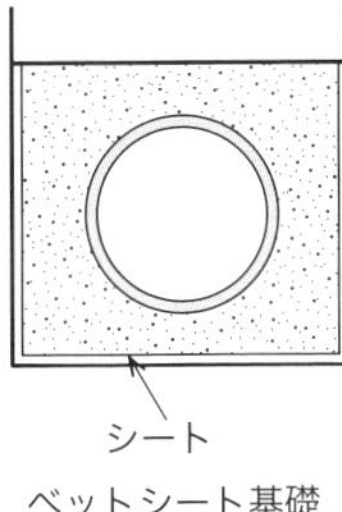

ベットシート基礎

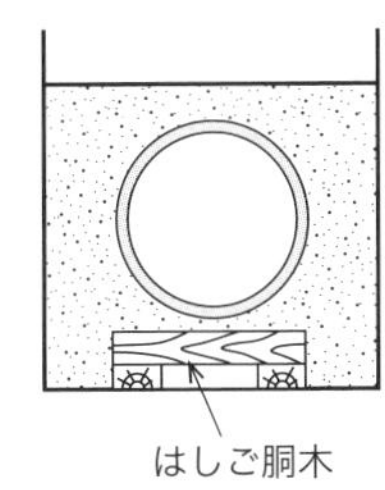

はしご胴木基礎

基礎工の種類（可とう性管きょ）

基礎工（可とう性管きょ）の特徴

基礎工	特　徴
布基礎	・支持層が極めて深く、杭の打込みが経済的でない場合に、コンクリート床版によって支持し、沈下を防止するタイプ
砂基礎の併用	・はしご胴木基礎などと砂基礎を併用する場合、胴木と管体の間には砂を十分に敷き均し、突き固める。

2. 管きょの接合

管きょの径が変化する場合、または方向や勾配が変化や合流のある場合などの接合にはマンホールを設ける。その際、接合には、水面接合、管頂接合を用いるが、その他にも管底接合、管中心接合、段差接合、階段接合などがある。

管きょの接合

水面接合	・各管きょの水面位を計算し、上下で一致させて接合 ・合理的な方法だが計算が複雑	マンホール
管頂接合	・上下流の管内頂部を合致させて接合 ・水面接続に次いで、水利的に円滑 ・下流側で掘削深が増す	マンホール 管頂を合致させる
管底接合	・上下流の管内底部を合致させて接合 ・下流側の掘削深は軽減 ・上流側の水理条件が悪い	マンホール 管低を合致させる
管中心接合	・上下流の管中心を一致させて接合 ・水面接続と管頂接続の中間的な方法	マンホール 管中心線
段差接合	・地表面の勾配が急な場合に用いる ・適度な間隔で設けたマンホール内で段差をつける ・段差は 1..5 m 以内 ・管きょの段差が 0.6 m 以上になるときは副管付きとする	マンホール 副管
階段接合	・地表面の勾配が急で、大口径の管きょや現場打ち管きょなどで用いる ・階段高さは 0.3 m 以内	マンホール

演習問題でレベルアップ

〈〈〈問題1〉〉〉 下水道に用いられる剛性管きょの基礎の種類に関する次の記述のうち、**適当でないもの**はどれか。

(1) 砂または砕石基礎は、砂または細かい砕石などを管きょ外周部にまんべんなく密着するように締め固めて管きょを支持するもので、設置地盤が軟弱地盤の場合に採用する。

(2) コンクリートおよび鉄筋コンクリート基礎は、管きょの底部をコンクリートで巻き立てるもので、地盤が軟弱な場合や管きょに働く外圧が大きい場合に採用する。

(3) はしご胴木基礎は、枕木の下部に管きょと平行に縦木を設置してはしご状に作るもので、地盤が軟弱な場合や、土質や上載荷重が不均質な場合などに採用する。

(4) 鳥居基礎は、はしご胴木の下部を杭で支える構造で、極軟弱地盤でほとんど地耐力を期待できない場合に採用する。

解説 (1) 砂または砕石基礎は、比較的地盤が良い場合に採用するので、この記述は適当ではない。

【解答 (1)】

〈〈〈問題2〉〉〉 下水道の管きょの接合に関する次の記述のうち、**適当でないもの**はどれか。

(1) マンホールにおいて上流管きょと下流管きょの段差が規定以上の場合は、マンホール内での点検や清掃活動を容易にするため副管を設ける。

(2) 管きょ径が変化する場合または2本の管きょが合流する場合の接合方法は、原則として管底接合とする。

(3) 地表勾配が急な場合には、管きょ径の変化の有無にかかわらず、原則として地表勾配に応じ、段差接合または階段接合とする。

(4) 管きょが合流する場合には、流水について十分検討し、マンホールの形状および設置箇所、マンホール内のインバートなどで対処する。

解説 (2) 管きょ径が変化する場合、または2本の管きょが合流する場合の接合方法は、原則として水面接合か管頂接合とするので、この記述は適当でない。

【解答 (2)】

9-3 推進工法・更生工法・薬液注入工法

基礎ポイント講義

1. 推進工法

推進工法は、開削工事では困難な道路や軌道を横断する場合に、地中の掘削機と推進管を油圧ジャッキで押し進めることで、管きょを埋設する工法。

大中口径管推進工法

• 呼び径が 800～3 000 mm の口径。

開放型推進工法

刃口式推進工法と呼ばれ、推進管の先端に刃口を装着して、開放状態の切羽を人力で掘削する。

密閉型推進工法

先導体として先端部が隔壁で密閉された推進機（シールド機）により推進する工法。泥水式推進工法、土圧式推進工法、泥濃式推進工法がある。

小口径管推進工法

• 呼び径が 150～700 mm の口径。

高耐荷力方式

高耐荷力管きょ（鉄筋コンクリート管、ダクタイル鋳鉄管、陶管など）を推進管として用い、直接管に推進力を負荷して推進する施工方式。

低耐荷力方式

低耐荷力管きょ（硬質塩化ビニル管など）を用い、先導体の推進に必要な推進力に対する先端抵抗を推進力伝達ロッドに作用させ、管には土との管外周面抵抗力のみを負担させることにより推進する施工方式。

鋼製さや管方式

先導体（または刃口ビット）を鋼製管に接続し、この鋼製管に直接推進力を伝達して推進し、これをさや管として用いて鋼製管内に硬質塩化ビニル管などの本管を布設する方式。

小口径管推進工法の掘削

圧入方式

一般に圧搾空気を用いてハンマ・ラムなどの衝撃によって、鋼管を無排土で

推進する一工程式。推進スパンの短い施工や取付管で多く用いられる。

オーガ方式

一般に鋼管の先端部にオーガヘッドを装着した先導体によって、掘削土砂をスクリューコンベアにより発進立坑側に排除する一工程式。

泥水方式

鋼管の先端部に泥水式先導体を装着して、循環泥水により切羽を安定させながら掘削、排土していくもので一工程式と二工程式がある。

泥土圧方式

鋼管の先端部に泥土圧式先導体を装着して、添加材注入と止水バルブにより、切羽を安定させながら掘削、排土していくもので、一般に一工程式。

ボーリング方式

鋼管の先端部に超硬切削ビットを装着し、鋼管本体を回転切削する一重ケーシング式と、二重構造の内側鋼管に取り付けた切削ビットを回転させながら掘削・排土する二重ケーシング式がある。

2. 更生工法

更生工法は、既設管きょにき裂やクラック、腐食などの問題が発生し、耐荷能力や耐久性、流下能力の保持が困難となった場合に、既設管きょ内面に新たな管を構築することで、新設管と同様の流下能力と強度を確保できるようにするもの。

管きょの更新工法

さや管工法

既設管きょよりも小さな管径の新管を挿入し、間隙に充填材を注入する。

形成工法

既設管きょに、熱硬化性樹脂を含浸させた材料などを引き込み、空気圧や水圧などで拡張し、既設管内に密着させて硬化させる。

反転工法

既設管きょに、熱硬化性樹脂を含浸させた材料などを反転加工しながら挿入し、加圧状態で樹脂を硬化させる。

製管工法

既設管きょに硬質塩化ビニル材などをかん合させながら製管し、既設管との空隙にモルタルなどを充填する。

3. 薬液注入工法

薬液注入工法は、地盤強化や止水の際に行われる工法で、凝固（ゲル化）する性質をもった薬液を地盤中の注入管に注入し、地盤強化（地盤強度の増大）や止水（透水性の減少）、空隙充填（地盤内や構造物周りの空隙を充填）を目的とした地盤改良工法の一つである。

薬液注入工法の種類

二重管ストレーナ工法/単相式

二重管ボーリングロッドを注入管として使用し、削孔から薬液注入までを一連の作業として行う。瞬結型（短いゲルタイム）注入材を使用する。

二重管ストレーナ工法/複相式

二重管ボーリングロッドを注入管として使用する工法。単相式との違いは、注入する際に瞬結型注入材と緩結型注入材の二つを交互に使用する点。短いゲルタイムの薬液で注入管回りのシールおよび地盤の粗詰めを行い、長いゲルタイムの薬液を地盤に浸透させる方式。

二重管ダブルパッカー工法

注入管の周囲から地表へ注入材がリークしないように確実なパッカーを行った後、長いゲルタイムの薬液を、低い注入速度で地盤に浸透させる方式。削孔と注入を別工程で行う。注入外管をあらかじめ埋設し、その中に内管を挿入して改良を行う。長いゲルタイムの薬液をゆっくり注入することにより均質な改良が可能であるが、工期が長くコストが高くなりやすい課題がある。埋設物に近接した場所や構造物直下などでも適用できる。

演習問題でレベルアップ

《《《問題1》》》下水道工事における小口径管推進工法の施工に関する次の記述のうち、**適当なもの**はどれか。

(1) 滑材の注入にあたり含水比の大きな地盤では、推進力低減効果が低下したり、圧密により推進抵抗が増加することがあるので、特に滑材の選定、注入管理に留意しなければならない。

(2) 推進管理測量を行う際に、水平方向については、先導体と発進立坑の水位差で管理する液圧差レベル方式を用いることで、リアルタイムに比較的高

精度の位置管理が可能となる。

⑶ 先導体を曲進させる際には、機構を簡易なものとするために曲線部内側を掘削し、外径を大きくする方法を採用するのが一般的である。

⑷ 先導体の到達にあたっては、先導体の位置を確認し、地山の土質、補助工法の効果の状況、湧水の状態などに留意し、その対策を施してから到達の鏡切りを行わなければならない。

解説 (1) 滑材の注入にあたり含水比の小さな地盤では、推進力低減効果が低下し、圧密により推進抵抗が増加することがあるので、特に滑材の選定、注入管理に留意しなければならない。よって、この記述は適当ではない。

(2) 推進管理測量を行う際に、垂直方向については、先導体と発進立坑の水位差で管理する液圧差レベル方式を用いることで、リアルタイムに比較的高精度の位置管理が可能となる。よって、この記述は適当ではない。

(3) 先導体を曲進させる際には、機構を簡易なものとするために全断面を掘削し、外径を大きくする方法を採用するのが一般的である。よって、この記述は適当ではない。

(4) は正しい記述である。 【解答 (4)】

《《《問題2》》》小口径管推進工法の施工に関する次の記述のうち、**適当でないもの**はどれか。

⑴ オーガ方式は、砂質地盤では推進中に先端抵抗力が急増する場合があるので、注水により切羽部の土を軟弱にするなどの対策が必要である。

⑵ 圧入方式は、排土しないで土を推進管周囲へ圧密させて推進するため、適用地盤の土質に留意すると同時に、推進路線に近接する既設建造物に対する影響にも注意する。

⑶ ボーリング方式は、先導体前面が開放しているので、地下水位以下の砂質地盤に対しては、補助工法により地盤の安定処理を行ったうえで適用する。

⑷ 泥水方式は、透水性の高い緩い地盤では泥水圧が有効に切羽に作用しない場合があるので、送泥水の比重、粘性を高くし、状況によっては逸泥防止材を使用する。

解説 (1) オーガ方式は、粘性土地盤では推進中に先端抵抗力が急増する場合があるので、注水などにより切羽部の土を軟弱にするなどの対策が必要である。

粘性土地盤では、推進中の先導体に土が付着してヘッド部が閉塞することがあり、この際に先端抵抗力が急増することがある。

なお、砂質地盤を推進する際に注水を行うと、切羽部が崩壊することがあり得るので、薬液注入工法などの補助工法により安定させる処理を必要とする。この記述は適当ではない。

【解答 (1)】

《《《問題3》》》下水道工事における小口径管推進工法の施工に関する次の記述のうち、**適当でないもの**はどれか。

(1) 小型立坑の鏡切りは、切羽部の地盤が不安定であると重大事故につながるため、地山や湧水の状態、補助工法の効果などの確認は慎重に行う。

(2) 推進管理測量として行うレーザトランシット方式は、発進立坑に据え付けたレーザトランシットから先導体内のターゲットにレーザ光を照射する方式である。

(3) 高耐荷力方式は、硬質塩化ビニル管などを用い、先導体の推進に必要な推進力の先端抵抗を推進力伝達ロッドに作用させ、管には周面抵抗力のみを負担させ推進する施工方式である。

(4) 滑材注入による推進力の低減をはかる場合は、滑材吐出口の位置は先導体後部および発進坑口止水器部に限定されるので、推進開始から推進力の推移を見ながら厳密に管理をする。

解説 (3) 高耐荷力方式の説明文として適当ではない。高耐荷力方式は、高耐荷力管きょ（鉄筋コンクリート管、ダクタイル鋳鉄管、陶管など）を推進管として用い、管に推進力を負荷して推進する施工方式。問題文の内容は低耐荷力方式である。

【解答 (3)】

ひとこと アドバイス

上水道管や下水道管の更生工法について、さまざまな出題パターンがあるので、以降の 演習問題でレベルアップ でも、基礎的な知識を覚えながら解答に慣れておこう。

《《《問題4》》》 上水道管の更新・更生工法に関する次の記述のうち、**適当でないもの**はどれか。

(1) 既設管内挿入工法は、挿入管としてダクタイル鋳鉄管および鋼管などが使用されているが、既設管の管径や屈曲によって適用条件が異なる場合があるため、挿入管の管種や口径などの検討が必要である。

(2) 既設管内巻込工法は、管を巻き込んで引込作業後拡管を行うので、更新管路は曲がりには対応しにくいが、既設管に近い管径を確保することができる。

(3) 合成樹脂管挿入工法は、管路の補強が図られ、また、管内面は平滑であるため耐摩耗性が良く流速係数も大きいが、合成樹脂管の接着作業時の低温には十分注意する。

(4) 被覆材管内装着工法は、管路の動きに対して追随性が良く、曲線部の施工が可能で、被覆材を管内で反転挿入し圧着する方法と、管内に引込み後、加圧し膨張させる方法とがあり、適用条件を十分調査のうえで採用する。

2時限目 専門土木

解説 (1) 既設管内挿入工法は、既設管をさや管とし、その中に新管を挿入するものである。施工の手順は、立坑を設置、既設管の切断、管内クリーニングの後に、油圧ジャッキなどにより新管を挿入する。水圧試験の後、既設管と新管との隙間に充填材を注入し、立坑部の新管接続と復旧を行って完了となる。挿入管としてダクタイル鋳鉄管や鋼管などが使用されているが、既設管の管径や屈曲によって適用条件が異なる場合があるため、挿入管の管種や口径などの検討が必要である。よって、この記述は適当である。

(2) 既設管内巻込工法は、挿入する新管を径縮した巻込鋼管を用いる点で、既設管内挿入工法と異なる。巻込鋼管は、工場でロール成形後において管軸方向には溶接せず治具で仮固定し、縮径状態で既設管内へ引き込む。所定の位置まで引き込んだ後、最終仕上げ径まで拡管し、管軸および円周方向に溶接、充填材注入の後、管内面塗装という順で施工される。このため、更新管路は曲がりにも対応しやすく、既設管に近い管径を確保することができる。したがって、この記述は適当ではない。

(3)、(4) は適当な記述である。 【解答 (2)】

《《《問題5》》》下水道管きょの更生工法に関する次の記述のうち、**適当なもの**はどれか。

(1) 反転工法は、既設管きょより小さな管径で工場製作された管きょをけん引挿入し、間隙にモルタルなどの充填材を注入することで管を構築する。
(2) 形成工法は、熱で硬化する樹脂を含浸させた材料をマンホールから既設管きょ内に加圧しながら挿入し、加圧状態のまま樹脂が硬化することで管を構築する。
(3) さや管工法は、硬化性樹脂を含浸させた材料や熱可塑性樹脂で成形した材料をマンホールから引き込み、加圧し、拡張・圧着後に硬化や冷却固化することで管を構築する。
(4) 製管工法は、既設管きょ内に硬質塩化ビニル樹脂材などをかん合し、その樹脂パイプと既設管きょとの間隙にモルタルなどの充填材を注入することで管を構築する。

解説 (1) 反転工法は、熱硬化性樹脂を含浸させた筒状の含浸用基材（ガラス繊維など）を、マンホールから既設管内に反転加工しながら挿入し、加圧状態のままで温水や蒸気などで樹脂を硬化させて更生するもの。問題文は、さや管工法の記述であるので、適当ではない。

(2) 形成工法は、既設管きょに、熱または光で硬化する樹脂を含浸させた材料や熱可塑性樹脂で形成した材料をマンホールから引き込み、空気圧などで加圧し、拡張・圧着後に硬化させて更生するもの。問題文は、反転工法の記述であるので、適当ではない。

(3) さや管工法は、既設管きょよりも小さな管径で工場製作された管きょをけん引挿入し、間隙にモルタルなどの充填材を注入することで更生するもの。問題文は、形成工法の記述であるので、適当ではない。

(4) は適当な記述である。　【解答 (4)】

《《《問題6》》》下水道管きょの更生工法に関する次の記述のうち、**適当なもの**はどれか。

(1) 形成工法は、既設管きょより小さな管径で製作された管きょをけん引挿入し、間隙にモルタルなどの充填材を注入することで管を構築する。

⑵ さや管工法は、既設管きょ内に硬質塩化ビニル樹脂材などをかん合して製管し、既設管きょとの間隙にモルタルなどの充填材を注入することで管を構築する。
⑶ 製管工法は、熱硬化樹脂を含浸させた材料や熱可塑性樹脂で形成した材料をマンホールに引き込み、加圧し、拡張・圧着後、硬化や冷却固化することで管を構築する。
⑷ 反転工法は、含浸用基材に熱硬化性樹脂を含浸させた更生材を既設管きょ内に反転加圧させながら挿入し、既設管きょ内で温水や蒸気などで樹脂が硬化することで管を構築する。

解説 各工法の特徴を覚えておくと、出題パターンが変わっても対応しやすい。
(1) 形成工法の説明としては適当ではない。記述はさや管工法の特徴である。
(2) さや管工法の説明としては適当ではない。記述は製管工法の特徴である。
(3) 製管工法の説明としては適当ではない。記述は形成工法の特徴である。
(4) **反転工法の説明として適当なものである。** 【解答 (4)】

《《《問題7》》》 下水道工事における、薬液注入効果の確認方法に関する次の記述のうち、**適当でないもの**はどれか。
⑴ 現場透水試験の評価は、注入改良地盤で行った現場試験の結果に基づき、透水性に関する目標値、設計値、得られた透水係数のばらつきなどから総合的に評価する。
⑵ 薬液注入による地盤の不透水化の改良効果を室内透水試験により評価するには、未注入地盤の透水係数と比較するか、目標とする透水係数と比較する。
⑶ 標準貫入試験結果の評価は、薬液注入前後のN値の増減を見て行い、評価を行う際にはボーリング孔の全地層のN値を平均するなどの簡易的な統計処理を実施する。
⑷ 室内強度試験は、薬液注入によって改良された地盤の強度特性や変形特性などを求め改良効果を評価するものであり、薬液注入後の乱さない試料が得られた場合に実施する。

解説 (3) 標準貫入試験結果の評価は、薬液注入前後のN値の増減を見て行い、評価を行う際には注入改良地盤における注入前後のN値を比較して改良効

果を確認する。ボーリング孔の全地層の N 値を平均する方法ではないので、適当な記述ではない。そのほかの記述は適当である。 【解答（3）】

《《《問題8》》》薬液注入工事の施工管理に関する次の記述のうち、**適当でないもの**はどれか。

(1) 薬液注入工事においては、注入箇所から 10 m 以内に複数の地下水監視のために井戸を設置して、注入中のみならず注入後も一定期間、地下水を監視する。

(2) 薬液注入工事における注入時の管理を適正な配合とするためには、ゲルタイム（硬化時間）を原則として作業中に測定する。

(3) 薬液注入工事による構造物への影響は、瞬結ゲルタイムと緩結ゲルタイムを使い分けた二重管ストレーナ工法（複相型）の普及により少なくなっている。

(4) 薬液注入工事における 25 m 以上の大深度の削孔では、ダブルパッカー工法のパーカッションドリルによる削孔よりも、二重管ストレーナ工法（複相型）のほうが削孔の精度は低い。

解説 薬液注入工事に関する出題である。基礎的な知識を覚えておこう。

（1）適当な記述である。薬液注入箇所からおおむね 10 m 以内に少なくとも数箇所の採水地点を設けなければならない。採水は、観測井を設けて行うものとするが、状況に応じ既存の井戸を利用できることになっている。採水回数は、工事着手前に 1 回、工事中は毎日 1 回以上、工事終了後 2 週間を経過するまで毎日 1 回以上、その後半年を経過するまでは月 2 回以上の監視が必要である。

（2）薬液注入工事における注入時の管理を適正な配合とするためには、ゲルタイム（硬化時間）を原則として、作業開始前、午前、午後の各 1 回以上測定する。したがって、この記述は適当ではない。

（3）、（4）の記述は適当。二重管ストレーナ工法（複相型）は深度 20 m 程度であるが、ダブルパッカー工法は大深度にも対応できる。 【解答（2）】

3時限目
法　規

1章 労働基準法

1-1 労働契約、就業規則

出題傾向と学習のススメ

労働基準法からは、労働契約・就業規則、賃金・労働時間・災害補償からの出題が2問程度ある。それぞれ基本的な知識から出題となっているので、しっかり覚えておけば対応できる。

基礎ポイント講義

1. 労働契約

適用事業の範囲（適用除外）

労働基準法は、労働者を使用する事業または事務所に適用するものであり、同居の親族のみを使用する事業や事務所、家事使用人については適用しないこととされている。

労働契約

労働契約は、使用者と個々の労働者とが、労働することを条件に賃金を得ること、つまり労務給付に関して締結する契約をいう。労働基準法に定められている基準に達しないような労働契約の部分は無効となり、労働基準法で定める基準になる。

労働契約は、期間の定めのないものを除き、一定の事業の完了に必要な期間を定めるもののほかは、3年※を超える期間について締結してはならない。

※　高度の専門的知識などを必要とする業務に就く者や満60歳以上の労働者との間に締結される労働契約といった一定の要件に該当する場合は5年。

労働条件

労働条件は、労働者と使用者が対等の立場で決定し、両者は労働協約、就業規則、労働契約を守る必要がある。

使用者は、労働契約の不履行について違約金を定める、損害賠償額を予定するなどの契約をしてはならない。**【賠償予定の禁止】**

使用者は、労働者に対して、賃金、労働時間その他の労働条件を明示しなければならない。**【労働条件の明示】**

代表的な労働条件

均等待遇の原則	使用者は労働者の国籍、信条、社会的身分を理由として、賃金・労働時間などの労働条件について、差別的取扱いをしてはならない。
男女同一賃金の原則	使用者は、労働者が女性であることを理由として賃金についての差別的取扱いをしてはならない。
未成年者の労働契約	親権者または後見人は、満 20 歳未満の未成年者に代わって労働契約を締結してはならない。また、未成年者は独立して賃金を請求することができ、親権者・後見人が賃金を代わって受け取ってはならない。

書面により明示しなければならない事項

- 賃金の決定、計算、支払の方法、締切と支払時期
- 昇給に関する事項
- 就業場所、従事すべき業務
- 始業、終業の時刻、休憩時間、休日・休暇、交代式勤務などの就業時転換
- 退職に関する事項
- 労働契約の期間（有期労働契約の場合）

定めのある場合に明示しなければならない事項

- 退職手当その他の手当、賞与
- 安全および衛生
- 食事、作業用品
- 職業訓練
- 表彰、制裁
- 休職　など

解雇

解雇は、客観的に合理的な理由を欠き、社会通念上相当であると認められない場合は、その権利を濫用したものとして無効になる。

解雇制限

使用者は、労働者が業務上負傷したり、疾病にかかったりその療養で休業する期間とその後 30 日間は解雇してはならない。

また、産前産後の女性が休業する期間とその後 30 日間は解雇できない。

ただし、打切補償を支払う場合や、天災事変その他やむを得ない事由のために事業の継続が不可能になった場合はこの限りではない。この場合は、その事由について行政官庁の認定を受けなければならない。

解雇予告

使用者は、労働者を解雇しようとする場合は、少なくとも **30 日前に予告**しなければならない。解雇予告の除外は次のとおり。

解雇予告が不要な場合

解雇予告除外者	即時解雇のできる期間※
日々雇い入れられる者	1か月以内
2か月以内の期間を定めて使用される者	契約期間以内
季節的業務に4か月以内の期間を定めて使用される者	契約期間以内
試用期間中の者	14日以内

※　この期間を超えて引き続き働くことになった場合は解雇予告制度の対象になる。

30日前に解雇の予告をしない場合は、**30日分以上の平均賃金を支払わなければならない**。ただし、天災事変その他やむを得ない事由（例：火災による焼失、地震による倒壊など）のために事業の継続が不可能になった場合はこの限りではないとされている。また、予告の日数は、1日について平均賃金を支払った場合は、その日数を短縮できる。

年少者、女性

年少者労働基準規則※

深夜業	・満18歳に満たない男女を年少者といい、労働時間、時間外・休日労働の例外規定（36条協定、変形労働時間など）を適用しない。 ・使用者は、年少者を午後10時から翌午前5時までの時間帯に労働させてはならない。ただし、交替制によって使用する満16歳以上の男性についてはこの限りではない。
就業制限	・使用者は、年少者を危険有害業務や坑内労働に就かせてはならない。

※　なお、満15歳に達した日以後の最初の3月31日が終了しない児童は、労働者として使用してはならない。

女性労働基準規則

妊娠中の女性を妊婦、産後1年以内の女性を産婦とし、妊産婦の妊娠、出産、保育などに有害な業務、また妊産婦以外の女性については妊娠・出産機能に有害な業務に関して就業制限がある。年少者と同じく、原則として坑内労働はできない。

2. 就業規則

常時10人以上の労働者を使用する使用者は、就業規則を作成し、行政官庁に届け出なければならない。内容を変更した場合においても、同様とする。就業規則に記述するのは、始業・終業の時刻、休憩時間、休日、休暇に関する事項、賃金、退職などに関する事項である。

就業規則には、必ず記載しなければならない絶対的必要記載事項と、事業場で定めをする場合に記載しなければならない相対的必要記載事項がある。

就業規則で定める基準に達しない労働条件を定める労働契約は、その部分については、無効となる。つまり、就業規則の優先順位は次のように整理できる。

法令（強行法規）＞労働協約 ＞就業規則 ＞労働契約

絶対的必要記載事項

① 始業および終業の時刻、休憩時間、休日、休暇ならびに交替制の場合には就業時転換に関する事項

② 賃金の決定、計算および支払の方法、賃金の締切および支払の時期ならびに昇給に関する事項

③ 退職に関する事項（解雇の事由を含む）

相対的必要記載事項

① 退職手当に関する事項

② 臨時の賃金（賞与）、最低賃金額に関する事項

③ 食費、作業用品などの負担に関する事項

④ 安全衛生に関する事項

⑤ 職業訓練に関する事項

⑥ 災害補償、業務外の傷病扶助に関する事項

⑦ 表彰、制裁に関する事項

⑧ その他全労働者に適用される事項

演習問題でレベルアップ

〈〈〈問題1〉〉〉労働基準法に定められている労働契約に関する次の記述のうち、**誤っているもの**はどれか。

(1) 使用者は、労働契約の締結に際し、労働者に対して賃金、労働時間その他の労働条件を明示しなければならない。

(2) 使用者は、労働者が業務上負傷し、または疾病にかかり療養のために休業する期間およびその後30日間は、原則として、解雇してはならない。

(3) 使用者は、労働者を解雇しようとする場合において、30日前に予告をしない場合は、30日分以上の平均賃金を原則として、支払わなければならない。

⑷ 使用者は、労働者の死亡または退職の場合において、権利者からの請求の有無にかかわらず、賃金を支払い、労働者の権利に属する金品を返還しなければならない。

解説 (4) 使用者は、労働者の死亡または退職の場合において、権利者からの請求があった場合においては、賃金の支払い、労働者の権利に属する金品を返還しなければならない。よって、この記述が誤り。

労働基準法第 23 条 1 項

使用者は、労働者の死亡または退職の場合において、権利者の請求があった場合においては、7 日以内に賃金を支払い、積立金、保証金、貯蓄金その他名称の如何を問わず、労働者の権利に属する金品を返還しなければならない。

【解答 (4)】

《《《問題２》》》常時 10 人以上の労働者を使用する使用者が、労働基準法上、**就業規則に必ず記載しなければならない事項**は次の記述のうちどれか。

⑴ 臨時の賃金など（退職手当を除く）および最低賃金額に関する事項

⑵ 退職に関する事項（解雇の事由を含む）

⑶ 災害補償および業務外の傷病扶助に関する事項

⑷ 安全および衛生に関する事項

解説 (1) 臨時の賃金は、絶対的必要記載事項には該当せず、相対的必要記載事項である。

(2) 退職に関する事項（解雇の事由を含む）は、絶対的必要記載事項に該当する。よって、この記述が正しい。

(3) 災害補償および業務外の傷病扶助に関する事項は、絶対的必要記載事項には該当せず、相対的必要記載事項である。

(4) 安全および衛生に関する事項は、絶対的必要記載事項には該当せず、相対的必要記載事項である。

【解答 (2)】

《《《問題３》》》就業規則に関する次の記述のうち、労働基準法令上、**誤っているもの**はどれか。

(1) 使用者は、原則として労働者と合意することなく、就業規則を変更することにより、労働者の不利益に労働契約の内容である労働条件を変更することはできない。
(2) 就業規則で定める基準に達しない労働条件を定める労働契約は、労働者と使用者が合意すれば、すべて有効である。
(3) 常時規定人数以上の労働者を使用する使用者は、就業規則を作成し、行政官庁に届け出なければならない。
(4) 就業規則には、始業および終業の時刻、賃金の決定、退職に関する事項を必ず記載しなければならない。

解説 (1) 正しい記述である。

労働基準法第90条1項

使用者は、就業規則の作成または変更について、当該事業場に、労働者の過半数で組織する労働組合がある場合においてはその労働組合、労働者の過半数で組織する労働組合がない場合においては労働者の過半数を代表する者の意見を聴かなければならない。

(2) 就業規則で定める基準に達しない労働条件を定める労働契約は、その部分については無効となる。したがって、この記述は誤りとなる。

労働契約法第12条

就業規則で定める基準に達しない労働条件を定める労働契約は、その部分については、無効とする。この場合において、無効となった部分は、就業規則で定める基準による。

(3) 正しい記述である。

労働基準法第89条

常時10人以上の労働者を使用する使用者は、次に掲げる事項について就業規則を作成し、行政官庁に届け出なければならない。

①始業・終業の時間、交替勤務など、②賃金の決定など、③退職、④臨時の賃金など、⑤労働者の食費・作業用品の負担など、⑥安全及び衛生関連事項、⑦職業訓練関係事項、⑧災害補償・業務外傷病扶助関係、⑨表彰・制裁関連、⑩以上のほか、当該事業場の労働者のすべてに適用される定めをする場合においては、それに関する事項

以上、本文中の労働基準法の解説を参照されたい。

(4) 正しい記述である。 【解答 (2)】

1-2 賃金、労働時間、災害補償

基礎ポイント講義

1. 賃金

労働基準法において賃金とは、給料、手当、賞与、その他の名称はともかくとして、使用者が労働者の労働に対して支払うものすべてをいう。

賃金の支払いの五つの原則

賃金には、通貨で支払う、直接労働者に支払う、全額を支払う、毎月1回以上支払う、一定期日（決まった日）に支払う、という原則がある。

ただし、臨時に支払われる賞与や賃金はこの限りではない。また、労使協定で書面による取決めがあれば、賃金の一部を控除したり現物品で支払ったりすることもできる。賃金の最低基準は、最低賃金法の定めによる。

休業手当・非常時払

休業手当	使用者の責任により休業する場合は、休業期間中であっても平均賃金の60％以上の手当を労働者に支払わなければならない。
非常時払	また労働者が、非常の場合（出産、疾病、災害など）の費用にするため賃金の請求したときは、支給日前であってもそれまでの労働に対する賃金を支払わなければならない。

休業手当・非常時払

種　別	条　件	割増率
時間外労働割増賃金	法定時間外労働（1日8時間を超える労働・1週40時間を超える労働など）をした場合	×0.25以上
休日労働割増賃金	法定休日労働（1週1日の休日に労働）をした場合	×0.35以上
深夜労働割増賃金	深夜時間帯（午後10時から翌午前5時までの間）に労働した場合	×0.25以上

（1）時間外労働が深夜時間帯に及んだ場合にはその時間は5割増（×0.5）以上
（2）休日労働が深夜時間帯に及んだ場合にはその時間は6割増（×0.6）以上
※　休日の労働時間はすべて休日労働。休日労働と時間外労働とが重なることはない。

- 割増賃金の計算の基礎からは、①家族手当、②通勤手当、③別居手当、④子女教育手当、⑤臨時に支払われた賃金、⑥1か月を超える期間ごとに支払われる賃金、⑦住宅手当、の七つの手当のみ除外することができる。

賃金台帳

使用者は、労働者名簿、賃金台帳および雇入、解雇、災害補償、賃金など労働関係に関する重要な書類を 3 年間保存（記録の保存）しなければならない。

使用者は、事業場ごとに賃金台帳を調製し、賃金計算の基礎となる事項および賃金の額、その他厚生労働省令で定める事項を賃金支払のつど遅滞なく記入しなければならない。

2. 労働時間

法定労働時間

1 日 8 時間、週 40 時間の原則	労働時間は、1 日 8 時間（休憩時間を除く）、1 週 40 時間を超えてはならない。
変形労働時間制	ただし、労使協定、就業規則などにより、週休を確保するため 1 か月あるいは 1 年を限度として、平均して 1 週の労働時間が 40 時間を超えない定めをした場合、特定の日に 8 時間または特定の週に 40 時間以上を労働させることができる。 ただし、1 日 10 時間、1 週間 52 時間を限度とする。

休憩時間

休憩時間は、労働時間が 6 時間を超える場合は少なくとも 45 分、8 時間を超える場合は少なくとも 1 時間の休憩時間を労働時間の途中に与え、労働者は自由に利用することができる。休憩時間は一斉に与えなければならないが、労働組合などの書面による協定がある場合はこの限りでない。

休日

使用者は、労働者に少なくとも 1 週 1 回の休日を与えなければならない。ただし、4 週を通じて 4 日以上の休日を与える場合はこの限りでない。

年次有給休暇は 6 か月にその間の全労働日の 8 割以上出勤したときは 10 日以上の休暇を与え、1 年ごとに 1 日加算、最大 20 日間とする。

時間外および深夜・休日労働

使用者は、労働者の過半数で組織する労働組合などと書面で協定し、行政官庁に届け出た場合は、法定労働時間、休日の規定にかかわらず労働時間の延長や休日労働させることができる（36 条協定）。

しかし、1 週 15 時間、1 か月 45 時間、1 年 360 時間を超えてはならない。

坑内労働のような健康上有害な業務の労働時間の延長は、1 日について 2 時間を超えてはならない。

主な健康上有害な業務

・異常気圧下での業務
・削岩機、鋲打機など身体に著しい振動を与える業務
・重量物の取扱いなどの重激な業務
・高温または低温の条件下で行う業務　など

深夜業※

・午後10時から翌午前5時の間に労働する場合

※　監督、管理の地位にある者、監視または断続的労働に従事する者で行政官庁の許可を受けた者は、労働時間、休憩および休日に関する規定は適用されない。ただし、深夜業は適用を受ける。

演習問題でレベルアップ

《《《問題1》》》労働時間および休憩に関する次の記述のうち、労働基準法上、**誤っているもの**はどれか。

(1) 使用者は、災害その他避けることのできない事由によって臨時の必要が生じ、労働時間を延長する場合においては、事態が急迫した場合であっても、事前に行政官庁の許可を受けなければならない。

(2) 使用者は、労働者に、休憩時間を除き1週間については40時間を超えて、1週間の各日については1日について8時間を超えて、労働させてはならない。

(3) 使用者が、労働者に労働時間を延長して労働させた場合においては、その時間の労働については、通常の労働時間の賃金の計算額に対して割増した賃金を支払わなければならない。

(4) 使用者は、労働時間が6時間を超える場合においては少なくとも45分、8時間を超える場合においては少なくとも1時間の休憩時間を労働時間の途中に、原則として一斉に与えなければならない。

解説 (1) 使用者は、災害その他避けることのできない事由によって臨時の必要が生じ、労働時間を延長する場合においては、事態が急迫した場合、事後に遅滞なく行政官庁に届け出なければならない。よって、この記述が誤り。

労働基準法第 33 条 1 項

災害その他避けることのできない事由、臨時の必要がある場合、使用者は、行政官庁の許可を受けて、その必要の限度において労働時間を延長し、または休日に労働させることができる。ただし、事態急迫のために行政官庁の許可を受ける暇がない場合は、事後に遅滞なく届け出なければならない。

【解答（1）】

〈〈〈問題 2〉〉〉 労働時間および休暇・休日に関する次の記述のうち、労働基準法上、**正しいもの**はどれか。

(1) 使用者は、労働者の過半数を代表する者と書面による協定を定める場合でも、1 か月に 100 時間以上、労働時間を延長し、または休日に労働させてはならない。

(2) 使用者は、労働時間が 6 時間を超える場合においては最大で 45 分、8 時間を超える場合においては最大で 1 時間の休憩時間を労働時間の途中に与えなければならない。

(3) 使用者は、6 か月間継続勤務し全労働日の 5 割以上出勤した労働者に対して、継続し、または分割した 10 労働日の有給休暇を与えなければならない。

(4) 使用者は、協定の定めにより労働時間を延長して労働させ、または休日に労働させる場合でも、坑内労働においては、1 日について 3 時間を超えて労働時間を延長してはならない。

解説 （1）臨時的な特別な事情があって労使が合意する場合でも、時間外労働＋休日労働が月 100 時間未満、2～6 か月平均 80 時間以内とする必要がある。正しい記述である。

（2）使用者は、労働時間が 6 時間を超える場合においては、少なくとも 45 分、8 時間を超える場合においては少なくとも 1 時間の休憩時間を労働時間の途中で与えなければならない。よって、この記述は誤り。

（3）使用者は、6 か月間継続勤務し全労働日の 8 割以上出勤した労働者に対して、10 労働日の有給休暇を与えなければならない。よって、この記述は誤り。

（4）使用者は、協定の定めにより労働時間を延長して労働させ、または休日に労働させる場合でも、坑内労働においては 1 日について 2 時間を超えて労働時間を延長してはならない。よって、この記述は誤り。

【解答（1）】

2章 労働安全衛生法

2-1 安全衛生管理体制

出題傾向と学習のススメ

労働安全衛生法からの出題は、例年2問程度。安全衛生管理体制や、法に基づく安全管理に関する出題がそれぞれ1問程度見られる。いずれも法規に関する基本的な知識からの出題となっている。

基礎ポイント講義

1. 安全衛生管理体制

労働安全衛生法は、労働災害の防止のための危害防止基準の確立、責任体制の明確化および自主的活動の促進の措置を講じるなど、その防止に関する総合的計画的な対策を推進することにより、職場における労働者の安全と健康を確保し、快適な職場環境の形成を促進することを目的としている。このため、事業所の規模に応じた安全衛生管理体制をとる必要がある。

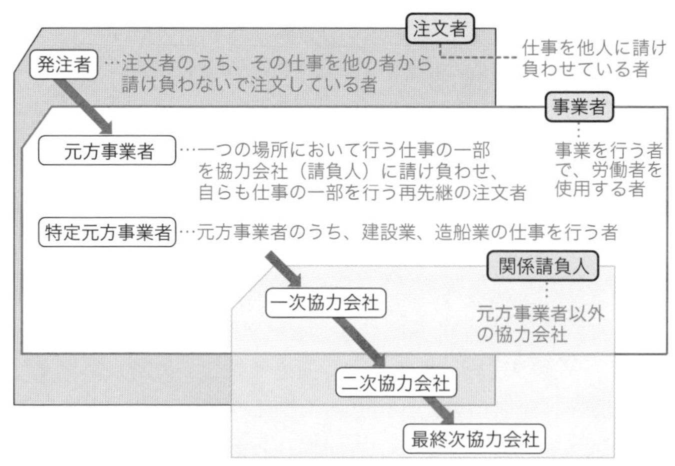

建設工事に関係するさまざまな立場

下請混在現場における安全衛生管理組織

建設現場では、元請け・下請け、共同企業体など、それぞれの所属業者の異なった労働者が混在して作業を行うことが多い。元請業者（特定元方事業者）は、同一現場で常時50人以上（トンネル（隧道（ずいどう））掘削や圧気工法による作業では常時30人以上）の労働者がいる場合は、統括安全衛生責任者を選任しなければならない。

特定元方事業者が選任するもの

選任する責任者・組織	必要とされる条件	役割など
統括安全衛生責任者	同一場所で混在して作業を行う労働者が常時50人以上の場合に選任 ※ずい道や橋梁での作業場所の狭い場合や、圧気工法による場合は常時30人以上で選任する	事業の実施についての統括管理権限と責任を負う協議組織の設置・運営、作業間の連絡、作業場所の巡視、関係請負人の行う安全衛生教育の指導・援助、工程計画、機械設備の配置計画、法令上の措置についての指導といった統括管理の役割がある
元方安全衛生管理者	統括安全衛生責任者が選任された事務所	統括安全衛生責任者が統括管理すべき役割のうち、技術的事項を管理する特定元方事業者から選任
安全衛生責任者	統括安全衛生責任者が選任された事務所。請負人からの選任	統括安全衛生責任者との連絡や、受けた連絡事項の関係者への連絡と管理、労働災害にかかる危険の有無の確認など

事業所ごと（元請、下請それぞれ）に選任、設置するもの

選任する責任者・組織	必要とされる条件	役割など
統括安全衛生管理者	常時100人以上の労働者を使用する事業場で選任	事業の運営を統括管理する者で、安全衛生に関する実質的な統括管理する権限と責任を有する
安全管理者 衛生管理者	常時50人以上の労働者を使用する事業場で選任	事業者または統括安全衛生管理者の指揮の下で、安全と衛生に関する技術的事項を管理する
安全衛生推進者	常時10以上50人未満の事業場で選任（総括安全衛生管理者に代わり選任）	労働安全衛生業務（職場の点検、健康診断や健康保持推進の措置、安全衛生教育、労働災害の防止など）を担当する
産業医	常時50人以上の労働者を使用する事業場で、医師のうちから選任	労働者の健康管理（健康診断の実施と措置、作業環境の維持管理、衛生教育、健康障害の調査・再発防止など）を担当。事業者に勧告できる
安全委員会 衛生委員会 安全衛生委員会	常時50人以上の労働者を使用する事業場で設けられる	それぞれ以下の目的のため、基本的な対策などに関することを調査審議させ、事業者に意見を述べることにしている ・安全委員会：労働者の危険を防止するため ・衛生委員会：労働者の健康障害を防止のため ※それぞれの委員会の設置にかえて安全衛生委員会を設けることができる

※　作業主任者の選任については、次項で解説する。

安全衛生管理体制（組織図）

●50 人以上の組織図

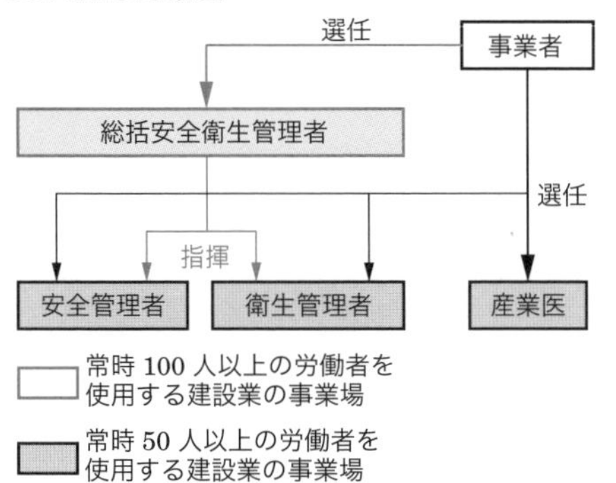

●10〜49人の組織図

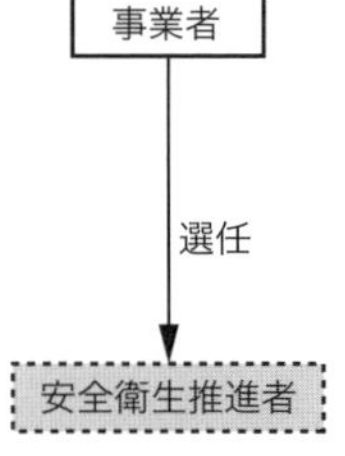

常時 10〜49 人の労働者を使用する建設業の事業場

安全衛生管理体制

2. 作業主任者

作業主任者の選任が必要な作業の例

- 掘削面の高さが 2 m 以上となる地山の掘削の作業
- 型枠支保工の組立て、解体の作業
- 土止め支保工の切りばり、または腹起こしの取付け・取外しの作業
- 吊り足場（ゴンドラの吊り足場を除く）、張出し足場、高さ 5 m 以上の構造の足場の組立て、解体、変更の作業
- 建築物の骨組みまたは塔であって、金属製の部材により構成されるもの（その高さが 5 m 以上であるものに限る）の組立て、解体、変更の作業
- コンクリート造の工作物の解体、破壊の作業（高さ 5 m 以上）
- コンクリート破砕器を用いて行う破砕の作業　など

作業主任者を必要とする業務

選任配置すべき者	業　務　内　容	資格要件
高圧室内作業主任者	高圧室内作業（潜函工法その他の圧気工法により、大気圧を超える気圧下の作業室またはシャフトの内部において行う作業に限る）	免許者
ガス溶接作業主任者	アセチレン溶接装置またはガス集合溶接装置を用いて行う金属の溶接、溶断または加熱の作業	免許者
木材加工用機械作業主任者	丸のこ盤、帯のこ盤等木材加工用機械を原則 5 台以上有する事業場における当該機械による作業	技能講習修了者
コンクリート破砕器作業主任者	コンクリート破砕器を使用する破砕の作業	技能講習修了者

つづく

つづき

地山の掘削 作業主任者	掘削面の高さが 2 m 以上となる地山の掘削作業	技能講習修了者
土止め支保工 作業主任者	土止め支保工の切りばりまたは腹起こしの取付けまたは取外しの作業	技能講習修了者
ずい道等の掘削等 作業主任者	ずい道等の掘削、ずり積み、ずい道支保工の組立て、ロックボルトの取付けまたはコンクリート等の吹付けの作業	技能講習修了者
ずい道等の覆工 作業主任者	型枠支保工の組立て、移動、解体、コンクリートの打設等ずい道等の覆工の作業	技能講習修了者
採石のための掘削 作業主任者	掘削面の高さが 2 m 以上となる岩石の採取のための掘削の作業	技能講習修了者
型枠支保工の組立て等 作業主任者	型枠支保工の組立てまたは解体の作業	技能講習修了者
足場の組立て等 作業主任者	吊り足場、張出し足場または高さが 5 m 以上の構造の足場の組立て、解体または変更の作業	技能講習修了者
建築物等の鉄骨の 組立て等作業主任者	建築物の骨組みまたは塔であって、金属製の部材により構成されるもの（その高さが 5 m 以上であるものに限る）の組立て、解体または変更の作業	技能講習修了者
鋼橋架設等 作業主任者	橋梁の上部構造であって、金属製の部材により構成されるもの（その高さが 5 m 以上であるものまたは当該上部構造のうち橋梁の支間が 30 m 以上である部分に限る）の架設、解体または変更の作業	技能講習修了者
木造建築物の組立て等 作業主任者	軒高 5 m 以上の木造建築物の構造部材の組立て、屋根下地、外壁下地の取付けの作業	技能講習修了者
コンクリート造の 工作物の解体等 作業主任者	高さ 5 m 以上のコンクリート造の工作物の解体または破壊の作業	技能講習修了者
コンクリート橋架設等 作業主任者	橋梁の上部構造であって、コンクリート造のもの（その高さが 5 m 以上のものまたは当該上部構造のうち橋梁の支間が 30 m 以上である部分に限る）の架設または変更の作業	技能講習修了者
酸素欠乏危険または酸 素欠乏・硫化水素危険 作業主任者	第 1 種および第 2 種酸素欠乏危険場所における作業	技能講習修了者
有機溶剤作業主任者	屋内作業場、タンク、坑の内部などで有機溶剤とそれの含有量が 5%を超えるものを取り扱う作業	技能講習修了者

（注） 建設業に関連の深いものを抜粋。

ひとこと アドバイス

労働安全衛生法に関する出題は、本書 5 時限目 3 章「安全管理」（p.361）でも学習するので、関連させて覚えておこう。

2-2 建設工事計画

基礎ポイント講義

1. 届出義務

労働安全衛生法では、労働災害の生じるおそれのある大規模で高度な技術を要する工事や、危険または有害な機械などの設置をしようとするときなどにおいては、その計画を一定の期日までに届け出ることが義務づけられている。

2. 建設工事計画の届出

- 機械などで、危険または有害な作業をする際や、危険な場所で使用する際は、その計画を工事開始日の 30 日前までに労働基準監督署長に届け出なければならない。

建設工事計画の届出

厚生労働大臣に届出の必要な工事→工事開始 30 日前までに直接厚生労働大臣に工事の計画を届け出る	
建築工事など	高さが 300 m 以上の塔
ダム工事	堤高が 150 m 以上
橋梁工事	最大支間 500 m 以上、吊り橋は 1 000 m 以上
トンネル工事	長さが 3 000 m 以上 長さが 1 000 m 以上、3 000 m 未満のずい道で深さが 50 m 以上のたて坑 があるもの
潜函、シールド工事など	0.3 MPa 以上の圧気工法
労働基準監督署長に届出の必要な工事→工事開始 14 日前までに労働基準監督署長へ工事の計画を届け出る	
建築工事など	高さが 31 m を超える建築物など（橋梁を除く）
橋梁工事	最大支間 50 m 以上 支間 30 m 以上 50 m 未満の橋梁の上部構造
トンネル工事	3 000 m 未満のずい道（内部に労働者が立ち入らないものを除く）
掘削工事	10 m 以上の深さ（掘削面の下方に労働者が立ち入らないものを除く）
潜函、シールド工事など	0.3 MPa 未満の圧気工法
土砂採取工事	掘削の高さまたは深さが 10 m 以上坑内掘りによる土石の採取
設置計画の届出の必要な主な設備→工事開始 30 日前までに労働基準監督署長へ工事の計画を届け出る	
型枠支保工	3.5 m 以上
架設通路	10 m 以上、60 日未満は除く
足場	10 m 以上、60 日未満は除く

- 重大な労働災害を生じるおそれのある大規模な建設工事を開始する際は、その計画を工事開始日の30日前までに厚生労働省大臣に届け出なければならない。
- 一定の要件となる建設工事を開始する際は、その計画を工事開始日の14日前までに労働基準監督署長に届け出なければならない。

演習問題でレベルアップ

《《《問題1》》》事業者が統括安全衛生責任者に統括管理させなければならない事項に関する次の記述のうち、労働安全衛生法上、**誤っているもの**はどれか。

(1) 作業場所の巡視を統括管理すること。

(2) 関係請負人が行う安全衛生教育の指導および援助を統括管理すること。

(3) 協議組織の設置および運営を統括管理すること。

(4) 労働災害防止のため、店社安全衛生管理者を統括管理すること。

3時限目 法 規

解説 (1)～(3)は、統括安全衛生責任者の統括管理すべき事項に該当する。

(4) 統括安全衛生責任者を選任しなければならない場所を除く事業場において店社安全衛生管理者を選任することになっている（労働安全衛生法第15条の3)。統括安全衛生責任者の統括管理する事項ではないので誤り。　　　【解答(4)】

労働安全衛生法第15条1項（抜粋）

統括安全衛生責任者を選任し、その者に元方安全衛生管理者の指揮をさせるとともに、第30条第1項各号の事項を統括管理させなければならない。

労働安全衛生法第30条1項より抜粋加筆

① 協議組織の設置および運営を行うこと。

② 作業間の連絡および調整を行うこと。

③ 作業場所を巡視すること。

④ 関係請負人が行う労働者の安全または衛生のための教育に対する指導および援助を行うこと。

⑤ 仕事を行う場所が仕事ごとに異なることを常態とする業種で、仕事の工程に関する計画および作業場所における機械、設備などの配置に関する計画を作成するとともに、この機械、設備などを使用する作業に関して関係請負人が講ずべき措置についての指導を行う。

⑥ 上記のほか、労働災害を防止するため必要な事項。

《《《問題２》》》安全衛生管理体制に関する次の記述のうち、労働安全衛生法令上、**誤っているもの**はどれか。

(1) 労働者数が、常時 30 人程度となる事業場は、安全衛生推進者を選任する。

(2) 安全衛生推進者は、元方安全衛生管理者の指揮、協議組織の設置および運営を行う。

(3) 統括安全衛生責任者は、当該場所においてその事業の実施を統括管理する者があたり、元方安全衛生管理者の指揮を行う。

(4) 特定元方事業者は、その労働者および関係請負人の労働者を合わせた数が 80 人程度となる場所において作業を行うときは、統括安全衛生責任者を選任する。

解説 (2) 統括安全衛生責任者は、元方安全衛生管理者の指揮、協議組織の設置および運営を行う。よって、この記述が誤り。

労働安全衛生法第 15 条の 1 によると、「統括安全衛生責任者を選任し、その者に元方安全衛生管理者の指揮をさせるとともに、第 30 条第 1 項各号の事項を統括管理させなければならない。」とされている。　**【解答 (2)】**

《《《問題３》》》元方事業者が講ずべき措置などに関する次の記述のうち、労働安全衛生法令上、**誤っているもの**はどれか。

(1) 元方事業者は、関係請負人または関係請負人の労働者が、当該仕事に関し、法律またはこれに基づく命令の規定に違反していると認めるときは、是正の措置を自ら行わなければならない。

(2) 元方事業者は、関係請負人および関係請負人の労働者が、当該仕事に関し、法律またはこれに基づく命令の規定に違反しないよう必要な指導を行わなければならない。

(3) 元方事業者は、土砂などが崩壊するおそれのある場所において、関係請負人の労働者が当該事業の仕事の作業を行うときは、当該場所に係る危険を防止するための措置が適正に講ぜられるように、技術上の指導その他の措置を講じなければならない。

(4) 元方事業者の講ずべき技術上の指導その他の必要な措置には、技術上の指導のほか、危険を防止するために必要な資材などの提供、元方事業者が自らまたは関係請負人と共同して危険を防止するための措置を講じることなどが含まれる。

解説 (1) 元方事業者は、関係請負人または関係請負人の労働者が、当該仕事に関し、この法律またはこれに基づく命令の規定に違反していると認めるときは、是正のため必要な指示を行わなければならない。したがって、この記述は誤りである。

【解答 (1)】

労働基準法第 29 条 1 項

元方事業者は、関係請負人および関係請負人の労働者が、当該仕事に関し、この法律またはこれに基づく命令の規定に違反しないよう必要な指導を行わなければならない。

2 元方事業者は、関係請負人または関係請負人の労働者が、当該仕事に関し、この法律またはこれに基づく命令の規定に違反していると認めるときは、是正のため必要な指示を行わなければならない。

3 前項の指示を受けた関係請負人またはその労働者は、当該指示に従わなければならない。

《《《問題4》》》 次の作業のうち、労働安全衛生法令上、作業主任者の選任を必要とする作業はどれか。

⑴ 高さが 3 m のコンクリート造の工作物の解体または破壊の作業
⑵ 高さが 3 m の土止め支保工の切りばりまたは腹起こしの取付けまたは取外しの作業
⑶ 高さが 3 m、支間が 20 m のコンクリート橋梁上部構造の架設の作業
⑷ 高さが 3 m の構造の足場の組立てまたは解体の作業

解説 作業主任者を選任しなければならない作業は、労働安全衛生法施行令第 6 条の規定による。

(1)「コンクリート造の工作物（その高さが **5 m** 以上であるものに限る）の解体または破壊の作業」となっているので、該当しない。

(2)「土止め支保工の切りばりまたは腹起こしの取付けまたは取外しの作業」（令 **15** 号 **10**）となっているので、該当する。

(3)「橋梁の上部構造であって、コンクリート造のもの（その高さが **5 m** 以上であるものまたは当該上部構造のうち橋梁の支間が **30 m** 以上である部分に限る）の架設または変更の作業」となっているので、該当しない。

(4)「吊り足場（ゴンドラの吊り足場を除く）、張出し足場または高さが **5 m** 以上の構造の足場の組立て、解体または変更の作業」となっているので、該当しない。

【解答 (2)】

3章 建設業法

3-1 施工技術の確保

出題傾向と学習のススメ

建設業法に関連する出題は1問程度ある。最近は、主任技術者、管理技術者、現場代理人といった技術者制度、施工技術の確保に関する出題が多く見られるが、建設業の許可や請負契約に関する出題もしばしば見られる。

基礎ポイント講義

1. 主任技術者・監理技術者の設置

元請、下請にかかわらず、建設業者はその請け負った建設工事を施工する際に、その現場の施工の技術上の管理を行う**主任技術者**を置かなければならない。特定建設業では、その工事を施工するために締結した下請契約の請負代金の額が**4,500万円以上**となる場合は、その現場の施工の技術上の管理を行う**監理技術者**を置かなければならない。

主任技術者と監理技術者

区　分	対象となる工事
主任技術者	建設業者は、請け負った建設工事を施工するときは、工事現場における建設工事の施工の技術上の管理を担う主任技術者を置かなければならない。
監理技術者	元請となる特定建設業者は、その工事における下請金額（複数の場合は、それらの請負代金の額の総額）が4,500万円以上（建築工事である場合は7,000万円以上）となる場合は、監理技術者を置かなければならない。
専　任	公共性のある施設や工作物（国や地方公共団体の発注する施設など）に関する重要な建設工事で、工事1件の請負代金の額が4,000万円以上（建築工事である場合は8,000万円以上）となる場合は、主任技術者または監理技術者は、工事現場ごとに専任でなければならない。

主任技術者および監理技術者の職務

主任技術者および監理技術者は、工事現場における建設工事を適正に実施するため、この現場における施工計画の作成、工程管理、品質管理その他の技術上の管理と、この施工に従事する者の技術上の指導監督の職務を誠実に行わなければならない。

監理技術者など：主任技術者、監理技術者および監理技術者補佐をいう。

同一の監理技術者などが管理できる範囲

同一工作物の関連工事を別の監理技術者などが管理することは非合理的な場合もあるため、同一の建築物または連続する工作物に関する工事において、すべての発注者から同一工事として取り扱うことについて書面による承諾を得た場合については、同一の監理技術者などによる管理が認められている。

途中交代の条件

建設工事の適正な施工の確保などの観点から、施工管理をつかさどっている監理技術者などの工期途中での交代は、慎重かつ必要最小限とする必要がある。

しかし、働き方改革や建設現場の環境改善などの促進、建設業への入職促進・定着の観点から、監理技術者などが合理的な範囲で柔軟に交代することを可能とするため、工事請負契約において、監理技術者などの途中交代を行うことができる条件について書面その他の方法により発注者と合意がなされている場合は、監理技術者などの途中交代が可能とされている。

2. 現場代理人

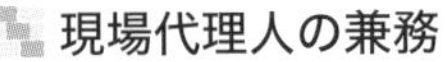

現場代理人の兼務

主任技術者および監理技術者は、現場代理人を兼ねることができる。

現場代理人の職務

現場代理人は、請負契約の的確な履行を確保するため、工事現場の取締りのほか、工事の施工および契約関係事務に関する一切の事項を処理するものとして工事現場に置かれる請負者の代理人であり、監理技術者などとの密接な連携が適正な施工を確保するうえで必要不可欠である。

現場代理人の常駐義務と緩和

現場代理人は現場の常駐義務があるが、一定の要件を満たすと発注者が認めた場合※には例外的に常駐を要しないことになっている。

※　工事現場における運営、取締りおよび権限の行使に支障がなく、かつ、発注者との連絡体制が確保されると発注者が認めた場合。契約締結後、現場事務所の設置、資機材の搬入、仮設工事などが開始されるまでの期間や、工事を一時中止している期間などで、発注者や監督員と常に携帯電話などで連絡をとれる状態などが相当する。

3-2 建設業の許可と請負契約

基礎ポイント講義

1. 建設業の許可

建設業の許可は、一般建設業と特定建設業に区分して行われ、同時に両者の建設業になることはない。また、二つ以上の都道府県にまたがって営業所（本店、支店など）を設けて営業する場合は国土交通大臣の許可、一つの都道府県内にのみ営業所を設けて営業する場合は都道府県知事の許可を得なければならない。

建設業の許可の区分（大臣許可・知事許可）

許可の区分	区分の内容
国土交通大臣許可業者	二つ以上の都道府県で建設業を営む営業所を設ける業者
都道府県知事許可業者	一つの都道府県だけに建設業を営む営業所を設ける業者
例外（許可を必要としない）	「軽微な建設工事」のみを請け負う業者

・営業所：本店、支店、そのほか常時請負契約を締結する事務所をいう。
・許可区分は営業地域や施工場所を限定するものではない。
［例］ある県の知事許可業者が、他の都道府県で営業し、工事を請け負って施工することは可能。

軽微な建設工事

許可の区分	区分の内容
建築一式工事以外の工事	工事 1 件の請負金額が 500 万円未満の工事
建築一式工事	工事 1 件の請負金額が 1,500 万円未満の工事または延べ面積 150 m² 未満の木造住宅工事

一般建設業の許可・特定建設業の許可

一般建設業と特定建設業

許可の区分	対象となる工事
一般建設業	・下請専門 ・元請の場合、4,500 万円（建築工事では 7,000 万円）に満たない工事しか下請業者に出せない。
特定建設業	・元請の場合、4,500 万円（建築工事では 7,000 万円）以上の工事を下請業者に施工させることができる。

＊　特定建設業の許可業者であっても、下請負人として工事を請け負うことや、すべてを自社で施工することは差し支えない。

許可の有効期間

許可業種は、土木工事業、建築工事業、造園工事業などの29業種であり、軽微な工事以外の工事を請け負う場合は、工事の種類ごとに許可業種に該当する許可が必要である。

許可の有効期間は**5年間**であり、5年ごとに更新しなければならない。

許可の基準

建設業者の許可を受けるには、次のすべてを満たさなければならない。

- **経営業務の管理責任者の設置**：建設業の経営経験を一定期間積んだ者がいること
- **専任技術者の設置**：許可を受けようとする建設業の工事について一定の実務経験、または国家資格などをもつ技術者を営業所に専任で置くこと
- 財産的基礎があること
- 誠実性の要件を満たすこと
- 企業やその役員、支店長、営業所長などが請負契約に関して不正・不誠実な行為をするおそれが明らかな者（暴力団など）でないこと

3時限目 法規

ひとことアドバイス

欠格要件

次のような場合、許可要件を満たしていても建設業の許可は受けられないので注意しよう。

- 成年被後見人、被保佐人または破産者で、復権を得ない者
- 許可を取り消され、その取消の日から5年を経過しない者
- 許可の取消を逃れるために廃業の届出を行った者で、当該届出の日から5年を経過しない者
- 特定の規定、法律の違反、刑法などの一定の罪を犯し、その執行を終わり、またはその刑の執行を受けることがなくなった日から5年を経過しない者
- 営業の停止を命ぜられ、その停止の期間が経過しない者
- 営業を禁止され、その禁止の期間が経過しない者

このほかに、国土交通大臣または都道府県知事が許可を取り消す場合がある。

- 許可を受けてから1年以内に営業を開始せず、または引き続いて1年以上営業を休止した場合
- 不正の手段により許可を受けた場合
- 営業の停止の処分に違反した場合

2. 建設業の請負契約

一括下請負の禁止

建設業者は、その請け負った建設工事をいかなる方法をもってするかを問わず、一括して他の者に請け負わせてはならない。ただし、建設工事が多数の者が利用する施設や工作物に関する重要な建設工事以外の建設工事である場合において、当元請負人があらかじめ発注者の書面による承諾を得ている場合はこの限りではない。

不当な使用資材などの購入強制の禁止

注文者は、請負契約の締結後、自己の取引上の地位を不当に利用して、その注文した建設工事に使用する資材、機械器具やこれらの購入先を指定し、これらを請負人に購入させてその利益を害してはならない。

著しく短い工期の禁止

注文者は、その注文した建設工事を施工するために通常必要と認められる期間に比べ、著しく短い期間を工期とする請負契約を締結してはならない。

3. 元請人の義務

下請負人の意見の聴取

元請負人は、その請け負った建設工事を施工するために必要な工程の細目、作業方法など、元請負人において定めるべき事項を定めようとするときは、あらかじめ下請負人の意見を聞かなければならない。

下請代金の支払

元請負人は、請負代金の出来形部分に対する支払や、工事完成後における支払を受けたときは、この支払の対象となった建設工事を施工した下請負人に対して、元請負人が支払を受けた金額の出来形に対する割合および下請負人が施工した出来形部分に相応する下請代金を、この支払を受けた日から1か月以内のできる限り短い期間内に支払わなければならない。

- 元請負人は、下請代金のうち労務費に相当する部分については、現金で支払うよう適切な配慮をしなければならない。
- 元請負人は、前払金の支払を受けたときは、下請負人に対して、資材の購入、労働者の募集、その他建設工事の着手に必要な費用を前払金として支払うよう適切な配慮をしなければならない。

検査および引渡し

元請負人は、下請負人からその請け負った建設工事が完成した旨の通知を受けたときは、当該通知を受けた日から20日以内のできる限り短い期間内に、その完成を確認するための検査を完了しなければならない。

元請負人は、検査によって建設工事の完成を確認した後、下請負人が申し出たときは、直ちにこの建設工事の目的物の引渡しを受けなければならない。

下請負人に対する特定建設業者の指導など

発注者から直接建設工事を請け負った建設業者は、下請負人が、建設業法をはじめとする建設工事に関する法令などに違反しないように指導に努める。

4. 施工体制台帳

施工体制台帳の作成

- 公共工事を発注者から直接請け負った建設業者は、この工事を施工するために下請契約をした場合には、施工体制台帳と施工体系図を作成しなければならない。
- 民間工事では、発注者から直接建設工事を請け負った建設業者は、この工事を施工するために締結した下請契約の請負代金の額（下請契約が二つ以上あるときは、それらの請負代金の額の総額）が4,500万円以上（建築一式工事にあっては、7,000万円以上）になるときは、建設工事の適正な施工を確保するため、施工体制台帳と施工体系図を作成しなければならない。
- 施工体制台帳は、下請負人（2次、3次下請などを含めた、この工事の施工にあたるすべての下請負人）の商号または名称、住所、許可を受けて営む建設業の種類、健康保険などの加入状況、この下請負人に係わる建設工事の内容および工期、主任技術者の氏名などを記載したもので、現場ごとに備え置かなければならない。

下請負人からの通知

建設工事の下請負人は、その請け負った建設工事を他の建設業を営む者に請け負わせたときは、再下請通知を作成建設業者（施工体制台帳を作成する建設業者）に行わなければならない。

施工体制台帳の閲覧と施工体系図の掲出

特定建設業者は、発注者から請求があったときは、備え置かれた施工体制台帳を発注者の閲覧に供しなければならない。

施工体系図は、作成された施工体制台帳をもとに、施工体制台帳のいわば要約

版として樹状図などにより作成のうえ、工事現場の見やすいところに掲示しなければならないものである。公共工事では、工事関係者が見やすい場所および公衆が見やすい場所に掲示しなければならない。

施工体制台帳の備え置きおよび施工体系図の掲示は、請け負った建設工事目的物を発注者に引き渡すまでとする。

施工体制台帳の閲覧

作成建設業者は、発注者からの請求があったときは、備え置かれた施工体制台帳をその発注者の閲覧に供しなければならない。公共工事については、作成した施工体制台帳の写しを提出しなければならない。

施工体制台帳などの保管

作成建設業者（元請業者）は、営業に関する事項を記載した帳簿の添付書類として、施工体制台帳は工事完了後 **5** 年間の保管を義務付けられている。

営業に関する図書の保存として、完成図、発注者との打合せ記録とともに、施工体系図は **10** 年間保存する。

演習問題でレベルアップ

《《《問題 1》》》技術者制度に関する次の記述のうち、建設業法令上、**誤っているもの**はどれか。

⑴ 主任技術者および監理技術者は、建設業法で設置が義務付けられており、公共工事標準請負契約約款に定められている現場代理人を兼ねることができる。

⑵ 発注者から直接建設工事を請け負った特定建設業者は、当該建設工事を施工するために締結した下請契約の請負代金の額にかかわらず、工事現場に監理技術者を置かなければならない。

⑶ 主任技術者および監理技術者は、工事現場における建設工事を適正に実施するため、当該建設工事の施工計画の作成、工程管理、品質管理その他の技術上の管理および当該建設工事の施工に従事する者の技術上の指導監督を行わなければならない。

⑷ 工事現場における建設工事の施工に従事する者は、主任技術者または監理技術者がその職務として行う指導に従わなければならない。

解説 (2) 発注者から直接建設工事を請け負った特定建設業者は、当該建設工事を施工するために締結した下請契約の請負代金の総額が **4,500** 万円（建築一

式工事にあたっては 7,000 万円）以上となる場合においては、主任技術者に代えて監理技術者を置かなければならない。したがって、この記述は誤りとなる。

【解答（2）】

《《《問題２》》》技術者制度に関する次の記述のうち、建設業法令上、**誤っているもの**はどれか。

(1) 主任技術者および監理技術者は、建設業法で設置が義務付けられており、公共工事標準請負契約約款に定められている現場代理人を兼ねることができる。

(2) 発注者から直接建設工事を請け負った特定建設業者は、当該建設工事を施工するために締結した下請契約の請負代金が政令で定める金額以上の場合、工事現場に監理技術者を置かなければならない。

(3) 主任技術者および監理技術者は、工事現場における建設工事を適正に実施するため、当該建設工事の施工計画の作成、工程管理、品質管理その他の技術上の管理および当該建設工事に関する下請契約の締結を行わなければならない。

(4) 工事現場における建設工事の施工に従事する者は、主任技術者または監理技術者がその職務として行う指導に従わなければならない。

解説 (3) 主任技術者および監理技術者は、工事現場における建設工事を適正に実施するため、当該建設工事の施工計画の作成、工程管理、品質管理その他の技術上の管理および当該建設工事の施工に従事する者の技術上の指導監督の職務を誠実に行わなければならない。下請契約の締結は職務に含まれていない。よって、この記述が誤り。

ほかの記述は正しいので覚えておこう。

建設業法第 26 条の 4 第 1 項

主任技術者および監理技術者は、工事現場における建設工事を適正に実施するため、当該建設工事の施工計画の作成、工程管理、品質管理その他の技術上の管理および当該建設工事の施工に従事する者の技術上の指導監督の職務を誠実に行わなければならない。

【解答（3）】

3時限目 法規

《《《問題３》》》 元請負人の義務に関する次の記述のうち、建設業法令上、**誤っているもの**はどれか。

⑴ 元請負人は、その請け負った建設工事を施工するために必要な工程の細目、作業方法その他元請負人において定めるべき事項を定めようとするときは、あらかじめ下請負人の意見を聞かなければならない。

⑵ 元請負人は、請負代金の出来形部分に対する支払を受けたときは、その支払の対象となった建設工事を施工した下請負人に対して、その下請負人が施工した出来形部分に相応する下請代金を、当該支払を受けた日から一月以内で、かつ、できる限り短い期間内に支払わなければならない。

⑶ 元請負人は、前払金の支払を受けたときは、下請負人に対して、資材の購入、労働者の募集その他建設工事の着手に必要な費用を前払金として支払うよう適切な配慮をしなければならない。

⑷ 元請負人は、下請負人からその請け負った建設工事が完成した旨の通知を受けたときは、当該通知を受けた日から一月以内で、かつ、できる限り短い期間内に、その完成を確認するための検査を完了しなければならない。

解説 （1）～（3）の記述は正しい。

（4）元請負人は、下請負人からその請け負った建設工事が完成した旨の通知を受けたときは、当該通知を受けた日から**20日以内**で、かつ、できる限り短い期間内に、その完成を確認するための検査を完了しなければならない。

【解答（4）】

4章 道路関係法

4-1 道路法（道路の占用許可）

出題傾向と学習のススメ

道路関連の法規から、1問程度の出題がある。問題としては、道路の使用、占用、または車両制限に関するものが多い。それぞれ基本的な知識からの出題となっているので、しっかり覚え対応しよう。

基礎ポイント講義

1. 道路の種類と管理

道路法上では、道路は高速自動車国道、一般国道、都道府県道、市町村道の4種類となっている。

道路の工事や道路の占用、規制数量以上の重量物の運搬などを行う場合は、あらかじめ道路管理者の許可を必要とする。

道路の種類と道路管理者

道路の種類		道路管理者
高速自動車国道		国土交通大臣
一般国道	指定区間　（直轄国道）	国土交通大臣
	指定区間外（補助国道）	都道府県または政令指定市
都道府県道		都道府県または政令指定市
市町村道		市町村

2. 道路の占用

道路（地上および地下）に次のような工作物、物件または施設を設け、継続して道路を使用しようとする場合（＝占用）においては、道路管理者の許可を受けなければならない。

道路の占用許可が必要な場合

- 電柱、電線、広告塔などの工作物
- 水管、下水道管、ガス管などの物件
- 鉄道、軌道、自動運行補助施設などの施設
- 歩廊、雪よけなどの施設
- 看板、標識、幕および、アーチなど
- 太陽光発電設備および風力発電設備
- 工事用板囲、足場、詰所などの工事用施設
- 土石、竹木、瓦その他の工事用材料　など

※水道水管、下水道管、鉄道、ガス管、電柱・電線、公衆電話を道路に設けようとする者は工事実施日の１か月前までに、あらかじめ工事の計画書を道路管理者に提出しておかなければならない。ただし、災害による復旧工事など、緊急を要する工事などはこの限りでない（特例）。

3. 道路占用許可申請

道路の占用許可を受ける場合、専用の目的、期間、場所、構造、工事実施の方法、工事の時期、復旧方法を記載した許可申請書を道路管理者に提出しなければならない。

道路管理者による道路占用許可のほか、道路交通法の規定（道路の使用許可）の適用を受ける場合は警察署長の許可を受けなければならない。

この場合、道路を管轄する警察署長に許可申請書を提出することになるが、警察署長から道路管理者に許可申請書を送付してもらうことができ、またその逆に道路管理者から警察署長に送付してもらうこともできる。

道路の使用許可が必要な場合

- 道路で工事や作業をしようとする者、または作業の請負人

- 道路に広告板、アーチなどの工作物を設けようとする者
- 道路で祭礼行事、ロケーションなどで著しい影響を及ぼすような行為をする者

など

4. 占用工事の実施方法

工事実施の方法に関する基準

- 占用物件の保持に支障を及ぼさないために必要な措置を講じる。
- 溝掘、つぼ掘または推進工法などとし、えぐり掘は行わない。
- 路面の排水を妨げない措置を講じる。
- 原則として、道路の一方の側は、常に通行ができるようにする。
- 工事現場においては、柵、覆いの設置、夜間における赤色灯または黄色灯の点灯など、道路交通の危険防止の措置を講じる。
- 電線、水管、下水道管、ガス管の埋設場所やその付近を掘削する際は、試掘などによる確認と、管理者との協議を行い保安上必要な措置を講じる。
- ガス管または石油管の付近で火気を使用しない。

道路を掘削する場合における工事実施の方法

- 舗装道の舗装の切断は、切断機などにより、直線に、かつ路面に垂直に行う。
- 掘削部分に近接する道路の部分には、占用のために掘削した土砂をたい積しないで余地を設けるものとする。この土砂が道路の交通に支障を及ぼすおそれのある場合は他の場所に搬出する。
- わき水、たまり水により土砂の流失や地盤の緩みを生じるおそれのある箇所を掘削する場合は、防止に必要な措置を講じる。
- わき水、たまり水の排出は、道路排水に支障を及ぼすことのないように措置してから道路の排水施設に排出し、路面に排出しない。
- 掘削面積は、当日中に復旧可能な範囲とする。
- 道路を横断して掘削する場合、原則として、道路の交通に著しい支障を及ぼさないと認められる道路の部分について掘削を行い、この掘削を行った部分に道路の交通に支障を及ぼさないための措置を講じた後、その他の道路の部分を掘削する。
- 沿道の建築物に接近した掘削では、人の出入りを妨げない措置を講じる。

占用のために掘削した土砂の埋戻しの方法

- 各層ごとにランマーなどで確実に締め固めて行うこと。層の厚さは、原則として 0.3 m、(路床部は 0.2 m) 以下とする。
- 杭、矢板などは、下部を埋め戻して徐々に引き抜くこと。ただし、やむを得ないと認められる場合には、杭、矢板などを残置することができる。

演習問題でレベルアップ

《《《問題1》》》道路占用工事における道路の掘削に関する次の記述のうち、道路法令上、**誤っているもの**はどれか。

⑴ 占用のために掘削した土砂を埋め戻す場合においては、層ごとに行うとともに、確実に締め固めること。

⑵ 舗装道の舗装の部分の切断は、のみまたは切断機を用いて、原則として直線に、かつ、路面に垂直に行うこと。

⑶ わき水またはたまり水の排出にあたっては、いかなる場合でも道路の排水施設や路面に排出しないよう措置すること。

⑷ 道路の掘削面積は、道路の交通に著しい支障を及ぼすことのないよう覆工を施工するなどの措置をした場合を除き、当日中に復旧可能な範囲とすること。

解説 (3) わき水やたまり水の排出では、道路の排水に支障を及ぼすことのないように措置して道路の排水施設に排出する場合を除き、路面その他の道路の部分に排出しないように措置すること。この記述は誤りとなる。　【解答 (3)】

《《《問題2》》》道路上で行う工事、または行為についての許可、または承認に関する次の記述のうち、道路法令上、**誤っているもの**はどれか。

⑴ 道路管理者以外の者が、工事用車両の出入りのために歩道切下げ工事を行う場合は、道路管理者の承認を受ける必要がある。

⑵ 道路管理者以外の者が、沿道で行う工事のために道路の区域内に、工事用材料の置き場や足場を設ける場合は、道路管理者の許可を受ける必要がある。

⑶ 道路占用者が、電線、上下水道、ガスなどを道路に設け、これを継続して使用する場合は、道路管理者と協議し同意を得れば、道路管理者の許可を受ける必要はない。

⑷ 道路占用者が重量の増加を伴わない占用物件の構造を変更する場合、道路の構造または交通に支障を及ぼすおそれがないと認められるものは、改めて道路管理者の許可を受ける必要はない。

解説 (3) 道路占用者が、電線、上下水道、ガスなどを道路に設け、これを継続して使用する場合は、道路管理者の許可を受ける必要がある。したがって、この記述は誤りとなる。ほかの記述は正しい。　【解答 (3)】

4-2 車両制限令

基礎ポイント講義

1. 道路の種類と管理

車両制限令は、道路の構造を保全し、交通の危険を防止するため、通行できる車両の幅、重量、高さ、長さ、最小回転半径などの制限を定めた政令である。

一般的制限値

道路は一定の構造基準により造られているため、道路法では道路の構造を守り、交通の危険を防ぐため、道路を通行する車両の大きさや重さの最高限度を定めている。この最高限度のことを一般的制限値という。

下記の寸法や重量の一般的制限値を一つでも超える場合は、原則として通行許可が必要となる。

一般的制限値

一般的制限値（最高限度）		
寸法	幅	2.5 m
	長さ	12.0 m
	高さ	3.8 m（高さ指定道路は 4.1 m）
	最小回転半径	12.0 m
重量	総重量	20.0 t（高速自動車国道および重さ指定道路は 25.0 t）
	軸重	10.0 t
	隣接軸重	18.0 t：隣り合う車軸の軸距が 1.8 m 未満 19.0 t：隣り合う車軸の軸距が 1.3 m 以上 かつ隣り合う車軸の軸重がいずれも 9.5 t 以下 20.0 t：隣り合う車軸の軸距が 1.8 m 以上
	輪荷重	5.0 t

※　ここでいう車両とは、人が乗車し、または貨物が積載されている場合にはその状態におけるものをいい、他の車両をけん引している場合には、けん引されている車両を含む。

長さの特例

高速自動車国道を通行する場合には、下記の長さが最高限度となり、これを超える車両は、通行許可が必要となる。

長さの特例

道路種別	連結車	長さの制限値	備考
高速自動車国道	セミトレーラ連結車	16.5 m	
	フルトレーラ連結車	18.0 m	

（注）　この特例は積載貨物が被けん引車の車体の前方または後方にはみ出していないものの長さ。

演習問題でレベルアップ

《《《問題1》》》車両制限令で定められている通行車両の最高限度を超過する特殊な車両の通行に関する次の記述のうち、道路法上、**誤っているもの**はどれか。

(1) 特殊な車両を通行させようとする者は、通行する道路の道路管理者が複数となる場合には、通行するそれぞれの道路管理者に通行許可の申請を行わなければならない。

(2) 特殊な車両の通行は、当該車両の通行許可申請に基づいて、道路の構造の保全、交通の危険防止のために通行経路、通行時間などの必要な条件が付されたうえで、許可される。

(3) 特殊な車両の通行許可を受けた者は、当該許可に係る通行中、当該許可証を当該車両に備え付けていなければならない。

(4) 特殊な車両を許可なくまたは通行許可条件に違反して通行させた場合には、運転手に罰則規定が適用されるほか、事業主に対しても適用される。

解説 (1) 特殊な車両を通行させようとする者は、通行する道路の道路管理者が複数となる場合には、一の道路管理者に申請を行う。それぞれの道路管理者に申請する必要はない。

【解答 (1)】

《《《問題2》》》特殊な車両の通行時の許可などに関する次の記述のうち、道路法令上、**誤っているもの**はどれか。

(1) 車両制限令には、道路の構造を保全し、または交通の危険を防止するため、車両の幅、重量、高さ、長さおよび最小回転半径の最高限度が定められている。

(2) 特殊な車両の通行許可証の交付を受けた者は、当該車両が通行中は当該許可証を常に事業所に保管する。

(3) 道路管理者は、車両に積載する貨物が特殊であるためやむを得ないと認めるときは、必要な条件を付して、通行を許可することができる。

(4) 特殊な車両を通行させようとする者は、一般国道および県道の道路管理者が複数となる場合、いずれかの道路管理者に通行許可申請する。

解説 (1)、(3)、(4) 正しい記述である。

(2) 特殊な車両の通行許可証の交付を受けた者は、当該車両が通行中は当該許可証を当該車両に備え付けていなければならない。よって、この記述が誤り。

【解答 (2)】

5章 河 川 法

5-1 河川法の要点

出題傾向と学習のススメ

河川法の関連からは、1問程度の出題がある。出題傾向は、河川区域内での行為の制限や工事を行う際の手続きなどが多い。それぞれ基本的な知識から出題といえる。

1. 用語と定義

河川法の目的は、その第1条で「河川について、洪水、津波、高潮などによる災害の発生が防止され、河川が適正に利用され、流水の正常な機能が維持され、および河川環境の整備と保全がされるようにこれを総合的に管理することにより、国土の保全と開発に寄与し、もつて公共の安全を保持し、かつ、公共の福祉を増進することを目的とする」とされている。河川法で使用されている用語と定義を整理する。

河川法の用語と定義

用 語	定 義
河川	1級河川および2級河川をいい、これらの河川に関わる河川管理施設を含む。
1級河川	国土保全上、または国民経済上特に重要な水系で、政令により指定した河川で国土交通大臣が指定したもの。
2級河川	1級河川以外の水系で、公共の利害に重要な関係がある河川で都道府県知事が指定したもの。
河川管理施設	ダム、せき、水門、堤防、護岸、床止め、樹林帯、その他河川の流水によって生じる公利を増進し、または公害を除却、もしくは軽減する効用を有する施設をいう。ただし、河川管理者以外の者が設置した施設については、当該施設を河川管理施設とすることについて河川管理者が権原に基づき当該施設を管理する者の同意を得たものに限る。
河川区域	川を構成する土地で、堤防の居住地側（堤内地）ののり尻から対岸の堤防の居住地側（堤内地）ののり尻までの間の河川としての役割をもつ土地
河川保全区域	河川区域に隣接する土地で、河岸または堤防・排水ポンプ場などを保全するため河川管理者が指定した区域

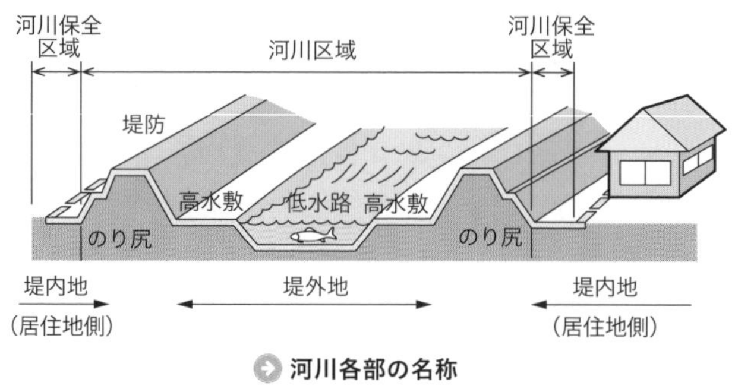

河川各部の名称

2. 河川の管理

1級河川の管理は、国土交通大臣が行う。ただし、国土交通大臣が指定する区間については、都道府県を統轄する都道府県知事が行うことができる。

2級河川の管理は、当該河川の存する都道府県を統轄する都道府県知事が行う。ただし、当該部分の存する都道府県を統括する都道府県知事が認めて指定する区間の管理は、指定都市の長が行う。

準用河川は、1級河川および2級河川以外の法定外河川のうち、市町村長が指定し管理する河川。

普通河川は、1級河川、2級河川、準用河川のいずれでもない河川。河川法の適用や準用を受けないので、市町村長が必要性に応じて条例により管理する。

5-2 河川区域

基礎ポイント講義

1. 河川管理者の許可

流水の占用の許可

河川の流水を占用しようとする者は、国土交通省令で定めるところにより、河川管理者の許可を受けなければならない。

ただし、常識的に考えて少量の範囲の取水（バケツでくみ上げた程度）は使用でき、許可の必要はない。

土地の占用の許可

河川区域内の土地を占用しようとする者は、国土交通省令で定めるところにより、河川管理者の許可を受けなければならない。

土石などの採取の許可

河川区域内の土地で土石（砂を含む）を採取しようとする者は、国土交通省令で定めるところにより、河川管理者の許可を受けなければならない。河川区域内の土地で土石以外の河川の産出物を採取しようとする場合も同様。

工作物の新築などの許可

河川区域内の土地で工作物を新築、改築、除却しようとする者は、国土交通省令で定めるところにより、河川管理者の許可を受けなければならない。河川の河口付近の海面において河川の流水を貯留し、または停滞させるための工作物の新築、改築、除却しようとする者も同様。

土地の掘削などの許可

河川区域内の土地で土地の掘削、盛土、切土その他土地の形状を変更する行為、または竹木の栽植、伐採をしようとする者は、国土交通省令で定めるところにより、河川管理者の許可を受けなければならない。ただし、政令で定める軽易な行為については、この限りでない。

河川法の許可が必要な主な行為

- 河川区域内の土地を占用する場合
  占用：土地の排他的・継続的な使用をいう
  河川管理者以外の者が権限を有する土地は除く
  対象範囲には水面・上空・地下部分も含まれる
- 河川区域内で工作物の新築・改築・除却をする場合
- 河川区域内で土地の掘削、盛土などの形状変更をする場合
- 河川保全区域内で土地の形状変更、工作物の新築・改築をする場合

河川区域における行為の許可を有しない軽微な行為

- 河川管理施設の敷地から 10 m 以上離れた土地の耕耘（こううん）
- 取水施設または排水施設の機能を維持するために行う取水口、または排水口の付近に積もった土砂などの排除
- 上記のほか、河川管理者が治水上および利水上影響が少ないと認めて指定した行為

2. 河川の使用と規制

河川管理上支障を及ぼすおそれのある行為の禁止、制限または許可

河川の流水の方向、清潔、流量、幅員または深浅などについて、河川管理上支障を及ぼすおそれのある行為については、禁止、制限または河川管理者の許可を受けさせることができる。

- 禁止行為
  - 河川を損傷すること。
  - 河川区域内の土地に土砂、ごみなどの汚物、廃物を捨てること。
  - 河川管理者が指定した河川区域内の場所に、自動車などを入れること。
- **汚水の排出**（**1日50 m³以上**）には河川管理者に**届出**が必要。
- **河川区域内**で土、汚物、染料など河川を汚濁するおそれのあるものが付着した物件を**洗浄**する場合は、河川管理者の**許可**が必要。

5-3 河川保全区域

基礎ポイント講義

河川管理者は、河岸または河川管理施設を保全するために必要と認めるときは、河川区域に隣接する一定の区域を**河川保全区域として指定**することができる。

河川保全区域を指定しようとするときは、あらかじめ、関係都道府県知事の意見を聞かなければならない。

河川保全区域の指定は、河岸または河川管理施設を保全するため必要な最小限度の区域に限り、河川区域の境界から**50 m**を超えてはならない。

形、地質などの状況により必要やむを得ないと認められる場合においては、50 mを超えて指定することができる。

河川保全区域内における行為の制限

河川保全区域において、次の行為をしようとする者は、国土交通省令で定めるところにより、河川管理者の許可を受けなければならない。

- 土地の掘削、盛土または切土、その他土地の形状を変更する行為
- 工作物の新築または改築

河川保全区域における行為の許可を有しない軽微な行為

- 耕耘（こううん）
- 堤内の土地における地表から高さ3m以内の盛土（堤防に沿って行う盛土で堤防に沿う部分の長さが20m以上のものを除く）
- 堤内の土地における地表から深さ1m以内の土地の掘削、または切土
- 堤内の土地における工作物（コンクリート造、石造、れんが造などの堅固なもの、および貯水池、水槽、井戸、水路など水が浸透するおそれのあるものを除く）の新築、または改築
- 上記のほか、河川管理者が河岸、または河川管理施設の保全上影響が少ないと認めて指定した行為

演習問題でレベルアップ

〈〈〈問題１〉〉〉河川管理者以外の者が河川区域（高規格堤防特別区域を除く）で行う行為の許可に関する次の記述のうち、河川法上、**誤っているもの**はどれか。

(1) モルタル練り混ぜ水として、河川からバケツなどでごく少量の水を汲み上げる取水は、河川管理者の許可は必要ない。

(2) 水道取水施設の補修で河川区域内の転石や浮石を工事材料として採取する場合は、河川管理者の許可が必要である。

(3) 河川区域内に電柱を設けず上空を通過する電線などを設置する場合でも、河川管理者の許可が必要である。

(4) 河川区域内にある民有地で公園などを整備する場合は、民有地であるため河川管理者の許可は必要ない。

解説 (4) 河川区域内では、公有地、民有地の区別なく、土地の形状を変更する行為、樹木の植栽などは河川管理者の許可が必要となる。したがって、この記述は誤りとなる。　【解答 (4)】

〈〈〈問題２〉〉〉河川管理者以外の者が、河川区域内（高規格堤防特別区域を除く）で工事を行う場合の手続きに関する次の記述のうち、**誤っているもの**はどれか。

(1) 河川管理者の許可を受けて設置されている取水施設の機能維持するための取水口付近の土砂などの撤去は、河川管理者の許可を受ける必要がある。

(2) 河川区域内に一時的に仮設の資材置き場を設置する場合は、河川管理者の許可を受ける必要がある。

(3) 河川区域内において土地の掘削、盛土など土地の形状を変更する行為は、民有地においても河川管理者の許可を受ける必要がある。

(4) 河川区域内の上空を通過する電線や通信ケーブルを設置する場合は、河川管理者の許可を受ける必要がある。

解説 (1) 河川管理者の許可を得て設置されている取水施設の機能維持するための取水口付近の土砂などの撤去は、軽易な行為として河川管理者の許可を受ける必要はない。河川法施行令第15条の4第1項第2号による。

ほかの記述は正しい。　【解答 (1)】

《《《問題３》》》河川管理者以外の者が、河川区域内（高規格堤防特別区域を除く）で工事を行う場合の手続きに関する次の記述のうち、河川法上、**誤っているもの**はどれか。

⑴ 河川区域内の民有地に一時的な仮設工作物として現場事務所を設置する場合、河川管理者の許可を受けなければならない。

⑵ 河川区域内の民有地において土地の掘削、盛土など土地の形状を変更する行為の場合、河川管理者の許可を受けなければならない。

⑶ 河川区域内の土地に工作物の新築について河川管理者の許可を受けている場合、その工作物を施工するための土地の掘削に関しても新たに許可を受けなければならない。

⑷ 河川区域内の土地の地下を横断して農業用水のサイホンを設置する場合、河川管理者の許可を受けなければならない。

解説 (3) 河川区域内の土地に工作物の新築について河川管理者の許可を受けている場合、その工作物を施工するための土地の掘削に関しては、新たな許可を受ける必要はないと判断される。したがって、この記述は誤りとなる。

【解答 (3)】

6章 建築基準法

6-1 建築などに関する申請および確認

出題傾向と学習のススメ

建築基準法からは、1問程度の出題がある。出題傾向は、現場事務所などの仮設建築物に関する基本的な知識が多い傾向である。

基礎ポイント講義

建築確認申請

建築主は、確認申請対象建築物を建築（新築、増築など）しようとする場合、または、これらの建築物の大規模な修繕、模様替えをしようとする場合において、この工事に着手する前に、その計画が建築基準関係規定に適合するものであることについて、確認の申請書を建築主事に提出し、確認済証の交付を受けなければならない。これを建築確認申請と呼ぶ。

なお、建築物以外の工作物でも、煙突、広告塔、高架水槽、擁壁その他これらに類する工作物、製造施設、貯蔵施設、遊戯施設などの工作物で一定規模以上のものは、建築確認申請制度などの規定の準用を受け、建築確認が必要である。

建築確認申請が必要な建築物、工作物など

一定規模の大規模建築物などのほか、都市計画区域内、準都市計画区域内または知事の指定区域内などの建築物が建築確認を必要とする建築物である。

確認申請が必要となる代表的な工作物

- 高さが6mを超える煙突
- 高さが15mを超える鉄筋コンクリート造の柱、鉄柱、木柱など
- 高さが4mを超える広告塔、広告板、装飾塔、記念碑など
- 高さが8mを超える高架水槽、サイロ、物見塔など
- 高さが2mを超える擁壁

6-2 仮設建築物などに対する制限の緩和

基礎ポイント講義

災害があった場合に建築する停車場、官公署などの公益上必要な応急仮設建築物、または工事を施工するために現場に設ける現場事務所、下小屋、材料置場などの仮設建築物については、建築基準法の適用除外または適用の緩和措置が講じられている。

仮設建築物に適用されない主な規定

条文項目	規定の内容
手続き	建築確認申請手続き 建築工事完了検査 建築物を建築または除去する場合の届出
単体規定	敷地の衛生および安全に関する規定 高さ 20 m を超える建築物への避雷設備設置 居室の床高さおよび防湿方法
集団規定	敷地が道路に 2 m 以上接すること（接道義務） 用途地域ごとの制限 容積率、建ぺい率 第 1 種低層住居専用区域などの建築物の高さ制限 防火地域内、準防火地域内における建築物の耐火性 防火地域または準防火地域内における屋根の構造（延べ面積 50 m^2 以内）

仮設建築物に適用される主な規定

条文項目	規定の内容
資　格	建築士による一定規模以上の建築物の設計、監理
単体規定	建築物は、自重、載荷荷重、積雪、風圧、地震などに対して安全な構造 居室（事務室）への採光および換気のための窓設置 地階における居室の防湿措置 電気設備の安全、防火工法
集団規定	防火地域または準防火地域内における屋根の構造（延べ面積 50 m^2 を超える場合）

演習問題でレベルアップ

〈〈〈問題1〉〉〉工事現場に延べ面積 45 m^2 の仮設現場事務所を設置する場合、建築基準法上、**適用されるもの**は次の記述のうちどれか。

(1) 建築物の敷地は、これに接する道の境より高くなければならず、建築物の地盤面は、これに接する周囲の土地より高くなければならない。

(2) 建築物の建築面積の敷地面積に対する割合は、工業地域内にあっては 10 分の 5 または 10 分の 6 のうち当該地域に関する都市計画で定められた数値を超えてはならない。

(3) 防火地域または準防火地域内の建築物の屋根の構造は、建築物の火災の発生を防止するために屋根に必要とされる性能に関して政令で定める技術的基準に適合しなければならない。

(4) 居室には、換気のための窓その他の開口部を設け、その換気に有効な部分の面積は、その居室の床面積に対して、原則として、20 分の 1 以上としなければならない。

解説 (1) 建築物の敷地の衛生および安全に関する規定（建築基準法第 19 条の単体規定）は、適用除外である。

(2) 建築物の敷地面積に対する割合（建ぺい率）の制限（建築基準法第 53 条の集団規定）は、適用除外である。

(3) 防火地域または準防火地域内の建築物の屋根の構造（建築基準法第 62 条の集団規定）は、延べ面積 50 m^2 以上の仮設建築物に適用される。設問では、延べ面積 45 m^2 となっているので適用除外である。

(4) 居室の採光および換気についての規定（建築基準法第 28 条の単体規定）は、仮設建築物にも適用される。したがって、この記述は適用されるものである。

【解答 (4)】

建築基準法第 28 条第 2 項

居室には換気のための窓その他の開口部を設け、その換気に有効な部分の面積は、その居室の床面積に対して、20 分の 1 以上としなければならない。

《《《問題２》》》工事現場に設ける仮設建築物の制限の緩和に関する次の記述のうち、建築基準法令上、**適用されないもの**はどれか。

(1) 建築主は、建築物を建築する場合は、工事着手前に、その計画が建築基準関係規定に適合するものであることについて、建築主事の確認を受けなければならない。

(2) 建築物の敷地には、雨水および汚水を排出し、または処理するための適当な下水管、下水溝またはためますその他これらに類する施設を設置しなければならない。

(3) 建築物の各部分の高さは、建築物を建築しようとする地域、地区または区域および容積率の限度の区分に応じて決定される高さ以下としなければならない。

(4) 建築物の所有者、管理者または占有者は、その建築物の敷地、構造および建築設備を常時適法な状態に維持するように努めなければならない。

解説 設問を注意深く読むと、緩和に関して適用されないか（適用されるか）となっているので、留意しながら解答する必要がある。

（1）建築主が確認の申請書を提出し建築主事の確認を受ける規定（建築基準法第６条の手続き）については、仮設建築物は適用除外である。よって、緩和が適用される。

（2）記述の規定（建築基準法第19条第３項の単体規定）については、仮設建築物は適用除外である。よって、緩和が適用される。

（3）記述の規定（建築基準法第56条の集団規定）については、仮設建築物は適用除外である。よって、緩和が適用される。

（4）記述の規定（建築基準法第８条第１項）については、仮設建築物は適用される。よって、緩和が適用されない。　【解答（4）】

《《《問題３》》》建築基準法上、工事現場に設ける仮設建築物に対する**制限の緩和が適用されないもの**は、次の記述のうちどれか。

⑴ 建築物を建築または除却しようとする場合は、建築主事を経由して、その旨を都道府県知事に届け出なければならない。

⑵ 建築物の床下が砕石敷均し構造で、最下階の居室の床が木造である場合は、床の高さを直下の砕石面からその床の上面まで 45 cm 以上としなければならない。

⑶ 建築物の敷地は、道路に 2 m 以上接し、建築物の延べ面積の敷地面積に対する割合（容積率）は、区分ごとに定める数値以下でなければならない。

⑷ 建築物は、自重、積載荷重、積雪荷重、風圧、土圧および地震などに対して安全な構造のものとし、定められた技術基準に適合するものでなければならない。

解説 設問を注意深く読むと、緩和に関して適用されないか（適用されるか）となっているので、留意しながら解答する必要がある。

(1) 記述の規定（建築基準法第 15 条）については、仮設建築物は適用除外である。よって、緩和が適用される。

(2) 床の高さの規定（建築基準法第 36 条の単体規定）については、仮設建築物は適用除外である。よって、緩和が適用される。

(3) 接道義務の規定（建築基準法第 43 条の集団規定）については、仮設建築物は適用除外である。よって、緩和が適用される。

(4) 記述の規定（建築基準法第 20 条の単体規定）については、仮設建築物は適用される。よって、緩和が適用されない。　【解答 (4)】

7章 火薬類取締法

7-1 火薬類の貯蔵、運搬、廃棄

出題傾向と学習のススメ

火薬類取締法法からは、1問程度の出題がある。火薬類の取扱いに関する基本的な知識がほとんどである。幅広い内容からの出題となるが、要点を覚えておこう。

基礎ポイント講義

1. 火薬類取締法で用いられる用語と定義

火薬類取締法は、火薬類の製造、販売、貯蔵、運搬、消費その他の取扱いを規制することにより、火薬類による災害を防止し、公共の安全を確保することを目的としている。火薬類は、火薬、爆薬、火工品に分類されている。

火薬類取締法で用いられる用語

用語	定義
火薬類	火薬、爆薬および火工品をいう
火薬	推進的爆発の用途 黒色火薬、無煙火薬など
爆薬	破壊的爆発の用途 ニトログリセリン、ダイナマイト、液体爆薬など
火工品	工業雷管、電気雷管、実包、信管、導火線など

譲渡、事故など

- 占有する火薬類について災害が発生したとき、または火薬類、譲渡許可証、譲受許可証、運搬証明書を喪失、または盗取されたときは、遅滞なくその旨を警察官または海上保安官に届け出なければならない。
- 火薬類を譲り渡し、または譲り受けようとする者は、一定の要件に該当する場合は、都道府県知事の許可を受けなければならない。
- 譲渡許可証または譲受許可証を喪失、汚損、盗取されたときは、その事由を付して交付を受けた都道府県知事に再交付を申請しなければならない。

2. 火薬類の貯蔵

火薬類は、火薬庫に貯蔵しなければならない。ただし、一定の数量以下の火薬類については、この限りでない。

火薬庫

- 火薬庫を設置し、移転、またはその構造、設備を変更するときは、都道府県知事の許可を受けなければならない。
- 建築物の構造は、鉄筋コンクリート造り、コンクリートブロック造りなどとし、盗難および火災を防ぐことのできる構造とする。
- 建築物の入口の扉は鉄製の防火扉で、盗難を防止するための措置を講じる。
- 建築物の内面は板張りとし、床面にはできるだけ鉄類を表さないこと。
- 建築物の屋根の外面は、金属板、スレート板、かわらなどの不燃性物質を使用し、天井裏または屋根に盗難防止のための金網を張ること。

貯蔵上の取扱い

- 火薬庫の境界内には、必要がある者のほかは立ち入らない。
- 火薬庫の境界内には、爆発、発火、燃焼しやすい物を堆積しない。
- 火薬庫内には、火薬類以外の物を貯蔵しない。
- 火薬庫内に入る場合、鉄類やそれらを使用した器具（チェーンブロックなど)、携帯電灯以外の灯火を持ち込まない。
- 火薬庫内では、荷造り、荷解き、開函をしない。
- 火薬庫内では、換気に注意し、できるだけ温度の変化を少なくする。

火薬類の運搬

- 火薬類を運搬しようとするとき、荷送人は、出発地を管轄する都道府県公安委員会に届け出て、届出を証明する文書（運搬証明書）の交付を受け、火薬類を運搬する場合は、運搬証明書を携帯しなければならない。
- 火薬類は、他の物と混包し、または火薬類でないようにみせかけて、これを所持、運搬、託送してはならない。

火薬類の消費

- 火薬類を爆発させる、または燃焼させようとする者は、都道府県知事の許可を受けなければならない（非常災害時での緊急措置など例外規定あり)。
- 火薬類の爆発または燃焼は、経済産業省令で定める技術上の基準に従って行わなければならない。

火薬類の廃棄

- 火薬類を廃棄するときは、都道府県知事の許可を受けなければならない。

7-2 火薬類の取扱い

取扱者の制限

- 18 歳未満の者は、火薬類の取扱いをしてはならない。
- 心身の障害により火薬類の取扱いに伴う危害を予防するための措置を適正に行うことができない者に、火薬類の取扱いをさせてはならない。

保安責任者の職務

- 火薬類取扱保安責任者は、火薬類の製造、貯蔵または消費に係る保安に関し定められた職務を行う。
- 火薬類取扱副保安責任者は、定められた補佐区分に従って火薬類取扱保安責任者を補佐しなければならない。

火薬類の取扱い

- 火薬類を収納する容器は、木その他電気不良導体で作った丈夫な構造のものとし、内面には鉄類を表さない。
- 火薬類を存置、運搬するときは、火薬、爆薬、導爆線、制御発破用コードと火工品とは、それぞれ異なる容器に収納する。
- 火薬類を運搬するときは、衝撃などに対して安全な措置を講じる。
  この場合、工業雷管、電気雷管、導火管付き雷管やこれらを取り付けた薬包を坑内や隔離した場所に運搬するときは、背負袋、背負箱などを使用する。
- 電気雷管を運搬するときには、脚線が裸出しないような容器に収納し、乾電池や電路の裸出している電気器具を携行せず、さらに、電灯線、動力線その他漏電のおそれのあるものにできるだけ接近しない。
- 火薬類は、使用前に、凍結、吸湿、固化その他異常の有無を検査する。
- 凍結したダイナマイトなどは、50℃以下の温湯を外槽に使用した融解器、または 30℃以下に保った室内に置くことにより融解する。
  ただし、裸火、ストーブ、蒸気管その他高熱源に接近させてはならない。
- 固化したダイナマイトなどは、もみほぐす。
- 使用に適しない火薬類は、その旨を明記し、火薬類取扱所に返送する。
- 止むを得ない場合を除き、火薬類取扱所、火工所、発破場所以外の場所に火薬類を存置しない。

- 消費場所においては、火薬類消費計画書に火薬類を取り扱う必要のある者として記載されている者が火薬類を取り扱う場合には、腕章を付けるなど、他の者と容易に識別できる措置を講じる。

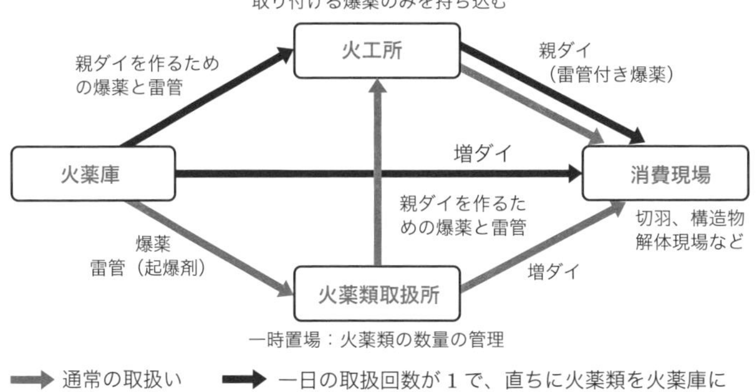

火薬類の消費（発破）の手順（イメージ）

7-3 火薬類取扱所、火工所

火薬類取扱所

- 消費場所では、火薬類の管理や発破の準備をするために、火薬類取扱所を設けなければならない。
- 火薬類取扱所は、一つの消費場所について1か所とする。
- 火薬類取扱所は、通路、通路となる坑道、動力線、火薬庫、火気を取り扱う場所、人の出入りする建物などに対し、安全で、湿気の少ない場所に設ける。
- 火薬類取扱所には建物を設け、その構造は、火薬類を存置するときに見張人を常時配置する場合を除き、平家建の鉄筋コンクリート造り、コンクリートブロック造り、またはこれと同等程度に盗難や火災を防ぎ得る構造にする。
- 火薬類取扱所の建物の屋根の外面は、金属板、スレート板、かわらその他の不

燃性物質を使用、建物の内面は板張りで床面にはできるだけ鉄類を表さない。

- 暖房の設備には、温水、蒸気、または熱気以外のものを使用しない。
- 火薬類取扱所の周囲には、適当な境界柵を設け、さらに「火薬」、「立入禁止」、「火気厳禁」などと書いた警戒札を建てる。
- 火薬類取扱所内には、見やすい所に取扱いに必要な法規、心得を掲示する。
- 火薬類取扱所の境界内には、爆発、発火、燃焼しやすいものを堆積しない。
- 火薬類取扱所には、定員を定め、定員内の作業者または特に必要がある者のほかは立ち入らない。
- 火薬類取扱所において存置することのできる火薬類の数量は、**1日の消費見込量以下**とする。
- 火薬類取扱所には、帳簿を備え、責任者を定めて、火薬類の受払いや消費残数量を、そのつど明確に記録させる。
- 火薬類取扱所の内部は、整理整とんし、火薬類取扱所内における作業に必要な器具以外の物を置かない。

火工所

- 消費場所では、薬包に工業雷管、電気雷管、導火管付き雷管を取り付け、またはこれらを取り付けた薬包を取り扱う作業をするために、**火工所**を設けなければならない。
- 火工所は、通路、通路となる坑道、動力線、火薬類取扱所、他の火工所、火薬庫、火気を取り扱う場所、人の出入する建物などに対し安全で、**湿気の少ない場所**に設ける。
- 火工所として建物を設ける場合には、適当な**換気の措置**を講じ、床面にはできるだけ鉄類を表さず、その他の場合には、**日光の直射や雨露を防ぎ**、安全に作業ができるような措置を講じる。
- 火工所に火薬類を存置するときには、**見張人を常時配置**する。
- 火工所内を照明する設備を設ける場合には、火工所内と完全に隔離した電灯とし、さらに火工所内で電導線を表さない。
- 火工所の周囲には、適当な柵を設け、さらに「火薬」、「立入禁止」、「火気厳禁」などと書いた**警戒札**を建てる。
- 火工所以外の場所においては、薬包に工業雷管、電気雷管、導火管付き雷管を取り付ける作業を行わない。
- 火工所には、薬包に工業雷管、電気雷管、導火管付き雷管を取り付けるために必要な火薬類以外の火薬類を持ち込まない。

7-4 発破の作業

基礎ポイント講義

- 発破場所に携行する火薬類の数量は、作業に使用する消費見込量を超えないこと。
- 発破場所では、責任者を定め、火薬類の受渡し数量、消費残数量、発破孔、薬室に対する装填方法をその都度記録させる。
- 装填が終了し火薬類が残った場合には、ただちに初めの火薬類取扱所または火工所に返送する。
- 装填前に、発破孔、薬室の位置、岩盤などの状況を検査し、適切な装填方法により装填する。
- 発破による飛散物により人畜、建物などに損傷が生じるおそれのある場合には、損傷を防ぎ得る防護措置を講じる。
- 前回の発破孔を利用して、削岩や装填をしない。
- 火薬や爆薬を装填する場合には、その付近での喫煙や、裸火を使用しない。
- 火薬の類装填では、発破孔に砂その他の発火性や引火性のない込物を使用し、さらに摩擦、衝撃、静電気などに対して安全な装填機や装填具を用いる。

演習問題でレベルアップ

〈〈〈問題1〉〉〉 火薬類取扱いなどに関する次の記述のうち、火薬類取締法令上、**誤っているもの**はどれか。

⑴ 何人も、火薬類の製造所または火薬庫においては、製造業者または火薬庫の所有者もしくは占有者の指定する場所以外の場所で、喫煙し、または火気を取り扱ってはならない。

⑵ 火薬類を取り扱う者は、所有し、または占有する火薬類、譲渡許可証、譲受許可証または運搬証明書を喪失し、または盗取されたときには遅滞なくその旨を警察官または海上保安官に届け出なければならない。

⑶ 火薬類の発破を行う場合には、発破場所においては、責任者を定め、火薬類の受渡し数量、消費残数量および発破孔または薬室に対する装填方法をあらかじめ消防署に届け出なければならない。

⑷ 火薬類の発破を行う場合には、付近の者に発破する旨を警告し、危険がないことを確認した後でなければ点火してはならない。

解説 (3) 火薬類の発破を行う場合には、「発破場所においては、責任者を定め、火薬類の受渡し数量、消費残数量および発破孔または薬室に対する装填方法をその都度記録させること」(火薬類取締法施行規則第53条第2号) となっているが、「あらかじめ消防署に届け出なければならない」という規定はない。よって、この記述が誤り。

【解答 (3)】

《《《問題2》》》 火薬類取締法令上、火薬類の取扱いなどに関する次の記述のうち、**正しいもの**はどれか。

⑴ 火薬類取扱所の建物の屋根の外面は、金属板、スレート板、かわらその他の不燃性物質を使用し、建物の内面は、板張りとし、床面には鉄類を表さなければならない。

⑵ 火薬類取扱所において存置することのできる火薬類の数量は、その週の消費見込量以下としなければならない。

⑶ 装填が終了し、火薬類が残った場合には、発破終了後に始めの火薬類取扱所または火工所に返送しなければならない。

⑷ 火薬類の発破を行う場合には、発破場所に携行する火薬類の数量は、当該作業に使用する消費見込量を超えてはならない。

解説 (1) 建築物 (火薬類取扱所) の屋根の外面は、金属板、スレート板、かわらその他の不燃性物質を使用し、建築物の内面は、板張りとし、床面にはできるだけ鉄類を表さないこと。よって、この記述は誤り。

(2) 火薬類取扱所において存置することのできる火薬類の数量は、1日の消費見込量以下とする。よって、この記述は誤り。

(3) 装填が終了し、火薬類が残った場合には、直ちに始めの火薬類取扱所または火工所に返送しなければならない。よって、この記述は誤り。

(4) この記述は正しい。

【解答 (4)】

《《《問題３》》》火薬類取締法令上、火薬類の取扱いなどに関する次の記述のうち、**正しいもの**はどれか。

(1) 火薬類を取り扱う者は、所有し、または占有する火薬類、譲渡許可証、譲受許可証または運搬証明書を喪失し、または盗取されたときは、遅滞なくその旨を消防署に届け出なければならない。

(2) 発破母線は、点火するまでは点火器に接続する側の端の心線を長短不ぞろいにし、発破母線の電気雷管の脚線に接続する側は短絡させておくこと。

(3) 火薬類取扱所の建物の屋根の外面は、金属板、スレート板、かわらその他の不燃性物質を使用し、建物の内面は、板張りとし、床面には鉄類を表さなければならない。

(4) 火薬類を運搬するときは、衝撃などに対して安全な措置を講じ、工業雷管、電気雷管もしくは導火管付き雷管を坑内に運搬するときは、背負袋、背負箱などを使用すること。

解説 (1) 火薬類を取り扱う者は、所有、占有する火薬類、譲渡許可証、譲受許可証または運搬証明書を喪失し、または盗取されたときは、遅滞なくその旨を警察官、海上保安官に届け出なければならない。よって、この記述は誤り。

(2) 発破母線は、点火するまでは点火器に接続する側の端を短絡させておき、発破母線の電気雷管の脚線に接続する側は短絡を防ぐために心線を長短不ぞろいにしておくこと。逆の説明になっているので、この記述は誤り。

(3) 火薬類取扱所の屋根の外面は、金属板、スレート板、かわらその他の不燃性物質を使用し、建築物の内面は、板張りとし、床面にはできるだけ鉄類を表さないこと。よって、この記述は誤り。

(4) この記述は正しい。 【解答 (4)】

8章 騒音規制法・振動規制法

8-1 騒音規制法

出題傾向と学習のススメ

騒音規制法・振動規制法からは、各1問程度の出題がある。なお、特定建設作業の届出は、騒音規制法と振動規制法で共通した方法となっている。それぞれ法令に関する基本的な知識からの出題といえる。

基礎ポイント講義

騒音規制法は、工場および事業場における事業活動や、建設工事に伴って発生する相当範囲にわたる騒音について必要な規制を行うとともに、自動車騒音に係る許容限度を定めることなどにより、生活環境を保全し、国民の健康の保護に資することを目的としている。

特定建設作業

騒音規制法では、建設工事で実施される特定建設作業（建設工事として行われる作業のうち、著しい騒音を発生する作業）として、**8項目**を定めている。

その作業を開始した日に終わるものは対象から除外されている。

8-2 振動規制法

基礎ポイント講義

振動規制法は、工場および事業場における事業活動、建設工事に伴って発生する相当範囲にわたる振動について必要な規制を行うとともに、道路交通振動に係る要請の措置を定めることなどにより、生活環境を保全し、国民の健康の保護に資することを目的としている。

特定建設作業

振動規制法では、建設工事で実施される特定建設作業（建設工事として行われる作業のうち、著しい振動を発生する作業）として、**4項目**を定めている。

なお、その作業を開始した日に終わるものは対象から除外されている。

特定建設作業騒音の規制基準

<table>
<tr><th rowspan="2" colspan="2">特定建設作業の種類</th><th colspan="5">規制に関する基準</th></tr>
<tr><th>騒音の大きさ</th><th>作業時間</th><th>1日当たりの作業時</th><th>作業期間</th><th>作業日</th></tr>
<tr><td>1. くい打ち機、くい抜き機またはくい打ちくい抜き機を使用する作業</td><td>もんけん、圧入式くい打ちくい抜き機をアースオーガと併用する作業を除く</td><td rowspan="8">敷地の境界線において85デシベル以下</td><td rowspan="8">第1号区域：午後7時～午前7時の時間内でないこと
第2号区域：午後10時～午前6時の時間内でないこと</td><td rowspan="8">第1号区域：1日につき10時間を超えないこと
第2号区域：1日につき14時間を超えないこと</td><td rowspan="8">同一場所において連続6日を超えないこと</td><td rowspan="8">日曜日、その他の休日ではないこと</td></tr>
<tr><td>2. びょう打機を使用する作業</td><td></td></tr>
<tr><td>3. さく岩機を使用する作業</td><td>作業地点が連続的に移動する作業にあっては1日における当該作業に係る2地点間の最大距離が50 mを超えない作業</td></tr>
<tr><td>4. 空気圧縮機を使用する作業</td><td>電動機以外の原動機を用いるものであって、その定格出力が15 kW以上に限る（さく岩機の動力として使用する作業を除く）</td></tr>
<tr><td>5. コンクリートプラントまたはアスファルトプラントを設けて行う作業</td><td>混練機の混練容量がコンクリートプラントは、0.45 m^3以上、アスファルトプラントは200 kg以上のものに限る（モルタル製造のためにコンクリートプラントを設けて行う作業を除く）</td></tr>
<tr><td>6. バックホウを使用する作業</td><td>環境庁長官が指定するものを除く。定格出力が80 kW以上</td></tr>
<tr><td>7. トラクタショベルを使用する作業</td><td>環境庁長官が指定するものを除く。定格出力が70 kW以上</td></tr>
<tr><td>8. ブルドーザを使用する作業</td><td>環境庁長官が指定するものを除く。定格出力が40 kW以上</td></tr>
</table>

・区域の区分は、次に掲げる区域として、都道府県知事が指定した区域

第1号区域：良好な住居の環境を保全するため、特に静穏の保持を必要とする区域
住居の用に供されているため、静穏の保持を必要とする区域
住居の用に併せて商業、工業などの用に供されている区域であって、相当数の住居が集合しているため、騒音の発生を防止する必要がある区域
学校、保育所、病院、収容施設を有する診療所、図書館ならびに特別養護老人ホームの敷地の周囲おおむね80 mの区域内

第2号区域：騒音の指定区域内で第1号区域以外の区域

・騒音の大きさが基準を超えた場合、10時間または14時間から4時間までの範囲で作業時間を変更させることができる

振動規制法における特定建設作業規制内容

<table>
<tr><th colspan="2" rowspan="2">特定建設作業の種類</th><th colspan="5">規制に関する基準</th></tr>
<tr><th>騒音の大きさ</th><th>作業時間</th><th>1日当たりの作業時</th><th>作業期間</th><th>作業日</th></tr>
<tr><td>1. くい打ち機、くい抜き機またはくい打ちくい抜き機を使用する作業</td><td>もんけんおよび圧入式くい打ち機、油圧式くい抜き機、圧入式くい打ちくい抜き機を除く</td><td rowspan="4">敷地の境界線において75デシベル以下</td><td rowspan="4">第1号区域：午後7時～午前7時の時間内でないこと

第2号区域：午後10時～午前6時の時間内でないこと</td><td rowspan="4">第1号区域：1日につき10時間を超えないこと

第2号区域：1日につき14時間を超えないこと</td><td rowspan="4">同一場所において連続6日をこえないこと</td><td rowspan="4">日曜日、その他の休日ではないこと</td></tr>
<tr><td>2. 鋼球を使用して建築物その他の工作物を破壊する作業</td><td></td></tr>
<tr><td>3. 舗装版破砕機を使用する作業</td><td>作業地点が連続的に移動する作業にあっては1日における当該作業に係る2地点間の最大距離が50 mを超えない作業に限る</td></tr>
<tr><td>4. ブレーカを使用する作業</td><td>手持式のものを除く、作業地点が連続的に移動する作業にあっては1日における当該作業に係る2地点間の最大距離が50 mを超えない作業に限る</td></tr>
</table>

・区域の区分は、次に掲げる区域として、都道府県知事が指定した区域
　第1号区域：良好な住居の環境を保全するため、特に静穏の保持を必要とする区域
　　住居の用に供されているため、静穏の保持を必要とする区域
　　住居の用に合わせて商業、工業などの用に供されている区域であって、相当数の住居が集合しているため、振動の発生を防止する必要がある区域
　　学校、保育所、病院、収容施設を有する診療所、図書館ならびに特別養護老人ホームの敷地の周囲おおむね80 mの区域内
　第2号区域：指定区域のうち第1号区域以外の区域
・振動の大きさが基準を超えた場合、10時間または14時間から4時間までの範囲で作業時間を変更させることができる

8-3 特定建設作業の届出

特定建設作業の届出は、作業開始の日の7日前までであり、届出先は市町村長となっている。ただし、災害その他非常の事態の発生により特定建設作業を緊急に行う必要がある場合は、この限りでない。

特定建設作業の実施の届出内容

- 氏名または名称および住所ならびに法人にあっては、その代表者の氏名
- 建設工事の目的となる施設または工作物の種類
- 特定建設作業の種類、場所、実施の期間、開始および終了の時刻

• 騒音、または振動の防止の方法
• 建設工事の名称、発注者の氏名または名称、住所（法人にあってはその代表者の氏名）
• 特定建設作業に使用される機械の名称、型式および仕様
• 下請負人が特定建設作業を実施する場合は、下請負人の氏名、名称および住所（法人にあってはその代表者の氏名）
• 届出をする者（元請業者）の現場責任者の氏名と連絡場所、下請負人が特定建設作業を実施する場合は、その下請負人の現場責任者の氏名と連絡場所

演習問題でレベルアップ

《《《問題１》》》騒音規制法令上、指定地域内で行う次の建設作業のうち、特定建設作業に**該当しないもの**はどれか。

ただし、当該作業がその作業を開始した日に終わるもの、および使用する機械が一定の限度を超える大きさの騒音を発生しないものとして環境大臣が指定するものを除く。

(1) 原動機の定格出力 70 kW 以上のトラクタショベルを使用して行う掘削積込み作業
(2) 電動機を動力とする空気圧縮機を使用する削岩作業
(3) アースオーガーと併用しないディーゼルハンマを使用するくい打ち作業
(4) 原動機の定格出力 40 kW 以上のブルドーザを使用して行う盛土の敷均し作業

解説 騒音規制法に関する出題ケースである。

(2)「空気圧縮機（電動機以外の原動機を用いるものであって、その原動機の定格出力が 15 kW 以上のものに限る）を使用する作業（さく岩機の動力として使用する作業を除く）」となっている（騒音規制法施行令第２条　別表第２　4）。したがって、この記述は該当しない。

ほかの記述は該当する。　　　　　　　　　　　　　　　　　　【解答（2）】

《《《問題2》》》 騒音規制法令上、指定地域内で行う次の建設作業のうち、特定建設作業に**該当しないもの**はどれか。

ただし、当該作業がその作業を開始した日に終わるもの、および使用する機械が一定の限度を超える大きさの騒音を発生しないものとして環境大臣が指定するものを除く。

(1) 原動機の定格出力 66 kW のブルドーザを使用して行う盛土の敷均し、転圧作業

(2) 原動機の定格出力 108 kW のトラクタショベルを使用して行う掘削積込み作業

(3) 切削幅 2 m の路面切削機を使用して行う道路の切削オーバーレイ作業

(4) 削岩機を使用して 1 日当たり 20 m の範囲を行う擁壁の取壊し作業

解説 (1) 原動機の定格出力 **40 kW** 以上のブルドーザであるので該当する。

(2) 原動機の定格出力 **70 kW** 以上のトラクタショベルであるので該当する。

(3) 特定建設作業に路面切削機は規定されていない。よって、この記述が該当しない。

(4) 削岩機を使用する作業で 1 日における二地点間の最大距離が **50 m** を超えない作業に該当する。

【解答 (3)】

《《《問題3》》》 騒音規制法令上、特定建設作業に関する次の記述のうち、**誤っているもの**はどれか。

(1) 指定地域内において特定建設作業を伴う建設工事を施工しようとする者は、当該特定建設作業の開始までに、環境省令で定める事項に関して、市町村長の許可を得なければならない。

(2) 指定地域内において特定建設作業に伴って発生する騒音について、騒音の大きさ、作業時間、作業禁止日など環境大臣は規制基準を定めている。

(3) 市町村長は、特定建設作業に伴って発生する騒音の改善勧告に従わないで工事を施工する者に、期限を定めて騒音の防止方法の改善を命ずることができる。

(4) 特定建設作業とは、建設工事として行われる作業のうち、当該作業が作業を開始した日に終わるものを除き、著しい騒音を発生する作業であって政令で定めるものをいう。

解説 (1) 指定地域内において特定建設作業を伴う建設工事を施工しようとする者は、当該特定建設作業の開始の日の7日前までに、環境省令で定めるところにより、次の事項を市町村長に届け出なければならない。よって、この記述が該当しない。騒音規制法第14条第1項による。　【解答（1）】

《《《問題4》》》振動規制法令上、特定建設作業に関する次の記述のうち、**誤っているもの**はどれか。

(1) 特定建設作業における環境省令の振動規制基準は、特定建設作業の場所の敷地の境界線において、75 dBを超える大きさのものでないことである。

(2) 市町村長は、特定建設作業に伴って発生する振動の改善勧告を受けた者がその勧告に従わないで特定建設作業を行っているときは、期限を定めて、その勧告に従うべきことを命ずることができる。

(3) 特定建設作業を伴う建設工事における振動を防止することにより生活環境を保全するための地域を指定しようとする市町村長は、都道府県知事の意見を聴かなければならない。

(4) 指定地域内において特定建設作業を伴う建設工事を施工しようとする者は、当該特定建設作業の開始の日の7日前までに、環境省令で定める事項を市町村長に届け出なければならない。

3時限目 法規

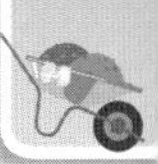

解説 振動規制法に関する出題ケースである。

(3) 特定建設業を伴う建設工事における振動を防止することにより生活環境を保全するための地域を指定しようとする都道府県知事（市の区域内の地域については、市長）は、関係町村長の意見を聴かなければならない。したがって、この記述は該当しない。

ほかの記述は正しい。　【解答（3）】

《《《問題5》》》振動規制法令上、指定地域内で行う次の建設作業のうち、特定建設作業に**該当しないもの**はどれか。

(1) 1日当たりの移動距離が40 mで舗装版破砕機による道路舗装面の破砕作業で、5日間を要する作業

(2) 圧入式くい打機によるシートパイルの打込み作業で、同一地点において3日間を要する作業

(3) ディーゼルハンマを使用したPC杭の打込み作業で、同一地点において5日間を要する作業

(4) ジャイアントブレーカを使用した橋脚1基の取り壊し作業で、3日間を要する作業

解説 (2)「くい打機（もんけんおよび圧入式くい打機を除く）、くい抜機（油圧式くい抜機を除く）またはくい打くい抜機（圧入式くい打くい抜機を除く）を使用する作業」となっている（振動規制法施行令第2条　別表第2　1）。したがって、この記述は該当しない。

【解答 (2)】

《《《問題6》》》振動規制法令上、指定地域内で特定建設作業を伴う建設工事を施工しようとする者が、市町村長に届け出なければならない事項に**該当しないもの**は、次のうちどれか。

(1) 氏名または名称および住所ならびに法人にあっては、その代表者の氏名

(2) 建設工事の目的に係る施設または工作物の種類

(3) 建設工事の特記仕様書および工事請負契約書の写し

(4) 特定建設作業の種類、場所、実施期間および作業時間

解説 (1)、(2)、(4) は該当する。

(3) 建設工事の特記仕様書および工事請負契約書の写しは、該当しない。

【解答 (3)】

9章 港則法

9-1 港則法の用語と定義

出題傾向と学習のススメ

港則法からは、例年1問程度の出題がある。出題傾向は、手続きや船舶の航行など港則法の基本的な規定から出題されている。

基礎ポイント講義

港則法は、港内における船舶交通の安全と港内の整とんを図ることを目的としている。港則法で定義されている用語を整理する。

港則法の用語と定義

用　語	定　義
特定港	喫水（船が水に浮かんでいるときの、船の最下面から水面までの距離）の深い船舶が出入りできる港。または外国船舶が常時出入する港であって、政令で定めるもの。
汽艇など	汽艇（総トン数20未満の汽船）、はしけおよび端舟その他ろかいで運転する船舶をいう。
びょう地	「びょう」は錨。びょう泊（船がいかりをおろして1か所にとどまること）すべき場所。

9-2 入出港の届出

基礎ポイント講義

船舶は、特定港に入港したとき、または特定港を出港しようとするときは、港長に届け出なければならない。

特定港内に停泊する船舶は、おのおのそのトン数、また積載物の種類に従い、当該特定港内の一定の区域内に停泊しなければならない。

特定港内においては、汽艇など以外の船舶を修繕、または係船しようとする者は、その旨を港長に届け出なければならない。

9-3 航路・航法

航路

- 汽艇など以外の船舶は、特定港に出入、または特定港を通過するには、国土交通省令で定める航路によらなければならない。ただし、海難を避けようとする場合その他止むを得ない事由のある場合は、この限りでない。
- 船舶は、航路内においては、投びょう、またえい航している船舶を放してはならない。ただし、海難を避けようとするとき、運転の自由を失ったとき、人命や急迫した危険のある船舶の救助に従事するとき、港長の許可を受けて工事や作業に従事するときは除く。

航法

- 航路外から航路に入るときや、航路から航路外に出ようとするときは、航路を航行する他の船舶の進路を避けなければならない。
- 船舶は、航路内においては、並列して航行してはならない。
- 船舶は、航路内において、他の船舶と行き会うときは、右側を航行しなければならない。【基本は右側通行】
- 船舶は、航路内においては、他の船舶を追い越してはならない。

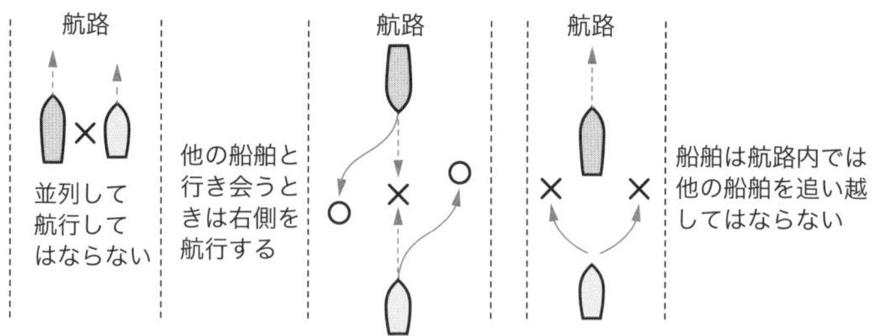

航路内の航法例

- 汽船が港の防波堤の入口、または入口付近で他の汽船と出会うおそれのあるときは、入航する汽船は、防波堤の外で出航する汽船の進路を避けなければならない。【港の出入口では出船優先】
- 船舶は、港内や港の境界付近では、他の船舶に危険を及ぼさないような速力で航行しなければならない。

- 船舶は、港内においては、防波堤、埠頭などの工作物の突端や、停泊船舶を右げんに見て航行するときはできるだけこれに近寄り、左げんに見て航行するときはできるだけこれに遠ざかって航行しなければならない。

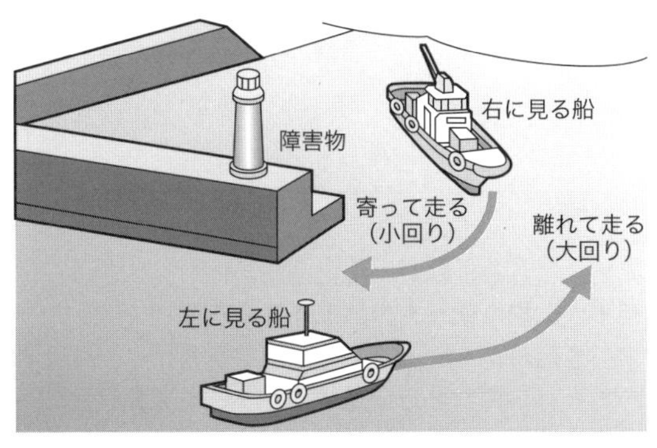

港内の航法例

危険物

- 爆発物その他の危険物を積載した船舶は、特定港に入港しようとするときは、港の境界外で港長の指揮を受けなければならない。
- 船舶は、特定港内また特定港の境界付近において危険物を運搬しようとするときは、港長の許可を受けなければならない。
- 船舶は、特定港において危険物の積込み、積替え、荷卸しをするには、港長の許可を受けなければならない。

9-4 水路の保全など

基礎ポイント講義

水路の保全

- 港内または港の境界外１万 m 以内の水面では、みだりに、バラスト、廃油、石炭から、ごみ、その他これに類する廃物を捨ててはならない。
- 港内または港の境界付近において、石炭、石、れんが、その他散乱するおそれのある物を船舶に積んだり、または船舶から卸そうとするときは、これらの物が水面に脱落するのを防ぐため必要な措置をしなければならない。

工事の許可

- 特定港内または特定港の境界付近で、工事または作業をしようとする者は、港長の許可を受けなければならない。

灯火などの制限

- 港内または港の境界付近における船舶交通の妨げとなるおそれのある強力な灯火をみだりに使用してはならない。
- 船舶は、港内においては、みだりに汽笛やサイレンを吹き鳴らしてはならない。

港長の許可を受ける

・【特定港内】危険物の積込み、積替えまたは荷卸しするとき
・【特定港内】使用する私設の信号を定めようとする者
・【特定港内】竹木材を船舶から水上に卸そうとする者
・【特定港内】いかだをけい留、または運航しようとする者
・【特定港内・特定港の境界付近】危険物を運搬しようとするとき
・【特定港内・特定港の境界付近】工事または作業をしようとする者

港長に届け出る

・【特定港内】入港したとき、または出航しようとするとき
・【特定港内】船舶（汽艇など以外）を修繕、係船しようとする者

港長の指定を受ける

・【特定港内】けい留施設以外にけい留して停泊するときのびょう泊すべき場所
・【特定港内】修繕中または係船中の船舶の停泊すべき場所
・【特定港内】危険物を積載した船舶の停泊または停留すべき場所

港長の指揮を受ける

爆発物その他の危険物を積載した船舶が特定港に入港しようとする際は、特定港の境界外で指揮を受ける。

演習問題でレベルアップ

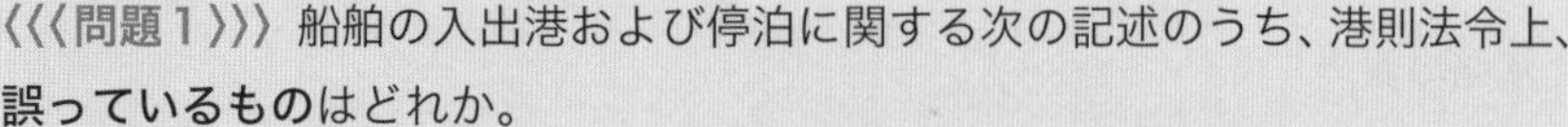

〈〈〈問題１〉〉〉船舶の入出港および停泊に関する次の記述のうち、港則法令上、**誤っているもの**はどれか。

(1) 船舶は、特定港に入港したとき、または特定港を出港しようとするときは、国土交通省令の定めるところにより、港長の許可を受けなければならない。

(2) 特定港内においては、汽艇など以外の船舶を修繕し、または係船しようとする者は、その旨を港長に届け出なければならない。

(3) 特定港内に停泊する船舶は、港長にびょう地を指定された場合を除き、おのおのそのトン数、または積載物の種類に従い、当該特定港内の一定の区域内に停泊しなければならない。

(4) 汽艇などおよびいかだは、港内においては、みだりにこれを係船浮標もしくは他の船舶に係留し、または他の船舶の交通の妨げとなるおそれのある場所に停泊させ、もしくは停留させてはならない。

解説 (1) 船舶は、特定港に入港したときまたは特定港を出港しようとするときは、国土交通省令の定めるところにより、港長に届け出なければならない。よって、この記述が誤り。 【解答 (1)】

《《《問題2》》》船舶の航行、または工事の許可などに関する次の記述のうち、港則法上、**正しいもの**はどれか。

(1) 船舶は、特定港内または特定港の境界付近において危険物を運搬しようとするときは、事後に港長に届け出なければならない。

(2) 特定港内または特定港の境界付近で工事または作業をしようとする者は、国土交通大臣の許可を受けなければならない。

(3) 航路外から航路に入り、または航路から航路外に出ようとする船舶は、航路を航行する他の船舶の進路を避けなければならない。

(4) 汽船が港の防波堤の入口または入口付近で他の汽船と出会うおそれのあるときは、出航する汽船は、防波堤の内で入航する汽船の進路を避けなければならない。

解説 (1) 船舶は、特定港内または特定港の境界付近において危険物を運搬しようとするときは、港長の許可を受けなければならない。事後の届け出ではないので、この記述は誤り。

(2) 特定港内または特定港の境界付近で工事または作業をしようとする者は、港長の許可を受けなければならない。よって、この記述は誤り。

(3) この記述が正しい。

(4) 汽船が港の防波堤の入口または入口付近で他の汽船と出会うおそれのあるときは、入航する汽船は、防波堤の外で出航する汽船の進路を避けなければならない。逆の記述になっていることから、この記述は誤り。 【解答 (3)】

《《《問題3》》》船舶の航行または港長の許可に関する次の記述のうち、港則法令上、**誤っているもの**はどれか。

(1) 航路から航路外に出ようとする船舶は、航路を航行する他の船舶の進路を避けなければならない。
(2) 船舶は、港内においては、防波堤、ふとうなどを右げんに見て航行するときは、できるだけ遠ざかって航行しなければならない。
(3) 特定港内において竹木材を船舶から水上に卸そうとする者は、港長の許可を受けなければならない。
(4) 特定港内において使用すべき私設信号を定めようとする者は、港長の許可を受けなければならない。

解説 (2) 船舶は、港内においては、防波堤、ふとうなどを右げんに見て航行するときは、できるだけこれに近寄り（左げんに見て航行するときは、できるだけこれに遠ざかって）、航行しなければならない。よって、この記述が誤り。

【解答 (2)】

4時限目
共通工事

1章 測　量

1-1 測量機器

出題傾向と学習のススメ

測量からは、例年1問程度の出題がある。出題傾向としては、トータルステーションによる測量の基本的な知識からの出題がほとんどとなっている。

基礎ポイント講義

従来からレベルや平板、トランシットなどの測量機器が用いられてきたが、近年では技術が向上し、より高度な測量機器も利用されてきている。

高低差の測量

レベルによって高低差を測量するが、自動的に水平を確保できる自動レベル（オートレベル）や、バーコード標尺による電子レベルも用いられている。

測角、測距の測量

トランシット、またはセオドライトがこれまで用いられてきた測角を行う機械であったが、距離を測る（測距）ができる光波測距儀も用いられている。光波測距儀は、測点に反射プリズムを置き、その測点に向けて測距儀から光波を発振し、測点の反射プリズムで反射した光波を測距儀が感知して、その発振回数から距離を測る仕組みである。

さらに、測角と測距ができる測量機器がトータルステーション（**TS**）である。一般的なトータルステーションは、ターゲット（プリズム）をレンズで視準し、ボタンを押すだけで角度と距離を同時に誰でも簡単に測定ができて、本体に表示される。また、測定対象物にレーザ光を照射し、反射してきたレーザ光で距離を測定するノンプリズム（反射プリズムを必要としない）トータルステーションもある。

全地球測位システム

人工衛星を利用して現在位置を特定するのが、全地球測位システム（**GPS**）である。人工衛星からの電波を受信し、緯度・経度を測定する測量を**GPS**測量と呼ぶが、最近はこのGPS測量から、全球測位衛星システム（**GNSS**）を用いたGNSS測量機と呼ばれるようになっている。

このように、従来の測量では困難だった場所の測量、また遮へい物や天候に左右されることなく高精度の測量ができるようになってきた。

1-2 トータルステーションによる測量

基礎ポイント講義

トータルステーションは、光波距離計（目標点に光を発射して、反射して機械に戻った光を電子的に解析して距離を測る測距儀）と角度測定の電子セオドライトを組み合わせた測量機である。このため、1台の機械で、角度（鉛直角・水平角の2軸）と距離を同時に測定できる。特に、望遠鏡の光軸（視準軸）と光波距離計の光軸が同軸になっていることと、測定データが外部機器に出力できることが特徴である。近年は、さまざまなタイプのトータルステーションが普及している。

トータルステーションの種類

一般的なトータルステーション

トータルステーション側とターゲット（プリズム）を持つ人の二人で測量を行うタイプ。座標測量や杭位置出しなどで幅広く利用されている。

計測範囲が比較的広く、精度が良い。

ノンプリズム型のトータルステーション

レーザ光で測量するためターゲット（プリズム）を必要としないタイプ【ワンマン観測】。人が近づけない場所など、プリズムが設置できない場所への測定ができるので、現場での作業効率が向上する。

一般的なトータルステーションに比べ、計測範囲がやや狭く、精度が若干劣る。

電子野帳搭載型のトータルステーション

電子野帳のプログラム機能を内蔵した測量できるタイプ。基準点測量から工事測量までマルチに活用されている。

自動追尾型のトータルステーション

自動追尾機能によりターゲットが自動で追尾して距離と角度を測ってくれるタイプ【自動追尾測量】。トンネル、地すべり、ダム、橋梁の変位計測、大型作業機械の制御などを自動視準機能により高精度測定に使用できる【動態観測】。

トータルステーションの測定方法

- トータルステーションでは、観測点と視準点の斜距離と鉛直角を測定し、その結果から計算により水平距離と高低差を得ることができる。

水平角・鉛直角の観測法

対回観測

対回観測の平均値を採用することによって、望遠鏡の機械的な誤差を消去できるので、角度の観測は必ず対回単位で行う。

対回とは、角観測を望遠鏡の正での観測と反での観測を「1対回」とし、この対回を反復してその平均角を求める観測手法。

水平角の観測

1視準1読定（1方向を見て1回角度を読む）、望遠鏡正および反の観測を1対回とする。

水平角観測において、対回内の観測方向数は、5方向以下とする。

鉛直角の観測

1視準1読定（1方向を見て1回角度を読む）、望遠鏡正および反の観測を1対回とする。

距離測定

距離測定は、1視準2読定を1セットとする。

気象の測定

距離測定に伴う気象（気温および気圧）は、トータルステーションまたは測距儀を整置した測点で行うものとするが、3級基準点測量および4級基準点測量においては、気圧の測定を行わず、標準大気圧を用いて気象補正を行うことができる。

気象の測定は、距離測定の開始直前または終了直後に行うものとする。

観測値の記録

観測値の記録は、データコレクタを用いるものとする。ただし、データコレクタを用いない場合、観測手簿に記載する。

トータルステーションを使用した場合、水平角観測の必要対回数に合わせ、取得された鉛直角観測値および距離測定値は、すべて採用し、その平均値を用いることができる。

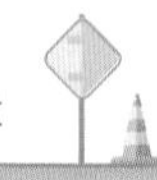

演習問題でレベルアップ

〈〈〈問題1〉〉〉TS（トータルステーション）を用いて行う測量に関する次の記述のうち、**適当でないもの**はどれか。

(1) TS での距離測定は、測定開始直前または終了直後に、気温および気圧の測定を行う。

(2) TS での水平角観測において、目盛変更が不可能な機器は、1 対回の繰返し観測を行う。

(3) TS では、器械高、反射鏡高および目標高は、センチメートル位まで測定を行う。

(4) TS では、水平角観測の必要対回数に合わせ取得された距離測定値は、その平均値を用いる。

解説 (3) TS では、器械高、反射鏡高および目標高は、ミリメートル位まで観測するものとする。

したがって、この記述は適当ではない（『公共測量　作業規程の準則』第 37 条第 2 項第 1 号イ）。なお、以前の準則（改正前）はセンチメートルだった。

このほかの記述は適当なものであるので、覚えておこう。　【解答 (3)】

〈〈〈問題2〉〉〉TS（トータルステーション）を用いて行う測量に関する次の記述のうち、**適当でないもの**はどれか。

(1) TS での鉛直角観測は、1 視準 1 読定、望遠鏡正および反の観測 1 対回とする。

(2) TS での水平角観測は、対回内の観測方向数を 10 方向以下とする。

(3) TS での観測の記録は、データコレクタを用いるが、これを用いない場合には観測手簿に記載するものとする。

(4) TS での距離測定に伴う気象補正のための気温、気圧の測定は、距離測定の開始直前、または終了直後に行うものとする。

解説 (2) TS での水平角観測は、対回内の観測方向数は 5 方向以下とする。よって、この記述が誤り（『公共測量　作業規程の準則』第 37 条第 2 項第 1 号ト）。

このほかの記述は適当なものである。　【解答 (2)】

《《《問題３》》》TS（トータルステーション）を用いて行う測量に関する次の記述のうち、**適当でないもの**はどれか。

⑴ TSでは、水平角観測、鉛直角観測および距離測定は、1視準で同時に行うことを原則とする。

⑵ TSでの鉛直角観測は、1視準1読定、望遠鏡正および反の観測を1対回とする。

⑶ TSでの距離測定にともなう気温および気圧などの測定は、TSを整置した測点で行い、3級および4級基準点測量においては、標準大気圧を用いて気象補正を行うことができる。

⑷ TSでは、水平角観測の必要対回数に合わせ、取得された鉛直角観測値および距離測定値はすべて採用し、その最小値を用いることができる。

解説 (4) TSでは、水平角観測の必要対回数に合わせ、取得された鉛直角観測値および距離測定値はすべて採用し、その平均値を用いることができる。よって、この記述が誤り（『公共測量　作業規程の準則』第37条第2項第1号リ）。

このほかの記述は適当なものである。　　　　　　　　　　　　【解答（4）】

《《《問題４》》》公共測量に関する次の記述のうち、**適当でないもの**はどれか。

(1) 基準点測量は、既知点に基づき、基準点の位置または標高を定める作業をいう。

(2) 公共測量に用いる平面直角座標系の Y 軸は、原点において子午線に一致する軸とし、真北に向かう値を正とする。

(3) 電子基準点は、GPS観測で得られる基準点で、GNSS（全球測位衛星システム）を用いた盛土の締固め管理に用いられる。

(4) 水準点は、河川、道路、港湾、鉄道などの正確な高さの値が必要な工事での測量基準として用いられ、東京湾の平均海面を基準としている。

解説 (2) 公共測量に用いる平面直角座標系の X 軸は、原点において子午線に一致する軸とし、真北に向かう値を正とする。よって、この記述が誤り。

なお、座標系の Y 軸は、座標系原点において座標系の X 軸に直交する軸とし、**真東**に向かう値を正とする。

このほかの記述は適当なものである。　　　　　　　　　　　　【解答（2）】

2章 契約・設計図書

2-1 設計図書

出題傾向と学習のススメ

契約・設計図書の関係からは、1問程度の出題がある。出題傾向は、公共工事標準請負契約約款がほとんどであり、基本的な規程からの出題となっている。

基礎ポイント講義

公共工事の請負契約に必要となる図書は、契約書と設計図、仕様書などである。

契約書および設計図書を**契約図書**という。

また、設計図面、共通仕様書、特記仕様書、現場説明書、現場説明に対する質問回答書で構成されるものが、**設計図書**である。

なお、仕様書は、各工事に共通する**共通仕様書**と、各工事で規定される**特記仕様書**に区別される。

契約図書

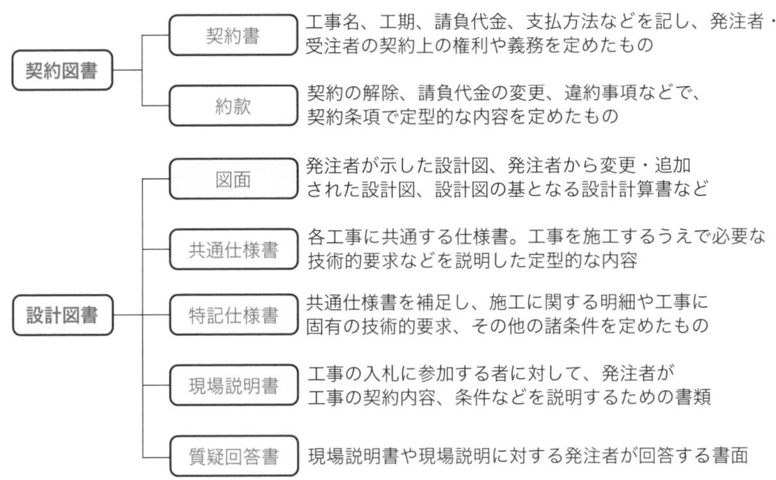
契約図書
契約書
工事名、工期、請負代金、支払方法などを記し、発注者・受注者の契約上の権利や義務を定めたもの
約款
契約の解除、請負代金の変更、違約事項などで、契約条項で定型的な内容を定めたもの
設計図書
図面
発注者が示した設計図、発注者から変更・追加された設計図、設計図の基となる設計計算書など
共通仕様書
各工事に共通する仕様書。工事を施工するうえで必要な技術的要求などを説明した定型的な内容
特記仕様書
共通仕様書を補足し、施工に関する明細や工事に固有の技術的要求、その他の諸条件を定めたもの
現場説明書
工事の入札に参加する者に対して、発注者が工事の契約内容、条件などを説明するための書類
質疑回答書
現場説明書や現場説明に対する発注者が回答する書面

2-2 公共工事標準請負契約約款

基礎ポイント講義

請負契約の明確化、適正化をはかる目的で公共工事標準請負契約約款がある。

約款の概要

- 受注者は、契約書記載の工事を契約書記載の工期内に完成し、工事目的物を発注者に引き渡すものとし、発注者は、その請負代金を支払うものとする。
- 仮設、施工方法その他工事目的物を完成するために必要な一切の手段（施工方法など、という）については、約款および設計図書に特別の定めがある場合を除き、受注者の責任において定める。
- 約款に定める請求、通知、報告、申出、承諾および解除は、書面により行わなければならない。

設計図書

- 図面、仕様書、現場説明書および現場説明に対する質問回答書。
  設計図書は、拘束力を有するものである。

内訳書、工程表

- 受注者は、設計図書に基づいて請負代金内訳書（内訳書）と工程表を作成し、発注者の承認を受けなければならない。しかし、これらは法的な拘束力をもつものではない。

一括委任または一括下請負の禁止

- 受注者は、工事の全部や主たる部分、他の部分から独立してその機能を発揮する工作物の工事を、一括して第三者に委任、または請け負わせてはならない。

下請負人の通知

- 発注者は、受注者に対して、下請負人の商号・名称その他必要な事項の通知を請求することができる。

特許権などの使用

- 特許権は受注者の責任となる。ただし、発注者が設計書に明示せず、受注者も存在を知らなかった場合は、発注者の負担となる。

監督員

- 発注者は、2名以上の監督員を置き、権限を分担させたときなどは、その内

容を、受注者に通知しなければならない。発注者は、監督員を置いたとき、変更したときは、氏名を受注者に通知しなければならない。

現場代理人および主任技術者など

- 受注者は、現場代理人、主任技術者（監理技術者）を定めて工事現場に設置し、氏名その他必要な事項を発注者に通知しなければならない。
- 現場代理人は工事現場に常駐し、この契約の履行、運営、取締りを行うほか、請負代金額の変更、請負代金の請求および受領などの権限を除き、この契約に基づく受注者の一切の権限を行使することができる。
- 現場代理人の工事現場における運営などに支障がなく、発注者との連絡体制が確保される場合には、現場代理人について工事現場の常駐を要しないこととすることができる。
- 現場代理人、主任技術者（監理技術者）および専門技術者は、これを兼ねることができる。

工事材料の品質および検査など

- 工事材料の品質については、設計図書の定めによる。設計図書にその品質が明示されていない場合は、中等の品質を有するものとする。
- 受注者は、監督員の検査を設計図書で指定された工事材料は、検査に合格したものを使用しなければならない。この場合、検査に直接要する費用は、受注者の負担とする。
- 受注者は、工事現場内に搬入した工事材料を監督員の承諾を受けないで工事現場外に搬出してはならない。
- 受注者は、検査の結果不合格と決定された工事材料については、約款で定めた日数以内に工事現場外に搬出しなければならない。

条件変更など

- 受注者は、工事の施工にあたり、設計図書の内容や現地の制約などが一致しない、表示が明確でない、などの状況を発見したときは、直ちに監督員に通知し、その確認を請求しなければならない。

設計図書の変更

- 発注者は、必要があると認めるときは、設計図書の変更内容を受注者に通知して、設計図書を変更することができる。この場合において、発注者は、必要がある場合には工期や請負代金額を変更する、あるいは受注者に損害を及ぼしたときは必要な費用を負担しなければならない。

工事の中止

- 工事用地などの確保ができないこと、暴風、豪雨、洪水、高潮、地震、地すべり、落盤、火災、騒乱、暴動その他の自然的、また人為的な事象によって、受注者が工事を施工できないと認められるときは、発注者は、工事の中止内容を直ちに受注者に通知して、工事の全部または一部の施工を一時中止させなければならない。

受注者の請求による工期の延長

- 受注者は、天候の不良、関連工事の調整への協力などの事由により工期内に工事を完成することができないときは、その理由を明示した書面により、発注者に工期の延長変更を請求することができる。

発注者の請求による工期の短縮

- 発注者は、特別の理由により工期を短縮する必要があるときは、工期の短縮変更を受注者に請求することができる。この場合、必要があると認められるときは請負代金額を変更したり、受注者に損害を及ぼしたときは必要な費用を負担したりしなければならない。

検査および引渡し

- 工事を完成したときは、受注者は発注者に通知しなければならない。発注者は、前項の規定による通知を受けたときは、通知を受けた日から 14 日以内に受注者の立会いのうえ、工事の完成を確認するための検査を完了し、結果を受注者に通知しなければならない。
- この際、発注者は、必要があると認められるときは、その理由を受注者に通知して、工事目的物を最小限度破壊して検査することができる。この検査または復旧に直接要する費用は、受注者の負担とする。
- 発注者は、検査によって工事の完成を確認した後、受注者が引渡しを申し出たときは、ただちにその引渡しを受けなければならない。

部分使用

- 発注者は、工事目的物の全部または一部を、引渡し前であっても受注者の承諾を得て使用することができる。

演習問題でレベルアップ

〈〈〈問題1〉〉〉公共工事標準請負契約約款に関する次の記述のうち、**適当でないもの**はどれか。

(1) 受注者は、設計図書において監督員の検査を受けて使用すべきものと指定された工事材料が、検査の結果不合格と決定された場合、工事現場内に保管しなければならない。

(2) 受注者は、工事目的物の引渡し前に、天災などで発注者と受注者のいずれの責めにも帰すことができないものにより、工事目的物などに損害が生じたときは、その事実の発生直後直ちにその状況を発注者に通知しなければならない。

(3) 発注者は、工期の延長または短縮を行うときは、この工事に従事する者の労働時間その他の労働条件が適正に確保されるよう、やむを得ない事由により工事などの実施が困難であると見込まれる日数などを考慮しなければならない。

(4) 発注者は、設計図書の変更を行った場合において、必要があると認められるときは、工期もしくは請負代金額を変更しなければならない。

解説 (1) 受注者は、設計図書において監督員の検査を受けて使用すべきものと指定された工事材料が、検査の結果不合格と決定された場合、この決定を受けた日から一定の日にち以内に工事現場外に搬出しなければならない。したがってこの記述は適当ではない。 **【解答 (1)】**

〈〈〈問題2〉〉〉公共工事標準請負契約約款に関する次の記述のうち、**誤っているもの**はどれか。

(1) 受注者は、設計図書と工事現場が一致しない事実を発見したときは、その旨を直ちに監督員に口頭で通知しなければならない。

(2) 発注者は、検査によって工事の完成を確認した後、受注者が工事目的物の引渡しを申し出たときは、直ちに当該工事目的物の引渡しを受けなければならない。

(3) 受注者は、災害防止などのため必要があると認められるときは、臨機の措置をとらなければならない。

⑷ 発注者は、受注者の責めに帰すことができない自然的、または人為的事象により、工事を施工できないと認められる場合は、工事の全部、または一部の施工を一時中止させなければならない。

解説 (1) 受注者は、設計図書と工事現場が一致しない事実を発見したときは、その旨を直ちに監督員に通知し、その確認を請求しなければならない。したがって、この記述は適当ではない。 【解答 (1)】

《《《問題3》》》公共工事標準請負契約約款において、工事の施工にあたり受注者が監督員に通知し、その確認を請求しなければならない事項に**該当しないもの**は、次の記述のうちどれか。

⑴ 設計図書に誤りがあると思われる場合または設計図書に表示すべきことが表示されていないこと。

⑵ 設計図書で明示されていない施工条件について、予期することのできない特別な状態が生じたこと。

⑶ 設計図面と仕様書の内容が一致しないこと。

⑷ 設計図書に、工事に使用する建設機械の明示がないこと。

解説 (1) ～ (3) は、工事の施工にあたり受注者が監督員に通知し、その確認を請求しなければならない事項に該当する。

(4) この記述は、該当しない。 【解答 (4)】

公共工事標準請負契約約款第 18 条 1 項

受注者は、工事の施工にあたり、次の各号のいずれかに該当する事実を発見したときは、その旨を直ちに監督員に通知し、その確認を請求しなければならない。

① 図面、仕様書、現場説明書および現場説明に対する質問回答書が一致しないこと（これらの優先順位が定められている場合を除く）。

② 設計図書に誤謬または脱漏があること。

③ 設計図書の表示が明確でないこと。

④ 工事現場の形状、地質、湧水などの状態、施工上の制約など設計図書に示された自然的または人為的な施工条件と実際の工事現場が一致しないこと。

⑤ 設計図書で明示されていない施工条件について予期することのできない特別な状態が生じたこと。

公共工事標準請負契約約款第1条3項

仮設、施工方法その他工事目的物を完成するために必要な一切の手段（施工方法など）については、この約款および設計図書に特別の定めがある場合を除き、受注者がその責任において定める。

《《《問題4》》》公共工事標準請負契約約款に関する次の記述のうち、**誤っているもの**はどれか。

⑴ 発注者は、工事目的物の引渡しの際に瑕疵（かし）があることを知ったときは、原則としてその旨を直ちに受注者に通知しなければ、当該瑕疵の修補または損害賠償の請求をすることができない。

⑵ 受注者は、現場代理人を工事現場に常駐させなければならないが、工事現場における運営などに支障がなく、かつ、発注者との連絡体制が確保されると発注者が認めれば、工事現場への常駐を必要としないことができる。

⑶ 受注者は、災害防止などのため必要があると認めるときは、臨機の措置をとらなければならない。

⑷ 受注者は、工事目的物の引渡し前に、天災などで発注者と受注者のいずれの責に帰すことができないものにより、工事目的物などに損害が生じたときは、損害による費用の負担を発注者に請求することができない。

解説 (1) 約款「履行遅滞の場合における損害金など」として、正しい記述である。

(2) 約款「現場代理人および主任技術者など」として、正しい記述である。

(3) 約款「臨機の措置」として、正しい記述である。

(4) 受注者は、工事目的物の引渡し前に、天災などで発注者と受注者のいずれの責に帰すことができないものにより、工事目的物などに損害を生じたときは、損害による負担を発注者に請求することができる。したがって、約款「不可抗力による損害」に対して誤った記述である。　【解答 (4)】

3章 設計図

3-1 共通事項

出題傾向と学習のススメ

最近の出題傾向としては、設計図の例から部材の意味を問うパターンが多い。例となる図は配筋図が多い傾向があるが、基本的な知識を確認し解答できるようにしたい。

基礎ポイント講義

設計図を作成、使用するために、線の種類や図記号などの共通事項がある。

線の種類

製図に用いる線は、種類ごとに用途が決まっている。一般的には、太い線は手前に見えるもの、細い線は奥にあるもの、破線は見えない（隠れている）部分など、使い分けされていることも多い。

主な線の種類と用途（例）

線の種類	主な用途
細い線	・投影図と断面図において異なる材料の境界 ・ハッチング ・ランドスケープ製図における現況の等高線 ・寸法線、引出線　など
太い線	・ハッチングが用いられるとき、断面図に現れる物体の見える外形線 ・投影図において、物体の見える外形線 ・ランドスケープ製図における計画の等高線　など
極太の線	・ハッチングが用いられないとき、断面図に現れる物体の見える外形線 ・鉄筋 ・特別に重要であることを示す線
細い一点長鎖線	・切断面 ・中心線 ・対称性を示す線 ・物体の一部を破った境界、一部を取り去った境界　など

設計図に使用される線種の例

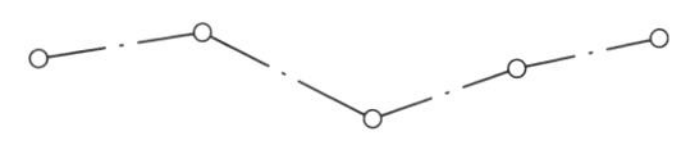

線種の例（敷地境界）

図記号

設計図に使用される図記号の例

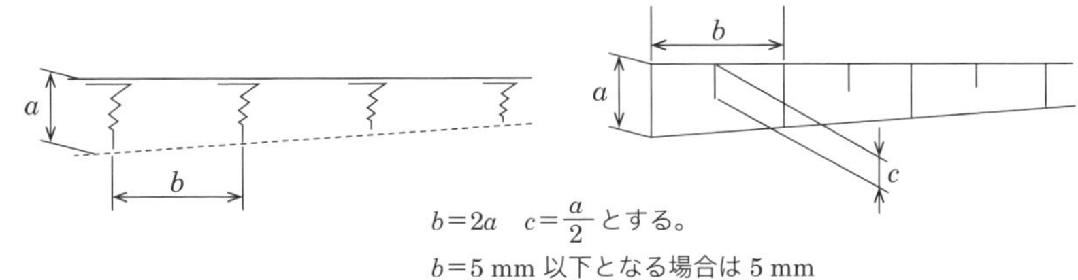

$b=2a \quad c=\dfrac{a}{2}$ とする。

$b=5$ mm 以下となる場合は 5 mm

●在来のり面　　●新設のり面

図記号の例（のり面）

3-2 コンクリート構造、土構造

ひとこと アドバイス

図面の表示方法について、目にする機会の多いコンクリート構造、土構造により図面の表し方の代表的な方法について再確認しておこう。

基礎ポイント講義

1. コンクリート構造

鉄筋の表し方

- 鉄筋を示す線は、極太の実線で表す。
- 鉄筋の断面は、円を塗りつぶして表す。
- 鉄筋表示の省略。

同一鉄筋が等間隔で繰り返して配置される場合、鉄筋表示を省略しないで描く場合もあるが、端部の１ピッチの鉄筋だけを表示し、そのほかの鉄筋の表示を省略することができる。

- 引出線により、鉄筋記号、同一鉄筋の本数、鉄筋公称径を明記する。

鉄筋を示す線　　鉄筋の断面

2. 土構造

各部の表し方

- 計画対象領域を表す境界線は、極太の一点長鎖線で表す。
- 切土や盛土といったのり面は、細い実線で表す。
  いずれものり肩は線を密に、のり尻は線を粗の向きとする。
- 擁壁は、太い実線と細い実線の組合せで表し、突起のある側が背面、突起のない側を表面とする。

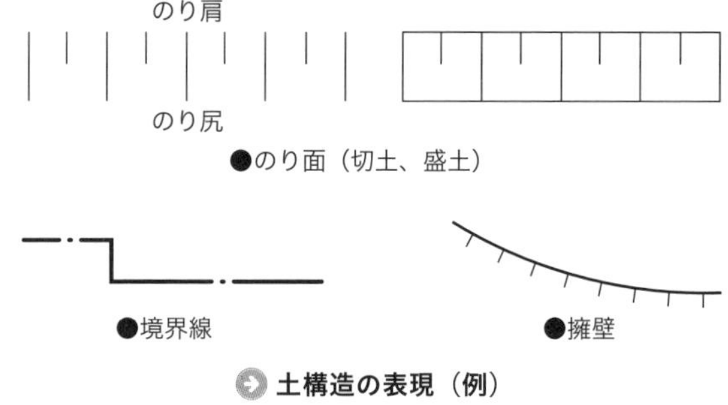

土構造の表現（例）

ひとこと アドバイス
構造一般図から、代表的な構造物について、各部名称やその読み方を再確認しておこう。

構造物の各部名称（例）

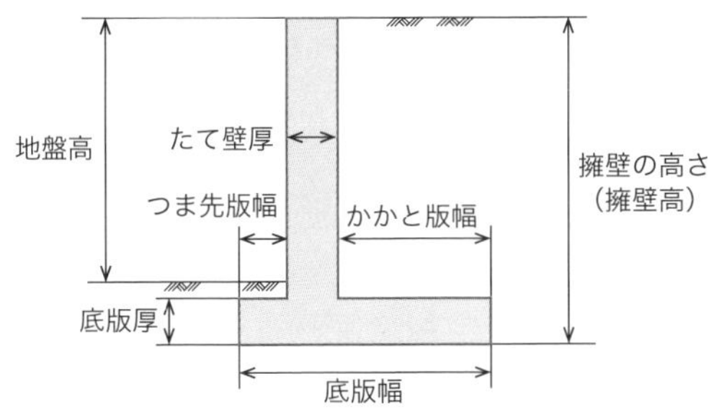

逆 T 型擁壁

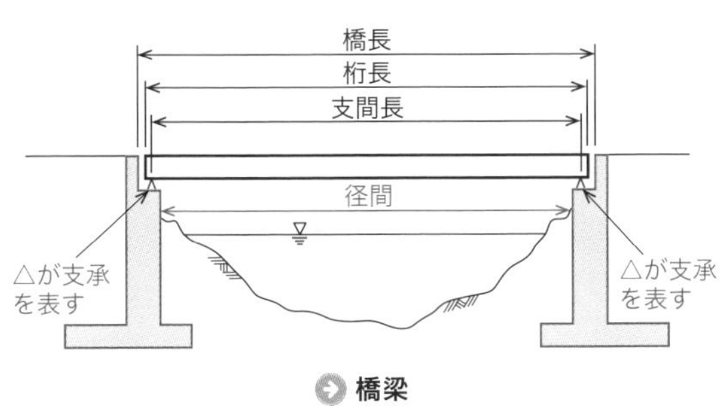

橋梁

橋梁

呼称	特徴
径　間	それぞれの場合の前面の距離（純径間）
橋　長	それぞれの橋台のパラペット前面の長さ
桁　長	橋長から、伸縮装置を設置する遊間を引いた、実質的な橋桁の長さ
支間長	支承（橋を支持する点）間の長さ

4時限目

共通工学

構造物各部と寸法（例）

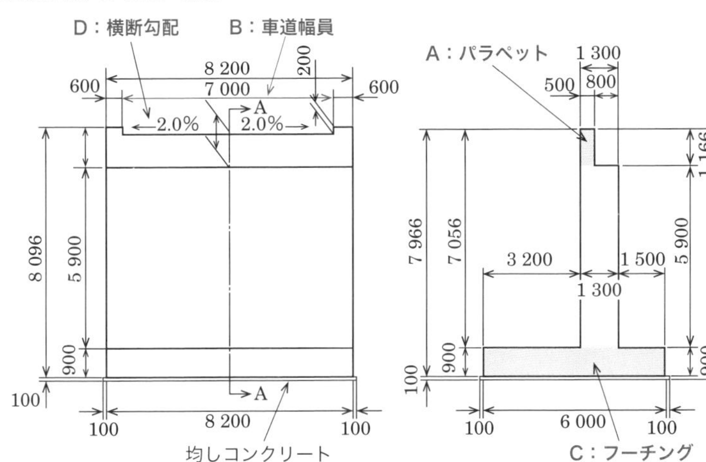

橋台構造一般図（単位：mm）

呼称	特　徴
A	パラペット（胸壁）の高さは **1.166 m** である パラペットは、支承を設置する橋台上面から道路面までの壁の部分 建築屋上やバルコニーなど、外周部を立ち上がる形で作られた胸壁（手すり壁）などでも、「パラペット」の用語を用いる
B	車道幅員は **7.0 m** である 車道は、地覆や縁石を含まない車両が通行できる部分
C	フーチングの厚さは **0.9 m** である フーチングは、橋台の底版の部分 擁壁などの構造物でも、安定させる目的で基礎の部分を幅広にしている部分も「フーチング」の用語を用いる
D	横断勾配は 2.0％である 路面排水のために、道路の横断方向につける勾配

道路の橋台構造

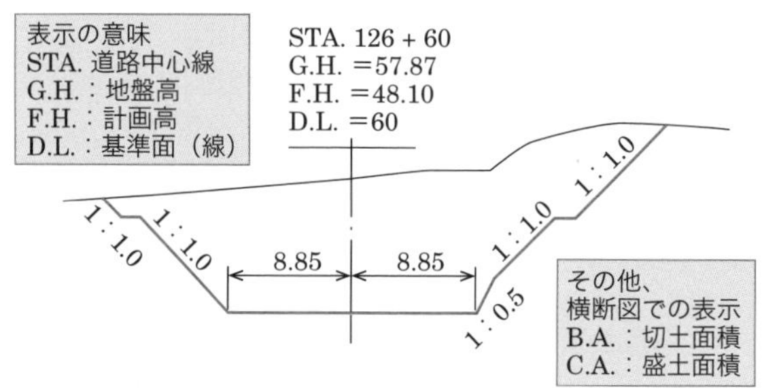

道路横断図における記号（略号）の例

ひとことアドバイス

ときおり「マスカーブ」に関する出題が見られる。本書 p.18 を振り返っておこう！

演習問題でレベルアップ

《《《問題１》》》下図は、ボックスカルバートの配筋図を示したものである。この図における配筋に関する次の記述のうち、**適当でないもの**はどれか。

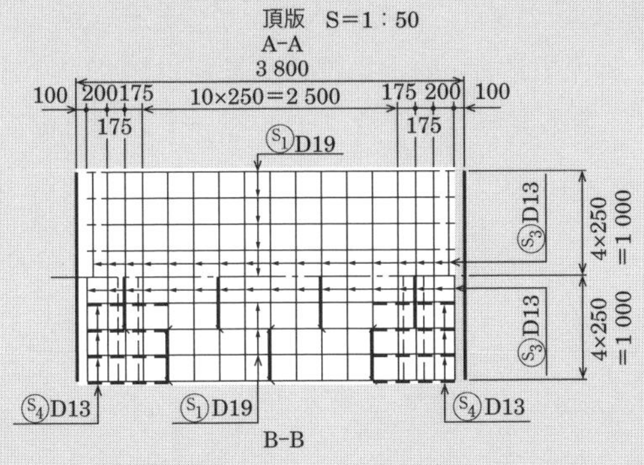

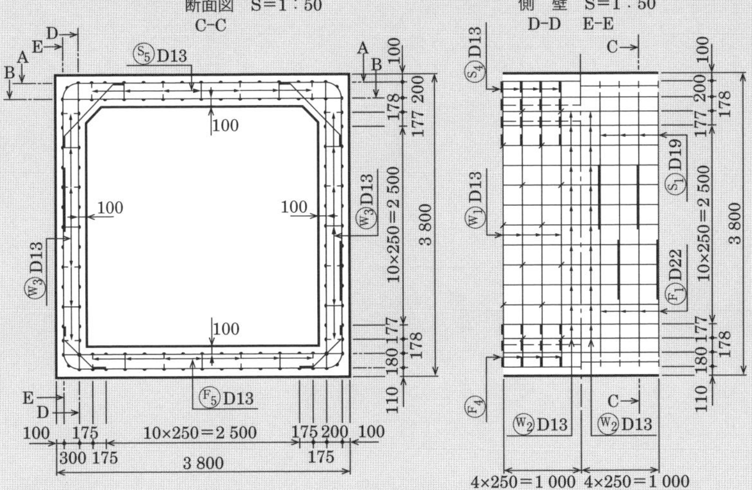

(1) 頂版の主鉄筋は、径 19 mm の異形棒鋼である。

(2) 頂版の下面主鉄筋の間隔は、ボックスカルバート軸方向に 250 mm で配置されている。

(3) 側壁の内面主鉄筋は、径 22 mm の異形棒鋼である。

(4) 側壁の外面主鉄筋の間隔は、ボックスカルバート軸方向に 250 mm で配置されている。

解説 (1)【頂版】図から、上面、下面とも主鉄筋はⓈ1で「D19」と表示されているので、径19 mmの異形棒鋼である。よって、この記述は正しい。

(2)【頂版】図から、下面(B-B)の主鉄筋はⓈ1で、ボックスカルバートの軸方向に250 mm間隔で配置されている。よって、この記述は正しい。

(3)【側壁】図から、内面(D-D)の主鉄筋はⓌ1で「**D13**」と表示されているので、**径13 mmの異形棒鋼である。したがって、この記述は誤り。**

(4)【側壁】図から、外面(E-E)の上半部の主鉄筋はⓈ1で、下半部の主鉄筋はⒻ1で表示されており、その間隔はボックスカルバートの軸方向に250 mm間隔で配置されている。よって、この記述は正しい。

【解答(3)】

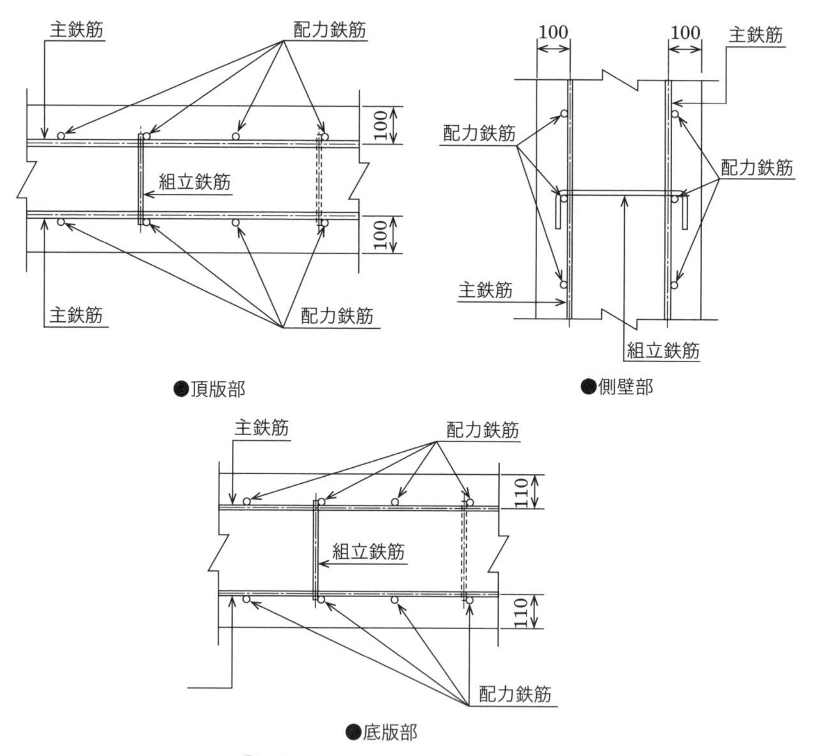

ボックスカルバート各部の配筋例

《《《問題2》》》下図は、鉄筋コンクリートL型擁壁の配筋図を示したものである。たて壁とかかと版の引張鉄筋の組合せで、**正しいもの**はどれか。

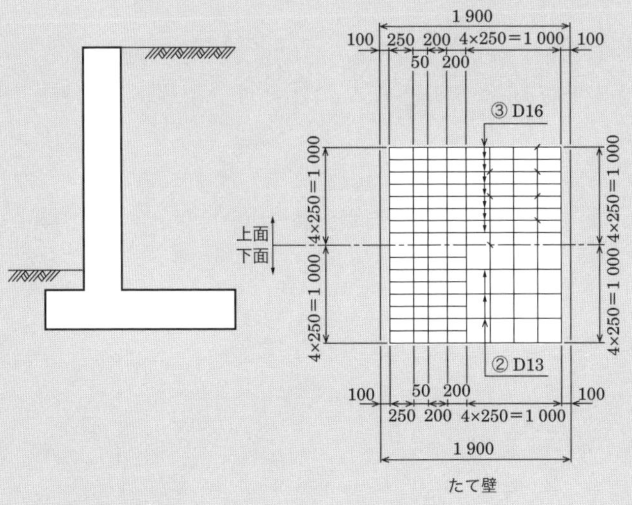

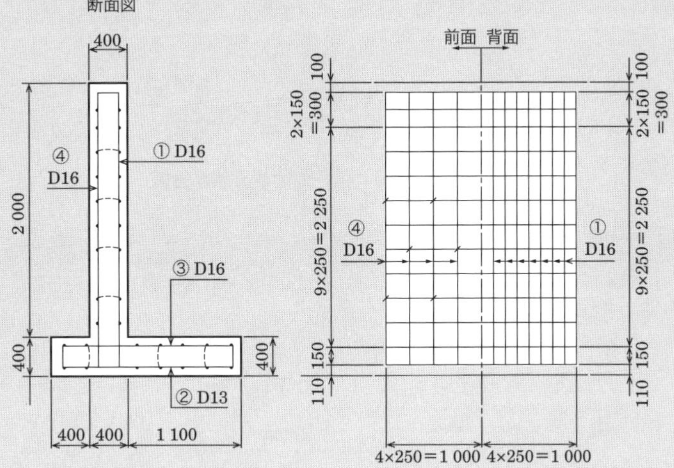

(1) ①と②

(2) ①と③

(3) ②と④

(4) ③と④

解説 一般に、鉄筋コンクリートL型擁壁では、たて壁の盛土側が引張側となり、底版部ではつま先版下部と盛土側のかかと版上部に引張力が働く。

① たて壁の背面で使用される「D16」で、引張側の主鉄筋（引張鉄筋）である。

② 底版・かかと版下部で使用される「D13」で、配力鉄筋である。

③ 底版・かかと版上部で使用される「D16」で、引張側の主鉄筋（引張鉄筋）である。

④ たて壁の前面で使用される「D16」で、配力鉄筋である。

したがって、たて壁とかかと版の引張鉄筋の組合せは、①と③であるので、(2)が正しい。

【解答 (2)】

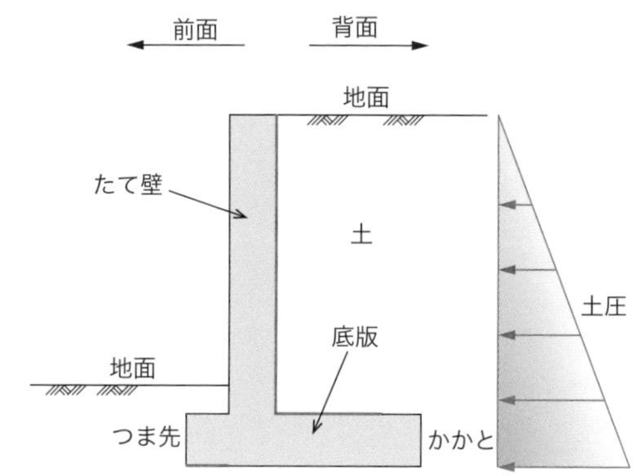

鉄筋コンクリートL型擁壁の基本構造

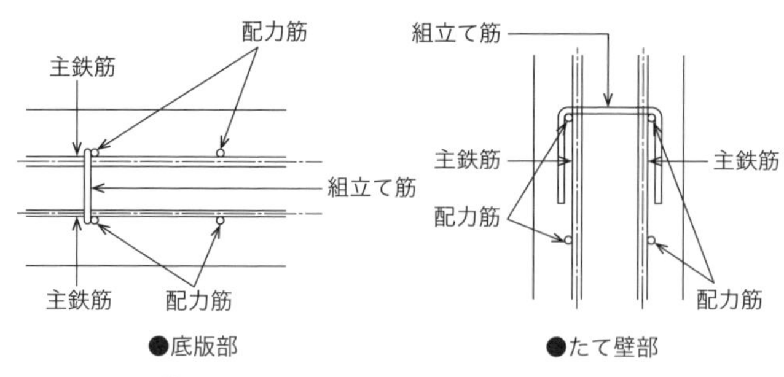

鉄筋コンクリートL型擁壁各部の配筋例

5時限目
施工管理

- 1章　施工計画
- 2章　工程管理
- 3章　安全管理
- 4章　品質管理
- 5章　環境保全
- 6章　建設副産物、資源有効利用、
廃棄物処理

1章 施工計画

1-1 施工計画の立案

出題傾向と学習のススメ

施工計画は、施工計画の立案と原価管理、建設機械に区分する。いずれも［問題 A］として出題されるパターンと、穴埋め式（選択）などの応用問題として［問題 B］として出題されるパターンがある。解答するうえでの要点を 基礎ポイント講義 で理解し、演習問題でレベルアップ をめざそう。

1. 検討の手順と内容

施工計画は工事を開始する前に立案するものであり、工事の目的とする土木構造物を設計図書に定められた品質で、所定の工期内に、最小の費用で、しかも安全に施工するような条件と方法を検討する作業である。

最も経済的な施工計画を策定するためのポイント

- 使用する建設機械設備を合理的に最小限とし、反復使用を考える
- 施工作業の段取待ち、材料待ちなどの損失時間をできるだけ少なくする
- 全工事期間を通じて、稼働作業員のばらつきを避ける

設計図書には、完成すべき土木構造物の形状、寸法、品質などといった仕様が示されている。しかし設計図書には、どのようにして造り上げるかという施工方法について、特殊工法や指定仮設を用いる場合を除き、通常は施工者の任意として指示されていない。したがって、施工者は自らの技術と経験を活かして、いかなる手段で工事を実施するかを検討し、適切な施工計画を立案しなければならない。立案された施工計画は、施工計画書としてとりまとめ、発注者との協議に用いる。

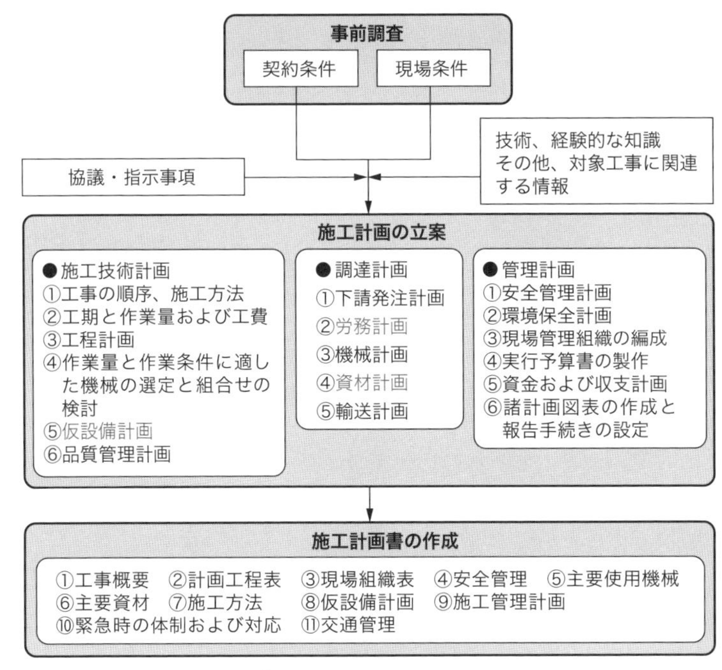

施工計画の立案と作成

2. 事前調査

施工計画を検討するためには、事前調査により必要な情報を収集しておく必要がある。事前調査は、契約条件の調査（契約書や設計図書など）と現場条件の調査（現場における測量など）がある。

これらに関しての疑問がある場合には、発注者への問合せや協議を行い、必要に応じて文書により明確にしておく必要がある。

契約条件

契約内容

- 数量の増減などといった変更の取扱い
- 資材、労務費の変動の際の変更の取扱い
- 事業損失、不可抗力による損害の取扱い
- 工事中止の際の損害の取扱い
- 瑕疵担保の範囲
- 工事代金の支払い条件

設計図書

- 図面、仕様書、施工管理基準など規格値、基準値
- 現場説明事項の内容
- 図面と現地との相違点の有無、数量などの違算の有無

その他

- 工事に関連、または影響する関連工事、附帯工事
- 現場に関係する都道府県や市町村の条例などとその内容
- 監督員の指示や協議事項、承諾など

現場条件

自然条件、気象条件

- 水文、気象のデータ
- 地形、地質、土質、地下水のデータなど

仮設備計画

- 動力源や工事用水の入手
- 仮設方法、施工方法、施工機械の選択など

資機材の把握

- 材料供給源、資機材の価格や運搬経路
- 労務の供給、労務環境、賃金の状況など

輸送の把握

- 道路状況、搬入路、運搬経費など

近隣環境

- 用地の確保、用地買収の進行状況
- 近隣工事の状況
- 騒音、振動など環境保全に関する指定や基準
- 埋蔵文化財や地下埋設物の状況
- その他工事に支障を生じる近隣環境の有無など

建設副産物、廃棄物処理

- 建設副産物や廃棄物の処理方法など

その他

3. 仮設備計画

仮設備とは、工事の目的物を施工するために必要な工事用施設である。仮設備は、工事の目的物とする構造物でなく、あくまでも臨時的なものであるが、工事施工にとっては重要な設備である。

直接仮設備と間接仮設備

本工事の施工のために必要なものを直接仮設備といい、間接的な仮設建物関係などを間接仮設備または共通仮設と呼ぶ。

間接仮設備に含まれる現場事務所や宿舎は、工事の施工にとって大切な設備であり、機能的なものにする必要がある。特に宿舎設備などは、労働基準法などの関係法令の規定を遵守して諸設備を完備しなければならない。

仮設備の分類

仮設備の区分	設備の種類	
直接仮設備	工事に直接関係するもので足場、型枠、支保工、取付道路、各種プラントなどが該当する	
	① 締切	鋼矢板・H 鋼親杭横矢板、鋼管矢板、締切
	② 荷役	走行クレーン、クレーン、ホッパ、仮設桟橋
	③ 運搬	工事用道路、軌道、ケーブルクレーン、タワー
	④ プラント	コンクリート、アスファルト、骨材プラント
	⑤ 給水	取水設備、給水管、加圧ポンプ
	⑥ 排水	排水ポンプ設備、排水溝
	⑦ 給気	コンプレッサ、給気管、圧気設備
	⑧ 換気	換気扇、風管
	⑨ 電気	受電設備、高圧・低圧幹線、照明、通信
	⑩ 安全	安全対策用設備、公害防止用設備
間接仮設備	工事を間接的に支援するもので、現場事務所、宿舎、作業場、材料置場、倉庫、試験室などが該当する	
	① 仮設物	現場事務所、寄宿舎、倉庫
	② 加工	修理工場、鉄筋加工所、材料置場
	③ 調査・案内	調査試験室、現場案内所

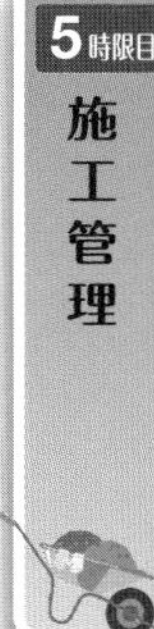

任意仮設備と指定仮設備

仮設備は、重要な施設として本工事と同様に扱われる指定仮設備と、施工業者の自主性に委ねられる任意仮設備に区分される。

- 一般的に指定仮設備は、工事内容に変更があった場合、その変更に応じた設計変更の対象になる。
- 任意仮設備は、一般に契約上では一式計上されるので、特に条件が明示されず、本工事の条件変更があった場合を除き設計変更の対象にはならない。

- 任意仮設備は、施工業者の創意と工夫、技術力が大いに発揮できるところでもあるので、工事内容、規模に対して過大あるいは過小とならないように適切なものを十分に検討し、必要かつむだのない合理的な設備としなければならない。

仮設備計画

- 合理的かつ経済的なものを基本として、設置すべき設備・設置方法と、期間中の維持・管理ならびに撤去、跡片付けも含めて検討する。
- 周辺地域の環境保全、建設事業のイメージアップなど、多面的な視点からの検討を十分に行い、快適な職場環境の実現と工事施工の安全性、効率性が発揮できるように計画する。

4. 関係機関への届出、手続き

現場において建設工事に着手するにあたり、関係法令に基づき必要な書類を整えて関係機関に提出するなどの手続きを行う必要がある。

関係機関への届出、手続き（例）

主な届出、手続きの内容	届出先
労働基準法などに基づく諸届（労働保険関係成立届など）	労働基準監督署長
労働安全衛生法で定める建設工事計画届	労働基準監督署長
騒音規制法、振動規制法に基づく特定建設作業実施届出書	市町村長
道路占用許可申請書	道路管理者
道路使用許可申請書	警察署長
電気設備設置届	消防署長
電気使用申込書	電力会社

5. 施工体制台帳、施工体系図

建設業法において、特定建設業者の義務として施工体制台帳と施工体系図の作成が義務となっている。

施工体制台帳の作成

- 公共工事→施工体制台帳と施工体系図を作成しなければならない。
- 民間工事→この工事を施工するために締結した下請契約の請負代金の総額が**4,500万円以上**（建築一式工事にあっては、**7,000万円以上**）になるときは、施工体制台帳と施工体系図を作成しなければならない。
- 施工体制台帳は、すべての下請負業者の商号・名称、住所、建設業の種類、

健康保険など加入状況、下請工事の内容・工期、主任技術者の氏名などを記載したもので、現場ごとに備え置かなければならない。

- 施工体系図は、作施工体制台帳のいわば要約版として樹状図などにより作成し、工事現場の見やすいところに掲示しなければならない。公共工事では、工事関係者が見やすい場所および公衆が見やすい場所に掲示しなければならない。

演習問題でレベルアップ

〈〈〈問題１〉〉〉施工計画立案に関する次の記述のうち、**適当でないもの**はどれか。

⑴ 施工計画立案に使用した資料は、施工過程における計画変更などに重要な資料となったり、工事を安全に完成させるための資料となる。

⑵ 施工計画立案のための資機材などの輸送調査では、輸送ルートの道路状況や交通規制などを把握し、不明があれば道路管理者や労働基準監督署に相談して解決しておく必要がある。

⑶ 施工計画の立案にあたっては、発注者から示された工程が最適工期とは限らないので、示された工程の範囲でさらに経済的な工程を探し出すことも大切である。

⑷ 施工計画の立案にあたっては、発注者の要求品質を確保するとともに、安全を最優先にした施工を基本とした計画とする。

解説 (2) 施工計画立案のための敷材などの輸送調査では、輸送ルートの道路状況や交通規制などを把握し、不明があれば、道路管理者や警察署に相談して解決しておく必要がある。労働基準監督署は、道路状況や交通規制などに関しての窓口、管轄にはなっていない。よって、この記述が適当ではない。

このほかの記述は適当なものであるので、覚えておこう。　【解答 (2)】

5時限目 施工管理

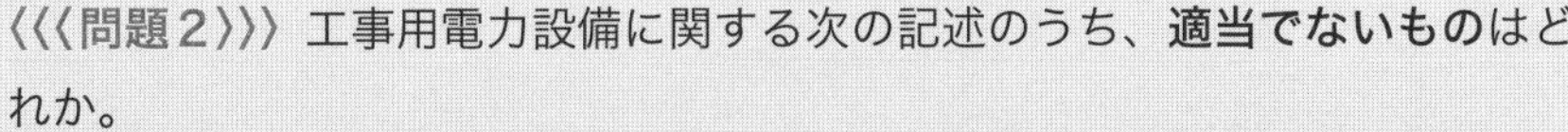

〈〈〈問題２〉〉〉工事用電力設備に関する次の記述のうち、**適当でないもの**はどれか。

⑴ 工事現場における電気設備の容量は、月別の電気設備の電力合計を求め、このうち最大となる負荷設備容量に対して受電容量不足をきたさないように決定する。

(2) 小規模な工事現場などで契約電力が、電灯、動力を含め 50 kW 未満のものについては、低圧の電気の供給を受ける。
(3) 工事現場で高圧にて受電し現場内の自家用電気工作物に配電する場合、電力会社との責任分界点に保護施設を備えた受電設備を設置する。
(4) 工事現場に設置する変電設備の位置は、一般にできるだけ負荷の中心から遠い位置を選定する。

解説 (4) 工事現場に設置する変電設備の位置は、一般にできるだけ負荷の中心から近い位置を選定する。よって、この記述は適当ではない。負荷までの距離が長くなると、配線に要するコストが高くなってしまうことや、電圧降下の問題などがあるので、できるだけ変電設備は近いほうがよい。

このほかの記述は、適当なものである。 **【解答 (4)】**

《《《問題 3》》》 建設工事における電気設備などに関する次の記述のうち、労働安全衛生規則上、**誤っているもの**はどれか。
(1) 水中ポンプやバイブレータなどの可搬式の電動機械器具を使用する場合は、漏電による感電防止のため自動電撃防止装置を取り付ける。
(2) アーク溶接など（自動溶接を除く）の作業に使用する溶接棒などのホルダについては、感電の危険を防止するために必要な絶縁効力および耐熱性を有するものを使用する。
(3) 仮設の配線を通路面で使用する場合は、配線の上を車両などが通過することなどによって絶縁被覆が損傷するおそれのないような状態で使用する。
(4) 電気機械器具の操作を行う場合には、感電や誤った操作による危険を防止するために操作部分に必要な照度を保持する。

解説 (1) 水中ポンプやバイブレータなどの可搬式の電動機械器具を使用する場合は、漏電による感電防止のため感電防止用漏電遮断装置を接続しなければならない。よって、この記述は適当ではない。 **【解答 (1)】**

労働安全衛生規則第 333 条

事業者は、電動機を有する機械または器具（以下「電動機械器具」という）で、対地電圧が 150 V を超える移動式もしくは可搬式のもの、または水など導電性の高い液体によって湿潤している場所、その他鉄板上、鉄骨上、定盤上など導電性の高い場所において使用する移動式もしくは可搬式のものについては、漏電による感電の危険を防止するため、当該電動機械器具が接続される電路に、当該電路の定格に適合し、感度が良好であり、かつ、確実に作動する感電防止用漏電遮断装置を接続しなければならない。

《《《問題4》》》公共工事における施工体制台帳に関する次の記述のうち、**適当でないもの**はどれか。

(1) 元請業者は、工事を施工するために下請契約を締結した場合、下請金額にかかわらず施工体制台帳を作成しなければならない。

(2) 元請業者は、施工体制台帳と合わせて施工の分担関係を表示した施工体系図を作成し、工事関係者や公衆が見やすい場所に掲げなければならない。

(3) 施工体制台帳には、建設工事の名称、内容および工期、許可を受けて営む建設業の種類、健康保険などの加入状況などを記載しなければならない。

(4) 下請業者は、請け負った工事をさらに他の建設業を営む者に請け負わせたときは、施工体制台帳を修正するため再下請通知書を発注者に提出しなければならない。

解説 (4) 下請業者は、請け負った工事をさらに他の建設業を営む者に請け負わせたときは、施工体制台帳を修正するため再下請通知書を作成建設業者に提出しなければならない。規定（建設業法第24条の8第2項）により発注者ではなく作成建設業者なので、この記述が誤りである。

このほかの記述は、適当なものである。 【解答 (4)】

5時限目 施工管理

《《《問題１》》》施工計画作成の留意事項に関する下記の文章中の［　　］の（イ）～（ニ）に当てはまる語句の組合せとして、**適当なもの**は次のうちどれか。

- 施工計画の作成は、発注者の要求する品質を確保するとともに、［（イ）］を最優先にした施工を基本とした計画とする。
- 施工計画の検討は、これまでの経験も貴重であるが、新技術や［（ロ）］を取り入れ工夫・改善を心がけるようにする。
- 施工計画の作成は、一つの計画のみでなく、いくつかの代替案を作り比較検討して、［（ハ）］の計画を採用する。
- 施工計画の作成にあたり、発注者から指示された工程が最適工期とは限らないので、指示された工程の範囲内でさらに［（ニ）］な工程を探し出すことも大切である。

	（イ）	（ロ）	（ハ）	（ニ）
⑴	工程	新工法	標準	画一的
⑵	安全	既存工法	標準	画一的
⑶	安全	新工法	最良	経済的
⑷	工程	既存工法	最良	経済的

解説
- 施工計画の作成は、発注者の要求する品質を確保するとともに、（イ）安全を最優先にした施工を基本とした計画とする。
- 施工計画の検討は、これまでの経験も貴重であるが、新技術や（ロ）新工法を取り入れ、工夫・改善を心がけるようにする。
- 施工計画の作成は、一つの計画のみでなく、いくつかの代替案を作り比較検討して、（ハ）最良の計画を採用する。
- 施工計画の作成にあたり、発注者から指示された工程が最適工期とは限らないので、指示された工程の範囲内でさらに（ニ）経済的な工程を探し出すことも大切である。

以上から、（イ）安全、（ロ）新工法、（ハ）最良、（ニ）経済的　となり、⑶が適当なものである。

【解答（3）】

《《《問題2》》》仮設工事計画立案の留意事項に関する下記の文章中の［　　］の（イ）～（ニ）に当てはまる語句の組合せとして、**適当なもの**は次のうちどれか。

- 仮設工事の材料は、一般の市販品を使用して可能な限り規格を統一し、その主要な部材については他工事［（イ）］計画にする。
- 仮設構造物設計における安全率は、本体構造物よりも割引いた値を［（ロ）］。
- 仮設工事計画では、取扱いが容易でできるだけユニット化を心がけるとともに、［（ハ）］を考慮し、省力化が図れるものとする。
- 仮設構造物設計における荷重は短期荷重で算定する場合が多く、また、転用材を使用するときには、一時的な短期荷重扱い［（ニ）］。

	（イ）	（ロ）	（ハ）	（ニ）
(1)	からの転用はさける	採用してはならない	資機材不足	が妥当である
(2)	にも転用できる	採用することが多い	作業員不足	は妥当ではない
(3)	からの転用はさける	採用してはならない	資機材不足	は妥当ではない
(4)	にも転用できる	採用することが多い	作業員不足	が妥当である

解説
- 仮設工事の材料は、一般の市販品を使用して可能な限り規格を統一し、その主要な部材については他工事（イ）にも転用できる計画にする。
- 仮設構造物設計における安全率は、本体構造物よりも割引いた値を（ロ）採用することが多い。
- 仮設工事計画では、取扱いが容易でできるだけユニット化を心がけるとともに、（ハ）作業員不足を考慮し、省力化を図れるものとする。
- 仮設構造物設計における荷重は短期荷重で算定する場合が多く、また転用材を使用するときには、一時的な短期荷重扱い（ニ）は妥当ではない。仮設構造物は比較的短期の使用を前提としていることから短期荷重で設計（例外的なものは除く）して差し支えない。しかし、転用材は履歴不明のものが混じることも予想されるため、例外なく一時的な短期荷重扱いをすることはできないものと判断される。

以上から、（イ）にも転用できる、（ロ）採用することが多い、（ハ）作業員不足、（ニ）は妥当ではない、という組合せの（2）が適当である。【解答（2）】

《《《問題3》》》公共工事における施工体制台帳に関する下記の文章中の［　　］の（イ）～（ニ）に当てはまる語句の組合せとして、**適当なもの**は次のうちどれか。

- 下請業者は、請け負った工事をさらに他の建設業を営む者に請け負わせたときは、施工体制台帳を修正するため再下請通知書を［（イ）］に提出しなければならない。
- 施工体制台帳には、建設工事の名称、内容および工期、許可を受けて営む建設業の種類［（ロ）］などを記載しなければならない。
- 発注者から直接工事を請け負った建設業者は、当該工事を施工するため、［（ハ）］、施工体制台帳を作成しなければならない。
- 元請業者は、施工体制台帳と合わせて施工の分担関係を表示した［（ニ）］を作成し、工事関係者や公衆が見やすい場所に掲げなければならない。

	（イ）	（ロ）	（ハ）	（ニ）
⑴	発注者……	健康保険の加入状況…	一定額以上の下請金額の場合は…	施工体系図
⑵	元請業者…	建設工事の作業手順…	一定額以上の下請金額の場合は…	緊急連絡網
⑶	元請業者…	健康保険の加入状況…	下請金額にかかわらず……………	施工体系図
⑷	発注者……	建設工事の作業手順…	下請金額にかかわらず……………	緊急連絡網

解説
- 下請業者は、請け負った工事をさらに他の建設業を営む者に請け負わせたときは、施工体制台帳を修正するため再下請通知書を（イ）元請業者に提出しなければならない。
- 施工体制台帳には、建設工事の名称、内容および工期、許可を受けて営む建設業の種類、（ロ）健康保険の加入状況などを記載しなければならない。
- 発注者から直接工事を請け負った建設業者は、当該工事を施工するため、（ハ）下請金額にかかわらず、施工体制台帳を作成しなければならない。
- 元請業者は、施工体制台帳と合わせて施工の分担関係を表示した（ニ）施工体系図を作成し、工事関係者や公衆が見えやすい場所に掲げなければならない。

以上から、（イ）元請業者、（ロ）健康保険の加入状況、（ハ）下請金額にかかわらず、（ニ）施工体系図、という組合せの（3）が適当である。　【解答（3）】

1-2 原価管理

基礎ポイント講義

1. 原価管理と三大管理要素

原価管理は、予定した費用で工事が進捗しているかどうかをチェックし、予定の費用を超えている場合には必要な対策を講じ、適切な工事原価の推移を維持しながら工事を完成に導く管理項目である。

原価管理の手順は、PDCAのデミングサークルと同様に、計画、実施、検討、処置プロセスを繰り返す管理作業である。

原価管理の基本は、早期に実行予算を作成して工事完成時の利益を予測することにある。工事着手前に実行予算を作成するのであるから、その精度を高め、実行予算作成作業を能率的にするため、類似工事の実績をはじめとする自社、または関係者の情報を役立てるとよい。

また、工程・品質・原価の三大管理要素を常に把握し、必要に応じて確認、修正しながら工事を進めていく。

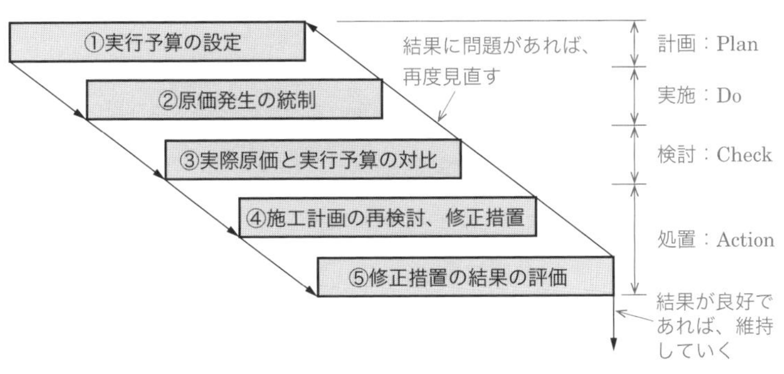

原価管理の管理手順

2. 工程・品質・原価の関係

工程、品質、原価の三大管理要素は、それぞれが独立したものではなく、相互に深い関連性をもっている。

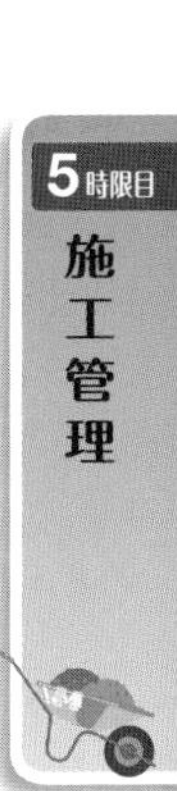

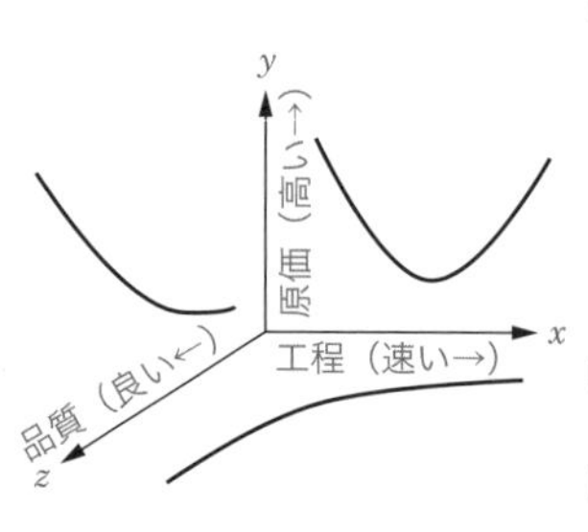

【工程と原価】

最も適切な工程で施工するとき、最も原価が安くなる。この工程を最適工期という

・工程を速めるほど、必要とする機械、設備、作業員が増え、工事費用が増大する
・工程を遅らせると、金利や借用料金などの経費が増え、工事費用が増大する

【工程と品質】

工程を速めるほど、品質は低下する

【品質と原価】

品質を上げるほど、原価が高くなる

工程・品質・原価の関係

3. 最適工期

工事にかかる直接費と間接費の合計が最小となる、最も経済的な工期を**最適工期**という。

三大管理要素に安全管理を加えた管理を**四大管理要素**、または単に四大管理という。施工管理の目的は、施工計画に基づいた計画的な工事を遂行するものであり、工程管理により「速く」、品質管理により「良く」、原価管理により「安く」、そして安全管理によって「安全に」、目的とする構造物を造り上げることといえる。

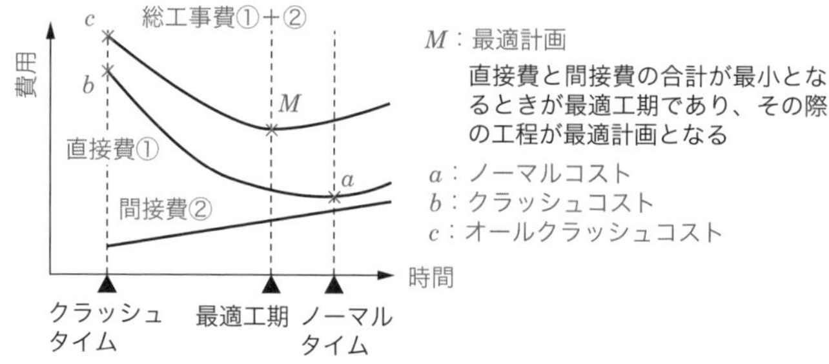

ノーマルコスト	各作業の直接費が最小となるような方法で工事を行うと、全工事の総直接費は最小となることから、これをノーマルコストという
ノーマルタイム	ノーマルコストとなるために要する期間をノーマルタイムという
クラッシュタイム	費用をかけても作業時間の短縮には限度があり、その限界となる期間をクラッシュタイム（特急時間）という
クラッシュコスト	クラッシュタイムにおける作業に要する直接費をクラッシュコストという
オールクラッシュコスト	クラッシュタイムにおける直接費（クラッシュコスト）と間接費の合計（総工事費）をオールクラッシュコストという

工期・建設費の関係

演習問題でレベルアップ

《《《問題1》》》工事の原価管理に関する次の記述のうち、**適当でないもの**はどれか。

(1) 原価管理は、天災その他不可抗力による損害について考慮する必要はないが、設計図書と工事現場の不一致、工事の変更・中止、物価・労賃の変動について考慮する必要がある。

(2) 原価管理は、工事受注後、最も経済的な施工計画を立て、これに基づいた実行予算の作成時点から始まって、工事決算時点まで実施される。

(3) 原価管理を実施する体制は、工事の規模・内容によって担当する工事の内容ならびに責任と権限を明確化し、各職場、各部門を有機的、効果的に結合させる必要がある。

(4) 原価管理の目的は、発生原価と実行予算を比較し、これを分析・検討して適時適切な処置をとり、最終予想原価を実行予算まで、さらには実行予算より原価を下げることである。

解説 (1) 原価管理は、天災その他不可抗力による損害については考慮する必要はない※1が、設計図書と工事現場の不一致、工事の変更・中止は考慮する必要はない※2、物価・労賃の変動※3については考慮しておく。よって、この記述が適当ではない。

※1　天災など、発注者と受注者のいずれの責めにも帰すことができない損害は発注者に請求することになっているため、記述のとおりあらかじめ考慮する必要はない（公共工事標準請負契約約款第30条）。

※2　設計図書と工事現場の不一致、工事の変更・中止については、設計図書が見直しされ、その結果、請負金額の変更にもつながることから、あらかじめ原価管理において考慮する必要はないと判断される。

※3　物価・労賃の変動については、特別な状況がない限り、一般的には契約額の見直しがないため、こうした要素は変動リスクとして原価管理では考慮しておく必要がある。

【解答 (1)】

《《《問題１》》》工程管理を行ううえで、品質・工程・原価に関する下記の文章中の［　　］の（イ）～（ニ）に当てはまる語句の組合せとして、**適当なもの**は次のうちどれか。

- 一般的に工程と原価の関係は、施工を速めると原価は段々安くなっていき、さらに施工速度を速めて突貫作業を行うと、原価は［（イ）］なる。
- 原価と品質の関係は、悪い品質のものは安くできるが、良いものは原価が［（ロ）］なる。
- 一般的に品質と工程の関係は、品質の良いものは時間がかかり、施工を速めて突貫作業をすると、品質は［（ハ）］。
- 工程、原価、品質との間には相反する性質があり、［（ニ）］計画し、工期を守り、品質を保つように管理することが大切である。

	（イ）	（ロ）	（ハ）	（ニ）
(1)	ますます安く	さらに安く	変わらない	それぞれ単独に
(2)	逆に高く	高く	悪くなる	これらの調整を図りながら
(3)	ますます安く	さらに安く	変わらない	これらの調整を図りながら
(4)	逆に高く	高く	悪くなる	それぞれ単独に

解説
- 一般的な工程と原価の関係は、施工を速めると原価はしだいに安くなっていき、さらに施工速度を速めて突貫作業を行うと、原価は（イ）逆に高くなる。
- 原価と品質の関係は、悪い品質のものは安くできるが、良いものは原価が（ロ）高くなる。
- 一般的に品質と工程の関係は、品質の良いものは時間がかかり、施工を速めて突貫作業をすると、品質は（ハ）悪くなる。
- 工程、原価、品質との間には相反する性質があり、（ニ）これらの調整を図りながら計画し、工期を守り、品質を保つように管理することが大切である。

以上から、（イ）逆に高く、（ロ）高く、（ハ）悪くなる、（ニ）これらの調整を図りながら、という組合せの（2）が適当である。　　　　**【解答（2）】**

《《《問題2》》 工事の原価管理に関する下記の文章中の[ ]の(イ)～(ニ)に当てはまる語句の組合せとして、**適当なもの**は次のうちどれか。

- 原価管理は、工事受注後に最も経済的な施工計画を立て、これに基づいた[(イ)]の作成時点から始まって、管理サイクルを回し、[(ロ)]時点まで実施される。
- 原価管理は、施工改善・計画修正などがあれば修正[(イ)]を作成して、これを基準として、再び管理サイクルを回していくこととなる。
- 原価管理を有効に実施するには、管理の重点をどこにおくかの方針を持ち、どの程度の細かさでの[(ハ)]を行うかを決めておくことが必要である。
- 施工担当者は、常に工事の原価を把握し、[(イ)]と[(ニ)]の比較対照を行う必要がある。

	(イ)	(ロ)	(ハ)	(ニ)
(1)	最終原価………	設計変更………	原価計算………	実行予算
(2)	実行予算………	設計変更………	工事決算………	最終原価
(3)	実行予算………	工事決算………	原価計算………	発生原価
(4)	原価計算………	最終原価………	工事決算………	発生原価

解説
- 原価管理は、工事受注後に最も経済的な施工計画を立て、これに基づいた（イ）実行予算の作成時点から始まって、管理サイクルを回し、（ロ）工事決算時点まで実施される。
- 原価管理は、施工改善・計画修正などがあれば修正（イ）実行予算を作成して、これを基準として、再び管理サイクルを回していくこととなる。
- 原価管理を有効に実施するためには、管理の重点をどこにおくのかの方針を持ち、どの程度の細かさでの（ハ）原価計算を行うかを決めておくことが必要である。
- 施工担当者は、常に工事の原価を把握し、（イ）実行予算と（ニ）発生原価の比較対照を行う必要がある。

以上から、（イ）実行予算、（ロ）工事決算、（ハ）原価計算、（ニ）発生原価、という組合せの（3）が適当である。 【解答（3）】

5時限目 施工管理

1-3 建設機械の選定と作業日数

基礎ポイント講義

1. 建設機械の選定

施工機械の選定は、工事全体の工程管理の検討段階において、必要な条件を把握しながら、その条件に見合った合理的な選定と組合せを検討する必要がある。

施工機械を選定するための条件

・作業可能日数、1日平均施工量、機械の施工速度などをもとにした施工日程の算定
・想定される機械・設備の規模と台数の検討
・工程表の作成

建設機械の選定における基本事項

一般的に組み合わせる機械が多いほど作業効率が低下し、休止や待ち時間も長くなりやすい。一連の組合せ機械の作業効率は、構成する機械の最小の施工速度によって決まってくる。

適合性

施工機械を選定する際には、対象となる建設機械の機種・容量を工事条件に適合させなければならない。

経済性

施工機械の選定において経済性を考慮することは、工事全体のコストを下げる基本である。一般的に大規模な工事になるほど稼働させる建設機械は大型化し、小規模な工事では小型機械が選定される。また、特殊な建設機械よりも普及度の高いものは経済的となる場合が多い。

合理性

一つの作業、部分工事であっても複数の建設機械や作業員の組合せが構成される。また、現場で複数の作業が並行する場合は、さらに複雑な組合せが構成されることになる。こうした複数の建設機械と作業員を合理的に組み合わせることが重要である。

2. 作業日数

工事着工から完了（竣工）までの作業可能日数と各部分工事の所要作業日数から算出する。所要作業日数は、投入できる機械・労力と材料の調達計画により、1日当たりの平均施工量から決定される。

$$所要作業日数 = \frac{工事量}{1日平均施工量} \qquad 1日平均施工量 \geqq \frac{工事量}{作業可能日数}$$

$$1日平均施工量 = 1時間平均施工量 \times 1日平均作業時間$$

$$運転時間率 = \frac{1日当たり運転時間}{1日当たり運転員の拘束時間}$$

作業可能日数は、暦日による日数から作業不能日数を差し引いて推定し、対象工事の特性、関係法規なども把握する。作業可能日数は、所要作業日数以上でなければならない。

演習問題でレベルアップ

《《《問題1》》》建設機械の選定に関する次の記述のうち、**適当でないもの**はどれか。

(1) 建設機械の選定は、作業の種類、工事規模、土質条件、運搬距離などの現場条件のほか建設機械の普及度や作業中の安全性を確保できる機械であることなども考慮する。

(2) 建設機械は、機種・性能により適用範囲が異なり、同じ機能を持つ機械でも現場条件により施工能力が違うので、その機械が最大能率を発揮できるように選定する。

(3) 組合せ建設機械は、最大の作業能力の建設機械によって決定されるので、各建設機械の作業能力に大きな格差を生じないように規格と台数を決定する。

(4) 組合せ建設機械の選択では、主要機械の能力を最大限に発揮させるため作業体系を並列化し、従作業の施工能力を主作業の施工能力と同等、あるいは幾分高めにする。

解説 (3) 組合せ建設機械は、最小の作業能力の建設機械により決定されるので、各建設機械の作業能力に大きな格差を生じないように規格と台数を決定する。

このほかの記述は適当なものであるので、覚えておこう。　【解答 (3)】

応用問題にチャレンジ！

《《《問題1》》》 施工計画における建設機械の選定に関する下記の文章中の［　　］の（イ）～（ニ）に当てはまる語句の組合せとして、**適当なもの**は次のうちどれか。

- 建設機械の組合せ選定は、従作業の施工能力を主作業の施工能力と同等、あるいは幾分［（イ）］にする。
- 建設機械の選定は、工事施工上の制約条件より最も適した建設機械を選定し、その機械が［（ロ）］能力を発揮できる施工法を選定することが合理的かつ経済的である。
- 建設機械の使用計画を立てる場合には、作業量をできるだけ［（ハ）］し、施工期間中の使用機械の必要量が大きく変動しないように計画するのが原則である。
- 機械施工における［（ニ）］の指標として施工単価の概念を導入して、施工単価を安くする工夫が要求される。

	（イ）	（ロ）	（ハ）	（ニ）
(1)	高め………	最大の…………	集中化………	経済性
(2)	低め………	平均的な………	集中化………	安全性
(3)	低め………	平均的な………	平滑化………	安全性
(4)	高め………	最大の…………	平滑化………	経済性

解説
- 建設機械の組合せ選定は、従作業の施工能力を主作業の施工能力と同等、あるいは幾分（イ）高めにする。
- 建設機械の選定は、工事施工上の制約条件より最も適した建設機械を選定し、その機械が（ロ）最大の能力を発揮できる施工法を選定することが合理的かつ経済的である。
- 建設機械の使用計画を立てる場合には、作業量をできるだけ（ハ）平滑化し、施工期間中の使用機械の必要量が大きく変動しないように計画するのが原則である。
- 機械施工における（ニ）経済性の指標として施工単価の概念を導入して、施工単価を安くする工夫が要求される。

以上から、（イ）高め、（ロ）最大の、（ハ）平滑化、（ニ）経済性、という組合せの（4）が適当である。

【解答（4）】

《《《問題２》》》建設機械の選定に関する下記の文章中の［　　］の（イ）～（ニ）に当てはまる語句の組合せとして、**適当なもの**は次のうちどれか。

- 建設機械は、機種・性能により適用範囲が異なり、同じ機能を持つ機械でも現場条件により施工能力が違うので、その機械が［（イ）］を発揮できる施工法を選定する。
- 建設機械の選定で重要なことは、施工速度に大きく影響する機械の［（ロ）］、稼働率の決定である。
- 組合せ建設機械の選択においては、主要機械の能力を最大限に発揮させるために作業体系を［（ハ）］する。
- 組合せ建設機械の選択においては、従作業の施工能力を主作業の施工能力と同等、あるいは幾分［（ニ）］にする。

	（イ）	（ロ）	（ハ）	（ニ）
(1)	最大能率………	燃費能率………	直列化………	高め
(2)	平均能率………	作業能率………	直列化………	低め
(3)	平均能率………	燃費能率………	並列化………	低め
(4)	最大能率………	作業能率………	並列化………	高め

解説
- 建設機械は、機種・性能により適用範囲が異なり、同じ機能を持つ機械でも現場条件により施工能力が違うので、その機械が（イ）最大能率を発揮できる施工法を選定する。
- 建設機械の選定で重要なことは、施工速度に大きく影響する機械の（ロ）作業能率、稼働率の決定である。
- 組合せ建設機械の選択においては、主要機械の能力を最大限に発揮させるために作業体系を（ハ）並列化する。
- 組合せ建設機械の選択においては、従作業の施工能力を主作業の施工能力と同等、あるいは幾分（ニ）高めにする。

以上から、（イ）最大能率、（ロ）作業能率、（ハ）並列化、（ニ）高め、という組合せの（4）が適当である。　　【解答（4）】

2章 工程管理

2-1 工程管理と工程計画

出題傾向と学習のススメ

工程管理は、施工管理法の［問題B］（必須問題）として出題される。新制度での試験では、ネットワーク式工程表の計算に関する問題が1問、工程管理や各種工程表などに関する複数問があり、いずれも応用問題としての出題となっている。

基礎ポイント講義

1. 工程管理と工程計画の作成

工程管理とは、工期内に、所定の品質を確保しつつ、最も経済的にそして安全に工事を進め、完成に導くことである。特に工程管理では、契約条件に基づいて能率的で経済的になるような工程計画を事前に作成し、その計画と実際の進捗状況を比較しながら施工速度を調整することが行われる。

2. 工程管理の進め方

工程管理の進め方の基本は、品質管理でよく用いられるデミングサークルで理解するとわかりやすい。工程管理では、このようなP-D-C-Aを反復しながら進行する。

計画（Plan）	工程計画の策定。作業手順の計画
実施（Do）	工程計画に基づく工事の実施
検討（Check）	計画と実施の出来高を比較し、その差を求めて是正方法を検討する
処置（Action）	工事が遅れていたり、経済的な速度でないときには是正処置によってフォローアップし、回復を図る

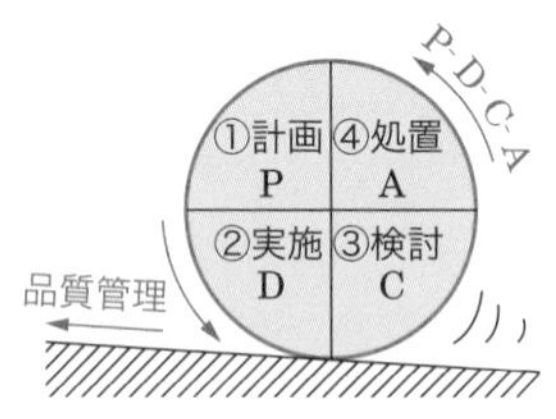

デミングサークル

演習問題でレベルアップ

《《《問題1》》》工事の工程管理に関する次の記述のうち、**適当でないもの**はどれか。

(1) 工程管理は、品質、原価、安全など工事管理の目的とする要件を総合的に調整し、策定された基本の工程計画をもとにして実施される。

(2) 工程管理は、工事の施工段階を評価測定する基準を品質におき、労働力、機械設備、資材などの生産要素を、最も効果的に活用することを目的とした管理である。

(3) 工程管理は、施工計画の立案、計画を施工の面で実施する統制機能と、施工途中で計画と実績を評価、改善点があれば処置を行う改善機能とに大別できる。

(4) 工程管理は、工事の施工順序と進捗速度を表す工程表を用い、常に工事の進捗状況を把握し、計画と実施のずれを早期に発見し、適切な是正措置を講ずることが大切である。

解説 (2) 工程管理は、工事の施工段階を評価測定する基準を時間におき、労働力、機械設備、資材などの生産要素を、最も効果的に活用することを目的とした管理である。したがって、この記述は適当ではない。 【解答 (2)】

応用問題にチャレンジ！

《問題1》 工程管理に関する下記の文章中の[　　]の（イ）～（ニ）に当てはまる語句の組合せとして、**適当なもの**は次のうちどれか。

- 施工計画では、施工順序、施工法などの施工の基本方針を決定し、[（イ）]では、手順と日程の計画、工程表の作成を行う。
- 施工計画で決定した施工順序、施工法などに基づき、[（ロ）]では、工事の指示、施工監督を行う。
- 工程管理の統制機能における[（ハ）]では、工程進捗の計画と実施との比較をし、進捗報告を行う。
- 工程管理の改善機能は、施工の途中で基本計画を再評価し、改善の余地があれば計画立案段階にフィードバックし、[（ニ）]では、作業の改善、工程の促進、再計画を行う。

	（イ）	（ロ）	（ハ）	（ニ）
(1)	工程計画………	工事実施………	進度管理………	立会検査
(2)	段階計画………	工事監視………	安全管理………	是正措置
(3)	工程計画………	工事実施………	進度管理………	是正措置
(4)	段階計画………	工事監視………	安全管理………	立会検査

解説
- 施工計画では、施工順序、施工法などの施工の基本方針を決定し、（イ）工程計画では、手順と日程の計画、工程表の作成を行う。
- 施工計画で決定した施工順序、施工法などに基づき、（ロ）工事実施では、工事の指示、施工監督を行う。
- 工程管理の統制機能における（ハ）進度管理では、工程進捗の計画と実施との比較をし、進捗報告を行う。
- 工程管理の改善機能は、施工の途中で基本計画を再評価し、改善の余地があれば計画立案段階にフィードバックし、（ニ）是正措置では、作業の改善、工程の促進、再計画を行う。

以上から、（イ）工程計画、（ロ）工事実施、（ハ）進度管理、（ニ）是正措置となり、(3) が適当なものである。　　【解答 (3)】

《《《問題２》》》工程管理に関する下記の文章中の［　　］の（イ）～（ニ）に当てはまる語句の組合せとして**適当なもの**は次のうちどれか。

- 工程管理は、品質、原価、安全など工事管理の目的とする要件を総合的に調整し、策定された基本の［（イ）］をもとにして実施される。
- 工程管理は、工事の施工段階を評価測定する基準を［（ロ）］におき、労働力、機械設備、資材などの生産要素を、最も効果的に活用することを目的とした管理である。
- 工程管理は、施工計画の立案、計画を施工の面で実施する［（ハ）］と、施工途中で計画と実績を評価、欠陥や不具合などがあれば処置を行う改善機能とに大別できる。
- 工程管理は、工事の［（ニ）］と進捗速度を表す工程表を用い、常に工事の進捗状況を把握し［（イ）］と実施のずれを早期に発見し、必要な是正措置を講ずることである。

	（イ）	（ロ）	（ハ）	（ニ）
(1)	統制機能………	品質………	工程計画………	施工順序
(2)	工程計画………	品質………	統制機能………	管理基準
(3)	工程計画………	時間………	統制機能………	施工順序
(4)	統制機能………	時間………	工程計画………	管理基準

解説
- 工程管理は、品質、原価、安全など工事管理の目的とする要件を総合的に調整し、策定された基本の（イ）工程計画をもとにして実施される。
- 工程管理は、工事の施工段階を評価測定する基準を（ロ）時間におき、労働力、機械設備、資材などの生産要素を、最も効果的に活用することを目的とした管理である。
- 工程管理は、施工計画の立案、計画を施工の面で実施する（ハ）統制機能と、施工途中で計画と実績を評価、欠陥や不具合などがあれば処置を行う改善機能とに大別できる。
- 工程管理は、工事の（ニ）施工順序と進捗速度を表す工程表を用い、常に工事の進捗状況を把握し、（イ）工程計画と実施のずれを早期に発見し、必要な是正措置を講ずることである。

以上から、（イ）工程計画、（ロ）時間、（ハ）統制機能、（ニ）施工順序　となり、(3) が適当なものである。　【解答 (3)】

2-2 各種の工程表

基礎ポイント講義

1. 工程表の特徴

工程管理は、作業の進捗管理と工事全体の出来高管理を目的としており、それぞれの目的に応じたさまざまな工程表が用いられる。工程図表はその形状的な特徴から、横線式工程表、曲線式工程表、ネットワーク式工程表の3種類に大別される。

作業の進捗を管理する工程表の比較

表示方法		図の作成	作業手順	工期	必要日数	進捗状況	重点管理	相互関係	工期に影響する作業
横線式工程表	ガントチャート	容易	不明	不明	不明	明確	不明	不明	不明
	バーチャート	容易	漠然	明確	明確	漠然	不明	不明	不明
曲線式工程表	グラフ式工程表	やや難	不明	明確	不明	明確	不明	不明	不明
ネットワーク式工程表		複雑	明確	明確	明確	明確	明確	明確	明確

2. 施工一般の進捗管理

横線式工程表

作成に手間がかからず、なかでもバーチャートは工種ごとの手順および所要日数がひと目でわかり、全体の工程把握が容易であるためよく使われている。

曲線式工程表

計画工程と実施工程との比較を行い、工事全体の出来高をつかむのによいが、工種ごとの相互関係がわかりにくいことから、これのみでの工程管理は難しく、横線式工程表と組み合わせて用いることが多い。

ネットワーク式工程表

記入情報が最も多く、順序関係、着手完了日時の検討などの点で優れている。大規模で複雑な工事も管理できるものの、作成に時間がかかるため単純で短時間の工事にはあまり利用されない。

斜線式工程表

これらの代表的な3種類以外に、斜線式（または、座標式）工程表と呼ばれるものがある。トンネルや道路工事のように、区間が一定の工事で用いられる。

横軸には距離、縦軸に日数をとり、各作業の進行方向に対して上がる斜線が描かれる。斜線式工程表は、各作業の所要日数が明確であり、工期、進捗状況も把握しやすい。

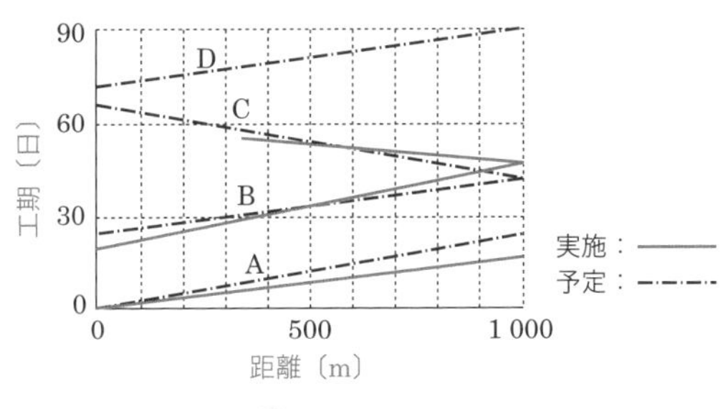

斜線式工程表

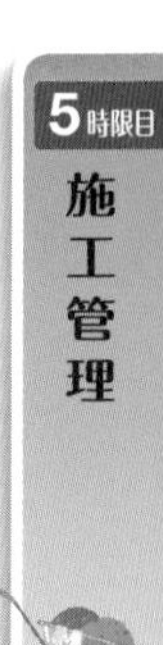

3. 工事全体の出来高管理

曲線式工程表は、工事全体の出来高を管理するのに適している。代表的なものは出来高累計曲線、バナナ曲線である。工程管理曲線として用いられるバナナ曲線は、工程管理において許容限界を設定し、予定工程の妥当性の検討と実施工程の進捗状況の管理に利用される工程管理図表である。この許容限界線はバナナの

ような形になるので、バナナ曲線と呼ばれている

出来高累計曲線

横軸に工期、縦軸に累計出来高をとる。理想的な工程曲線はＳ字型（Ｓカーブ）を描く特徴がある。

バナナ曲線

工程管理曲線とも呼ばれ、工程曲線の予定と実績の対比によって工程の進度を管理するものである。最も速く経済的に施工した場合の限界を上方許容限界、最も遅く施工したときの限界を下方許容限界として表す。管理の上限、下限が明確な出来高専用の管理図といえる。

工事全体の出来高を管理する工程表（工程管理曲線）の比較

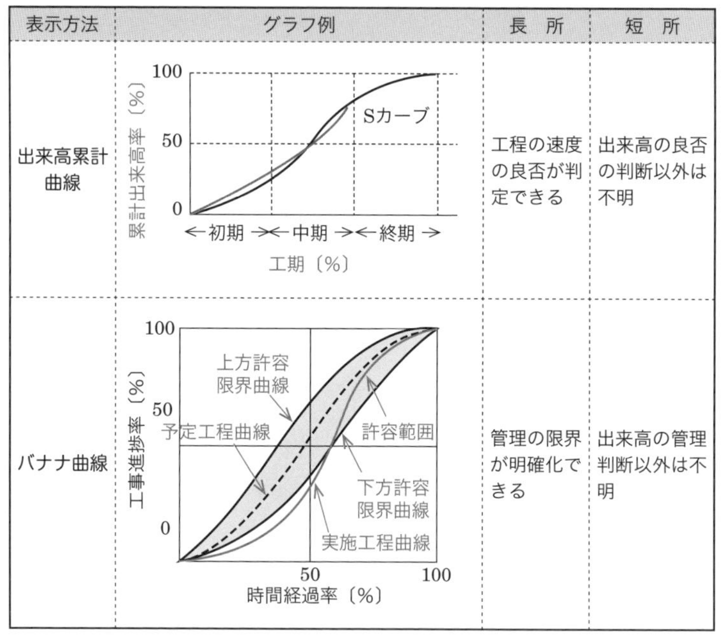

表示方法	グラフ例	長　所	短　所
出来高累計曲線	累計出来高率〔%〕 100 50 0 Sカーブ ←初期→←中期→←終期→ 工期〔%〕	工程の速度の良否が判定できる	出来高の良否の判断以外は不明
バナナ曲線	工事進捗率〔%〕 100 50 0 上方許容限界曲線 予定工程曲線 許容範囲 下方許容限界曲線 実施工程曲線 50 100 時間経過率〔%〕	管理の限界が明確化できる	出来高の管理判断以外は不明

ひとことアドバイス

工程管理と原価、品質の関係が出題されやすいが、本時限目１章「施工計画」1-2 原価管理（pp.335-339）を参照のこと。

演習問題でレベルアップ

〈〈〈問題1〉〉〉工程管理に使われる工程表の種類と特徴に関する次の記述のうち、**適当でないもの**はどれか。

(1) ガントチャートは、横軸に各作業の進捗度、縦軸に工種や作業名をとり、作業完了時が100%となるように表されており、各作業ごとの開始から終了までの所要日数が明確である。

(2) 斜線式工程表は、トンネル工事のように工事区間が線上に長く、しかも工事の進行方向が一定の方向にしか進捗できない工事に用いられる。

(3) ネットワーク式工程表は、コンピュータを用いたシステム的処理により、必要諸資源の最も経済的な利用計画の立案などを行うことができる。

(4) グラフ式工程表は、横軸に工期を、縦軸に各作業の出来高比率を表示したもので、予定と実績との差を直視的に比較するのに便利である。

解説 (1) ガントチャートは、横軸に各作業の進捗度、縦軸に工種や作業名をとり、作業完成時が100%となるように表されており、作業ごとの開始から終了までの所要日数は不明である。

ガントチャートは、作業の開始を0%、完了時点を100%とし、その達成度を表すグラフである。よって、この記述が適当ではない。　【解答 (1)】

5時限目 施工管理

〈〈〈問題2〉〉〉工程管理に用いられるバーチャート工程表に関する次の記述のうち、**適当でないもの**はどれか。

(1) バーチャート工程表は、簡単な工事で作業数の少ない場合に適しているが、複雑な工事では作成・変更・読取りが難しい。

(2) バーチャート工程表では、他の工種との相互関係、手順、各工種が全体の工期に及ぼす影響などが明確である。

(3) バーチャート工程表は、各工種の所要日数がタイムスケールで描かれて見やすく、また作業の工程が左から右に移行しているので、作業全体の流れがおおよそ把握できる。

(4) バーチャート工程表では、工事全体の進捗状況を表現することができないため、工程管理曲線を併記することにより、全体工程の進捗状況を把握できる。

解説 (2) バーチャート工程表では、他の工種との相互関係や手順は漠然と把握できる程度に足らず、各工種が全体の工期に及ぼす影響は不明確である。よって、この記述が適当ではない。
【解答 (2)】

応用問題にチャレンジ！

《《《問題１》》》工程管理に使われる各工程表の特徴に関する下記の文章中の［　　］の（イ）～（ニ）に当てはまる語句の組合せとして、**適当なもの**は次のうちどれか。

- トンネル工事のように工事区間が線上に長く、工事の進行方向が一定方向に進捗していく工事には［（イ）］が用いられることが多い。
- 一つの作業の遅れや変化が工事全体の工程にどのように影響してくるかを早く、正確に把握できるのが［（ロ）］である。
- 各作業の予定と実績との差を直視的に比較するのに便利であり、施工中の作業の進捗状況もよくわかるのが［（ハ）］である。
- 各作業の開始日から終了日までの所要日数がわかり、各作業間の関連も把握することができるのが［（ニ）］である。

	（イ）	（ロ）	（ハ）	（ニ）
(1)	バーチャート	グラフ式工程表	ネットワーク式工程表	ガントチャート
(2)	バーチャート	ネットワーク式工程表	グラフ式工程表	ガントチャート
(3)	斜線式工程表	グラフ式工程表	ネットワーク式工程表	バーチャート
(4)	斜線式工程表	ネットワーク式工程表	グラフ式工程表	バーチャート

解説
- トンネル工事のように工事区間が線上に長く、工事の進行方向が一定方向に進捗していく工事には（イ）斜線式工程表が用いられることが多い。
- 一つの作業の遅れや変化が工事全体の工程にどのように影響してくるかを早く、正確に把握できるのが（ロ）ネットワーク式工程表である。
- 各作業の予定と実績との差を直視的に比較するのに便利であり、施工中の作業の進捗状況もよくわかるのが（ハ）グラフ式工程表である。
- 各作業の開始日から終了日までの所要日数がわかり、各作業間の関連も把握することができるのが（ニ）バーチャートである。

以上から、(イ）斜線式工程表、(ロ）ネットワーク式工程表、(ハ）グラフ式工程表、(ニ）バーチャート　となり、(4）が適当なものである。　**【解答（4)】**

〈〈〈問題2〉〉〉 工程管理に用いられる横線式工程表（バーチャート）に関する下記の文章中の［　　］の（イ）～（ニ）に当てはまる語句の組合せとして、**適当なもの**は次のうちどれか。

- バーチャートは、工種を縦軸にとり、工期を横軸にとって各工種の工事期間を横棒で表現しているが、これは［（イ）］の欠点をある程度改良したものである。
- バーチャートの作成は比較的［（ロ）］ものであるが、工事内容を詳しく表現すれば、かなり高度な工程表とすることも可能である。
- バーチャートにおいては、他の工種との相互関係、［（ハ）］、および各工種が全体の工期に及ぼす影響などが明確ではない。
- バーチャートの作成における、各作業の日程を割り付ける方法としての［（ニ）］とは、竣工期日から辿って着手日を決めていく手法である。

	（イ）	（ロ）	（ハ）	（ニ）
(1)	グラフ式工程表………	容易な………	所要日数………	順行法
(2)	ガントチャート………	容易な………	手順……………	逆算法
(3)	ガントチャート………	難しい………	所要日数………	逆算法
(4)	グラフ式工程表………	難しい………	手順……………	順行法

解説
- バーチャートは、工種を縦軸にとり、工期を横軸にとって各工種の工事期間を横棒で表現しているが、これは（イ）ガントチャートの欠点をある程度改良したものである。
- バーチャートの作成は比較的（ロ）容易なものであるが、工事内容を詳しく表現すれば、かなり高度な工程表とすることも可能である。
- バーチャートにおいては、他の工種との相互関係、（ハ）手順、および各工種が全体の工期に及ぼす影響などが明確ではない。
- バーチャートの作成における、各作業の日程を割り付ける方法としての（ニ）逆算法とは、竣工期日から辿って着手日を決めていく手法である。

以上から、（イ）ガントチャート、（ロ）容易な、（ハ）手順、（ニ）逆算法　となり、（2）が適当なものである。　【解答（2）】

2-3 ネットワーク式工程表の作成・利用

基礎ポイント講義

1. ネットワーク式工程表の作成

ネットワーク式工程表は、工事全体を単位作業（アクティビティ）の集合体と考え、これらの作業の施工順序に従った順序を示す番号のついた丸印（○）と、これを結ぶ矢印（→）で表したものである。丸印は結合点（イベント）と呼ばれ、その中に記す番号（①、②、…）は結合点番号（イベントナンバー）である。

ネットワーク式工程表作成の基本

先行作業終了後に後続作業を表示	結合点に入ってくる矢線（先行作業）がすべて完了した後、結合点から出ていく矢線（後続作業）を開始する
開始点と終了点は一つ	一つのネットワークでは、開始の結合点と終了の結合点はそれぞれ一つでなければならない
並行作業に相互関係のある場合はダミーで表示	二つの作業が並行して行われ、同時に相互関係がある場合は、下図のように結合点を設け、一方をダミーでつなぐ。ダミーに時間的要素はない。作業の前後関係のみを示す

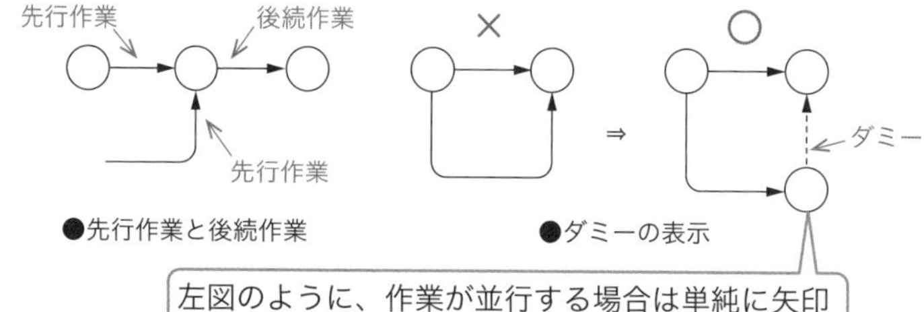

2. ネットワークの計算方法

最早開始時刻の計算

最早開始時刻は、作業が最も早く着手できる時刻である。先行作業が二つ以上あるときは、その最早終了時刻のうちで、最も時間の多いものを用いる。最も早く作業できる日を計算する。ネットワークの右方向（作業の進む順序の方向）に向かって、各作業に要する日数を加算していく。

- イベント番号の若い順に、矢印方向から入る日数の和を求める。
- 求めた時刻はイベント番号の右上に□（四角で囲んだ数字）にて表示する。
- 2 方向以上から流入している際には最大値を採用する。
- ダミー部分や同時作業が可能な場合は 0（ゼロ）として計算する。
- 最早開始時刻を計算しながら所要日数を求め、所要日数の最も多い経路をクリティカルパスという。

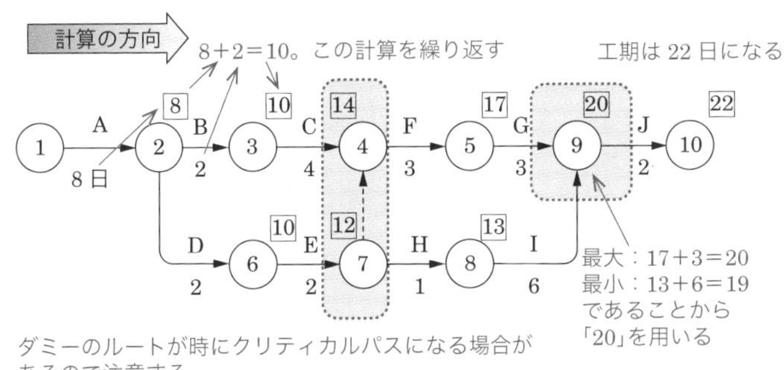

ネットワーク式工程表作成の計算（1）

ひとこと アドバイス

最早開始時刻を計算しながら所要日数、クリティカルパスを明らかにする計算が基本である。過去の出題に対応できるのは、この範囲で大丈夫であるが、最遅完了時刻やフロート（余裕）についても知っておこう。

最遅完了時刻の計算

最遅完了時刻は、遅くともこの時刻に作業をしなければ工期が遅れるという時刻である。したがって、最早完了時刻の計算から全体の工期が求められ、そのうえで、どの程度余裕がとれるかという考え方で、最早完了時刻の計算とは逆の方向で計算する。

- 最終イベントの工期を最遅完了時刻として用い、イベント番号の若い方向に向かって日数の差を求めていく。
- 求めた時刻は、最早開始時刻の上に○（丸で囲んだ数字）で表示する。
- 求める方向が 2 方向以上の際には、最小値を採用する。

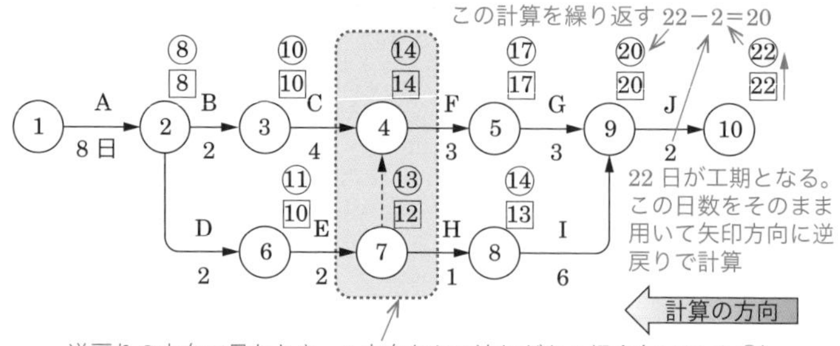

この計算を繰り返す 22－2＝20
22 日が工期となる。この日数をそのまま用いて矢印方向に逆戻りで計算
計算の方向
逆戻りの方向で見たとき、2 方向からの流れがある場合（イベント⑦）
最大：⑭ ⇐ イベント④方向から
最小：⑭－1＝⑬ ⇐ イベント⑧方向から
よって、最小⑬を採用

ネットワーク式工程表作成の計算（2）

余裕の計算とクリティカルパスの抽出

余裕には次の 3 種類がある。

自由余裕（FF：フリーフロート）	その作業にだけ有効な余裕
干渉余裕（IF：インターフェアリングフロート）	経路上にある余裕。この作業で利用しなければ、次に持ち越せる時間
全余裕（TF：トータルフロート）	自由余裕と干渉余裕の合計
クリティカルパス	全余裕が 0（ゼロ）となる作業を連ねた経路。工期までの最も長い作業の経路である。最早開始時刻と最遅完了時刻が同じになるルートである

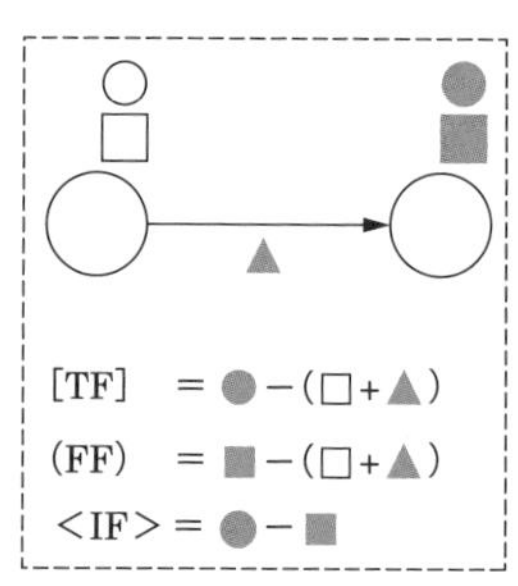

余裕の種類と計算方法

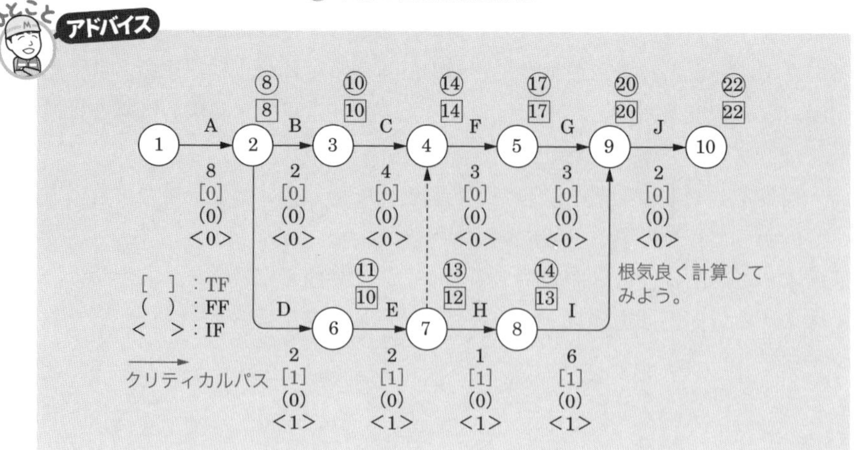

・すべての経路のうちで最も長い日数を要する経路が、クリティカルパス
・クリティカルパス上の作業は重点管理作業である
例）上記のネットワークでは、① → ② → ③ → ④ → ⑤ → ⑨ → ⑩
・クリティカルパスは、場合によっては２本以上生じることもある

演習問題でレベルアップ

《《《問題１》》》下図のネットワーク式工程表に関する次の記述のうち、**適当なもの**はどれか。ただし、図中のイベント間のＡ～Ｋは作業内容、日数は作業日数を表す。

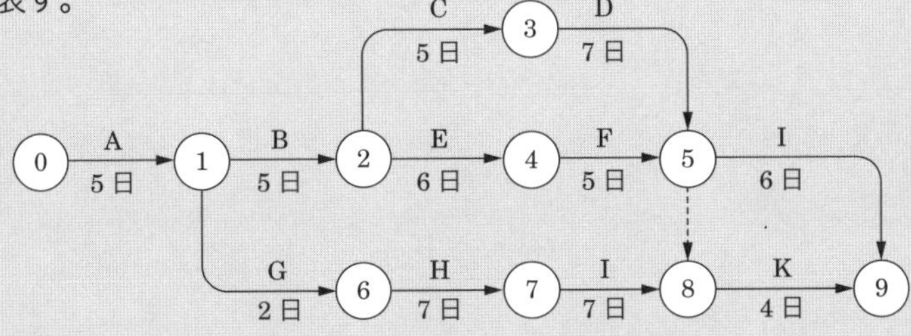

(1) クリティカルパスは、⓪→①→②→④→⑤→⑨である。
(2) ①→⑥→⑦→⑧の作業余裕日数は４日である。
(3) 作業Ｋの最早開始日は、工事開始後 26 日である。
(4) 工事開始から工事完了までの必要日数（工期）は 28 日である。

解説 (1) 左から必要日数を図上に描き込んでみる。

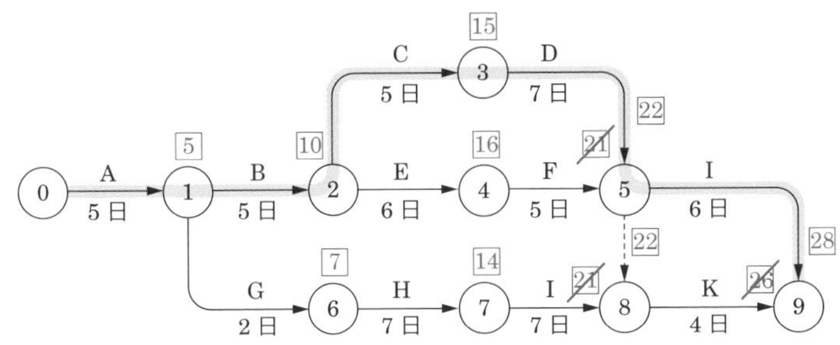

• 以上から、クリティカルパスは ⓪ → ① → ② → ③ → ⑤ → ⑨ となり、日数は 28 日となる。よって、この記述は誤り。

(2) 結合点⑧を見ると、結合点⑦からの最早開始日は 21 日、結合点⑤を経由してきたダミーの最早開始日 22 日と、1 日の差がある。このため作業余裕日数は

1日である。よって、この記述は誤り。

(3) 作業Kの最早開始日は22日である。この記述は誤り。

(4) 正しい記述である。 【解答 (4)】

《《《問題2》》》 下図のネットワーク式工程表で示される工事で、作業Gに3日の遅延が発生した場合、次の記述のうち、**適当なもの**はどれか。ただし、図中のイベント間のA～Jは作業内容、数字は作業日数を示す。

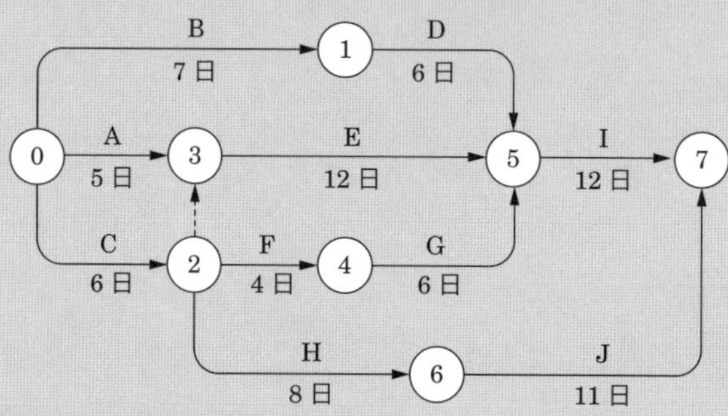

(1) 当初の工期より1日遅れる。

(2) 当初の工期より3日遅れる。

(3) 当初の工期どおり完了する。

(4) クリティカルパスの経路は当初と変わらない。

解説 • 左から必要日数を図上に描き込んでみる。

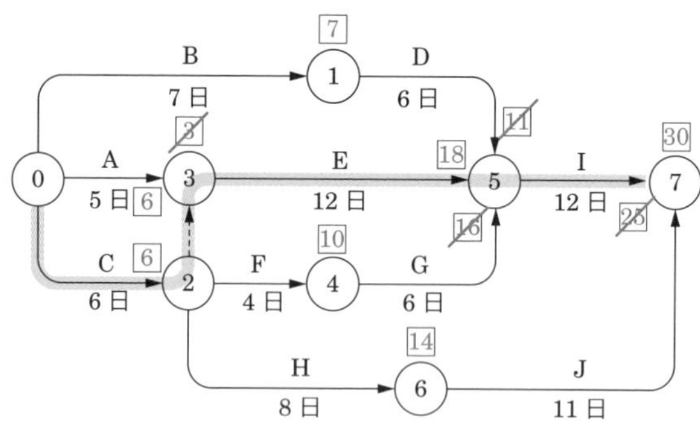

• この結果、クリティカルパスは、⓪ → ② -→ ③ → ⑤ → ⑦となり、日数は28日となる。

• 別の解法として、全経路について所要日数を計算する方法もある。どちらでも計算できるようにしておくとよい。計算チェックにも使える。

A 経路　⓪→①→⑤→⑦　　7＋6＋12＝25 日

B 経路　⓪→③→⑤→⑦　　5＋12＋12＝29 日

C 経路　⓪→②-→③→⑤→⑦　　**6＋0＋12＋12＝30 日**

D 経路　⓪→②→④→⑤→⑦　　6＋4＋6＋12＝28 日

E 経路　⓪→②→⑥→⑦　　6＋8＋11＝25 日

• 設問にある作業 G に 3 日の遅延を発生させる。

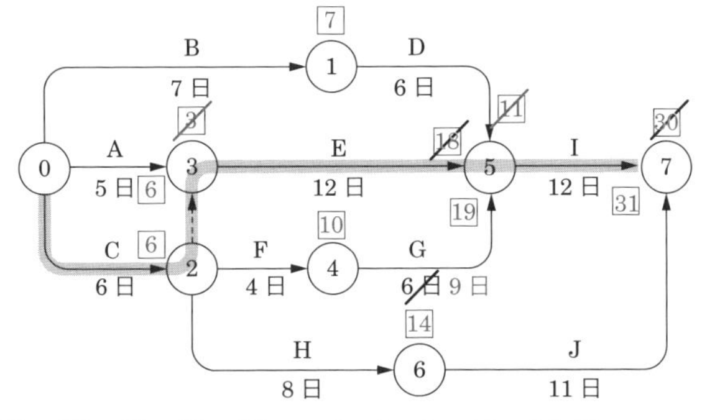

D 経路　⓪→②→④→⑤→⑦　　6＋4＋**9**＋12＝**31 日**

このようにクリティカルパスは変化し、工期は **1** 日遅れとなる。以上から、(1) が正しく、(2) ～ (4) は誤りとなる。　　　　【解答 (1)】

《《《問題３》》》下図のネットワーク式工程表で示される工事で、作業 E に 2 日間の遅延が発生した場合、次の記述のうち、**適当なもの**はどれか。
ただし、図中のイベント間の A ～ J は作業内容、数字は当初の作業日数を示す。

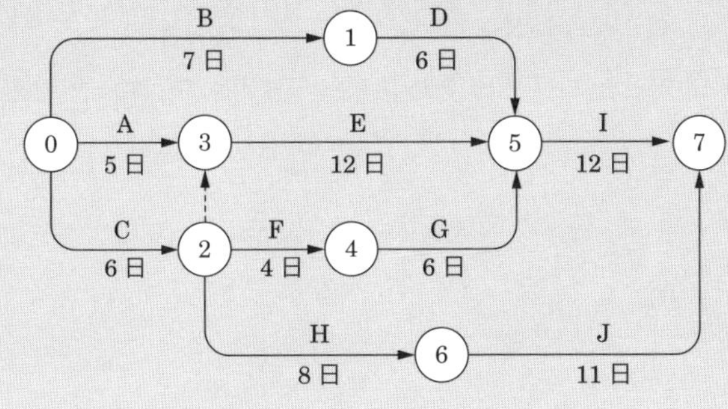

5時限目 施工管理

(1) 当初の工期より 1 日間遅れる。

(2) 当初の工期より 2 日間遅れる。

(3) 当初の工期どおり完了する。

(4) クリティカルパスの経路は当初と変わる。

解説 • 左から必要日数を図上に描き込んでみる。

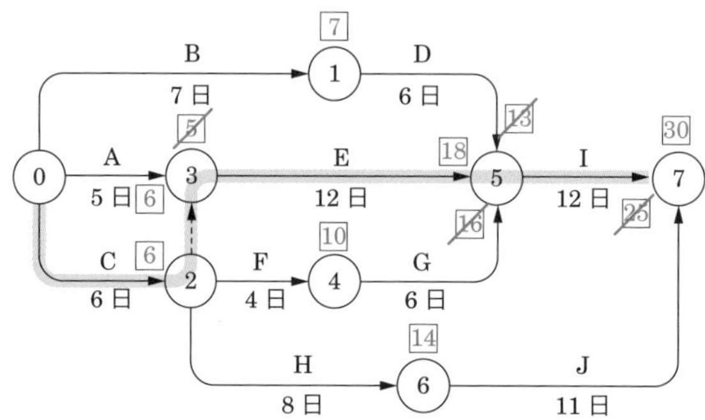

C 経路　⓪→②-→④→⑤→⑦　　6＋0＋12＋12＝30 日

• 設問にある作業 E に 2 日の遅延を発生させる。

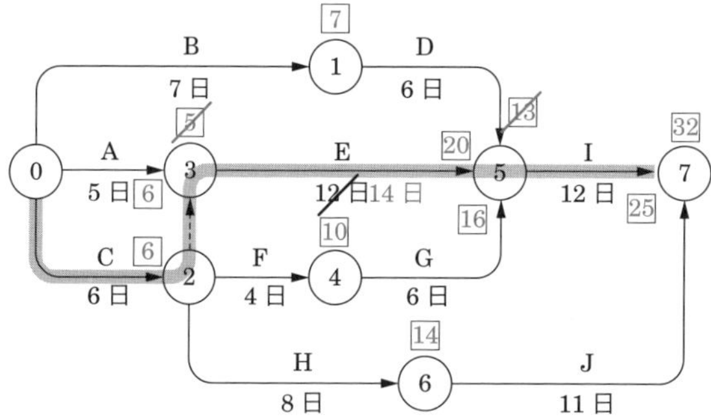

C 経路　⓪→②-→③→⑤→⑦　　6＋0＋**14**＋12＝32 日

このようにクリティカルパスは変わらず、**工期は 2 日遅れ**となる。

以上から（2）が正しく、（1）、（3）、（4）は誤りとなる。　　**【解答（2）】**

3章 安全管理

3-1 仮設工事の安全対策

出題傾向と学習のススメ

安全管理に関する出題は、例年 11 問と問題数が多い。新制度試験では、このうち 4 問が「応用問題」として出題される傾向がある。いずれも［問題 B］（必須問題）で、法令などに基づく基本的な知識が求められる。解答するうえでの要点を基礎ポイント講義で理解し、「演習問題」を解きながらレベルアップをめざそう。

基礎ポイント講義

1. 足場の組立て・解体

足場の組立て、解体などの作業

- 組立て、解体または変更の時期、範囲および順序を、この作業に従事する労働者に周知させ、この作業を行う区域内には、関係労働者以外の労働者の立入りを禁止する。
- 強風、大雨、大雪などの悪天候のため、作業の実施について危険が予想されるときは、作業を中止する。
- 足場材の緊結、取外し、受渡しなどの作業では、**幅 20 cm 以上の足場板**を設け、労働者に安全帯を使用させるなど、労働者の墜落による危険を防止するための措置を講じる。
- 材料、器具、工具などを上げ、または下ろすときは、吊り綱、吊り袋などを労働者に使用させる。

足場における作業床

足場（一足足場を除く）の高さが 2 m 以上の作業場所には、次の要件を満たす作業床を設けなければならない。

作業床の幅、床材間の隙間など（吊り足場の場合を除く）

- 幅は 40 cm 以上、床材間の隙間は 3 cm 以下
- 床材と建地との隙間は 12 cm 未満

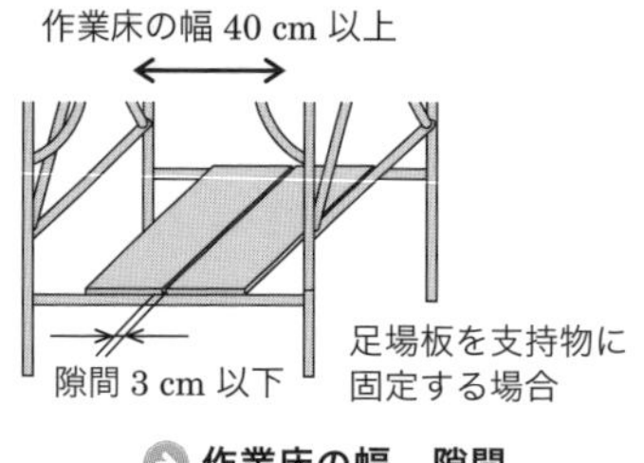

作業床の幅、隙間

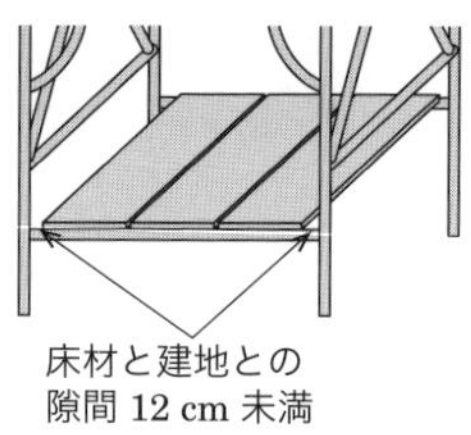

作業床の設置

墜落による危険のおそれのある箇所

- 枠組足場では、交差筋かい＋桟（高さ 15 cm 以上 40 cm 以下の位置）、または交差筋かい＋高さ 15 cm 以上の幅木など、手すり枠、のいずれか。
- 枠組足場以外の足場では、手すりなど（高さ 85 cm）＋中桟など（高さ 35 cm 以上 50 cm 以下）

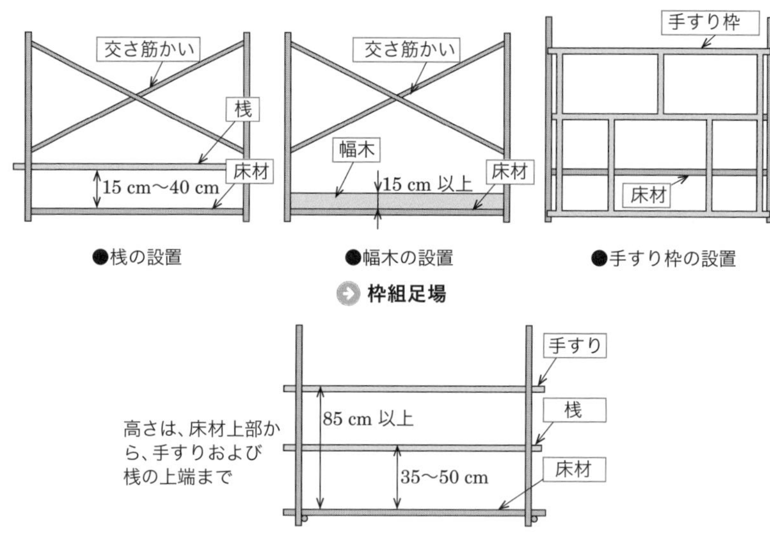

枠組足場

枠組足場以外の足場（単管足場、くさび緊結式足場など）

腕木、布、梁、脚立、その他作業床の支持物

これにかかる荷重によって破壊するおそれのないものを使用する。

吊り足場の場合を除き、床材は、転位し、または脱落しないように二つ以上の支持物に取り付ける。

物体の落下防止措置として、高さ 10 cm 以上の幅木、メッシュシート、もしくは防網などを設ける。

足場の点検

- 強風（10 分間の平均風速毎秒 10 m 以上）、大雨（1 回の降雨量が 50 mm 以上）、大雪（1 回の降雪量が 25 cm 以上）の悪天候の後。
- 中震（震度 4）以上の地震の後。
- 足場の組立て、一部解体もしくは変更の後。

作業主任者の選任

次の作業については、足場の組立等作業主任者技能講習を修了した者のうちから、足場の組立等作業主任者を選任しなければならない。

- 吊り足場（ゴンドラの吊り足場を除く）の組立て、解体、変更の作業
- 張出足場の組立て、解体、変更の作業
- 高さが 5 m 以上の構造の足場の組立て、解体、変更の作業

架設通路

通路のうち、両端が支点で支持され、架け渡されているものを架設通路（一般的に桟橋）という。架設通路は高所に架け渡される場合が多いので安全性確保のため丈夫な構造で、両側に墜落防止のための丈夫な手すりなどを設ける必要がある。

架設通路については、次に定めるものに適合したものでなければ使用してはならない。

① 丈夫な構造とする。

② 勾配は 30° 以下とする（ただし、階段を設けたものや、高さが 2 m 未満で丈夫な手掛けを設けたものはこの限りでない）。

③ 勾配が 15° を超えるものには、踏桟その他の滑り止めを設ける。

④ 墜落の危険のある箇所には高さ 85 cm 以上の丈夫な手すりなどを設ける（ただし、作業上やむを得ない場合は、必要な部分を限って臨時にこれを取り外すことができる）。

⑤ 建設工事に使用する高さ 8 m 以上の登り桟橋には、7 m 以内ごとに踊り場を設ける。

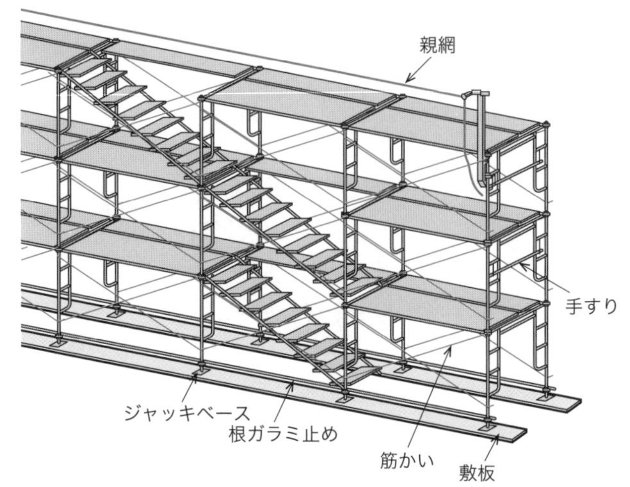

階段を用いた枠組足場のイメージ

作業床

高さ 2 m 以上の箇所での作業や、スレート、床板などの屋根の上での作業では、作業床を設けなければならない。このような高さ 2 m 以上の箇所（作業床の端、開口部などを除く）で作業を行う場合において、墜落の危険のあるときは、足場を組み立てるなどの方法で作業床を設ける。

- 作業床を設けることが困難な場合は、防網を張り、労働者に要求性能墜落制止用器具を使用させるなど、労働者の墜落による危険を防止するための措置を講じる。
- 高さが 2 m 以上の作業床の床材の隙間は 3 cm 以下とする。床材は十分な強度を有するものを使用する。
- 高さが 2 m 以上の箇所で作業を行うときは、作業を安全に行うために必要な照度を保持すること。

演習問題でレベルアップ

《《《問題１》》》足場、作業床の組立てなどに関する次の記述のうち、労働安全衛生規則上、**誤っているもの**はどれか。

⑴ 事業者は、足場の組立て等作業主任者に、作業の方法および労働者の配置を決定し、作業の進行状況を監視するほか、材料の欠点の有無を点検し、不良品を取り除かせなければならない。

(2) 事業者は、強風、大雨、大雪などの悪天候もしくは中震（震度4）以上の地震の後において、足場における作業を行うときは、作業開始後直ちに、点検しなければならない。
(3) 事業者は、足場の組立てなどの作業において、材料、器具、工具などを上げ、または卸すときは、吊り綱、吊り袋などを労働者に使用させなければならない。
(4) 事業者は、足場の構造および材料に応じて、作業床の最大積載荷重を定め、かつ、これを超えて積載してはならない。

解説 (2) 事業者は、強風、大雨、大雪などの悪天候もしくは中震（震度4）以上の地震の後において、足場における作業を行うときは、作業開始する前に、点検しなければならない。よって、この記述が適当ではない。 【解答 (2)】

《《《問題2》》》 墜落による危険を防止するための安全ネット（防網）の使用上の留意点に関する次の記述のうち、**適当でないもの**はどれか。
(1) 人体またはこれと同等以上の重さを有する落下物による衝撃を受けたネットは、入念に点検したうえで使用すること。
(2) ネットが有毒ガスに暴露された場合などにおいては、ネットの使用後に試験用糸について、等速引張試験を行うこと。
(3) 溶接や溶断の火花、破れや切れなどで破損したネットは、その破損部分が補修されていない限り使用しないこと。
(4) ネットの材料は合成繊維とし、支持点の間隔は、ネット周辺からの墜落による危険がないものであること。

解説 (1) 人体またはこれと同等以上の重さを有する落下物による衝撃を受けたネットは使用してはならない。よって、この記述が適当ではない（安全衛生情報センター『墜落による危険を防止するためのネットの構造などの安全基準に関する技術上の指針』4-6 使用制限 (2) による)。

このほかの記述は、適当なものである。 【解答 (1)】

《《《問題3》》》 建設工事における墜落災害の防止に関する次の記述のうち、事業者が講じるべき措置として、**適当なもの**はどれか。

⑴ 移動式足場に労働者を乗せて移動する際は、足場上の労働者が手すりに要求性能墜落制止用器具（安全帯）をかけた状況を十分に確認したうえで移動する。

⑵ 墜落による危険を防止するためのネットは、人体またはこれと同等以上の重さの落下物による衝撃を受けた場合、十分に点検したうえで使用する。

⑶ 墜落による危険のおそれのある架設通路に設置する手すりは、丈夫な構造で著しい損傷や変形などがなく、高さ 75 cm 以上のものとする。

⑷ 墜落による危険のおそれのある高さ 2 m 以上の枠組足場の作業床に設置する幅木は、著しい損傷や変形などがなく、高さ 15 cm 以上のものとする。

解説 (1) 移動式足場に労働者を乗せて移動する際は、足場上の労働者が手すりに要求性能墜落制止用器具（安全帯）をかけた状況を十分に確認したうえであっても移動してはならない。この記述は適当ではない。

(2) 墜落による危険を防止するためのネットは、人体またはこれと同等以上の重さの落下物による衝撃を受けた場合、使用してはならない。この記述は適当ではない。

(3) 墜落による危険のおそれのある架設通路に設置する手すりは、丈夫な構造で著しい損傷や変形などがなく、高さ **85 cm 以上**のものとする。この記述は適当ではない。

(4) この記述が適当である。

【解答 (4)】

2. 型枠支保工

型枠支保工の安全対策

- 型枠支保工の材料は、著しい損傷、変形または腐食があるものを使用してはならない。
- 型枠支保工は、型枠の形状、コンクリートの打設の方法などに応じた堅固な構造のものでなければ、使用してはならない。
- 型枠支保工を組み立てるときは、組立図を作成し、この組立図により組み立てなければならない。組立図には、支柱、はり、つなぎ、筋かいなどの部材の配置、接合の方法および寸法を示す。
- 敷角の使用、コンクリートの打設、杭の打込みなど支柱の沈下を防止するための措置を講じること。
- 支柱の脚部の固定、根がらみの取付けなど支柱の脚部の滑動を防止するための措置を講じること。
- 支柱の継手は、突合せ継手または差込み継手とすること。
- 鋼材と鋼材との接続部および交差部は、ボルト、クランプなどの金具を用いて緊結すること。

作業主任者の選任

型枠支保工の組立てまたは解体の作業については、作業主任者技能講習を修了した者のうちから、型枠支保工組立て等作業主任者を選任しなければならない。

演習問題でレベルアップ

〈〈〈問題1〉〉〉型枠支保工に関する次の記述のうち、労働安全衛生法令上、**誤っているもの**はどれか。

(1) 型枠支保工を組み立てるときは、支柱、はり、つなぎ、筋かいなどの部材の配置、接合の方法および寸法が示されている組立図を作成しなければならない。

(2) 型枠支保工は、支柱の脚部の固定、根がらみの取付けなど、支柱の脚部の滑動を防止するための措置を講ずる。

(3) コンクリートの打込みにあたっては、当該作業に係る型枠支保工についてその日の作業開始前に点検し、異常が認められたときは補修を行う。

(4) 型枠支保工の材料については、著しい損傷、変形または腐食があるものは補修して使用しなければならない。

解説 (4) 型枠支保工の材料については、著しい損傷、変形または腐食があるものは補修して使用してはならない。よって、この記述が適当ではない。

このほかの記述は適当なものであるので、覚えておこう。 【解答 (4)】

〈〈〈問題2〉〉〉型枠支保工に関する次の記述のうち、事業者が講じるべき措置として、労働安全衛生法令上、**誤っているもの**はどれか。

(1) 型枠支保工の支柱の継手は、重ね継手とし、鋼材と鋼材との接合部および交差部は、ボルト、クランプなどの金具を用いて緊結する。

(2) 型枠支保工については、敷角の使用、コンクリートの打設、くいの打込みなど支柱の沈下を防止するための措置を講ずる。

(3) 型枠が曲面のものであるときは、控えの取付けなど当該型枠の浮き上がりを防止するための措置を講ずる。

(4) コンクリートの打設について、その日の作業を開始する前に、当該作業に係る型枠支保工について点検し、異状を認めたときは補修する。

解説 (1) 型枠支保工の支柱の継手は、突合せ継手または差込み継手とし、鋼材と鋼材との接合部および交差部は、ボルト、クランプなどの金具を用いて緊結する。よって、この記述が適当ではない。 【解答 (1)】

3-2 建設機械

基礎ポイント講義

1. 車両系建設機械

構造

前照灯の設置

車両系建設機械には、前照灯を備えなければならない。

ただし、作業を安全に行うため必要な照度が保持されている場所において使用する車両系建設機械については、この限りでない。

ヘッドガードの設置

岩石の落下などにより労働者が危険になる場所で車両系建設機械（ブルドーザ、トラクタショベル、ずり積機、パワーショベル、ドラグショベルおよびブレーカに限る）を使用するときは、この車両系建設機械に堅固なヘッドガードを備えなければならない。

作業計画

車両系建設機械を用いて作業を行うときは、あらかじめ調査で把握した状況に適応する作業計画を定め、作業計画により作業を行わなければならない。また、作業計画を定めたときは関係労働者に周知しなければならない。作業計画には、次の事項を示す。

- 使用する車両系建設機械の種類および能力
- 車両系建設機械の運行経路
- 車両系建設機械による作業の方法

制限速度

車両系建設機械（最高速度が毎時 10 km 以下のものを除く）を用いて作業を行うときは、あらかじめ、当該作業に関わる場所の地形、地質の状態などに応じた車両系建設機械の適正な制限速度を定め、それにより作業を行わなければならない。

その際、車両系建設機械の運転者は、定められた制限速度を超えて車両系建設機械を運転してはならない。

転落などの防止

車両系建設機械を用いて作業を行うときは、車両系建設機械の転倒または転落による労働者の危険を防止するため、この車両系建設機械の運行経路について路肩の崩壊を防止すること、地盤の不等沈下を防止すること、必要な幅員を保持することなど必要な措置を講じなければならない。

路肩、傾斜地などで車両系建設機械を用いて作業を行う場合には、この車両系建設機械の転倒または転落により労働者に危険が生じるおそれのあるときは、誘導者を配置して誘導させなければならない。

接触の防止

車両系建設機械を用いて作業を行うときは、運転中の車両系建設機械に接触することにより労働者に危険が生じるおそれのある箇所に、労働者を立ち入らせてはならない。ただし、誘導者を配置し、その者にこの車両系建設機械を誘導させるときはこの限りではない。

合図

事業者は、車両系建設機械の運転について誘導者を置くときは、一定の合図を定め、誘導者にその合図を行わせなければならない。

運転位置から離れる場合の措置

運転者は、車両系建設機械の運転位置から離れるときは、下記の措置を講じなければならない。

- バケット、ジッパーなどの作業装置を地上に下ろす。
- 原動機を止め、走行ブレーキをかけるなどして、逸走を防止する。

車両系建設機械の移送

事業者は、車両系建設機械を移送するため自走、またはけん引により貨物自動車などに積卸しを行う場合で、道板、盛土などを使用するときは、この車両系建設機械の転倒、転落などによる危険を防止するため、次のようにする。

- 積卸しは、平坦で堅固な場所において行う。
- 道板を使用するときは、十分な長さ、幅および強度を有する道板を用い、適当な勾配で確実に取り付ける。
- 盛土、仮設台などを使用するときは、十分な幅、強度および勾配を確保する。

搭乗の制限、使用の制限

搭乗の制限

車両系建設機械を用いて作業を行うときは、乗車席以外の箇所に労働者を乗せてはならない。

使用の制限

車両系建設機械を用いて作業を行うときは、転倒およびブーム、アームなどの作業装置の破壊による労働者の危険を防止するため、構造上定められた安定度、最大使用荷重などを守らなければならない。

主たる用途以外の使用の制限

パワーショベルによる荷の吊上げ、クラムシェルによる労働者の昇降など、車両系建設機械を主たる用途以外の用途に使用してはならない。ただし、荷の吊上げの作業を行う場合で、次のいずれかに該当する場合には適用しない。

- 作業の性質上止むを得ないとき、または安全な作業の遂行上必要なとき
- アーム、バケットなどの作業装置に強度などの条件を満たすフック、シャックルなどの金具、その他の吊上げ用の器具を取り付けて使用するとき
- 荷の吊上げの作業以外の作業を行う場合であって、労働者に危険を及ぼすおそれのないとき

定期自主点検など

車両系建設機械については、1年以内ごとに1回、定期に自主検査を行わなければならない。ただし、1年を超える期間使用しない車両系建設機械の当該の使用しない期間においては、この限りでない（使用を再開の際に、自主検査を行う）。この検査結果の記録は3年間保存しておく。

車両系建設機械を用いて作業を行うときは、その日の作業を開始する前に、ブレーキおよびクラッチの機能について点検しなければならない。

演習問題でレベルアップ

《《《問題1》》》建設機械の災害防止に関する次の記述のうち、事業者が講じるべき措置として、労働安全衛生法令上、**誤っているもの**はどれか。

(1) 運転中のローラやパワーショベルなどの車両系建設機械と接触するおそれがある箇所に労働者を立ち入らせる場合は、その建設機械の乗車席以外に誘導者を同乗させて監視に当たらせる。

(2) 車両系荷役運搬機械のうち、荷台にあおりのある不整地運搬車に労働者を乗車させるときは、荷の移動防止の歯止め措置や、あおりを確実に閉じるなどの措置を講ずる必要がある。

(3) フォークリフトやショベルローダなどの車両系荷役運搬機械には、作業上で必要な照度が確保されている場合を除き、前照灯および後照灯を備える必要がある。

(4) 車両系建設機械のうち、コンクリートポンプ車における輸送管路の組立てや解体では、作業方法や手順を定めて労働者に周知し、かつ、作業指揮者を指名して直接指揮にあたらせる。

解説 (1) 建設機械の乗車席以外に誘導者を同乗させてはならない。よって、この記述は適当ではない。

(2)～(4) の記述は適当である。【解答 (1)】

応用問題にチャレンジ！

《《《問題１》》》車両系建設機械を用いる作業の安全確保のために事業者が講じるべき措置に関する下記の文章中の［　　］の（イ）～（ニ）に当てはまる語句の組合せとして、労働安全衛生規則上、**正しいもの**は次のうちどれか。

- 事業者は、車両系建設機械を用いて作業を行うときは、［（イ）］にブレーキやクラッチの機能について点検を行わなければならない。
- 事業者は、車両系建設機械の運転について誘導者を置くときは、［（ロ）］合図を定め、誘導者に当該合図を行わせなければならない。
- 事業者は、車両系建設機械の修理またはアタッチメントの装着もしくは取外しの作業を行うときは、［（ハ）］を定め、作業手順の決定などの措置を講じさせなければならない。
- 事業者は、車両系建設機械を用いて作業を行うときは、［（ニ）］以外の箇所に労働者を乗せてはならない。

	（イ）	（ロ）	（ハ）	（ニ）
⑴	作業の前日	一定の	作業指揮者	乗車席
⑵	作業の前日	状況に応じた	作業主任者	助手席
⑶	その日の作業を開始する前	状況に応じた	作業主任者	助手席
⑷	その日の作業を開始する前	一定の	作業指揮者	乗車席

解説
- 事業者は、車両系建設機械を用いて作業を行うときは、（イ）その日の作業を開始する前にブレーキやクラッチの機能について点検を行わなければならない。
- 事業者は、車両系建設機械の運転について誘導者を置くときは、（ロ）一定の合図を定め、誘導者に当該合図を行わせなければならない。
- 事業者は、車両系建設機械の修理またはアタッチメントの装着もしくは取外しの作業を行うときは、（ハ）作業指揮者を定め、作業手順の決定などの措置を講じさせなければならない。
- 事業者は、車両系建設機械を用いて作業を行うときは、（ニ）乗車席以外の箇所に労働者を乗せてはならない。

以上から、（イ）その日の作業を開始する前、（ロ）一定の、（ハ）作業指揮者、（ニ）乗車席　となり、（4）が適当なものである。　【解答（4）】

《《《問題2》》》建設機械の災害防止のために事業者が講じるべき措置に関する下記の文章中の［　　］の（イ）～（ニ）に当てはまる語句の組合せとして、労働安全衛生法令上、**正しいもの**は次のうちどれか。

- 車両系建設機械の運転者が運転席を離れる際は、原動機を止め、［（イ）］、走行ブレーキをかけるなどの逸走を防止する措置を講じなければならない。
- 車両系建設機械のブームやアームを上げ、その下で修理や点検を行う場合は、労働者の危険を防止するため、［（ロ）］、安全ブロックなどを使用させなければならない。
- 車両系荷役運搬機械などを用いた作業を行う場合、路肩や傾斜地で労働者に危険が生ずるおそれがあるときは、［（ハ）］を配置しなければならない。
- 車両系荷役運搬機械などを用いた作業を行うときは、［（ニ）］を定めなければならない。

	（イ）	（ロ）	（ハ）	（ニ）
(1)	かつ	保護帽	警備員	作業主任者
(2)	かつ	安全支柱	誘導者	作業指揮者
(3)	または	保護帽	誘導者	作業主任者
(4)	または	安全支柱	警備員	作業指揮者

解説
- 車両系建設機械の運転者が運転席を離れる際は、原動機を止め、（イ）かつ、走行ブレーキをかけるなどの逸走を防止する措置を講じなければならない。
- 車両系建設機械のブームやアームを上げ、その下で修理や点検を行う場合は、労働者の危険を防止するため、（ロ）安全支柱、安全ブロックなどを使用させなければならない。
- 車両系荷役運搬機械などを用いた作業を行う場合、路肩や傾斜地で労働者に危険が生ずるおそれがあるときは、（ハ）誘導者を配置しなければならない。
- 車両系荷役運搬機械などを用いた作業を行うときは、（ニ）作業指揮者を定めなければならない。

以上から、（イ）かつ、（ロ）安全支柱、（ハ）誘導者、（ニ）作業指揮者　となり、(2) が適当なものである。

【解答 (2)】

2. 移動式クレーン（クレーン等安全規則）

過負荷の制限、傾斜角の制限

過負荷の制限

移動式クレーンにその定格荷重を超える荷重をかけて使用してはならない。

傾斜角の制限

移動式クレーンについては、移動式クレーン明細書に記載されているジブの傾斜角の範囲を超えて使用してはならない。なお、吊上げ荷重が3t未満の移動式クレーンにあっては、これを製造した者が指定したジブの傾斜角とする。

定格荷重の表示など

移動式クレーンを用いて作業を行うときは、移動式クレーンの運転者および玉掛けをする者がこの移動式クレーンの定格荷重を常時知ることができるよう、表示その他の措置を講じなければならない。

使用の禁止

地盤が軟弱であること、埋設物その他地下に存する工作物が損壊するおそれがあることなどにより移動式クレーンが転倒するおそれのある場所においては、移動式クレーンを用いての作業を行ってはならない。

ただし、この場所において、移動式クレーンの転倒を防止するため必要な広さ、および強度を有する鉄板などを敷設し、その上に移動式クレーンを設置しているときは、この限りでない。

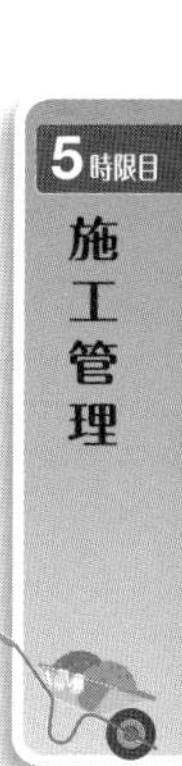

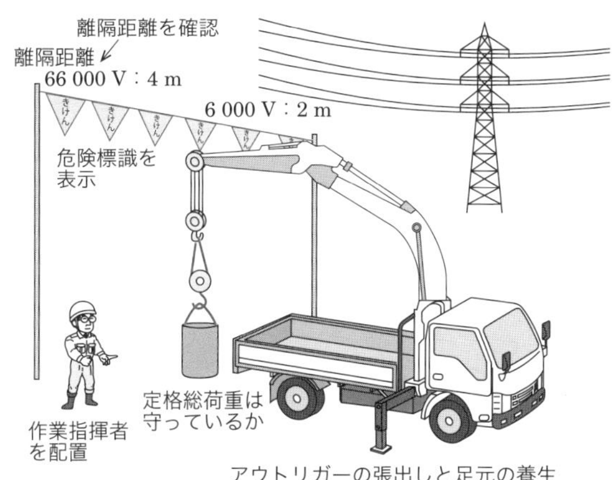

移動式クレーン作業準備のイメージ

アウトリガーなどの張出し

アウトリガーのある移動式クレーンや拡幅式クローラのある移動式クレーンを用いての作業では、アウトリガーまたはクローラを最大限に張り出さなければならない。

ただし、アウトリガーまたはクローラを最大限に張り出すことができない場合、移動式クレーンにかける荷重が張出幅に応じた定格荷重を下回ることが確実に見込まれるときは、この限りでない。

運転の合図

移動式クレーンを用いて作業を行うときは、移動式クレーンの運転について一定の合図を定め、合図を行う者を指名して、その者に合図を行わせなければならない。ただし、移動式クレーンの運転者に単独で作業を行わせるときは、この限りでない。

指名を受けた者がこの作業に従事するときは、定められた合図を行い、作業に従事する労働者は、この合図に従わなければならない。

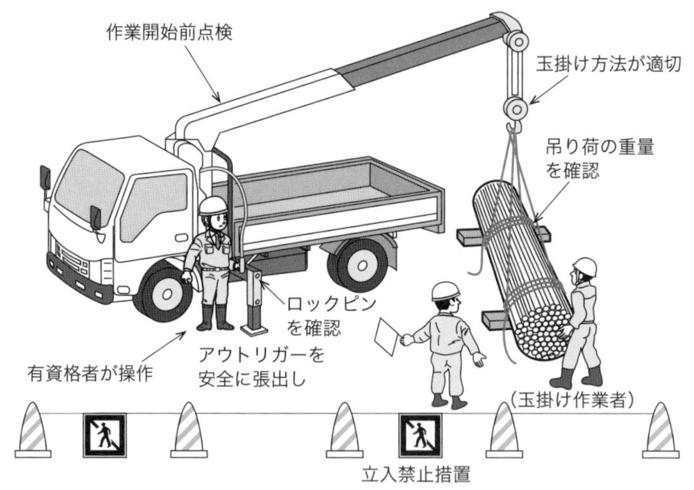

移動式クレーン作業のイメージ

立入禁止

移動式クレーンによる作業では、上部旋回体と接触することにより、労働者に危険が生じるおそれのある箇所に労働者を立ち入らせない。

搭乗の制限など

移動式クレーンにより、労働者を運搬、あるいは労働者を吊り上げて作業させない。

ただし、搭乗制限の規定にかかわらず、作業の性質上止むを得ない場合または安全な作業の遂行上必要な場合は、移動式クレーンの吊り具に専用の搭乗設備を設けて労働者を乗せることができる。

この場合、事業者は搭乗設備については、墜落による労働者の危険を防止するため次の事項を行わなければならない。

- 搭乗設備の転位および脱落を防止する措置を講じる。
- 労働者に安全帯などを使用させる。
- 搭乗設備と搭乗者との総重量の1.3倍に相当する重量に500 kgを加えた値が、当該移動式クレーンの定格荷重を超えない。
- 搭乗設備を下降させるときは、動力下降の方法による。

運転位置からの離脱の禁止

移動式クレーンの運転者を、荷を吊ったままで、運転位置から離れさせてはならない。また、移動式クレーンの運転者は、荷を吊ったままで、運転位置を離れてはならない。

強風時の作業中止

強風のため移動式クレーンによる実施に危険が予想されるときは、その作業を中止する。

この場合、移動式クレーンが転倒するおそれのあるときは、ジブの位置を固定させるなどにより、移動式クレーンの転倒による労働者の危険を防止するための措置を講じる。

定期自主点検など

- 移動式クレーンを設置した後、1年以内ごとに1回、定期に自主検査を行う。ただし、1年を超える期間使用しない移動式クレーンを使用しない期間においては、この限りでない（使用を再開の際に、自主検査を行う）。
- 移動式クレーンは、1か月以内ごとに1回、定期に巻過防止装置その他の安全装置、過負荷警報装置その他の警報装置、ブレーキおよびクラッチの異常の有無などについて自主検査を行う。ただし、1か月を超える期間使用しない場合はこの限りでない（使用を再開する際に、自主検査を行う）。
- 移動式クレーンを用いて作業を行うときは、その日の作業を開始する前に、巻過防止装置、過負荷警報装置その他の警報装置、ブレーキ、クラッチおよびコントローラの機能について点検を行う。
- 上記の自主検査の結果を記録し、3年間保存する。

演習問題でレベルアップ

〈〈〈問題1〉〉〉 移動式クレーンの安全確保に関する次の記述のうち、事業者が講じるべき措置として、クレーンなど安全規則上、**正しいもの**はどれか。

(1) クレーン機能付き油圧ショベルを小型移動式クレーンとして使用する場合、車両系建設機械運転技能講習修了者であれば、クレーン作業の運転にも従事させることができる。

(2) 移動式クレーンの定格荷重とは、負荷させることができる最大荷重から、フックの重量・その他吊り具などの重量を差し引いた荷重である。

(3) 移動式クレーンの作業中は、運転者に合図を送りやすいよう、上部旋回体の直近に労働者の中から指名した合図者を配置する。

(4) 強風のため移動式クレーンの作業の危険が予想される場合は、吊り荷や介しゃくロープの振れに特に十分注意しながら作業しなければならない。

解説 (1) クレーン機能付き油圧ショベルを小型移動式クレーンとして使用する場合、吊上げ荷重に応じてクレーンの運転などに必要となる免許、技能講習、特別な教育によって従事させることができる。よって、この記述は適当ではない。

(2) この記述は適当である。

(3) 移動式クレーンの作業中は、上部旋回体と接触することにより労働者に危険が生じるおそれのある箇所に労働者を立ち入らせてはならない。よって、この記述は適当ではない。

(4) 強風のため移動式クレーンの作業の危険が予想される場合は、作業を中止しなければならない。よって、この記述は適当ではない。 【解答 (2)】

応用問題にチャレンジ！

《《《問題１》》》 移動式クレーンの安全確保に関する措置のうち、下記の文章中の□□の（イ）～（ニ）に当てはまる語句の組合せとして、クレーン等安全規則上、**正しいもの**は次のうちどれか。

- 移動式クレーンの運転者は、荷を吊ったままで運転位置を［（イ）］。
- 移動式クレーンの定格荷重とは、フックやグラブバケットなどの吊り具の重量を［（ロ）］荷重をいい、ブームの傾斜角や長さにより変化する。
- 事業者は、アウトリガーを有する移動式クレーンを用いて作業を行うときは、原則としてアウトリガーを［（ハ）］に張り出さなければならない。
- 事業者は、移動式クレーンを用いる作業においては、移動式クレーンの運転者が単独で作業する場合を除き、［（ニ）］を行う者を指名しなければならない。

	（イ）	（ロ）	（ハ）	（ニ）
(1)	離れてはならない	含む	最大限	合図
(2)	離れてはならない	含まない	最大限	合図
(3)	離れて荷姿を確認する	含む	必要最小限	監視
(4)	離れて荷姿を確認する	含まない	必要最小限	監視

解説
- 移動式クレーンの運転者は、荷を吊ったままで運転位置を（イ）離れてはならない。
- 移動式クレーンの定格荷重とは、フックやグラブバケットなどの吊り具の重量を（ロ）含まない荷重をいい、ブームの傾斜角や長さにより変化する。
- 事業者は、アウトリガーを有する移動式クレーンを用いて作業を行うときは、原則としてアウトリガーを（ハ）最大限に張り出さなければならない。
- 事業者は、移動式クレーンを用いる作業においては、移動式クレーンの運転者が単独で作業する場合を除き、（ニ）合図を行う者を指名しなければならない。

以上から、（イ）離れてはならない、（ロ）含まない、（ハ）最大限、（ニ）合図、となり、(2) が適当なものである。　　　　【解答 (2)】

《《《問題２》》》 移動式クレーンの災害防止のために事業者が講じるべき措置に関する下記の文章中の［　］の（イ）～（ニ）に当てはまる語句の組合せとして、クレーン等安全規則上、**正しいもの**は次のうちどれか。

- クレーン機能付き油圧ショベルを小型移動式クレーンとして使用する場合、車両系建設機械の運転技能講習を修了している者を、クレーン作業の運転者として従事させることが［（イ）］。
- 強風のため、移動式クレーンの作業の実施について危険が予想されるときは、当該作業を［（ロ）］しなければならない。
- 移動式クレーンの運転者および玉掛けをする者が当該移動式クレーンの［（ハ）］を常時知ることができるよう、表示その他の措置を講じなければならない。
- 移動式クレーンを用いて作業を行うときは、［（イ）］に、巻過防止装置、過負荷警報装置などの機能について点検を行わなければならない。

	（イ）	（ロ）	（ハ）	（ニ）
(1)	できる……	特に注意して実施……	定格荷重…………	その作業の前日まで
(2)	できない…	特に注意して実施……	最大吊り荷重……	その日の作業を開始する前
(3)	できる……	中止………………………	最大吊り荷重……	その作業の前日まで
(4)	できない…	中止………………………	定格荷重…………	その日の作業を開始する前

解説
- クレーン機能付き油圧ショベルを小型移動式クレーンとして使用する場合、車両系建設機械の運転技能講習を修了している者を、クレーン作業の運転者として従事させることが（イ）できない。
- 強風のため、移動式クレーンの作業の実施について危険が予想されるときは、当該作業（ロ）中止しなければならない。
- 移動式クレーンの運転者および玉掛けをする者が当該移動式クレーンの（ハ）定格荷重を常時知ることができるよう、表示その他の措置を講じなければならない。
- 移動式クレーンを用いて作業を行うときは、(ニ）その日の作業を開始する前に、巻過防止装置、過負荷警報装置などの機能について点検を行わなければならない。

以上から、（イ）できない、（ロ）中止、（ハ）定格荷重、（ニ）その日の作業を開始する前、となり、(4）が適当なものである。　【解答（4)】

3-3 各種作業の安全対策

基礎ポイント講義

1. 掘削作業

掘削作業の安全対策

地山の掘削では、地山の崩壊、埋設物などの損壊などにより労働者に危険を及ぼすおそれのあるときは、あらかじめ作業箇所とその周辺の地山について、次の事項をボーリングやその他の適当な方法により調査し、その結果に適応する掘削の時期、順序を定め、これに従って掘削作業を行う。

工事箇所などの調査のポイント

- 形状、地質および地層の状態
- き裂、含水、湧水および凍結の有無および状態
- 埋設物などの有無および状態
- 高温のガスおよび蒸気の有無および状態

掘削面の勾配の標準

手掘りにより地山の掘削の作業を行うときは、地山の種類および掘削面の高さに応じ、掘削面の勾配を次表の値以下とする。

手掘り掘削の安全基準

地山の種類	掘削面の高さ〔m〕	掘削面の勾配〔°〕
岩盤または堅い粘土からなる地山	5 未満	90
	5 以上	75
その他の地山	2 未満	90
	2 以上 5 未満	75
	5 以上	60
砂からなる地山	掘削面の勾配を 35° 以下 または掘削面の高さを 5 m 未満	
発破などにより崩壊しやすい状態になっている地山	掘削面の勾配を 45° 以下 または掘削面の高さを 2 m 未満	

手掘り：パワーショベル、トラクタショベルなどの掘削機械を用いないで行う掘削の方法

地　山：崩壊または岩石の落下の原因となるき裂がない岩盤からなる地山（砂からなる地山および発破などにより崩壊しやすい状態になっている地山を除く）

掘削面：掘削面に奥行きが 2 m 以上の水平な段があるときは、この段により区切られるそれぞれの掘削面をいう

5時限目 施工管理

点検

地山の崩壊や土石の落下による労働者の危険を防止するため、点検者を指名して次の措置を講じなければならない。

- 作業箇所とその周辺の地山について、その日の作業を開始する前、大雨の後および中震以上の地震の後、浮石・き裂の有無と状態、含水・湧水と凍結の状態の変化を点検。
- 発破を行った後、この発破を行った箇所とその周辺の浮石・き裂の有無と状態を点検。

地山の崩壊などによる危険の防止

地山の崩壊や土石の落下により労働者に危険を及ぼすおそれのあるときは、あらかじめ土止め支保工を設け、防護網を張り、労働者の立入りを禁止するなどの危険防止措置を講じなければならない。

作業主任者

掘削面の高さが **2 m** 以上となる地山の掘削については、地山の掘削作業主任者技能講習を修了した者のうちから、地山の掘削作業主任者を選任しなければならない。

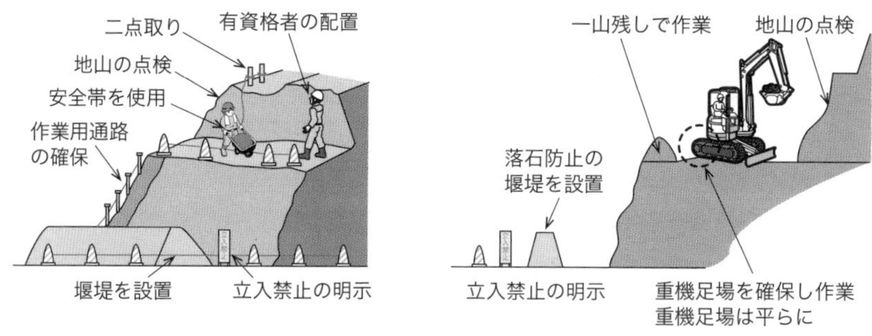

掘削作業のイメージ

演習問題でレベルアップ

《《《問題１》》》土工工事における明り掘削の作業にあたり事業者が遵守しなければならない事項に関する次の記述のうち、労働安全衛生法令上、**正しいもの**はどれか。

⑴ 運搬機械、掘削機械、積込機械については、運行の経路、これらの機械の土石の積卸し場所への出入りの方法を定め、地山の掘削作業主任者に知らせなければならない。

⑵ 掘削機械、積込機械などの使用によるガス導管、地中電線路などの損壊により労働者に危険を及ぼすおそれのあるときは、これらの機械を使用してはならない。

⑶ 地山の崩壊または土石の落下により労働者に危険を及ぼすおそれのあるときは、あらかじめ、土止め支保工を設け、防護網を張り、労働者の立入り措置を講じなければならない。

⑷ 掘削面の高さ２m以上の場合、土止め支保工作業主任者に、作業の方法を決定し、作業を直接指揮すること、器具および工具を点検し、不良品を取り除くことを行わせる。

解説（1）運搬機械、掘削機械、積込機械については、運行の経路、これらの機械の土石の積卸し場所への出入りの方法を定め、関係労働者に知らせなければならない。この記述は適当ではない。

（2）この記述は適当である。

（3）地山の崩壊または土石の落下により労働者に危険を及ぼすおそれのあるときは、あらかじめ、土止め支保工を設け、防護網を張り、労働者の立入りを禁止するなど当該危険を防止するための措置を講じなければならない。よって、この記述は適当ではない。

（4）掘削面の高さ２m以上の場合、地山の掘削作業主任者に、作業の方法を決定し、作業を直接指揮すること、器具および工具を点検し、不良品を取り除くことを行わせる。よって、この記述は適当ではない。　【解答（2）】

《《《問題２》》》土工工事における明り掘削の作業にあたり事業者が遵守しなければならない事項に関する次の記述のうち、労働安全衛生法令上、**正しいもの**はどれか。

⑴ 地山の崩壊などによる労働者の危険を防止するため、点検者を指名して、その日の作業開始前や大雨や中震（震度 4）以上の地震の後に浮石およびき裂や湧水などの状態を点検させる。

⑵ 地山の崩壊または土石の落下により労働者に危険を及ぼすおそれのあるときは、あらかじめ、土止め支保工を設け、防護網を張り、労働者の立入りの措置を講じなければならない。

⑶ 運搬機械、掘削機械、積込機械については、運行の経路、これらの機械の土石の積卸し場所への出入りの方法を定め、地山の掘削作業主任者に知らせなければならない。

⑷ 運搬機械が、労働者の作業箇所に後進して接近するとき、または、転落のおそれのあるときは、運転者自ら十分確認を行うようにさせなければならない。

解説 （1）この記述は適当である。

（2）地山の崩壊または土石の落下により労働者に危険を及ぼすおそれのあるときは、あらかじめ、土止め支保工を設け、防護網を張り、労働者の立入りを禁止するなど当該危険を防止するための措置を講じなければならない。よって、この記述が適当ではない。

（3）運搬機械、掘削機械、積込機械については、運行の経路、これらの機械の土石の積卸し場所への出入りの方法を定め、関係労働者に知らせなければならない。よって、この記述が適当ではない。

（4）運搬機械が、労働者の作業箇所に後進して接近するとき、または、転落のおそれのあるときは、誘導者を配置し、その者に当該車両系荷役運搬機械などを誘導させなければならない。よって、この記述が適当ではない。　【解答（1）】

2. コンクリート構造物の解体

圧砕機・大型ブレーカによる取壊し

- 堅固な防護金網、柵などの措置
- 玉掛け・機械始動・停止などの合図を確認
- 安全帯、防護メガネ、防じんマスク、防振手袋、耳栓、保安帽、安全靴などを点検
- 機械などの接触防止、防護措置
- 足場、安全ネットおよびシート、手すりなどの安全を確認
- 安全看板、カラーコーン、カラーフェンスで立入禁止範囲を明示
- 誘導員を配置し、関係者以外の立入禁止措置
- 粉じん防止、常時散水を実施
- 倒壊範囲の予測、作業員・重機は安全作業位置へ設置
- 落差の大きい施工場所では破壊解体片の落下に伴う破砕、飛散に対する防護

カッターによる取壊し

- 安全帯および防護メガネを使用
- 撤去側躯体ブロックへのカッター取付けは禁止
- アンカー設置時は、ジャンカ、空洞などを確認
- ブレード、防護カバーを確実に設置、特にブレード固定用ナットは十分に締付け
- 切断面付近にはシートを設置し、冷却水を飛散防止
- 切断中は監視員を配置し、関係者以外の立入禁止措置
- 落差の大きい施工箇所では破壊解体片の落下に伴う破砕、飛散に対する防護

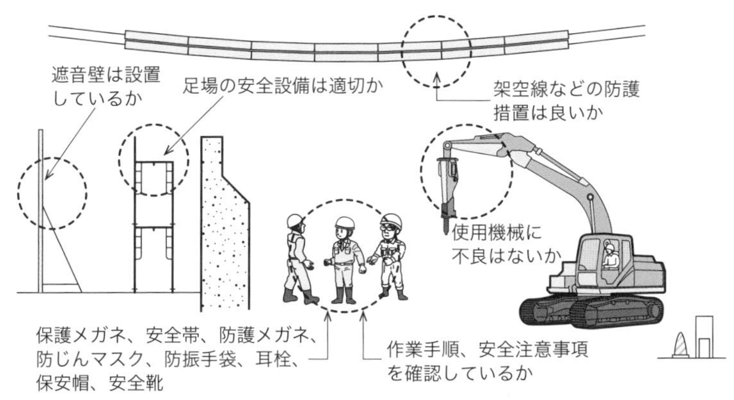

圧砕機・大型ブレーカによる取壊し工（準備工）

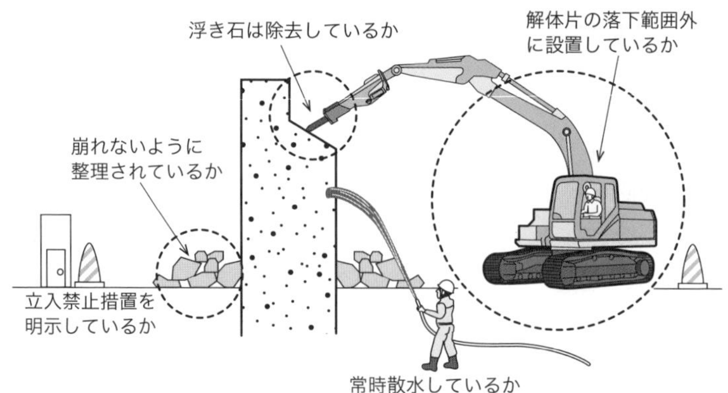
浮き石は除去しているか
解体片の落下範囲外
に設置しているか
崩れないように
整理されているか
立入禁止措置を
明示しているか
常時散水しているか

圧砕機・大型ブレーカによる取壊し工（取壊し作業）

ひとことアドバイス

労働安全衛生法に関する出題は、本書３時限目２章「労働安全衛生法」（pp.246-253）でも学習しているので、関連させて覚えておこう。

演習問題でレベルアップ

《《《問題１》》》高さが５m以上のコンクリート造の工作物の解体作業における危険を防止するために、事業者が行わなければならない事項に関する次の記述のうち、労働安全衛生法令上、**誤っているもの**はどれか。

⑴ 器具、工具などを上げ、または下ろすときは、吊り綱、吊り袋などを労働者に使用させなければならない。

⑵ あらかじめ当該工作物の形状、き裂の有無などについて調査を実施し、その調査により知り得たところに適応する作業計画を定めなければならない。

⑶ 外壁、柱などの引倒しなどの作業を行うときは、引倒しなどについて作業指揮者を定め、関係労働者に周知させなければならない。

⑷ 強風、大雨、大雪などの悪天候のため、作業の実施について危険が予想されるときは、当該作業を中止しなければならない。

解説 (1)、(2) の記述は正しい。

(3) 外壁、柱などの引倒しなどの作業を行うときは、引倒しなどについてコンクリート造の工作物の解体等作業主任者技能講習を修了した者のうちから、コンクリート造の工作物の解体等作業主任者を選任し、関係労働者に周知させなけれ

ばならない。よって、この記述は誤り。

(4) この記述は正しい。　【解答 (3)】

《《《問題２》》》高さが５m以上のコンクリート造の工作物の解体などの作業における危険を防止するために、事業者またはコンクリート造の工作物の解体等作業主任者（以下、解体等作業主任者という）が行わなければならない事項に関する次の記述のうち、労働安全衛生法令上、**誤っているもの**はどれか。

(1) 解体等作業主任者は、作業の方法および労働者の配置を決定し、作業を直接指揮しなければならない。

(2) 事業者は、外壁、柱などの引倒しなどの作業を行うときは、引倒しなどについて一定の合図を定め、関係労働者に周知させなければならない。

(3) 事業者は、コンクリート造の工作物の解体等作業主任者技能講習を修了した者のうちから、解体など作業主任者を選任しなければならない。

(4) 解体等作業主任者は、物体の飛来または落下による労働者の危険を防止するため、当該作業に従事する労働者に保護帽を着用させなければならない。

解説 (1) ～ (3) の記述は正しい。

(4) 事業者は、物体の飛来または落下による労働者の危険を防止するため、当該作業に従事する労働者に保護帽を着用させなければならない。よって、この記述は誤り。　【解答 (4)】

5時限目 施工管理

《《《問題３》》》コンクリート構造物の解体作業に関する次の記述のうち、**適当でないもの**はどれか。

(1) 転倒方式による取壊しでは、解体する主構造部に複数本の引きワイヤを堅固に取り付け、引きワイヤで加力する際は、繰り返し荷重をかけてゆすってはいけない。

(2) ウォータジェットによる取壊しでは、取壊し対象物周辺に防護フェンスを設置するとともに、水流が貫通するので取壊し対象物の裏側は立入禁止とする。

⑶ カッターによる取壊しでは、撤去側躯体ブロックにカッターを堅固に取り付けるとともに、切断面付近にシートを設置して冷却水の飛散防止をはかる。

⑷ 圧砕機および大型ブレーカによる取壊しでは、解体する構造物からコンクリート片の飛散、構造物の倒壊範囲を予測し、作業員、建設機械を安全作業位置に配置しなければいけない。

解説 (3) カッターによる取壊しでは、撤去側躯体ブロックへのカッターの取付けを禁止する。よって、この記述が適当ではない。

このほかの記述は適当なものであるので、覚えておこう。 【解答 (3)】

3. 酸素欠乏症対策

酸素欠乏症（硫化水素中毒も同様）は、致死率が高く非常に危険であるが、作業環境測定、換気、送気マスクなどの呼吸用防護具の使用などの措置を適切に行うことで未然に防ぐことができる。

酸素欠乏危険作業に労働者を従事させる場合は、作業を行う場所の空気中の酸素の濃度を18％以上に保つように換気しなければならない。

酸素欠乏症防止対策の例

- 酸素欠乏危険場所の事前確認をする。
- 立入禁止の表示を行う。
- 酸素欠乏危険場所で作業を行う場合は、酸素欠乏危険作業主任者を選任し、作業指揮など決められた職務を行わせる。
- 酸素欠乏危険場所において作業に従事する者には、酸素欠乏症の予防に関することなどの特別教育を実施。
- 測定者の安全を確保するための措置を行い、酸素濃度を測定。
- 換気の実施。
- 換気できないときや換気しても酸素濃度が18％以上にできないときは、送気マスクなどの呼吸用保護具を着用すること。また、保護具は同時に作業する作業者の人数と同数を備えておくこと。

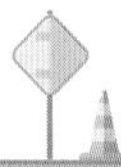

応用問題にチャレンジ！

《《《問題１》》》 酸素欠乏のおそれのある工事を行う際、事業者が行うべき措置に関する下記の文章中の［　　］の（イ）～（ニ）に当てはまる語句の組合せとして、酸素欠乏症等防止規則上、**正しいもの**は次のうちどれか。

- 事業者は、作業の性質上換気することが著しく困難な場合、同時に就業する労働者の［（イ）］の空気呼吸器などを備え、労働者にこれを使用させなければならない。
- 事業者は、第一種酸素欠乏危険作業に係る業務に労働者を就かせるときは、［（ロ）］に対し、酸素欠乏症の防止などに関する特別教育を行わなければならない。
- 事業者は、酸素欠乏危険作業に労働者を従事させるときは、入場および退場の際、［（ハ）］を点検しなければならない。
- 事業者は、第二種酸素欠乏危険作業に労働者を従事させるときは、［（ニ）］に、空気中の酸素および硫化水素の濃度を測定しなければならない。

	（イ）	（ロ）	（ハ）	（ニ）
(1)	人数と同数以上……	当該労働者……	人員………	その日の作業を開始する前
(2)	人数分………………	当該労働者……	保護具……	その作業の前日
(3)	人数分………………	作業指揮者……	保護具……	その日の作業を開始する前
(4)	人数と同数以上……	作業指揮者……	人員………	その作業の前日

解説
- 事業者は、作業の性質上換気することが著しく困難な場合、同時に就業する労働者の（イ）人数と同数以上の空気呼吸器などを備え、労働者にこれを使用させなければならない。
- 事業者は、第一種酸素欠乏危険作業に係る業務に労働者を就かせるときは、（ロ）当該労働者に対し、酸素欠乏症の防止などに関する特別教育を行わなければならない。
- 事業者は、酸素欠乏危険作業に労働者を従事させるときは、入場および退場の際、（ハ）人員を点検しなければならない。
- 事業者は、第二種酸素欠乏危険作業に労働者を従事させるときは、（ニ）その日の作業を開始する前に、空気中の酸素および硫化水素の濃度を測定しなければならない。

以上から、（イ）人数と同数以上、（ロ）当該労働者、（ハ）人員、（ニ）その日の作業を開始する前、となり、（1）が適当なものである。　　【解答（1）】

3-4 災害防止対策

基礎ポイント講義

1. 建設工事公衆災害防止対策

建設工事の施工では、道路法、道路交通法、騒音規制法、振動規制法、水質汚濁防止法、労働安全衛生法などの法令と、関係する通達や工事許可条件などに示される関係諸基準を遵守することは当然のことである。しかし、これらは公衆災害防止の観点から体系的に整備されているわけではないので、「建設工事公衆災害防止対策要綱」により、公衆災害を防止するために遵守すべき計画、設計および施工上の基準を明らかにし、公衆災害防止対策としている。

なお、公衆災害とは、公衆の生命、身体、財産に対する危害ならびに迷惑をいう。

施工前の主な対策

- 発注者および施工者は、土木工事による公衆への危険性を最小化するため、原則として、工事範囲を敷地内に収める施工計画の作成および工法選定を行う。
- 施工者は、土木工事に先立ち、危険性の事前評価（リスクアセスメント）を通じて、現場での各種作業における公衆災害の危険性を可能な限り特定し、このリスクを低減するための措置を自主的に講じる。
- 施工者は、いかなる措置によっても危険性の低減が図られないことが想定される場合には、施工計画を作成する前に発注者と協議する。
- 発注者および施工者は、他の建設工事に隣接、輻輳して土木工事を施工する場合には、発注者および施工者間で連絡調整を行い、歩行者などへの安全確保に努める。
- 発注者および施工者は、あらかじめ工事の概要および公衆災害防止に関する取組内容を付近の居住者などに周知するとともに、付近の居住者らの公衆災害防止に対する意向を可能な限り考慮する。
- 施工者は、工事着手前の施工計画立案時において強風、豪雨、豪雪時における作業中止の基準を定めるとともに、中止時の仮設構造物、建設機械、資材などの具体的な措置について定めておく。

作業場の主な対策

- 作業場を周囲から明確に区分し、この区域以外の場所を使用しない。

- 公衆が誤って作業場に立ち入ることのないよう、固定柵、またはこれに類する工作物を設置する。
- 固定柵の高さは 1.2 m 以上。道路上に設置するような移動柵は車道用ガードレールと同様の 0.8 m 以上 1 m 以下とし、長さは 1 m 以上 1.5 m 以下を標準とする。
- 移動柵の設置は交通流の上流から下流に向けて、撤去は交通流の下流から上流に向けて行う。
- 作業場の出入口には、原則として、引戸式の扉を設け、作業に必要のない限り、これを閉鎖しておくとともに、公衆の立入りを禁ずる標示板を掲げなければならない。ただし、車両の出入りが頻繁な場合、原則、交通誘導警備員を配置する。

道路敷の主な対策

- 道路管理者および所轄警察署長の指示するところに従い、道路標識、標示板などで必要なものを設置する。
- 工事用の諸施設を設置する必要がある場合は、周囲の地盤面から高さ 0.8 m 以上 2 m 以下の部分は、通行者の視界を妨げることのないような措置を講じる。
- 夜間施工する場合には、道路上または道路に接する部分に設置した柵などに沿って、高さ 1 m 程度のもので夜間 150 m 前方から視認できる光度を有する保安灯を設置する。

落下物による危険の防止

- 地上 4 m 以上の場所で作業する場合、作業する場所からふ角 75 度以上のところに一般の交通その他の用に供せられている場所があるときは、道路管理者へ安全対策を協議するとともに、作業する場所の周囲その他危害防止上必要な部分を落下の可能性のある資材などに対し、十分な強度を有する板材などで覆わなければならない。
- 資材の搬出入など落下の危険を伴う場合は、原則、交通誘導警備員を配置する。

架線、構造物などに近接した作業での主な留意点

- 架空線など上空施設への防護カバーの設置
- 作業場の出入り口などにおける高さ制限装置の設置
- 架空線など上空施設の位置を明示する看板などの設置
- 建設機械ブームなどの旋回・立入り禁止区域などの設定
- 近接して施工する場合は交通誘導警備員の配置

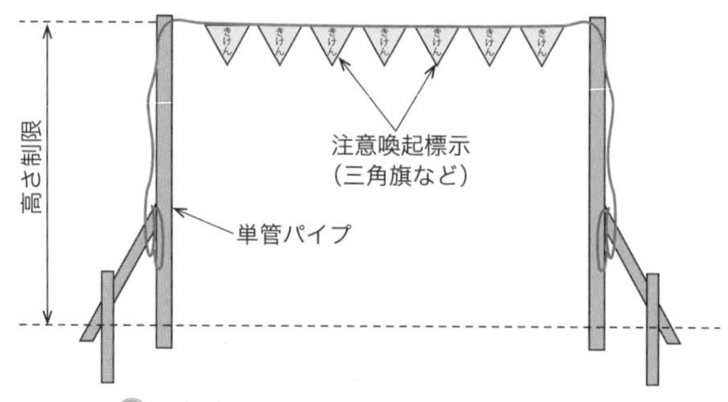

現場出入口などの簡易ゲートのイメージ

埋設物

- 試掘などによって埋設物を確認した場合は、その位置（平面・深さ）や周辺地質の状況などの情報を埋設物の管理者などに報告する。
- 工事施工中において、管理者の不明な埋設物を発見した場合、必要に応じて専門家の立会いを求め埋設物に関する調査を再度行い、安全を確認した後に措置する。
- 埋設物などの損傷の要因として「安全管理が不十分」、「事前調査の不足」、「図面・台帳との相違」などがあげられている。
- 施工段階では、①事前調査と試掘の実施、②目印表示と作業員への周知、などを、工事事故防止の重点的安全対策とする。
- 施工者は、可燃性物質の輸送管などの埋設物の付近において、溶接機、切断機など火気を伴う機械器具を使用してはならない。

演習問題でレベルアップ

《《《問題1》》》埋設物ならびに架空線に近接して行う工事の安全管理に関する次の記述のうち、**適当でないもの**はどれか。

(1) 埋設物が予想される箇所では、施工に先立ち、台帳に基づいて試掘を行い、埋設物の種類・位置・規格・構造などを原則として目視により確認する。

(2) 架空線に接触などのおそれがある場合は、建設機械の運転手などに工事区域や工事用道路内の架空線などの上空施設の種類・場所・高さなどを連絡し、留意事項を周知徹底する。

⑶ 架空線の近接箇所で建設機械のブーム操作やダンプトラックのダンプアップを行う場合は、防護カバーや看板の設置、立入禁止区域の設定などを行う。
⑷ 管理者の不明な埋設物を発見した場合には、調査を再度行って労働基準監督署に連絡し、立会いを求めて安全を確認した後に処置する。

解説 (4) 管理者の不明な埋設物を発見した場合には、必要に応じて専門家の立会いを求め埋設物に関する調査を再度行って管理者を確認し、当該管理者の立会いを求めて安全を確認した後に処置する。労働基準監督署ではないため、この記述が適当ではない。 【解答 (4)】

応用問題にチャレンジ！

《《《問題１》》》 工事中の埋設物の損傷などの防止のために行うべき措置に関する下記の文章中の［　　］の（イ）～（ニ）に当てはまる語句の組合せとして、建設工事公衆災害防止対策要綱上、**正しいもの**は次のうちどれか。

- 発注者または施工者は、施工に先立ち、埋設物の管理者などが保管する台帳と設計図面を照らし合わせ、細心の注意のもとで試掘などを行い、原則として［（イ）］をしなければならない。
- 施工者は、管理者の不明な埋設物を発見した場合、必要に応じて［（ロ）］の立会いを求め、埋設物に関する調査を再度行い、安全を確認した後に措置しなければならない。
- 施工者は、埋設物の位置が掘削床付け面より［（ハ）］など、通常の作業位置からの点検などが困難な場合には、原則として、あらかじめ点検などのための通路を設置しなければならない。
- 発注者または施工者は、埋設物の位置、名称、管理者の連絡先などを記載した標示板の取付けなどを工夫するとともに、［（ニ）］などに確実に伝達しなければならない。

5時限目 施工管理

	(イ)	(ロ)	(ハ)	(ニ)
(1)	写真記録	労働基準監督署	低い	工事関係者
(2)	目視確認	労働基準監督署	高い	近隣住民
(3)	写真記録	専門家	低い	近隣住民
(4)	目視確認	専門家	高い	工事関係者

解説
- 発注者または施工者は、施工に先立ち、埋設物の管理者などが保管する台帳と設計図面を照らし合わせ、細心の注意のもとで試掘などを行い、原則として（イ）目視確認をしなければならない。
- 施工者は、管理者の不明な埋設物を発見した場合、必要に応じて（ロ）専門家の立会いを求め、埋設物に関する調査を再度行い、安全を確認した後に措置しなければならない。
- 施工者は、埋設物の位置が掘削床付け面より（ハ）高いなど、通常の作業位置からの点検などが困難な場合には、原則として、あらかじめ点検などのための通路を設置しなければならない。
- 発注者または施工者は、埋設物の位置、名称、管理者の連絡先などを記載した標示板の取付けなどを工夫するとともに、(ニ) 工事関係者などに確実に伝達しなければならない。

以上から、(イ) 目視確認、(ロ) 専門家、(ハ) 高い、(ニ) 工事関係者、となり、(4) が適当なものである。　　【解答 (4)】

〈〈〈問題2〉〉〉建設工事における埋設物ならびに架空線の防護に関する下記の［　　］の文章中の（イ）～（ニ）に当てはまる語句の組合せとして、適当なものは次のうちどれか。

- 明り掘削作業で、掘削機械・積込機械・運搬機械の使用に伴う地下工作物の損壊により労働者に危険を及ぼすおそれのあるときは、これらの機械を［（イ）］。
- 明り掘削で露出したガス導管の吊り防護などの作業には［（ロ）］を指名し、作業を行わなければならない。
- 架空線など上空施設に近接した工事の施工にあたっては、架空線などと機械、工具、材料などについて［（ハ）］を確保する。
- 架空線など上空施設に近接して工事を行う場合は、必要に応じて［（ニ）］に施工方法の確認や立会いを求める。

	（イ）	（ロ）	（ハ）	（ニ）
(1)	使用してはならない	作業指揮者	安全な離隔	その管理者
(2)	特に注意して使用する	作業指揮者	確実な絶縁	労働基準監督署
(3)	使用してはならない	監視員	確実な絶縁	労働基準監督署
(4)	特に注意して使用する	監視員	安全な離隔	その管理者

解説
- 明り掘削作業で、掘削機械・積込機械・運搬機械の使用に伴う地下工作物の損壊により労働者に危険を及ぼすおそれのあるときは、これらの機械を（イ）使用してはならない。
- 明り掘削で露出したガス導管の吊り防護などの作業には（ロ）作業指揮者を指名し、作業を行わなければならない。
- 架空線など上空施設に近接した工事の施工にあたっては、架空線などと機械、工具、材料などについて（ハ）安全な離隔を確保する。
- 架空線など上空施設に近接して工事を行う場合は、必要に応じて（ニ）その管理者に施工方法の確認や立会いを求める。

以上から、（イ）使用してはならない、（ロ）作業指揮者、（ハ）安全な離隔、（ニ）その管理者、となり、（1）が適当なものである。　【解答（1）】

2. 建設工事における労働災害防止対策

安全管理活動

日々の建設作業において、各種の事故を未然に防止するために次に示す方法などにより、安全管理活動を推進する。

- 事前打合せ、着手前打合せ、安全工程打合せ
- 安全朝礼（全体的指示伝達事項など）
- 安全ミーティング（個別作業の具体的指示、調整）
- 安全点検
- 安全訓練などの実施
- 工事関係者における連携の強化

飛来落下の防止措置

- 構造物の出入口と外部足場が交差する場所の出入口上部には、飛来落下の防止措置を講じる。また、安全な通路を指定する。
- 作業の都合上、ネット、シートなどを取り外したときは当該作業終了後すみやかに復元する。
- ネットは目的に合わせた網目のものを使用する。
- ネットに網目の乱れ、破損があるものは使用しないこと。また、破損のあるものは補修して使用する。
- シートは強風時（特に台風時）には足場に与える影響に留意し、巻き上げるなどの措置を講じる。

投下設備の設置

- 高さ 3 m 以上の高所からの物体の投下を行わない。
- やむを得ず高さ 3 m 以上の高所から物体を投下する場合には、投下設備を設け、立入禁止区域を設定して監視員を配置して行う。
- 投下設備はごみ投下用シュートまたは木製によるダストシュートなどのように、周囲に投下物が飛散しない構造とする。
- 投下設備先端と地上との間隔は投下物が飛散しないように、投下設備の長さ、勾配を考慮した設備とする。

ひとこと アドバイス

建設工事における労働災害防止対策は多くの内容があるので、過去問により、解答に必要な知識を深めておこう。

演習問題でレベルアップ

〈〈〈問題1〉〉〉建設工事現場における保護具の使用に関する次の記述のうち、**適当なもの**はどれか。

(1) 大きな衝撃を受けた保護帽は、外観に異常がなければ使用することができる。

(2) 防毒マスクおよび防じんマスクは、酸素欠乏危険作業に用いることができる。

(3) ボール盤などの回転する刃物に、労働者の手が巻き込まれるおそれのある作業の場合は、手袋を使用させなければならない。

(4) 通路などの構造または当該作業の状態に応じて安全靴その他の適当な履物を定め、作業中の労働者に使用させなければならない。

解説 (1) 大きな衝撃を受けた保護帽は、外観に異常がなくても使用することができない。よって、この記述は適当ではない。

(2) 防毒マスクは、酸素濃度18%未満の場所では使用してはならない。よって、この記述は適当ではない。

(3) ボール盤などの回転する刃物に、労働者の手が巻き込まれるおそれのある作業の場合は、手袋を使用させてはならない。よって、この記述は適当ではない。

(4) この記述は適当なものである。　【解答 (4)】

5時限目 施工管理

〈〈〈問題2〉〉〉建設工事の労働災害防止対策に関する次の記述のうち、**適当でないもの**はどれか。

(1) 足場通路などからの墜落防止措置として、高さ2m以上の作業床設置が困難な箇所で、フルハーネス型の墜落制止用器具を用いて行う作業は、技能講習を受けた者が行うこと。

(2) 足場通路などからの墜落防止措置として、足場および鉄骨の組立て、解体時には、要求性能墜落制止用器具が容易に使用できるよう親綱などの設備を設けること。

(3) 飛来落下の防止措置として、構造物の出入口と外部足場が交差する場所の出入口上部には、ネット、シートによる防護対策を講ずること。

(4) 飛来落下の防止措置として、やむを得ず高さ3m以上の高所から物体を投下する場合には、投下設備を設け、立入禁止区域を設定し、監視員を配置して行うこと。

解説 (1) 足場通路などからの墜落防止措置として、高さ2m以上の作業床設置が困難な箇所で、フルハーネス型の墜落制止用器具を用いて行う作業は、特別教育を受けた者が行うこと。この記述が適当ではない。 【解答 (1)】

《《《問題3》》》 建設工事現場における異常気象時の安全対策に関する次の記述のうち、**適当でないもの**はどれか。

⑴ 気象情報の収集は、テレビ、ラジオ、インターネットなどを常備し、常に入手に努めること。

⑵ 天気予報などであらかじめ異常気象が予想される場合は、作業の中止を含めて作業予定を検討すること。

⑶ 警報および注意報が解除され、中止前の作業を再開する場合には、作業と併行し工事現場に危険がないか入念に点検すること。

⑷ 大雨により流出のおそれのある物件は、安全な場所に移動するなど、流出防止の措置を講ずること。

解説 (3) 警報および注意報が解除され、中止前の作業を再開する場合には、作業を再開する前に、工事現場の地盤のゆるみ、崩壊、陥没などの危険がないか入念に点検すること。この記述が適当ではない。 【解答 (3)】

《《《問題4》》》 建設工事の労働災害防止対策に関する次の記述のうち、**適当でないもの**はどれか。

⑴ ロープ高所作業では、メインロープおよびライフラインを設け、作業箇所の上方にある同一の堅固な支持物に外れないよう確実に緊結し作業する。

⑵ 墜落のおそれがある人力のり面整形作業などでは、親綱を設置し、要求性能墜落制止用器具を使用する。

⑶ 工事現場における架空線など上空施設について、施工に先立ち現地調査を実施し、種類、位置（場所、高さなど）および管理者を確認する。

⑷ 上下作業は極力さけることとするが、やむを得ず上下作業を行うときは、事前に両者の作業責任者と場所、内容、時間などをよく調整し、安全確保をはかる。

解説 (1) ロープ高所作業では、メインロープおよびライフラインを設け、作業箇所の上方にあるそれぞれ異なる堅固な支持物に外れないよう確実に緊結し作業する。よって、この記述が適当ではない。 【解答 (1)】

応用問題にチャレンジ！

〈〈〈問題１〉〉〉 労働者の健康管理のために事業者が講じるべき措置に関する下記の文章中の［　　］の（イ）～（ニ）に当てはまる語句の組合せとして、**適当なもの**は次のうちどれか。

- 休憩時間を除き１週間に40時間を超えて労働させた場合、その超えた労働時間が１月当たりに80時間を超え、かつ、疲労の蓄積が認められる労働者の申出により、［（イ）］による面接指導を行う。
- 常時に特定粉じん作業に従事する労働者には、粉じんの発散防止・作業場所の換気方法・呼吸用保護具の使用方法などについて［（ロ）］を行わなければならない。
- 一定の危険性・有害性が確認されている化学物質を取り扱う場合には、事業場における［（ハ）］が義務とされている。
- 事業者は、原則として、常時使用する労働者に対して、［（ニ）］以内ごとに、医師による健康診断を行わなければならない。

	（イ）	（ロ）	（ハ）	（ニ）
⑴	医師	技能講習	リスクマネジメント	１年
⑵	医師	特別の教育	リスクアセスメント	１年
⑶	カウンセラー	技能講習	リスクアセスメント	３年
⑷	カウンセラー	特別の教育	リスクマネジメント	３年

解説

- 休憩時間を除き１週間に40時間を超えて労働させた場合、その超えた労働時間が１月当たり80時間を超え、かつ、疲労の蓄積が認められる労働者の申出により、（イ）医師による面接指導を行う。
- 常時に特定粉じん作業に従事する労働者には、粉じんの発散防止・作業場所の換気方法・呼吸用保護具の使用方法などについて（ロ）特別の教育を行わなければならない。
- 一定の危険性・有害性が確認されている化学物質を取り扱う場合には、事業場における（ハ）リスクアセスメントが義務とされている。
- 事業者は、原則として、常時使用する労働者に対して、（ニ）１年以内ごとに、医師による健康診断を行わなければならない。

以上から、（イ）医師、（ロ）特別の教育、（ハ）リスクアセスメント、（ニ）１年、となり、⑵が適当なものである。　【解答 ⑵】

4章 品質管理

4-1 品質管理の基本、品質特性

出題傾向と学習のススメ

品質管理は、例年 7 問程度が出題されている。新制度試験では、このうち 4 問が応用問題となっている。いずれも施工管理法の問題 B（必須問題）として出題されている。出題範囲は幅広いが、解答するうえでの要点を 基礎ポイント講義 で理解し、演習問題でレベルアップ を解きながらレベルアップを目指そう。

基礎ポイント講義

1. 品質管理の概要

品質管理は、設計図面や仕様書などといった設計図書に示された規格などを満足するような品質の成果物を、経済的につくり出すための手段である。品質管理が十分になされている状態は、構造物が規格を満足していることはもちろんであるが、工程が安定していることも重要である。このための品質管理の手順をまとめる。

品質特性

目的とする成果である構造物には、仕様書をはじめとする設計図書などにより品質や規格が示されている。こうしたことから、管理しようとする品質特性と、その特性値を定める。

- 工程や作業の状態を総合的に表せる項目
- 要求される品質に重要な影響を及ぼす項目
- 代用特性を有し、真の品質特性との関係が明確な項目
- 測定がしやすい項目や早期に結果が得られる項目
- できるだけ工期の早い段階で測定できる項目や、処置のとりやすい項目

品質標準

品質の目標として、実施に際して設定するのが品質標準である。多くの場合は、設計図面や仕様書などといった設計図書に示された規格などの設計品質が設定される。品質特性のばらつきも考慮して余裕を持った設定にすることもある。

- 実現しようとする品質の目標値
- 品質のばらつきの程度を考慮して余裕をもたせた品質の目標値
- 既存データなどから当初概略の標準を設定し、施工過程に応じて標準を改訂

作業標準

品質標準を実現するために、作業方法、作業順序、使用する資機材や設備の注意事項などに関する基準などを定め、作業標準とする。

- 過去の実績や経験、試験施工などを踏まえた手順
- 全工程を通じて管理が行えるような手順
- 最終的な品質に重大な影響を及ぼす要因はできるだけ詳細に具体化
- 工程に異常が発生した場合でも、安定した工程が確保できる手順
- 作業標準は文書化し、共有化、作業者に周知徹底

品質管理の手順

手　順	管理内容
1	・管理しようとする品質特性を決める ・品質特性（次ページ表）は、最終品質に影響を及ぼす要素で、できるだけ工程初期に測定できるものがよい
2	・その品質特性についての品質標準を決める ・品質標準は設計や仕様書に定められている規格と合致した、実際に実現できる基準にすること
3	・この品質標準を守っていくための作業標準を決める ・作業標準は作業の方法、順序であり、各作業を詳細にする。万が一、不良が発生した場合の原因究明や処置を行う際に役立つ
4	・作業標準に沿って施工を実施し、データをとる
5	・各データが十分なゆとりをもって品質規格を満足しているかどうかを、ヒストグラムで確かめる ・同じデータを使って、管理図をつくり、工程が安定しているかを確かめる ・安定しているならば、これをもとに管理限界線を設定し、作業を継続する
6	・作業を継続しつつ、データの検討を行う ・作業を行うなかで、管理限界線を超えるデータが現れたら工程に異常が生じた事態なので、その原因を究明し、対策、再発防止策を講じる ・特別な傾向が発生しない状態、つまり工程に異常がない場合は継続する
7	・一定期間を経過したら、最新のデータをもとにして手順５に戻る

品質特性と試験方法

工種	品質特性	試験方法	適用
土工	最大乾燥密度・最適含水比 粒度 自然含水比 液性限界 塑性限界 透水係数 圧密係数	締固め試験 粒度試験（ふるい分け試験） 含水比試験 液性限界試験 塑性限界試験 透水試験 圧密試験	材料
	施工含水比 締固め度 CBR 支持力値 貫入指数	含水比試験 密度試験（現場密度の測定） 現場 CBR 試験 平板載荷試験 貫入試験	施工
路盤工	粒度 CBR	ふるい分け試験 CBR 試験	材料
	締固め度 支持力	密度試験（現場密度の測定） 平板載荷試験、CBR 試験	施工
コンクリート工	密度・吸水率 粒度 すりへり減量 表面水量 安定性	密度・吸水率試験 ふるい分け試験 すりへり試験 表面水率試験 安定性試験	骨材
	単位体積重量 配合割合 スランプ 空気量 圧縮強度 曲げ強度	単位体積重量試験 洗い分析試験 スランプ試験 空気量試験 圧縮強度試験 曲げ強度試験	コンクリート
アスファルト舗装工	骨材の比重・吸水率 粒度 すりへり減量 針入度 伸度 混合温度	比重・吸水率試験 ふるい分け試験 すりへり試験 針入度試験 伸度試験 温度測定	材料
	敷均し温度 安定度 舗装厚 平坦性 配合割合 密度	温度測定 マーシャル安定度試験 コア採取による測定 平坦性試験 混合割合試験（コア採取） 密度試験	施工

2. 管理図

管理図による工程の管理

工程が安定しているかどうかを判定する方法として管理図が用いられる。

管理図の形状からいえば、品質を表す推移グラフの一種であるが、図上に管理

限界線が引かれているのが普通のグラフと異なる。この管理限界線は品質のばらつきが通常起こり得る程度のものか（偶然原因によるもの）、それ以上の見逃せないばらつきであるか（異常原因によるもの）、を判断する基準となる線である。このように、管理図は偶然原因によるばらつきを基準にして、異常原因を検出するのが目的である。

シューハート管理図

建設工事で取り扱っているデータには、連続的な値と離散的な値とがある。一般に連続的な値（厚さ、強度、重量など）を計量値といい、離散的な値（N 本中の不良品が n 本など）を計数値という。この管理図法には、計量値管理図と計数値管理図の二つの形式がある。

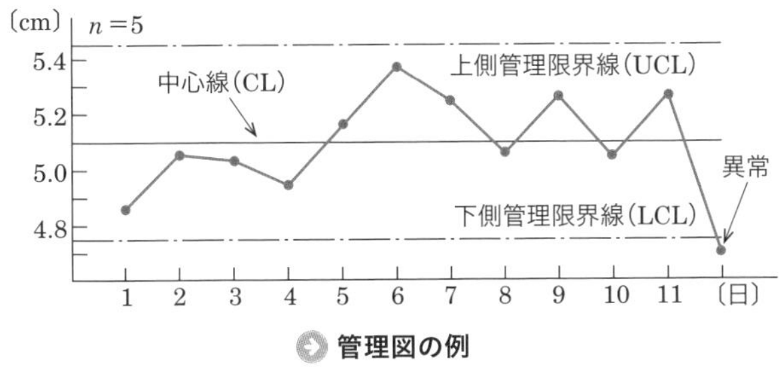

管理図の例

シューハート管理図の 2 タイプ

計量値管理図	$\overline{X}$-R 管理図、X-R 管理図、X 管理図、メディアン管理図と R 管理図　など
計数値管理図	不適合品率（p）管理図または不適合品数（np）管理図、不適合数（c）管理図またはユニット当たりの不適合数（u）管理図

$\overline{X}$-R 管理図

重さ、長さ、時間などの計量値に用いられ、1 組のデータの平均値の変化を管理する $\overline{X}$（エックスバー）管理図と、そのばらつきの範囲を管理する R（レンジ）管理図からなる。この二つの $\overline{X}$ と R 管理図を対にして、1 群の試料における各組の平均値の変動とばらつきの変化を同時に見ていくことにより、工程の安定状態を把握する管理図。

ヒストグラム

ヒストグラムとは、横軸にデータの値をとり、データ全体の範囲をいくつかの区間に分け、各区間に入るデータの数を数えて、これを縦軸にとってつくられた図のことで、柱状になっていることから柱状図ともいわれている。品質特性が規格を満足しているか、判定することができる。

ヒストグラムは、個々のデータについての様子や、その時間的順序の変化はわ

からないが、現状把握や改善に役立ついろいろな情報を得ることができ、次のような判断に役立つ。

① 規格値に対するゆとりがある。
規格の中央にあり、良い状態

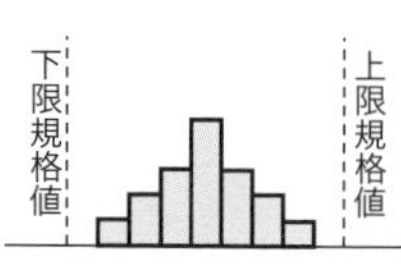

② 規格値ぎりぎりのものもある。
将来規格値から外れるものが出る可能性がある。
ばらつきに注意を要する

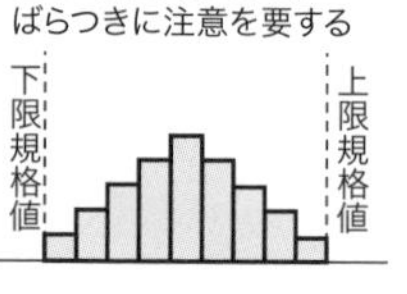

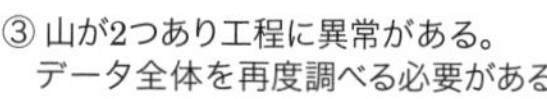
③ 山が2つあり工程に異常がある。
データ全体を再度調べる必要がある

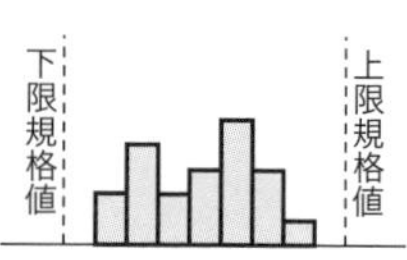

④ 下限規格値を外れるものがある。
平均を大きいほうにずらす処置が必要である

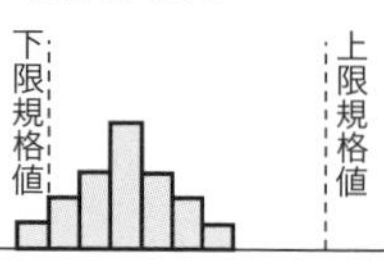

⑤ 下限・上限規格値ともに外れており、何らかの処置が必要である

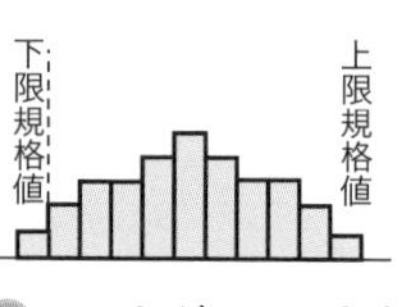

⑥ 大部分が規格の幅にばらついているが、上限規格値外に飛び離れたデータがあり、検討を要する

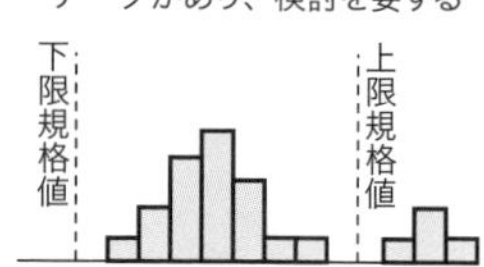

➡ ヒストグラムのさまざまな形

3. 全数検査・抜取検査

全数検査

すべての品物を全部検査する方法（100％検査）。全数検査を行うのは、次の場合のようなケースが想定される。

- わずかの不良品が混入しても許せない。
- ロット（検査のためにひとまとまりにしたグループ）の数が少なく、サンプリングや抜取検査の意味がない。
- 検査が容易で抜取検査の意味がない。　など

抜取検査

検査対象から抜き取って調査を行う方法であるが、検査対象をロットに分けて、そのロットから一部の試料を抜き取って検査するといったことが行われる。抜取検査を行うのは、次の場合のようなケースが想定される。

- 全数検査をすることが現実的に不可能または著しく不経済である。
- 検査個数が大量または検査項目が多い。
- 連続体や面的に広い範囲である。
- 破壊検査を行う必要があるので、サンプルにせざるを得ない。　など

演習問題でレベルアップ

〈〈〈問題1〉〉〉 品質管理に関する次の記述のうち、**適当でないもの**はどれか。

(1) 品質管理は、品質特性や品質標準を定め、作業標準に従って実施し、できるだけ早期に異常を見つけ、品質の安定をはかるものである。

(2) 品質特性は、工程の状態を総合的に表し、品質に重要な影響を及ぼすものであり、代用特性を用いてはならない。

(3) 品質標準は、現場施工の際に実施しようとする品質の目標であり、目標の設定にあたっては、ばらつきの度合いを考慮しなければならない。

(4) 作業標準は、品質標準を実現するための各段階での作業の具体的な管理方法や試験方法を決めるものである。

解説 (2) 品質特性では、代用特性を用いることもできる。よって、この記述が適当ではない。代用特性は、真の品質特性と密接な関係が明確で、代わりになり得る品質特性のことである。

このほかの記述は適当なものであるので、覚えておこう。　【解答 (2)】

〈〈〈問題2〉〉〉 建設工事の品質管理における「工種」、「品質特性」および「試験方法」に関する組合せのうち、**適当なもの**は次のうちどれか。

	[工種]	[品質特性]	[試験方法]
(1)	コンクリート工	スランプ	圧縮強度試験
(2)	路盤工	締固め度	CBR 試験
(3)	アスファルト舗装工	安定度	平坦性試験
(4)	土工	支持力値	平板載荷試験

解説 (1) **コンクリート工**：品質特性としてスランプは用いるが、試験方法はスランプ試験である。圧縮強度試験は、コンクリート硬化後における圧縮強度の試験。

(2) **路盤工**：品質特性として締固め度は用いられるが、試験方法は現場密度の測定である。CBR 試験は、CBR（支持力）を求める試験。

(3) **アスファルト舗装工**：品質特性として安定度は用いるが、試験方法はマーシャル安定度試験である。平坦性試験は、完成後の舗装表面の平坦性を求める試験。

(4) **土工**：品質特性として支持力を用い、その試験方法は平板載荷試験である。したがって、この記述が適当なものである。　【解答 (4)】

応用問題にチャレンジ！

《《《問題１》》》 土木工事の品質管理に関する下記の文章中の［　　］の（イ）～（ニ）に当てはまる語句の組合せとして、**適当なもの**は次のうちどれか。

- 品質管理の目的は、契約約款、設計図書などに示された規格を十分満足するような構造物などを最も［（イ）］施工することである。
- 品質［（ロ）］は、構造物の品質に重要な影響を及ぼすもの、工程に対して処置をとりやすいようにすぐに結果がわかるものなどに留意して決定する。
- 品質［（ハ）］では、設計値を十分満たすような品質を実現するため、品質のばらつきの度合いを考慮して、余裕を持った品質を目標にしなければならない。
- 作業標準は、品質［（ハ）］を実現するための［（ニ）］での試験方法などに関する基準を決めるものである。

	（イ）	（ロ）	（ハ）	（ニ）
⑴	早く	標準	特性	完了後の検査
⑵	早く	特性	標準	完了後の検査
⑶	経済的に	特性	標準	各段階の作業
⑷	経済的に	標準	特性	各段階の作業

解説
- 品質管理の目的は、契約約款、設計図書などに示された規格を十分満足するような構造物などを最も（イ）経済的に施工することである。
- 品質（ロ）特性は、構造物の品質に重要な影響を及ぼすもの、工程に対して処置をとりやすいようにすぐに結果がわかるものなどに留意して決定する。
- 品質（ハ）標準では、設計値を十分満たすような品質を実現するため、品質のばらつきの度合いを考慮して、余裕を持った品質を目標にしなければならない。
- 作業標準は、品質（ハ）標準を実現するための（ニ）各段階の作業の試験方法などに関する基準を決めるものである。

以上から、（イ）経済的に、（ロ）特性、（ハ）標準、（ニ）各段階の作業　となり、⑶が適当なものである。

【解答 ⑶】

《《《問題２》》》品質管理に関する下記の文章中の［　　］の（イ）～（ニ）に当てはまる語句の組合せとして、**適当なもの**は次のうちどれか。

- 品質管理は、ある作業を制御していく品質の統制から、施工計画立案の段階で［（イ）］を検討し、それを施工段階でつくり込むプロセス管理の考え方である。
- 工事目的物の品質を一定以上の水準に保つ活動を［（ロ）］活動といい、品質の向上や品質の維持管理を行う品質管理よりも幅広い概念を含んでいる。
- 品質特性を決める場合には、構造物の品質に重要な影響を及ぼすものであること、［（ハ）］しやすい特性であることなどに留意する。
- 設計値を十分満足するような品質を実現するためには、［（ニ）］を考慮して、余裕を持った品質を目標としなければならない。

	（イ）	（ロ）	（ハ）	（ニ）
⑴	管理特性…………	品質保証……………	測定…………	ばらつきの度合い
⑵	調査特性…………	維持保全……………	測定…………	ばらつきの度合い
⑶	管理特性…………	品質保証……………	測定…………	最大値
⑷	調査特性…………	維持保全……………	測定…………	最大値

解説
- 品質管理は、ある作業を制御していく品質の統制から、施工計画立案の段階で（イ）管理特性を検討し、それを施工段階でつくり込むプロセス管理の考え方である。
- 工事目的物の品質を一定以上の水準に保つ活動を（ロ）品質保証活動といい、品質の向上や品質の維持管理を行う品質管理よりも幅広い概念を含んでいる。
- 品質特性を決める場合には、構造物の品質に重要な影響を及ぼすものであること、（ハ）測定しやすい特性であることなどに留意する。
- 設計値を十分満足するような品質を実現するためには、（ニ）ばらつきの度合いを考慮して、余裕を持った品質を目標としなければならない。

以上から、（イ）管理特性、（ロ）品質保証、（ハ）測定、（ニ）ばらつきの度合い　となり、⑶が適当なものである。　【解答（1）】

4-2 土工の品質管理

基礎ポイント講義

1. 土工の品質管理方法

土木の品質管理で重要な盛土は、最適含水比か、もしくはやや湿潤側で施工する。最適含水比よりも乾燥側で締め固めると、施工直後での変形抵抗は最大となるものの、降雨後に軟化しやすい。また、締固め後のばらつきが大きいときには、圧縮性の小さな砂質の材料を用いる。

主な土工の品質管理【物理的性質・力学的性質】

品質特性	試験方法
粒度	ふるい分け試験
液性限界	液性限界試験
塑性限界	塑性限界試験
自然含水比	含水比試験
圧密係数	圧密試験
最大乾燥密度	締固め試験
最適含水比	突固め試験
締固め度	現場密度（砂置換法、RI 法）

主な土工の品質管理【支持力の判定】

品質特性	試験方法
貫入試験	貫入試験
CBR 値（支持力）	現場 CBR 試験
支持力値	平板載荷試験

近年は、ICT（情報通信技術）を利用した TS（トータルステーション）や GNSS（全球測位衛星システム）、GPS（全地球測位システム）による測量管理システムを活用した情報化施工が増加している。

TS・GNSS を用いた盛土の締固め管理要領

TS・GNSS を用いた盛土の締固め管理技術は、締め固めた土の密度や含水比などを点的に測定する従来の品質規定方式を、事前の試験施工において規定の締固め度を達成する施工仕様（締固め機械の機種、まき出し厚、締固め層厚、締固め回数）を確定する**工法規定方式**を用いることによって、実施工ではその施工仕様に基づき面的に管理するものである。

TS・GNSS を用いた盛土の締固め管理システムによる品質管理は、盛土の現場密度を直接測定するものではなく、事前に試験施工を行い、適切なまき出し厚と締固め回数を決定し、本施工において層厚管理と回数管理が確実に履行されたことを管理する方法である。これにより、施工と同時にオペレータが車載パソコ

ンのモニタで締固め回数分布図を確認することにより、盛土全面の締固め回数を管理することができる。こうした品質管理により、品質の均一化や過転圧の防止などに加え、締固め状況の早期把握による工程短縮が図られるとともに、人為的なミスが発生しにくい。

締固め管理にTSやGNSSを用いることが可能な施工条件は、次のとおり。

- 河川土工および道路土工などの盛土であること。
- 締固め機械はブルドーザ、タイヤローラ、振動ローラなどであること。
- 盛土に要求される品質を、締固め回数によって管理できる土質であること。
- 無線障害が発生しない現場条件であること。
- TSにおいては、TSから自動追尾用全周プリズムの視準を遮る障害物がないこと。
- GNSSにおいては、施工区画内のどこでも常時FIX解データを取得できる衛星捕捉状態であること。
- 盛土材料の土質が変化しても、それぞれの土質に対して適切な締固め回数が把握できること。
- 施工含水比が、締固め試験で定めた範囲（所定の締固め度が得られる範囲）内であること。

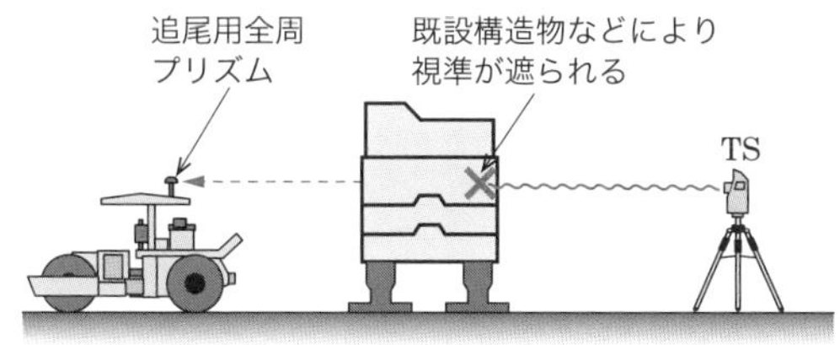

TSからの視準が遮られるケース

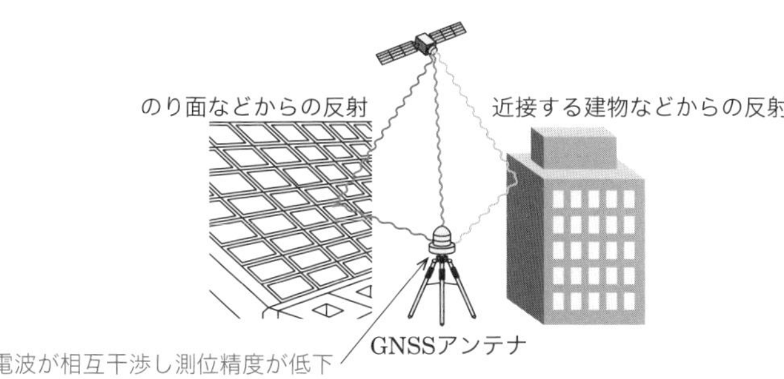

衛星からの電波の多重反射のケース

演習問題でレベルアップ

《《《問題１》》》情報化施工におけるTS（トータルステーション）・GNSS（全球測位衛星システム）を用いた盛土の締固め管理に関する次の記述のうち、**適当でないもの**はどれか。

(1) TS・GNSSを用いた盛土の締固め回数は、締固め機械の走行位置をリアルタイムに計測することにより管理する。

(2) 盛土材料を締め固める際には、モニタに表示される締固め回数分布図において、盛土施工範囲の全面にわたって、規定回数だけ締め固めたことを示す色になるまで締め固める。

(3) 盛土施工に使用する材料は、事前に土質試験で品質を確認し、試験施工でまき出し厚や締固め回数を決定した材料と同じ土質材料であることを確認する。

(4) 盛土施工のまき出し厚や締固め回数は、使用予定材料のうち最も使用量の多い種類の材料により、事前に試験施工で決定する。

解説 (1)～(3)の記述は適当であるので覚えておこう。

(4) 盛土施工のまき出し厚や締固め回数は、使用予定材料の種類ごとに事前に試験施工で決定する。したがって、この記述は適当ではない（『TS・GNSSを用いた盛土の締固め管理要領』による）。【解答 (4)】

ひとことアドバイス

１時限目１章「土木」工程規定方式と 演習問題でレベルアップ (pp.12-14) も振り返っておこう！

応用問題にチャレンジ！

《《《問題１》》》情報化施工における TS（トータルステーション）・GNSS（全球測位衛星システム）を用いた盛土の締固め管理に関する下記の文章中の［　　］の（イ）～（ニ）に当てはまる語句の組合せのうち、**適当なもの**は次のうちどれか。

- 盛土材料をまき出す際は、盛土施工範囲の全面にわたって、試験施工で決定したまき出し厚［（イ）］のまき出し厚となるように管理する。
- 盛土材料を締め固める際は、盛土施工範囲の全面にわたって、［（ロ）］だけ締め固めたことを示す色がモニタに表示されるまで締め固める。
- TS・GNSS を用いた盛土の締固め管理システムの適用にあたっては、地形条件や電波障害の有無などを［（ハ）］調査し、システムの適用可否を確認する。
- TS・GNSS を用いて締固め機械の走行記録をもとに、盛土の締固め管理をする方法は、［（ニ）］の一つである。

	（イ）	（ロ）	（ハ）	（ニ）
(1)	以下	規定回数	事前に	品質規定
(2)	以上	規定時間	施工開始後に	品質規定
(3)	以上	規定時間	施工開始後に	工法規定
(4)	以下	規定回数	事前に	工法規定

解説
- 盛土材料をまき出す際は、盛土施工範囲の全面にわたって、試験施工で決定したまき出し厚（イ）以下のまき出し厚となるように管理する。
- 盛土材料を締め固める際は、盛土施工範囲の全面にわたって、（ロ）規定回数だけ締め固めたことを示す色がモニタに表示されるまで締め固める。
- TS・GNSS を用いた盛土の締固め管理システムの適用にあたっては、地形条件や電波障害の有無などを（ハ）事前に調査し、システムの適用可否を確認する。
- TS・GNSS を用いて締固め機械の走行記録をもとに、盛土の締固め管理をする方法は、（ニ）工法規定の一つである。

以上から、（イ）以下、（ロ）規定回数、（ハ）事前に、（ニ）工法規定　となり、(4) が適当なものである。　【解答 (4)】

《《《問題２》》》情報化施工におけるTS（トータルステーション）・GNSS（全球測位衛星システム）を用いた盛土の締固め管理に関する下記の文章中の［　　］の（イ）～（ニ）に当てはまる語句の組合せとして、**適当なもの**は次のうちどれか。

- TS・GNSSを用いて締固め機械の走行記録をもとに、盛土の締固め管理をする方法は、［（イ）］の一つである。
- TS・GNSSを用いた盛土の締固め管理は、締固め機械の走行位置をリアルタイムに計測し、［（ロ）］を確認する。
- 盛土の施工仕様（まき出し厚や［（ロ）］）は、使用予定材料のうち［（ハ）］について、事前に試験施工で決定する。
- 盛土の材料を締め固める際は、原則として盛土施工範囲の［（ニ）］について、モニタに表示される［（ロ）］分布図が、規定回数だけ締め固めたことを示す色になることを確認する。

	（イ）	（ロ）	（ハ）	（ニ）
(1)	品質規定方式	締固め度	最も使用量が多い材料	全ブロック
(2)	工法規定方式	締固め回数	すべての種類ごとの材料	全ブロック
(3)	工法規定方式	締固め度	最も使用量が多い材料	代表ブロック
(4)	品質規定方式	締固め回数	すべての種類ごとの材料	代表ブロック

解説
- TS・GNSSを用いて締固め機械の走行記録をもとに、盛土の締固め管理をする方法は、（イ）工法規定方式の一つである。
- TS・GNSSを用いた盛土の締固め管理は、締固め機械の走行位置をリアルタイムに計測し（ロ）締固め回数を確認する。
- 盛土の施工仕様（まき出し厚や（ロ）締固め回数）は、使用予定材料のうち（ハ）すべての種類ごとの材料について、事前に試験施工で決定する。
- 盛土の材料を締め固める際は、原則として盛土施工範囲の（ニ）全ブロックについて、モニタに表示される（ロ）締固め回数分布図が、規定回数だけ締め固めたことを示す色になることを確認する。

以上から、（イ）工法規定方式、（ロ）締固め回数、（ハ）すべての種類ごとの材料、（ニ）全ブロック　となり、(2)が適当なものである。　　　　【解答 (2)】

4-3 路床、路盤工の品質管理

基礎ポイント講義

路床や路盤の品質管理は、土工とほぼ同じような品質特性と試験によって行われる。

主な路盤工の品質管理【物理的品質】

品質特性	試験方法
粒度	骨材のふるい分け試験
自然含水比	含水比試験
修正 CBR 値	修正 CBR 試験

路盤工の支持力

品質特性	試験方法
支持力値	平板載荷試験
締固め度	現場密度（砂置換法、RI 法）
たわみ量、均一性	プルーフローリング

演習問題でレベルアップ

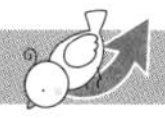

《《《問題１》》》路床や路盤の品質管理に用いられる試験方法に関する次の記述のうち、**適当でないもの**はどれか。

⑴ 突固め試験は、土が締め固められたときの乾燥密度と含水比の関係を求め、路床や路盤を構築する際における材料の選定や管理することを目的として実施する。

⑵ RI による密度の測定は、路床や路盤などの現場における締め固められた材料の密度および含水比を求めることを目的として実施する。

⑶ 平板載荷試験は、地盤支持力係数 K 値を求め、路床や路盤の支持力を把握することを目的として実施する。

⑷ プルーフローリング試験は、路床や路盤のトラフィカビリティを判定することを目的として実施する。

解説 (4) プルーフローリング試験は、路床や路盤の変形量（沈下量）を確認することを目的として実施する。この記述が適当ではない。　【解答 (4)】

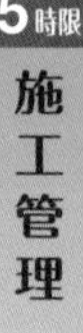

4-4 アスファルト舗装の品質管理

基礎ポイント講義

アスファルト舗装の品質管理は、アスファルト材料と混合物、施工に関する品質管理がある。

主なアスファルト舗装の品質管理【材料】

品質特性	試験方法
針入度	針入度試験
軟化点	軟化点試験
伸度	伸度試験

主なアスファルト舗装の品質管理【舗装】

品質特性	試験方法
平坦性	3 m プロフィルメータ
透水性	現場透水試験
すべり抵抗	すべり抵抗値試験
厚さ、密度など	コア採取試験

演習問題でレベルアップ

〈〈〈問題１〉〉〉道路のアスファルト舗装の品質管理に関する次の記述のうち、**適当でないもの**はどれか。

(1) 表層、基層の締固め度の管理は、通常は切取コアの密度を測定して行うが、コア採取の頻度は工程の初期は多めに、それ以降は少なくして、混合物の温度と締固め状況に注意して行う。

(2) 工事施工途中で作業員や施工機械などの組合せを変更する場合は、品質管理の各項目に関する試験頻度を増やし、新たな組合せによる品質の確認を行う。

(3) 下層路盤の締固め度の管理は、試験施工や工程の初期におけるデータから、現場の作業を定常化して締固め回数による管理に切り替えた場合には、必ず密度試験による確認を行う。

(4) 管理結果を工程能力図にプロットし、その結果が管理の限界をはずれた場合、あるいは一方に偏っているなどの結果が生じた場合、直ちに試験頻度を増やして異常の有無を確認する。

解説 (3) 下層路盤の締固め度の管理は、試験施工や工程の初期におけるデータから、現場の作業を定常化して締固め回数による管理に切り替えた場合には、密度試験による確認は必要ない。この記述が適当ではない。 【解答 (3)】

《《《問題２》》》道路のアスファルト舗装の品質管理に関する次の記述のうち、**適当でないもの**はどれか。

(1) 各工程の初期においては、品質管理の各項目に関する試験の頻度を適切に増やし、その時点の作業員や施工機械などの組合せにおける作業工程を速やかに把握しておく。

(2) 工事途中で作業員や施工機械などの組合せを変更する場合は、品質管理の各項目に関する試験頻度を増し、新たな組合せによる品質の確認を行う。

(3) 管理の合理化をはかるためには、密度や含水比などを非破壊で測定する機器を用いたり、作業と同時に管理できる敷均し機械や締固め機械などを活用することが望ましい。

(4) 各工程の進捗に伴い、管理の限界を十分満足することが明確になっても、品質管理の各項目に関する試験頻度を減らしてはならない。

解説 (4) 各工程の進捗に伴い、管理の限界を十分満足することが明確になった場合は、品質管理の各項目に関する試験頻度を減らしてもよい。よって、この記述が適当ではない。【解答 (4)】

《《《問題３》》》道路のアスファルト舗装の品質管理に関する次の記述のうち、**適当でないもの**はどれか。

(1) 表層、基層の締固め度の管理は、通常切取りコアの密度を測定して行うが、コア採取の頻度は工程の初期は少なめに、それ以降は多くして、混合物の温度と締固め状況に注意して行う。

(2) 品質管理の結果を工程能力図にプロットし、限界をはずれた場合や、一方に偏っているなどの結果が生じた場合には、直ちに試験頻度を増やして異常の有無を確認する。

(3) 工事施工途中で作業員や施工機械などの組合せを変更する場合は、品質管理の各項目に関する試験頻度を増し、新たな組合せによる品質の確認を行う。

(4) 下層路盤の締固め度の管理は、試験施工あるいは工程の初期におけるデータから、所定の締固め度を得るのに必要な転圧回数が求められた場合、締固め回数により管理することができる。

解説 (1) 表層、基層の締固め度の管理は、通常切取りコアの密度を測定して行うが、コア採取の頻度は工程の初期は適切に増やしておき、混合物の温度と締固め状況に注意して行う。よって、この記述が適当ではない。【解答 (1)】

4-5 コンクリート工の品質管理

基礎ポイント講義

コンクリート工の品質管理は、コンクリート材料と施工・フレッシュコンクリート、硬化後に関する品質管理がある。

コンクリート工の主な品質管理【材料・施工】

品質特性	試験方法
骨材の粒度	骨材のふるい分け試験
細骨材表面水量	細骨材の表面水率試験
骨材のすり減り	骨材のすり減り試験
スランプ	スランプ試験
空気量	空気量測定

コンクリート工の主な品質管理【硬化後】

品質特性	試験方法
圧縮強度	コンクリートの圧縮強度試験
曲げ強度	コンクリートの曲げ強度試験
平坦性	平坦性試験
ひび割れ	ひび割れ調査（測定）

ひとことアドバイス

1時限目2章「コンクリート工」（主にp.34）でも扱っている。レディミクストコンクリートの受入検査は品質管理でも重要であるが、1時限目に統合している（pp.44-46）。施工に関しては、1時限目の基礎ポイント講義と、次の応用問題にチャレンジ！を振り返りながら、品質管理としてさらに理解を深めよう。

応用問題にチャレンジ！

《《《問題1》》》 コンクリートの施工の品質管理に関する下記の文章中の［　］の（イ）～（ニ）に当てはまる語句の組合せとして、**適当なもの**は次のうちどれか。

- 打込み時の材料分離を防ぐためには、［（イ）］シュートの使用を標準とする。
- 棒状バイブレータにより締固めを行う際、スランプ 12 cm のコンクリートでは、1 か所当たりの締固め時間は、［（ロ）］程度とすることを標準とする。
- コンクリートを打ち重ねる場合、上層のコンクリートの締固めでは、棒状バイブレータが下層のコンクリートに［（ハ）］ようにして締め固める。
- コンクリートの仕上げは、締固めが終わり、上面にしみ出た水が［（ニ）］状態で行う。

	（イ）	（ロ）	（ハ）	（ニ）
(1)	縦	5 ～ 15 秒	10 cm 程度入る	なくなった
(2)	縦	50 ～ 70 秒	10 cm 程度入る	なくなった
(3)	斜め	5 ～ 15 秒	入らない	残った
(4)	斜め	50 ～ 70 秒	入らない	残った

解説
- 打込み時の材料分離を防ぐためには、（イ）縦シュートの使用を標準とする。
- 棒状バイブレータにより締固めを行う際、スランプ 12 cm のコンクリートでは、1 か所当たりの締固め時間は、（ロ）5 ～ 15 秒程度とすることを標準とする。
- コンクリートを打ち重ねる場合、上層のコンクリートの締固めでは、棒状バイブレータが下層のコンクリートに（ハ）10 cm 程度入るようにして締め固める。
- コンクリートの仕上げは、締固めが終わり、上面にしみ出た水が（ニ）なくなった状態で行う。

以上から、（イ）縦、（ロ）5 ～ 15 秒、（ハ）10 cm 程度入る、（ニ）なくなった、となり、（1）が適当なものである。　【解答（1）】

《《《問題１》》》 鉄筋コンクリート構造物の品質管理におけるコンクリート中の［　　］の鉄筋位置を推定する非破壊試験に関する下記の文章中の（イ）～（ニ）に当てはまる語句の組合せとして、**適当なもの**は次のうちどれか。

- かぶりの大きい橋梁下部構造の鉄筋位置を推定する場合、［（イ）］が、［（ロ）］より適する。
- ［（イ）］は、コンクリートが［（ハ）］、測定が困難になる可能性がある。
- ［（ロ）］において、かぶりの大きさを測定する場合、鉄筋間隔が設計かぶりの［（ニ）］の場合は補正が必要になる。

	（イ）	（ロ）	（ハ）	（ニ）
⑴	電磁波レーダ法……	電磁誘導法…………	乾燥しすぎていると………	1.5 倍以上
⑵	電磁誘導法…………	電磁波レーダ法……	水を多く含んでいると……	1.5 倍以上
⑶	電磁波レーダ法……	電磁誘導法…………	水を多く含んでいると……	1.5 倍以上
⑷	電磁誘導法…………	電磁波レーダ法……	乾燥しすぎていると………	1.5 倍以上

解説
- かぶりの大きい橋梁株構造の鉄筋位置を推定する場合、（イ）電磁波レーダ法が、（ロ）電磁誘導法より適する。
- （イ）電磁波レーダ法は、コンクリートが（ハ）水を多く含んでいると、測定が困難になる可能性がある。
- （ロ）電磁誘導法において、かぶりの大きさを測定する場合、鉄筋間隔が設計かぶりの（ニ）1.5 倍以下の場合は補正が必要になる。

以上から、（イ）電磁波レーダ法、（ロ）電磁誘導法、（ハ）水を多く含んでいると、（ニ）1.5 倍以下、となり、⑶ が適当なものである。　　【解答 ⑶】

電磁波レーダ法

電磁波をアンテナからコンクリート内に放射し、コンクリート内の鉄筋や非金属管や空洞などから反射して返ってきた電磁波を受信アンテナで受信し、その電磁波が戻るまでの時間から距離を算出する方法。

電磁誘導法

電磁誘導法とは、電圧の変化を測定に利用した方法。鉄筋などの磁性金属の場合に電磁誘導法が使用でき、鉄筋位置やかぶり測定ができる。

5章 環境保全

5-1 環境保全計画

出題傾向と学習のススメ

環境保全は、例年2問程度が出題されている。騒音・振動対策のほか、土壌汚染対策、濁水対策などが出題されている。

なお、まれに環境負荷の軽減に関する出題がある。

基礎ポイント講義

土木工事に伴って、自然環境や生活環境に何らかの影響を発生することが多い。その影響により、地域社会とのトラブルに発展してしまうケースも少なくはなく、トラブル解決のために工事の工程や工事費などにも影響を及ぼしかねない。

そのため、現場やその周辺を事前に調査して、関係法令の遵守、地域住民との合意形成などを行いながら、環境保全管理に努める必要がある。

環境保全計画の検討内容

自然環境の保全

- 植生の保護、生物の保護、土砂崩壊などの防止対策

公害などの防止

- 騒音、振動、ばい煙、粉じん、水質汚濁などの防止対策

近隣環境の保全

- 工事車両による沿道障害の防止対策
- 掘削などによる近隣建物などへの影響防止対策
- 土砂や排水の流出、井戸枯れ、電波障害、耕作地の踏み荒らしなどの事業損失の防止対策

現場作業環境の保全

- 騒音、振動、排気ガス、ばい煙、粉じんなどの防止対策

演習問題でレベルアップ

《《《問題1》》》情報化施工と環境負荷低減への取組みに関する次の記述のうち、**適当でないもの**はどれか。

(1) 情報化施工では、電子情報を活用して、施工管理の効率化、品質の均一化、環境負荷低減など、施工の画一化を実現するものである。

(2) 情報化施工では、ブルドーザやグレーダのブレードをGNSS（全球測位衛星システム）やTS（トータルステーション）などを利用して自動制御することにより、工事に伴うCO_2の排出量を抑制することができる。

(3) 施工の条件が当初より大幅に変わった場合は、最初の施工計画に従うよりも、現場の条件に合わせて、重機や使い方を変更したほうが、環境負荷を低減できる。

(4) 情報化施工では、変動する施工条件に柔軟に対応して、資材やエネルギーを有効に利用することができるため、環境負荷を低減することにつながる。

解説 情報化施工は、建設事業の調査、設計、施工、監督・検査、維持管理という建設生産プロセスのうち「施工」に注目して、ICT（情報化通信技術）の活用により各プロセスから得られる電子情報を活かして高効率・高精度な施工を実現する。さらに、施工で得られる電子情報を他のプロセスに活用することによって、建設生産プロセス全体における生産性の向上や品質の確保を図ることを目的としたシステムである（『情報化施工推進戦略～「使う」から「活かす」へ、新たな建設生産の段階へ挑む！！～』より）。

(1) 情報化施工では、電子情報を活かして、施工管理の効率化、品質の均一化、環境負荷低減などを実現するものである。施工の画一化を実現するものではない。よって、この記述が適当ではない。　【解答 (1)】

情報化施工による環境負荷の提言

建設機械の数値制御による敷均し作業を例にすると、数値制御によって作業を効率化することが可能となり、むだな作業の削減、繰返し作業時間の短縮による燃料消費の削減が期待できる。

舗装工事における建設資材の調達を例にすると、数値制御によってばらつきの少ない均一な施工が可能となることで舗装厚の設計値に対する余盛りを小さくすることができ、必要最低限の建設資材で施工が可能となる。

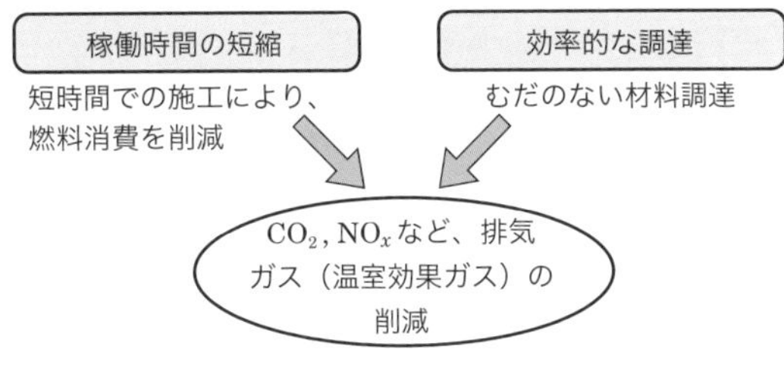

効率的で均一な施工の実現による環境負荷低減のイメージ

5-2 騒音・振動防止対策

建設工事においては、着手前の現況としての騒音・振動の状況（暗騒音、暗振動）を把握し、工事の実施による影響をあらかじめ予測して、使用機械の選定や配置、必要となる対策などを検討しておく必要がある。また、工事期間中も騒音・振動の状況を把握し、必要となる対策を講じる。

騒音・振動対策の基本的な方法

発生源対策

騒音、振動の発生が少ない建設機械を用いるなどの発生源に対する対策。

伝播経路対策

騒音、振動の発生地点から、受音点・受振点までの距離を確保したり、途中に騒音・振動を遮断するために遮音壁・防振溝などの構造物を設けたりする方法。

受音点・受振点対策

受音点・受振点において、家屋などを防音構造や防振構造にするなどの対策。

5-3 粉じん・水質汚濁・土壌汚染対策

基礎ポイント講義

粉じん防止対策

粉じんは、岩塊やコンクリートなどのようなものを破砕したり、骨材などを選別するといった作業や集積に伴って発生したり、飛散する物質をいう。なお、燃料などの燃焼に伴って発生するばいじんなどの有害物質をばい煙という。

工事中の主な粉じん防止対策は次のようなものがある。

- 土砂運搬トラックの荷台をシートで覆う。
- 工事現場の出入口にタイヤの洗浄装置を設ける。
- 道路の清掃や散水。
- 仮囲いの設置。

水質汚濁防止対策

建設工事では、排出水の浮遊粒子状物質（SS）、水素イオン濃度（pH）による水質汚濁が問題になるケースがある。

工事中の主な水質保全対策には、次のようなものがある。

- 沈殿池を設けて汚濁物質を沈降させる。
- 浮遊粒子状物質の沈降とともに凝集処理を行う。
- セメントや水ガラスなどの混入によるアルカリ性を中和処理する。

土壌汚染防止対策

土壌汚染対策は、新たな土壌汚染を未然に防止することや、土壌汚染の状況把握、人への被害の防止といった目的がある。建設工事では、汚染土壌の運搬が問題になるケースがある。次に汚染土壌の運搬に関する主な対策を示す。

- 運搬による悪臭や騒音・振動などの生活環境に支障がないようにする。
- 運搬中に有害物質が飛散、あるいは悪臭を発散した際には、運搬を中止して、ただちに必要な対策を講じる。
- 運搬の過程で、汚染土壌と他のものを混合してはならない。
- 汚染土壌の積替えは、周囲に囲いが設けられ、必要な表示がある場所とする。
- 汚染土壌の保管は、積替えを行う場合を除き、行ってはならない。
- 汚染土壌の荷卸しや移動の際は、汚染土壌の飛散を防止する措置を講じる。

5-4 近隣環境保全

基礎ポイント講義

1. 建設工事公衆災害防止対策

工事用車両による沿道障害防止の留意事項（資材などの運搬計画）

- 通勤や通学、買物などの歩行者が多く、歩車道が分離されていない道路を避ける。
- 必要に応じて往路と復路を別経路にする。
- できるだけ舗装道路、広い幅員の道路を選ぶ。
- 急カーブ、急な縦断勾配の多い道路を避ける。
- 道路とその付近の状況に応じ、運搬車の走行速度に必要な制限を加える。
- 運搬路は十分に点検し、必要に応じ維持補修計画を検討する。
- 運搬物の量や投入台数、走行速度などを十分検討し、運搬車を選定する。
- 工事現場の出入口に、必要に応じて誘導員を配置する。

工事用車両による騒音、振動、粉じん発生防止の留意事項

- 待機場所の確保と、その待機場所では車両のエンジンを停止させる。
- 運搬路の維持修繕や補修は、あらかじめ計画に取り込んでおく。
- 過積載の禁止やシート掛けを徹底し、荷こぼれなどの防止に努める。
- タイヤの洗浄、泥落とし、路面の清掃を励行すること。

各種事業損失の要因

- 地盤の掘削などに伴う周辺地盤の変状による建物や構造物への損傷被害。
- 工事関係車両などによる耕地の踏み荒らし被害。
- 建設現場からの土砂流出、排水による周辺の田畑や水路などへの被害。
- 地下水の水位低下、水質悪化による井戸、農作物や植木などへの被害。
- 鉄骨、クレーン、足場材などの設置に伴う電波障害。

演習問題でレベルアップ

《《《問題1》》》 建設工事における騒音・振動対策に関する次の記述のうち、適当でないものはどれか。

⑴ 騒音・振動の防止対策については、騒音・振動の大きさを下げるほか、発生期間を短縮するなど全体的に影響が小さくなるよう検討しなければならない。

⑵ 騒音防止対策は、音源対策が基本だが、伝搬経路対策および受音側対策をバランス良く行うことが重要である。

⑶ 建設工事に伴う地盤振動に対する防止対策においては、振動エネルギーが拡散した状態となる受振対象で実施することは、一般に大規模になりがちであり効果的ではない。

⑷ 建設機械の発生する音源の騒音対策は、発生する騒音と作業効率には大きな関係があり、低騒音型機械の導入においては、作業効率が低下するので、日程の調整が必要となる。

解説 (1)、(2) の記述は適当なものである。

(3) 振動の防止対策としては、発生源での対策、伝搬経路での対策、受振点での対策と、三つのタイプがある。一般的に、建設機械の選定など、発生源での対策が基本となる。受振対象は、例えば振動の影響を受ける家屋のような場合となるが、その際は窓など建物そのものを防振構造にするなどといった対策となるので、大規模であり効果的とはいえない。よって、この記述は適当である。

(4) 建設機械の発生する音源の騒音対策は、発生する騒音と作業効率には大きな関係があり、低騒音型機械の導入においては、必要となる作業能力を有する低騒音型機械を選定することで、日程の調整を必要とせずに対策可能である。よって、この記述が適当ではない。　　　　　　　　　　　　　　　　　　**【解答 (4)】**

《《《問題2》》》 建設工事における土壌汚染対策に関する次の記述のうち、**適当でないもの**はどれか。

⑴ 土壌汚染対策は、汚染状況（汚染物質、汚染濃度など）、将来的な土地の利用方法、事業者や土地所有者の意向などを考慮し、覆土、完全浄化、原位置封じ込めなど、適切な対策目標を設定することが必要である。

⑵ 地盤汚染対策工事においては、工事車両のタイヤなどに汚染土壌が付着し、場外に出ることのないよう、車両の出口にタイヤ洗浄装置および車体の洗浄施設を備え、洗浄水は直ちに場外に排水する。

⑶ 地盤汚染対策工事においては、汚染土壌対策の作業エリアを区分し、作業エリアと場外の間に除洗区域を設置し、作業服などの着替えを行う。

⑷ 地盤汚染対策工事における屋外掘削の場合、飛散防止ネットを設置し、散水して飛散を防止する。

解説 (2) 地盤汚染対策工事においては、工事車両のタイヤなどに汚染土壌が付着し、場外に出ることのないよう、車両の出口にタイヤ洗浄装置および車体の洗浄施設を備え、洗浄水は直ちに場外に排水してはならない。よって、この記述が適当ではない。こうした洗浄水は、場内で適切に処理するか、または排水基準に適合した状態に処理してから排水する必要がある。

このほかの記述は、適当なものである。　【解答 (2)】

《《《問題３》》》 建設工事における水質汚濁対策に関する次の記述のうち、**適当なもの**はどれか。

⑴ SS などを除去する濁水処理設備は、建設工事の工事目的物ではなく仮設備であり、過剰投資となったとしても、必要能力よりできるだけ高いものを選定する。

⑵ 土壌浄化工事においては、投入する土砂の粒度分布により SS 濃度が変動し、洗浄設備の制約から SS は高い値になるので脱水設備が小型になる。

⑶ 雨水や湧水に土砂・セメントなどが混入することにより発生する濁水の処理は、SS の除去およびセメント粒子の影響によるアルカリ性分の中和が主となる。

⑷ 無機凝集剤および高分子凝集剤の添加量は、濁水および SS 濃度が多くなれば多く必要となるが、SS の成分および水質には影響されない。

解説 (1) SS などを除去する濁水処理設備は、建設工事の工事目的物ではなく仮設備であり、所要の効果の得られる過不足のない経済的なものを選定する。よって、この記述は適当ではない。

(2) 土壌浄化工事においては、投入する土砂の粒度分布により SS 濃度が変動し、洗浄設備の制約から SS は高い値になるので脱水設備が大型になる。よって、この記述は適当ではない。

(3) この記述は適当なものである。

(4) 無機凝集剤および高分子凝集剤の添加量は、濁水および SS 濃度が多くなれば多く必要となるが、SS の成分および水質によっても影響される。

よって、この記述は適当ではない。　【解答 (3)】

6章 建設副産物、資源有効利用、廃棄物処理

6-1 建設リサイクル法

基礎ポイント講義

建設リサイクル法（正式名称：建設工事に係る資材の再資源化等に関する法律）では、特定建設資材を用いた一定規模以上の工事について、受注者に対して分別解体や再資源化などを行うことを義務付けている。

4品目の特定建設資材が廃棄物になったものが特定建設廃棄物である。

建設リサイクル法の用語

建設資材廃棄物	建設資材が廃棄物になったもの
特定建設資材廃棄物	特定建設資材が廃棄物になったもの
特定建設資材	建設資材廃棄物になった場合に、その再資源化が、資源の有効な利用・廃棄物の減量を図るうえで、特に必要であり、再資源化が経済性の面において著しい制約がないものとして、建設資材のうち以下の4品目が定められている ・コンクリート　・コンクリートおよび鉄からなる建設資材 ・木材　・アスファルト・コンクリート

特定建設資材と特定建設資材廃棄物

特定建設資材	特定建設資材廃棄物
コンクリート	コンクリート塊（コンクリートが廃棄物となったもの）
コンクリートおよび鉄からなる建設資材	コンクリート塊（コンクリート、および鉄からなる建設資材に含まれるコンクリートが廃棄物となったもの）
木　材	建設発生木材（木材が廃棄物となったもの）
アスファルト・コンクリート	アスファルト・コンクリート塊（アスファルト・コンクリートが廃棄物となったもの）

建設リサイクル法の対象建設工事

対象建設工事の種類	規模の基準
建築物の解体工事	床面積の合計：80 m² 以上
建築物の新築・増築工事	床面積の合計：500 m² 以上
建築物の修繕・模様替など工事（リフォームなど）	工事費：1億円以上
建築物以外の工作物の解体または新築工事（土木工事など）	工事費：500万円以上

〔関連する義務〕

① 工事着手の7日前までに、発注者から都道府県知事に対して分別解体などの計画書を届け出る

② 工事の請負契約では、解体工事に要する費用や再資源化などに要する費用を明記する

特定建設資材ごとの再資源化の留意点

特定建設資材ごとの利用方法をまとめる。内容は元請業者のすべきことであるが、それぞれに「発注者および施工者は、再資源化されたものの利用に努めなければならない」という規定もある。

特定建設資材ごとの留意点

コンクリート塊	分別されたコンクリート塊を破砕することなどにより、再生骨材、路盤材などとして再資源化をしなければならない
アスファルト・コンクリート塊	分別されたアスファルト・コンクリート塊を、破砕することなどにより再生骨材、路盤材などとして、または破砕、加熱混合することなどにより再生加熱アスファルト混合物などとして再資源化をしなければならない
建設発生木材	分別された建設発生木材をチップ化することなどにより、木質ボード、堆肥などの原材料として再資源化をしなければならない。また、原材料として再資源化を行うことが困難な場合などにおいては、熱回収をしなければならない

指定建設資材廃棄物（建設発生木材）の特記事項

工事現場から最も近い再資源化のための施設までの距離が **50 km** を超える場合、または再資源化施設までの道路が未整備の場合で、縮減（焼却など）のための運搬に要する費用の額が再資源化のための運搬に要する費用の額より低い場合については、再資源化に代えて縮減をすれば足りる。

元請業者は、工事現場から発生する伐採木、伐根などは、再資源化などに努めるとともに、それが困難な場合には、適正に処理しなければならない。元請業者は、CCA 処理木材について、それ以外の部分と分離・分別し、それが困難な場合には、CCA が注入されている可能性がある部分を含めてこれをすべて CCA 処理木材として適正な焼却または埋立てを行わなければならない。

6-2 資源有効利用促進法

資源有効利用促進法（正式名称：資源の有効な利用の促進に関する法律）は、資源の有効利用を促進するために、全業種に共通の制度的枠組みとなる一般的な仕組みを提供するものである。その具体的な規制として、建設リサイクル法が関連している。

建設副産物

建設副産物とは、建設工事に伴って副次的に得られたすべての物品のことを指す。その種類は、工事現場外に搬出された建設発生土、コンクリート塊、アスファルト・コンクリート塊、建設発生木材、建設汚泥、紙くず、金属くず、ガラスくず、コンクリートくず、陶器くず、またはこれらが混合した建設混合廃棄物などがある。

なお、建設発生土は、建設工事により搬出される土砂であることから、廃棄物処理法に規定される廃棄物には該当しない。

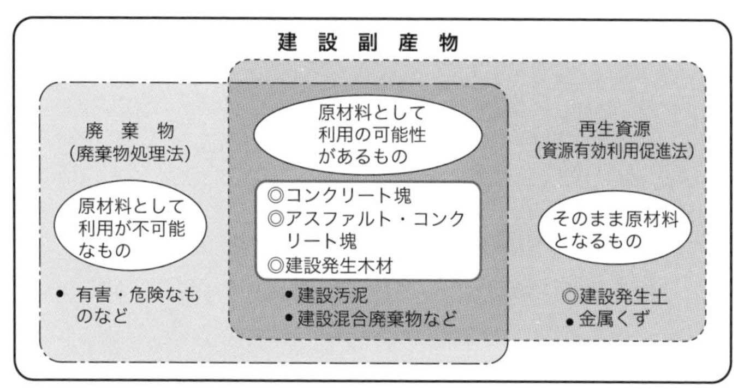

産物に関する再生資源と廃棄物との関係

再生資源利用計画書、再生資源利用促進計画書

一定の規模を超える建設資材を搬入または搬出する現場に対し、「再生資源利用計画書」、「再生資源利用促進計画書」の提出が義務付けられている。

計画書作成の条件

提出書類	作成が必要な工事の条件
再生資源利用計画書（実施書）	次の建設資材を搬入する建設工事 ・土砂 1 000 m³ 以上 ・砕石 500 t 以上 ・加熱アスファルト混合物 200 t 以上
再生資源利用促進計画書（実施書）	次の建設副産物を搬出する建設工事 ・土砂 1 000 m³ 以上 ・コンクリート塊、アスファルト・コンクリート塊または建設発生木材合計 200 t 以上

※　両計画とも、建設工事の完成後 1 年間は、記録保存期間

6-3 廃棄物処理法

基礎ポイント講義

一般廃棄物と産業廃棄物

廃棄物処理法では、廃棄物は産業廃棄物と一般廃棄物（産業廃棄物以外の廃棄物）に区分されている。また、建設副産物のうち、廃棄物処理法に規定されている廃棄物に該当するものを建設廃棄物という。

建設廃棄物の例

廃棄物	一般廃棄物	河川堤防や道路ののり面などの除草作業で発生する刈草、道路の植樹帯などの管理で発生する剪定枝葉　など
	産業廃棄物	がれき類※（コンクリート塊、アスファルト・コンクリート塊、れんが破片など）、汚泥、木くず※、廃プラスチック、金属くず（鉄骨・鉄筋くず、足場パイプなど）、紙くず※、繊維くず※、廃油、ゴムくず、燃殻、など

※　工作物の新築、改築、除去にともなって発生するもの（がれき類、木くず、紙くず、繊維くずは、「建設業に係るもの（工作物の新築、改築または除去により生じたもの）」と定められている）

産業廃棄物管理票（マニフェスト）

マニフェスト制度は、産業廃棄物の委託処理における排出事業者の責任の明確化と、不法投棄の未然防止を目的に実施されている。産業廃棄物は、排出事業者が自らの責任で適正に処理することとなっており、その処理を委託する場合には、産業廃棄物の名称、運搬業者名、処分業者名、取扱いの注意事項などを記載したマニフェストを交付して、産業廃棄物と一緒に流通させることにより、産業廃棄物に関する正確な情報を伝えるとともに、委託した産業廃棄物が適正に処理されていることを確認することができる。

- 排出事業者は、紙マニフェスト、電子マニフェストのいずれかを使用する。
- 排出事業者（元請人）が、廃棄物の種類ごと、運搬先ごとに処理業者に交付し、最終処分が終了したことを確認しなければならない。
- マニフェストの交付者および受託者は、交付したマニフェストの写しを5年間保存しなければならない。
- 排出事業者は、マニフェストの交付後90日以内（特別管理産業廃棄物の場合は60日以内）に中間処理が終了したことを確認する必要がある。

また、中間処理業者を経由して最終処分される場合は、マニフェスト交付後180日以内に最終処分が終了したことを確認する必要がある。

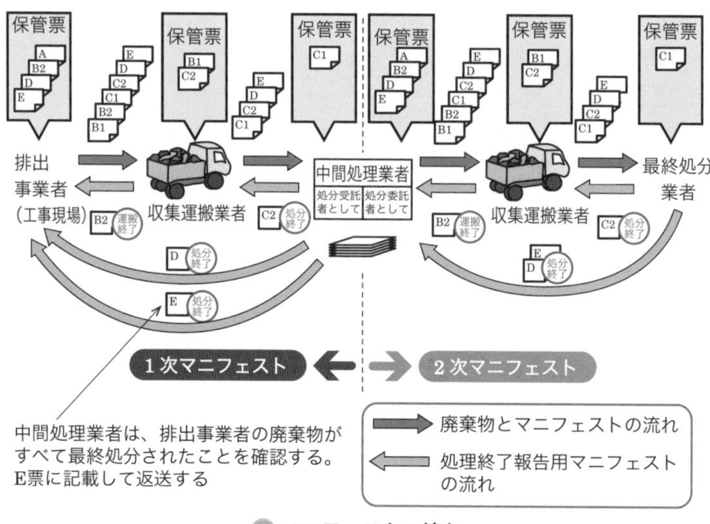

マニフェストの流れ

演習問題でレベルアップ

《《《問題1》》》「建設工事に係る資材の再資源化等に関する法律」(建設リサイクル法)に関する次の記述のうち、**正しいもの**はどれか。

(1) 発注者に義務付けられている対象建設工事の事前届出に関し、元請負業者は、届出に係る事項について発注者に書面で説明しなければならない。

(2) 特定建設資材は、コンクリート、コンクリートおよび鉄から成る建設資材、木材、アスファルト・コンクリート、プラスチックの品目が定められている。

(3) 対象建設工事の受注者は、分別解体などに伴って生じた特定建設資材廃棄物について、すべて再資源化をしなければならない。

(4) 解体工事業者は、工事現場における解体工事の施工に関する技術上の管理をつかさどる安全責任者を選任しなければならない。

解説 (1) 正しい記述である(建設リサイクル法10条、12条による)。

(2) 特定建設資材は、コンクリート、コンクリートおよび鉄から成る建設資材、木材、アスファルト・コンクリートの品目が定められている。プラスチックは該当しないので、誤った記述である。

(3) 分別解体などに伴って生じた特定建設資材廃棄物は、再資源化をしなければならないが、主務省令で定める距離内に再資源化施設がない場合などでは、再資源化に代えて縮減をすれば足りるとされている。すべて再資源化しなければならないという記述は誤りである。

(4) 解体工事業者は、工事現場における解体工事の施工に関する技術上の管理をつかさどる技術管理者を選任しなければならない。よって、この記述は誤り。

【解答 (1)】

《《《問題2》》》「建設工事に係る資材の再資源化等に関する法律（建設リサイクル法）」に関する次の記述のうち、**誤っているもの**はどれか。

(1) 建設資材廃棄物とは、解体工事によって生じたコンクリート塊、建設発生木材などや新設工事によって生じたコンクリート、木材の端材などである。

(2) 伐採木、伐根材、梱包材などは、建設資材ではないが、建設リサイクル法による分別解体など・再資源化などの義務付けの対象となる。

(3) 解体工事業者は、工事現場における解体工事の施工の技術上の管理をつかさどる、技術管理者を選任しなければならない。

(4) 建設業を営む者は、設計、建設資材の選択および施工方法などを工夫し、建設資材廃棄物の発生を抑制するとともに、再資源化などに要する費用を低減するよう努めなければならない。

解説 (2) 建設リサイクル法による分別解体など・再資源化などの義務付けの対象は、特定建設資材に限られている。伐採木、伐根材、梱包材は含まれていない。よって、この記述は誤りである。

【解答 (2)】

索　引

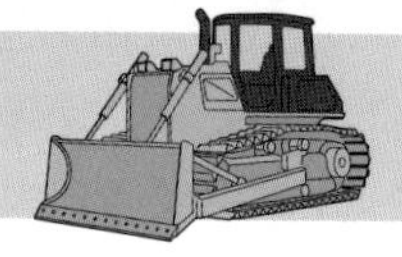

ア 行

カ 行

サ 行

タ 行

ナ 行

ハ 行

マ 行

ヤ 行

ラ 行

ワ 行

英 字

〈著者略歴〉

宮 入 賢 一 郎（みやいり　けんいちろう）

技術士（総合技術監理部門：建設・都市及び地方計画）
技術士（建設部門：都市及び地方計画，建設環境）
技術士（環境部門：自然環境保全）
RCCM（河川砂防及び海岸，道路），測量士，1 級土木施工管理技士
登録ランドスケープアーキテクト（RLA）
国立長野工業高等専門学校　環境都市工学科　客員教授
長野県林業大学校（造園学）非常勤講師
特定非営利活動（NPO）法人ＣＯ２バンク推進機構　理事長
一般社団法人社会活動機構（OASIS）　理事長

○主な著書（編著書含む）
『ミヤケン先生の合格講義　2 級造園施工管理試験』
『ミヤケン先生の合格講義　1 級土木施工管理　実地試験』
『ミヤケン先生の合格講義　コンクリート技士試験』
『技術士ハンドブック（第 2 版）』（以上，オーム社）
『トコトンやさしい建設機械の本』
『はじめての技術士チャレンジ！（第 2 版）』
『トコトンやさしいユニバーサルデザインの本（第 3 版）』（以上，日刊工業新聞社）
『図解　NPO 法人の設立と運営のしかた』（日本実業出版社）

○最新情報
書籍や資格試験の情報，活動のご紹介
著者専用サイトにアクセスしてください。
https://miken.org/

イラスト：原山みりん（せいちんデザイン）

ミヤケン先生の合格講義
1級土木施工管理技士　第一次検定

2023年7月5日　　第1版第1刷発行

著　者　宮入賢一郎
発行者　村上和夫
発行所　株式会社 オーム社
郵便番号　101-8460
東京都千代田区神田錦町3-1
電話　03(3233)0641(代表)
URL https://www.ohmsha.co.jp/

組版　ホリエテクニカル　　印刷・製本　壮光舎印刷
ISBN978-4-274-23054-7　Printed in Japan